力学系

力 学 系

久保 泉・矢野公一

岩波書店

まえがき

本書「力学系」では，第1部で測度論的理論を，第2部で幾何学的理論を論じる．測度論的とは，力学系のエルゴード性に関わることを調べることであり，解析学・確率論などの測度(積分・確率)や位相・作用素などの解析的な道具を用いることを意味している．一方，幾何学的とは力学系の相空間として多様体を扱うこと，手法として幾何学の範疇に属するホモトピー，被覆空間などを用いること，および図形イメージを軸として力学系を扱うことを意味する．

力学系の研究目的を一口でいえば，時間とともに変化する系の長時間における振る舞いを調べることである．もともと，力学系の研究は，物体の運動を調べることにあった．17世紀中頃にSir Isaac Newtonが，万有引力の法則を発見し，惑星の運動の法則は太陽や惑星相互間の引力によって規定されており，いわゆる運動方程式を解けばその軌道を決定できることを示したことに始まる．時間と忍耐をかけて，数値計算をすれば，惑星，彗星や衛星の未来における位置を非常に高い精度で予測することが可能になった．しかし，Poincaréが指摘したように，太陽と地球と月の系を例とする三体問題などにおいては，長期にわたる定性的な振る舞い——例えば，時間とともに互いに離れていってしまうか，周期的な軌道になるかなど——を調べることは容易ではない．

さらに，Euler，Lagrange，Hamilton，Poincaré，Hadamardなどにより，力学の研究が進められ，天空の問題だけでなく，身の回りの物体の運動も相互間の力が定まれば同じ原理で記述され，実際に運動方程式を解いて，運動の状態を知ることができるようになった．このような成果は，科学者の間にNewton力学的な世界像を生み出したと想像される．すなわち，「全ての物体の現在の状態が分かれば，過去も未来も分かる」といった決定論的な思想である.

この思想はさらに押し進められ，物質を構成している原子や分子も Newton の運動方程式にしたがって運動しているとし，非常に多くのそのような粒子の運動の総体として，物質の性質が定まっているという理論が現れた．例えば，容器に入っている空気の温度や圧力などといったものである．産業革命における熱機関の役割の増大とともに，温度・圧力・熱量・エントロピー・エネルギーなどのいわゆる熱学的な量の相互の関係の理論が構築されていき，何故それらの関係が成立するかを説明できる理由や原理が原子・分子の力学に求められた．新しい統計力学の創設である．物質を構成している原子・分子のなす系のエルゴード性がその基本的な仮説として提唱された．当初の「エルゴード性」が何であったかはともかくとして，現在は本書で述べる時間平均の性質と理解されている．

この仮説は，特殊な場合を除けば，決定論的な世界像におけるある種のランダムさ，または不確定さを示していることが見いだされ，確定・不確定相互の関連が注目を集めてきた．最近のカオスの研究はもっとも明確にそのような観点からの研究を目指したものといえよう．測度論的な扱いはまさにこのような現象を調べることに適している．一方，先に述べた三体問題のように，系が時間経過にしたがって安定で定常な状態におちいるか，あるいは極めて複雑な軌道を描くかといった定性的な性質を調べる場合，幾何学的な取り扱いがしばしば有効になる．

第 1 部においては，トーラスや区間上の力学系にほぼ限定したが，エルゴード定理，エントロピー，Perron–Frobenius 作用素，マルコフ分割，記号力学系，熱力学形式，撞球系など，基本的な手段と，特殊ではあるが基本的な系を取り上げた．特殊な系に対してのみの証明を付けた事柄も多いが，それから一般の場合の証明が類推できるように配慮したつもりである．また，大学 1・2 年生の数学の力で証明などが追えるように努力したが，どうしても知っておいてもらう必要のある概念については付録で簡単な解説を付しておいたから，参照して欲しい．

第 2 部では，最終章第 3 節を除いて，相空間を円周 S^1，2 次元トーラス

$\mathbb{T}^k$，2次元球面S^2に限定し，Euclid空間とあまり違わない感覚で，空間および写像を扱うことができるよう配慮した．そのため多様体，接空間，多様体間の可微分写像，その微分などについて厳密な定義などは省いてある．相空間を限定した一方で，Denjoy可微分同相写像，Morse–Smale可微分同相写像，2次関数族，拡大写像，Anosov可微分同相写像，馬蹄形写像，DA写像など重要な力学系はほとんど題材として取り扱ったつもりである．証明の詳細は省いたものも多い．証明あってこその数学ではあるが，全体像を把握することを重視したためである．

第1部と第2部で，幾つかの用語や記号が異なるものがあり読みづらい点については読者にお詫びしたい．また，図形的イメージを明らかにする形で対象を描くことができたかどうかは心もとない．読者の想像力で補って頂くことを祈るばかりである．

いずれにせよ，本書で力学系を学ぶというより，これを契機に力学系に興味をもってもらえることを期待している．

最後に，最初の原稿をまとめるにあたり，親切な助言を頂いた高橋陽一郎氏，稲葉尚志氏，初版から今回の単行本化にかけて，お世話をかけた岩波書店編集部の方々にお礼を申し上げたい．さらには，当時大学院生であった中田寿夫氏と岩井慶一郎氏の協力に両著者からそれぞれ改めて感謝したい．

2006年2月

久保 泉・矢野公一

理論の概要と目標

[第1部]

力学系の研究は，歴史的には，天体力学における惑星運動の安定性や複雑な軌道の研究，統計力学の基本仮説とされたエルゴード仮説の検証，軌道の位相的な性質，不変測度の存在や構成，関数解析的なアプローチ，群論的なアプローチ，微分幾何学的アプローチ，確率論的アプローチ等がされてきた．

いくつかの代表的な仕事を列挙すると，H. Poincaré(1899)の再帰定理，G. D. Birkhoff(1931)と J. von Neumann(1931)のエルゴード定理，G. A. Hedlund(1934)と E. Hopf(1936)による定負曲率空間の測地的流れのエルゴード性，A. N. Kolmogorov(1953), V. I. Arnold(1961)と J. Moser(1968)による KAM 理論，A. N. Kolmogorov(1958)と Ya. G. Sinai(1959)による力学系のエントロピー，D. V. Anosov(1967)の Anosov 系，Ya. G. Sinai(1970)の撞球問題，D. Ornstein(1970)の同型問題，D. Ruelle(1973)や R. Bowen(1975)による熱力学形式，T. Y. Li と J. A. Yorke(1975)によるカオスの研究等が挙げられ，その時々の新しい時代を切り開いたものである．

今日，力学系というときは，非常に広いものを指している．適当な空間とその上の変換が与えられたとする．その変換を空間の1点に繰り返し施したとき，それぞれの繰り返しを単位時間の進行とみなして，その点がどう動いてゆくかを長時間(多くの繰り返し)の変化の性質に着目して調べる場合は，離散時間の力学系と呼んでいる．また，実数をパラメターにする変換の系があって，同様にパラメターが大きくなるときの点の動きに着目する場合は，連続時間の力学系といっている．現実の自然科学や社会科学的な現象やそれらのモデルにたいして長時間にわたる変化を調べることもあるし，まったく抽象的な空間で抽象的な力学系を構成してそれを調べることもある．もっといえば，数学の別の問題を力学系の問題に帰着して研究することも行われている．

力学系の背後にある問題に応じて研究の目的と方法は多岐にわたっており，全体を概観し解説することは難しい．本書ではその中から比較的平易な題材を拾い出して，力学系への入門の道しるべとしたい．取り扱う空間は，ほとんどが1次元の区間，2次元長方形，1次元トーラス，2次元トーラスである．多少複雑なものとしては，無限点列空間(すなわち，ある有限集合の無限直積空間)とその一般化としてのコンパクト距離空間が現れるだけである．

そのような空間上で，次のようなキーワードについてその意味と相互の関係を示すことが本書の目的である．

(1) 不変測度
(2) エルゴード定理と混合性
(3) 測度論的エントロピー
(4) 位相的エントロピー
(5) 周期点の個数
(6) 力学系の ζ-関数
(7) Perron–Frobenius 作用素と熱力学形式
(8) Markov 連鎖，Markov 分割，Markov シフト
(9) 記号力学系
(10) 区間力学系
(11) 撞球系

もちろん，ここで述べられる限定した空間での理論の多くはもっと一般的な空間でも成立する．しかし，例えば多様体上まで拡張できる命題のために，多様体における概念や諸性質を準備することに力を削ぐことより，将来多様体における一般的な証明を学ぶときに備えて，簡単な場合の証明からそのエッセンスを汲み取っておくことをねらっている．したがって，もっとやさしい証明があるときに，ちょっと難しく証明したり，別証明を繰り返し与えていることもある．

上のキーワードの織りなす理論の展開においても，特に太い筋として次のようなものが挙げられる．2次元トーラス上の群自己同型 T にたいして，Markov 分割が存在し，Markov サブシフト σ で表現できる．このとき T の

位相的エントロピーは，T-不変測度にたいする測度論的エントロピーの最大値と一致し，最大値を与える不変測度は，Perron–Frobenius の定理から定まる Markov 連鎖の測度であり，その値は，Perron–Frobenius 作用素の最大固有値の対数に一致する．さらにいえば，T の ζ-関数の収束半径の逆数の対数に一致している．

第1章では，具体的な例に基づいて，理論を概観したい．1, 2 次元トーラス上の回転の Weyl の一様分布定理を示し，r-進変換・特殊なサブシフト・2 次元トーラスの群自己同型などのエルゴード性や固定点の数と ζ-関数の関係を示す．2 次元トーラスの群自己同型にたいしては，擬軌道追跡性を示し，Markov 分割を具体的に与えておく．

第2章では，測度論の準備をし，もっとも基本的な再帰定理とエルゴード定理の証明を与え，混合性の解説をする．力学系の測度論的エントロピーを導入し，これまた基本的な Sinai の定理を示す．Perron–Frobenius の定理を示し，測度論的な力学系の典型として，Markov 連鎖について論じる．また，区間力学系にたいする不変測度の構成を Perron–Frobenius 作用素を利用して行う．

第3章では，まずコンパクト距離空間上の位相力学系の位相的エントロピーを導入し，とくに擬軌道追跡，拡大性，位相的混合性をもつ場合に，詳しい性質を見る．トーラス上の群自己同型において，Markov 分割の一般的な構成方法を紹介し，Markov シフトによる表現を考える．Markov シフトにたいして，熱力学形式と呼ばれる理論の紹介をする．最後に，区間力学系における Li–Yorke の有名な定理を紹介し，その不可視性を議論する．

第4章では，非月蝕性をもつ散逸的撞球系を定義し，Poincaré 写像の局所的な性質を調べることで，無限の過去から，無限の未来まで障害物に衝突し続ける軌道を決定する．閉軌道の長さについて調べ，閉軌道の長さの分布が素数定理に従うことを ζ-関数との関連で解説する．最後に，保存的な撞球系のエルゴード性を論じる．この系は，特異性をもった双曲型の力学系であり，本書では名前だけにとどめる Anosov 系などと同じ特徴をもっており，一般的な可微分力学系の研究のアイデアの源泉を見るのに便利である．

［第２部］

現在力学系理論と呼ばれている分野の基本的考え方が，H. Poincaré の一連の論文[14]から出発していることは，研究者の一様に認めるところであろう．この論文の中で Poincaré は，天体力学における三体問題を表す常微分方程式が，いわゆる求積法によっては解くことができないことを述べ，一方で，それにもかかわらず解の定性的研究が可能であり，それこそが今後の目指すべき方向であると提言している．この時点では，どのような方法が解の定性的研究に対して有効であるかについて，Poincaré 自身も確たるアイデアはなかったであろう．第１部に解説があるように，その後の研究は，代数から確率に至る種々の分野からのアプローチの集大成である．逆にいえば，対象が難しく，しかし魅力に満ちていることから各分野の研究者が多く参入したものと考えられる．その際，力学系理論の考え方が，各分野自体の問題解決に対してもしばしば有効であったことを忘れてはならない．手法がさまざまであることから，理論の内容自体も，各分野に深くかかわるものから横断的なものまで多様である．したがって，この１冊で力学系理論の全容を解説することは不可能であり，ある程度分野を絞る結果となった．第１部の内容は，位相力学系とエルゴード理論が中心ではあるが，双曲型力学系についての導入の役割を果たすように，十分な配慮がされている．これを受けて第２部では，力学系の幾何学的研究と呼ばれている分野の解説を試みた．内容は，以下で述べるように，大きく三つに分けられる．

第一は S^1 の同相写像，すなわち可逆離散力学系の解説で，第５章がこれに当たる．この章では Poincaré の定義した回転数の概念を用いて，S^1 の同相写像の漸近挙動を解析する．座標変換の意味で S^1 上の力学系を完全に決定することは煩雑であるが，力学系の核ともいうべき極小集合の分類は見通しよくできる．また最後の§5.3では，力学系の写像としての微分可能性が，その極小集合の形状に大きな影響を与えることを述べる．A. Denjoy の，C^2 級の可微分同相写像の極小集合は Cantor 集合と同相にはならない，という結果で，これには C^1 級の反例がある．一般次元の力学系においても，このように極小集合のとりうる形が写像の微分可能性によって変化することがある．しかしその状況はDenjoyがS^1の場合に示したものと本質的には変わらない．その意味でDenjoyの結果は普遍的である．

第二は第2部の主題である双曲型力学系の解説で，第6章以降は§6.3を除いてこれに当たる．双曲型力学系は，それまで常微分方程式などの形で与えられ，よい性質をもつことが知られていた力学系を，S. Smale, D. V. Anosovらが幾何学的特徴を捉えて多様体上の力学系として定式化したものである．双曲型力学系の特徴は，その定式化と安定性にある．ここでの安定性は，個々の軌道の安定性ではなく，A. A. AndronovおよびL. S. Pontryaginによる構造安定性，あるいはその条件を緩くしたΩ-安定性を指す．すなわち力学系自体を摂動したときに，同相の意味でその構造が変化しないという意味である．§6.1ではS^1の力学系が構造安定であるための必要十分条件を与える．このクラスはMorse–Smale可微分同相写像と呼ばれ，その構造は完全に決定される．§6.2ではS^1の力学系の族が構造安定でない系を通過するときの挙動，いわゆる分岐について述べる．第7章の題材は2次元トーラス上のAnosov可微分同相写像である．すでに第1部で双曲型群自己同型の周期点，エルゴード性，Markov分割，記号力学系との対応などについては述べてあるので，ここでは安定性に絞って解説する．§7.1では準備を兼ねてS^1の拡大写像を扱い，§7.2で双曲型群自己同型の安定性，§7.3で一般のAnosov可微分同相写像の安定性を示す．§8.1, 8.2では，Morse–Smale可微分同相写像とAnosov可微分同相写像の中間に位置する双曲型力学系の典型例として，馬蹄形写像とDA写像を取り扱う．それぞれ2次元球面，2次元トーラス上の可微分同相写像である．馬蹄形力学系，あるいはこれを自然に高次元化した力学系は，与えられた力学系の部分集合としてしばしば現れる．特にΩ-安定の逆であるΩ-爆発を起こす力学系の典型例が，馬蹄形写像によって説明される．一方DA写像は，摂動に関して安定であるにもかかわらず，軌道の収束先であるアトラクタの形状は非常に複雑である．ストレインジアトラクタと呼ばれるこの現象は求積可能な方程式の対極にある性質であり，Poincaréが解の定性的研究に興味をもった原因の一つに，天体力学におけるストレインジアトラクタの存在があった．最後の§8.3は一般次元の双曲型力学系についての解説であるが，証明を省いて概要の説明に留める．

第三は§6.3の区間力学系の解説である．第1部で触れたSharkovskiiの定理，および2次関数で与えられる写像族に関して周期倍分岐とFeigenbaum定数について述べる．区間力学系は閉区間から自分自身への1対1でない連続写像の力学系を指す．1次元の空間が自然な順序をもつことから，高次元に比して解析が易しい一方，写像が1対1でないことからくる困難が伴う．特殊な対象のように見えるが，例えば平面上の特徴的な可微分同相写像の研究が，極限の意味で，区間力学系に帰着される．また主たる対象である2次関数は，残念ながら本書で扱うことのできなかった複素力学系の実軸への制限であり，その性質の中には，複素力学系の理論を経由して初めて明らかになるものも含まれる．

順序が前後したが，最後に多様体上で力学系を考えることの意味について触れておこう．力学系理論のもととなった天体力学は，Euclid空間上の常微分方程式であり，他の力学系も具体的な方程式の形で与えられる場合，その多くはEuclid空間上の方程式である．では相空間としてEuclid空間のみを扱えば十分であろうか．これを考える際に天体力学における二体問題を思い起こそう．二体問題自体は12次元のEuclid空間における常微分方程式で記述され，これを解くことによってKeplerの法則が導かれる．これはよく知られたI. Newtonの結果である．その際，方程式に対して多くの積分を求め，各積分の積分曲面の共通部分をとれば，それが1次元となるゆえに解曲線が定まるという手順をとる．これは方程式が求積法で解ける場合であるが，我々の目標である求積法で解けない微分方程式においても，いくつかの積分が存在し，解曲線の含まれる空間の次元を下げることは可能である．このとき必然的に相空間は多様体となる．本分冊を読み進めば明らかとなるように，相空間の次元が下がることは，系の解析にとって決定的な意味をもつ．また相空間としてコンパクトな空間をとることができれば，これも解析を易しくする．さらに微分方程式のなす連続力学系を，Poincaré写像を用いて離散力学系に帰着する場合には，次元が1だけ低い切断を相空間にとる必要がある．以上の理由によって，空間の定式化が複雑になることをあえて受け入れてまで，相空間を多様体に設定するのである.

目　次

［第2部］

[第1部]

1 基本的な力学系

この章では，力学系の具体的な例をいくつか提示して，それらの性質について考察する．そこで論じられた諸性質はあとで一般論としても述べられ，理論の枠組みの中での位置が明らかになるだろう．

まえがきでも述べたように，本来の力学系の意味は質点系の運動を記述しその運動の長時間特性や漸近的特性を調べることだった．仮に質点系の自由度が d であり，d-次元 Euclid 空間 $\mathbb{R}^d$ 上で，微分方程式系の初期値問題

$$\frac{d\boldsymbol{x}}{dt} = \boldsymbol{F}(\boldsymbol{x}), \quad \boldsymbol{x}(0) = \boldsymbol{x}^0 \in \mathbb{R}^d \tag{1.1}$$

の解 $\boldsymbol{x}(t, \boldsymbol{x}^0)$ でその運動が記述されるとしよう．もし，$\boldsymbol{F}$ が適当な条件を充たせば，全時間 $\mathbb{R} = (-\infty, \infty)$ で，一意な解があり，初期値に時刻 t の状態を対応させる変換 $S_t : \boldsymbol{x}^0 \mapsto \boldsymbol{x}(t, \boldsymbol{x}^0)$ を定義すれば，群構造をもつ：

$$S_t S_s = S_{t+s}, \quad S_t^{-1} = S_{-t}, \quad t, s \in \mathbb{R}, \quad S_0 = Id\,(\text{恒等変換}). \tag{1.2}$$

一般の空間において，式(1.2)を充たす変換の系 $\{S_t;\ t \in \mathbb{R}\}$ を**連続時間の力学系**，あるいは**流れ**(flow)と呼び，空間構造に応じて，可微分力学系，位相力学系，測度論的力学系などがある．単一の変換もそれを繰り返したときの長時間特性に焦点を当てれば，やはり力学系と呼んでいる．力学系の正確な定義や関連する事項は後の節にまとめてあるので，必要に応じて参照してほしい．

§1.1　1次元トーラス上の力学系

1次元トーラスをどのように理解するかはいろいろあるが，ここでは，代数的に $\mathbb{T}=\mathbb{R}/\mathbb{Z}$ と考えることにしよう．すなわち，$\mathbb{R}$ の2点 x と y の間の同値関係 $\sim$ を $x\sim y \iff x-y\in\mathbb{Z}$ で定義し，$\mathbb{R}$ をそれによる同値類に分けたものが，トーラス(torus) $\mathbb{T}$ であると考える．区間 $[0,1)\subset\mathbb{R}$ の点を，各同値類の代表元として選べるから，直観的にもまた図示することの簡便さからも，区間 $[0,1)$ と同一視しておく．代表元の定め方は，$x\in\mathbb{R}$ にたいし，その**小数部分**(fractional part) $\langle x\rangle$ をとればよい：

$$\langle x\rangle \equiv x-[x], \tag{1.3}$$

ただし，$[x]$ は x を越えない最大の整数を表す **Gauss 記号**である．また，通常小数部分は，$\{x\}$ で表示されるが，記号の混乱をさけるために，あえて標準的でない記号 $\langle\ \rangle$ を使用している．

$d(x,y)\equiv\min\{|x-y+k|;\ k=-1,0,1\}$ で代表元 $x,y\in[0,1)$ 間の距離を定義しておけば，トーラスは自然に円周と同一視できる．一方，$\mathbb{R}$ での加法から自然に，$x\dot{+}y\equiv\langle x+y\rangle$ として $\mathbb{T}$ にも加法が定まり，$\mathbb{R}$ での平行移動は $\mathbb{T}$ での回転に対応する．

区間 $[0,1)$ 上の **Lebesgue 測度** $\mu(dx)=dx$ は，上の同一視で自然に $\mathbb{T}$ 上の測度とみなせる．区間 $[a,b)$, $0\leqq a<b<1$, の Lebesgue 測度は区間の長

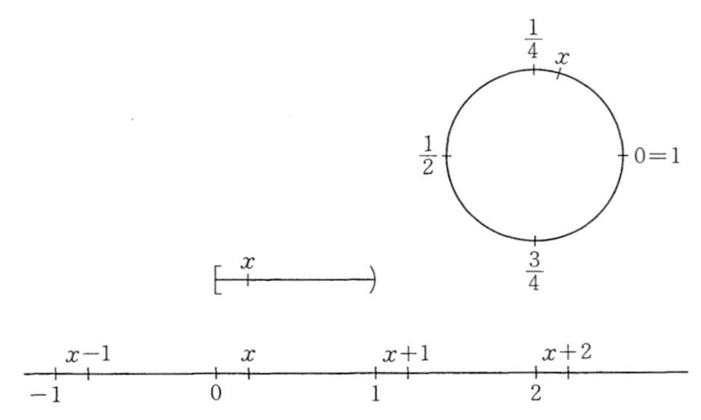

図 1.1　トーラスは円周や区間 $[0,1)$ と同一視される

さ $\mu([a,b))=b-a$ だったから，$\mathbb{T}$ 上で考えるとき μ は回転に関して不変となる．すなわち，任意の $y\in\mathbb{T}$ と **Borel 集合** $A\subset\mathbb{T}$ にたいして，$\mu(\{x\dot{+}y;\, x\in A\})=\mu(A)$ が成り立つ．また，$\mathbb{T}$ の全測度は $\mu(\mathbb{T})=1$ である．さて，以下では $\mathbb{T}$ 上の単純な 3 つの変換を考えよう．

ここで，$\mathbb{N}$ で自然数，$\mathbb{N}_0$ で非負整数，$\mathbb{Z}$ で整数，$\mathbb{Q}$ で有理数，$\mathbb{R}$ で実数，$\mathbb{C}$ で複素数全体の集合を表している．

(a)　回転：連続時間

$\mathbb{T}$ 上の変換 $R_t;\, x\mapsto\langle x+t\rangle$ $(t\in\mathbb{R})$ を**回転**(rotation)と言う．回転については，明らかに，

$$R_0=Id,\quad R_tR_s=R_{t+s},\quad t,s\in\mathbb{R}$$

が成り立つから，変換の族 $\{R_t;\, t\in\mathbb{R}\}$ は力学系である．各回転 R_t は $\mathbb{T}$ 上の連続な全単射で，逆変換 $R_t^{-1}=R_{-t}$ も連続である．このような力学系を位相力学系と言う(§1.6 参照)．

さらに，各 t にたいして，R_t は微分可能で，その逆も微分可能である．つまり，R_t は $\mathbb{T}$ 上の微分同相である．$\mathbb{T}$ 上の回転 $\{R_t\}$ は連続時間の可微分力学系(一般的定義は §1.6 参照)としても典型的な例である．

また，上で確認したことにより，各 $t\in\mathbb{R}$ にたいして，回転 R_t は Lebesgue 測度 μ に関して次の性質をもつ：$R_t^{-1}A\equiv\{x;\, R_tx\in A\}$ にたいして

$$\mu(R_t^{-1}A)=\mu(A)$$

が成り立つ．このことを，力学系 $\{R_t;\, t\in\mathbb{R}\}$ は測度 μ を保つ，あるいは，**μ-保測**であるとも言う．この力学系は保測な力学系(一般的定義はやはり §1.6)としても典型例の 1 つである．また μ は **$\{R_t\}$-不変**とか単に**不変測度**であるとも言っている．

さて，各 $x\in\mathbb{T}$ にたいして，軌道 $\{R_tx;\, t\in\mathbb{R}\}$ がどのように振る舞うか考察することが力学系の立場からの研究であった．まず明らかなのは，軌道は空間のすべての点を通過する．実際には，任意に固定した $x\in\mathbb{T}$ にたいして，$\mathbb{T}$ と $\{R_tx;\, 0\leqq t<1\}$ がちょうど 1 対 1 に対応している．さらに，$x\in\mathbb{T}$ のとり方によらず

$$(1.4)\qquad \lim_{L\to\infty}\frac{1}{L}\int_0^L f(R_t x)dt = \int_0^1 f(R_t x)dt = \int_{\mathbb{T}} f(u)d\mu(u)$$

が $\mathbb{T}$ 上の任意の連続関数 $f(x)$ にたいして成立している．

(b)　回転：離散時間

$\gamma\in\mathbb{T}$ を固定して，γ だけの回転 $R_\gamma: x\mapsto x\dot{+}\gamma\in\mathbb{T}$ で単一の変換 R_γ を定義する．この変換 R_γ を繰り返し作用させたとき，どのような特徴をもっているかを調べよう．$[0,1)$ 上で考えれば，

$$R_\gamma^n x = \langle x+n\gamma\rangle,\quad n\in\mathbb{Z}$$

が成立することが分かる．

そのとき，パラメター γ の値により，2つのケースに分かれる．第1のケースは，$\gamma\in\mathbb{Q}$，すなわち有理数のときである．実際に，$\gamma=p/q$，$p\in\mathbb{Z}$，$q\in\mathbb{N}$ とすれば，$R_\gamma^q x=\langle x+q\gamma\rangle=\langle x+p\rangle=x$ だから，R_γ^q は $\mathbb{T}$ 上で恒等変換となる．第2のケースは，γ が無理数のときであり，この場合には，固定した1個の x にたいして，$\{R_\gamma^n x;\ 0\leqq n<\infty\}$ は無限集合となり，詳しい考察が必要となるが，C. H. H. Weyl(1914)の研究が基本となる．次の定理は Fourier 級数を使った証明(演習問題1.4の解，[17]参照)もできるが，ここでは初等的な証明を試みる．

定理 1.1（一様分布定理）　γ が無理数ならば $\mathbb{T}$ 上の任意の連続関数 $f(x)$ にたいして，

$$(1.5)\qquad \lim_{N\to\infty}\frac{1}{N}\sum_{k=0}^{N-1} f(R_\gamma^k x) = \int_{\mathbb{T}} f(u)d\mu(u)$$

は一様収束する．

［証明］　$[0,1)$ 上の連続関数 $f(x)$ が $\mathbb{T}$ 上の連続関数と同一視される必要十分条件は $f(0)=\lim_{x\to 1-0} f(x)$ であることに注意しておこう．$M\equiv\max\{|f(u)|;\ u\in\mathbb{T}\}$ とおく．Riemann 積分の定義から，任意に与えた $\varepsilon>0$ にたいして，δ，$0<\delta<\varepsilon/M$ をうまく選べば，区間 $[0,1)$ を幅 δ 以下の有限個の小区間 $[a_k, a_{k+1})$，$0\leqq k\leqq K'-1$ に任意に分割し，各小区間から点 $\xi_k\in[a_k, a_{k+1})$ を自由にとっても，

$$(1.6)\qquad \left|\int_{\mathbb{T}} f(u)d\mu(u) - \sum_{k=0}^{K'-1} f(\xi_k)(a_{k+1}-a_k)\right| < \varepsilon$$

が成立するようにできる.

ところで，無限点列 $x_n \equiv R_\gamma^n x$, $n=1,2,3,\cdots$ を考えれば，これらの有限個の小区間のどれかの中に 2 つ以上の点 x_k, x_l, $k>\ell$ が同時に入らなければならない．このとき，$d(x_k, x_\ell)<\delta$ となる．一般に勝手な y にたいして，$d(R_\gamma x, R_\gamma y)=d(x,y)=d(x-y,0)$ が成立するから，$m=k-\ell$, $y_m=R_\gamma^m y$ とおくと，$\Delta \equiv d(y_m, y)=d(x_m, x)=d(x_k, x_\ell)<\delta$ である．γ が無理数だから，$\Delta>0$ である.

そこで，自然数 K を $K=[1/\Delta]$ ととると，$K\Delta \leqq 1 \leqq (K+1)\Delta$ であり，$\{0, 1, R_\gamma^{km}y,\ 0\leqq k<K\}$ は区間 $[0,1]$ 内で，幅 Δ 以下で並んでいる．これらを端点とする分割を考えれば，

$$\left|\int_{\mathbb{T}} f(u)d\mu(u) - \sum_{k=0}^{K-1} f(R_\gamma^{km}y)\Delta\right| < \varepsilon + M\delta < 2\varepsilon$$

なる評価がどんな y にたいしても一様に成り立つことが，式(1.6)から分かる．$N=nmK+L$, $0\leqq L<mK$ とおくと

$$\sum_{k=0}^{N-1} f(R_\gamma^k x) = \sum_{\ell=0}^{n-1}\sum_{j=0}^{m-1}\sum_{k=0}^{K-1} f(R_\gamma^{mk}R_\gamma^{j+\ell mK}x) + \sum_{j=0}^{L-1} f(R_\gamma^j R_\gamma^{mnK}x)$$

だから，

$$\left|\int_{\mathbb{T}} f(u)d\mu(u) - \frac{1}{N}\sum_{k=0}^{N-1} f(R_\gamma^k x)\right| \leqq \frac{|nm-N\Delta|}{N\Delta}M + \frac{LM}{N} + \frac{2mn\varepsilon}{N\Delta}.$$

$N\to\infty$ のとき，右辺の上極限は 2ε で押さえられる．右辺は x に依存せず $\varepsilon>0$ は任意だから，定理を得る. ∎

次で定義される $\overline{f}(x)$ と $\underline{f}(x)$ をそれぞれ，関数 $f(x)$ の**前向き時間平均**，**後ろ向き時間平均**と言う：

$$\overline{f}(x) \equiv \lim_{N\to\infty}\frac{1}{N}\sum_{k=0}^{N-1} f(R_\gamma^k x), \quad \underline{f}(x) \equiv \lim_{N\to\infty}\frac{1}{N}\sum_{k=0}^{N-1} f(R_\gamma^{-k} x).$$

今の場合には，関係式 $\overline{f}(x)=\underline{f}(x)=$「$f$ の測度 μ による平均」がすべての点 x で成立している．この形の「時間平均 ＝ 平均」を主張する命題はエル

ゴード定理と呼ばれ，その一般論は章を改めて展開される．力学系がこの性質をもつとき**エルゴード性**をもつとか**エルゴード的**であるとか言っている．次の系は，定理の証明からもすぐ分かるし，定理からも示せる．

系 1.2　γ が無理数ならば，すべての $x\in\mathbb{T}$ にたいして，点列 $\{R_\gamma^n x;\ n=0,1,2,\cdots\}$ は $\mathbb{T}$ で稠密である．　□

(c)　r-進変換

トーラス $\mathbb{T}$ 上で，$r\in\mathbb{Z}$, $x\in\mathbb{R}$ にたいして，$\langle r\langle x\rangle\rangle=\langle rx\rangle$ が成立するので，$R_{(r)}x=\langle rx\rangle$ で新しく変換を導入すると，トーラス上で $R_{(r)}$ は，群としての自己準同型かつ連続変換である．ここでは，$r=2$ のとき，$T=R_{(2)}$ にたいして，考察してみよう．前の2つの場合と大きく異なる点は，T が単射(injective)ではないことである．実際，T の核(kernel)は，$T^{-1}0=\{0,1/2\}$ である．したがって，

$$T^{-n}x=\left\{\frac{x+k}{2^n};\ 0\leqq k<2^n\right\}$$

である．言い替えれば，全ての2-進小数は最終的には0に吸収される．すなわち，x が2-進小数ならば，十分大きな n にたいして，$T^n x=0$ となる．

このTに限らず，一般の力学系 T において，もし

$$T^p x=x,\quad T^n x\neq x,\quad 1\leqq n<p \tag{1.7}$$

が成立すれば，x は**周期**(period) p の**周期点**(periodic point)と言う．とくに，$Tx=x$ のとき，x は T の**固定点**(あるいは不動点)と言う．例えば，2-進変換 $T=R_{(2)}$ において $x=5/7$ を考えれば，$T5/7=3/7$, $T^2 5/7=6/7$, $T^3 5/7=5/7$ となり，5/7 は周期3の周期点である．また，0は固定点である．

命題 1.3　x が最終的に周期点に吸収される必要十分条件は，x が有理点であることである．　□

x が無理数のとき，どのように振る舞うかは一概に言えないが，μ-測度0の集合を除外した点 $x\in\mathbb{T}$ にたいしては空間全体に一様に分布していくことは，次の命題と後で示される定理1.16，定理1.18により分かる．

命題 1.4　T-不変な可測関数は殆ど至るところ定数に一致する．ただし，

関数 $f(x)$ が **T-不変関数**(invariant function)とは $f(Tx)=f(x)$ μ-a.e. x すなわち $\mu(\{x;\,f(Tx)\neq f(x)\})=0$ が成立することである．

［証明］　最初に $f(x)$ が L^2-関数のときに示す．トーラス上だから Fourier 級数で

$$f(x)=\sum_{k\in\mathbb{Z}}a_k\exp[2\pi ikx]$$

と展開され，T-不変性から，

$$f(T^nx)=\sum_{k\in\mathbb{Z}}a_k\exp[2\pi ik2^nx]=f(x)=\sum_{k\in\mathbb{Z}}a_k\exp[2\pi ikx]\quad \mu\text{-a.e. }x$$

を得る．Fourier 係数の一意性から，もし $k\neq\ell 2^n$, $\ell\in\mathbb{Z}$, ならば $a_k=0$ でなければならない．全ての $n\in\mathbb{N}$ について言えるから，a_0 を除いて，全ての $k\neq 0$ にたいして $a_k=0$ となり，$f(x)$ は L^2 の要素として定数と一致する．$f(x)$ が L^2-関数でないときには，例えば，$g(x)\equiv f(x)/(1+|f(x)|)$ を考察すればよい．　■

§1.2　記号力学系

有限集合 $\mathcal{S}$ を考え，その各要素を**記号**(symbol)(または，**アルファベット**(alphabet))，記号の有限列を**単語**(word)と呼び，記号の無限列 $\boldsymbol{x}=(i_n)_n$ にたいして，添え字の番号 n を 1 つ増して文字列を左へ 1 つずらす写像 σ を**シフト**(shift)と言う．シフトを力学系と考えることを強調するときには，**記号力学系**(symbolic dynamics)と言う．ただし，記号の無限列としては片側無限列を考えることもある．記号力学系のきちんとした定義を与えておこう．

有限集合 $\mathcal{S}$ の要素の数は s としよう．このとき場合によっては，要素自体に番号を付けて $\mathcal{S}=\{1,2,\cdots,s\}$ と見なすことも多い．$\mathcal{S}$ の要素の両側，片側無限列全体の空間 $\Sigma\equiv\mathcal{S}^{\mathbb{Z}}$, $\Sigma^+\equiv\mathcal{S}^{N_0}$ は，**直積位相**(product topology)に関して，それぞれ**コンパクト**(compact)になる．この位相は，次のような距離 $d(\boldsymbol{x},\boldsymbol{y})$ から定まる位相と一致する：まず，無限列 $\boldsymbol{x}=(i_n)_n\in\Sigma$ (Σ^+) にたいして，その第 n-座標を $\omega_n(\boldsymbol{x})\equiv i_n$ と定め，$\omega_m(\boldsymbol{x})\neq\omega_m(\boldsymbol{y})$ かつ任意の

n, $|n|<|m|$ にたいして $\omega_n(\boldsymbol{x})=\omega_n(\boldsymbol{y})$ ならば，

$$d(\boldsymbol{x},\boldsymbol{y}) \equiv 2^{-|m|} \tag{1.8}$$

と定義する．シフト σ は

$$\omega_n(\sigma\boldsymbol{x}) \equiv \omega_{n+1}(\boldsymbol{x}) \tag{1.9}$$

で定義される Σ (または Σ^+) 上の連続な写像であり，特に，両側無限列空間 Σ 上ではシフト σ は可逆で，同相写像となる．

Σ (Σ^+) の部分集合 M は，

$$\sigma M = M, \quad \sigma M \equiv \{\sigma x;\, x \in M\}$$

を充たすとき，シフト(あるいは σ-)不変であると言う．閉部分集合 M がシフト不変なとき，σ の M への制限を考えることができる．これを σ_M と表し，**サブシフト**(subshift)と言う．混乱を生じない限り単に $\sigma=\sigma_M$ と表すことが多い．

$\mathcal{S}$ から m 個の点列 $i_0, i_1, \cdots, i_{m-1}$ を選び，**柱状集合**(cylindrical set)を

$$\begin{aligned}&{}_n[i_0, i_1, \cdots, i_{m-1}]_{n+m-1}\\ &\quad \equiv \{\boldsymbol{x} \in \Sigma;\ \omega_n(\boldsymbol{x}) = i_0,\ \omega_{n+1}(\boldsymbol{x}) = i_1,\ \cdots,\ \omega_{n+m-1}(\boldsymbol{x}) = i_{m-1}\}\end{aligned}$$

で定義する．このような有限点列 $\boldsymbol{a}=i_0 i_1 \cdots i_{m-1}$ を長さ m の**単語**とも言う．簡単のため，上の柱状集合を ${}_n[\boldsymbol{a}]_{n+m-1}$ とも記す．

集合 $\mathcal{S}$ の要素の数を s として，係数が 0 と 1 の $s\times s$-行列 $\boldsymbol{A}=(A_{i,j})_{i,j\in\mathcal{S}}$ を与えて，

$$\Sigma_A \equiv \{\boldsymbol{x} \in \Sigma;\ A_{\omega_n(\boldsymbol{x}),\omega_{n+1}(\boldsymbol{x})} = 1,\ n \in \mathbb{Z}\}$$

と定義すると，σ-不変な閉集合 Σ_A が得られる．(Σ_A, σ) を **Markov サブシフト**あるいは単に **Markov シフト**，$\boldsymbol{A}$ を**構造行列**(structure matrix)と呼んでいる．同様に，Σ_A^+ も定義される．

一例として，$\mathcal{S}=\{0,1\}$ において構造行列が

$$\boldsymbol{A} = \begin{pmatrix} 1 & 1 \\ 1 & 0 \end{pmatrix} \tag{1.10}$$

で与えられる Markov サブシフト (Σ_A^+, σ) を考察してみよう．$N_n(\boldsymbol{A})$ で，長さ n の単語で Σ_A^+ に現れる種類の数を表そう：$\boldsymbol{A}$ の係数 $A_{i,j}$ は i から j に

1 歩で到達する行き方の数と見なすことができ，$\boldsymbol{A}^2=(A^{(2)}_{i,j})^1_{i,j=0}$ の係数 $A^{(2)}_{i,j}$ は i から j に 2 歩で行く行き方の数である．実際に 0 から 0 に行くには，000, 010 の 2 種類，0 から 1 に行くには，001 の 1 種類だけで，確かに成り立っている．一般に，$\boldsymbol{A}^n$ の係数 $A^{(n)}_{i,j}$ は，n 歩で i から j へ行く行き方の数を表しているから，

$$N_n(\boldsymbol{A}) \equiv {}^\sharp\{(\omega_0(\boldsymbol{x}),\omega_1(\boldsymbol{x}),\cdots,\omega_{n-1}(\boldsymbol{x}));\ \boldsymbol{x}\in\Sigma^+_A\}$$
$$=(1,1)\boldsymbol{A}^{n-1}\begin{pmatrix}1\\1\end{pmatrix}=\sum_{i,j=0}^{1}A^{(n-1)}_{i,j},$$

ただし，${}^\sharp E$ は集合 E の要素の個数を表す．今の場合には，行列 $\boldsymbol{A}^{n-1}$ の係数は単純な構造をしており，

$$\boldsymbol{A}^{n-1}=\begin{pmatrix}f_n & f_{n-1}\\ f_{n-1} & f_{n-2}\end{pmatrix} \tag{1.11}$$

の形をしていて，係数 f_n は次の規則で定まっている：

$$f_n=f_{n-1}+f_{n-2},\quad f_0=0,\ f_1=1,\ f_2=1. \tag{1.12}$$

この数列は有名な **Fibonacci 数列**である．それは，0, 1, 1, 2, 3, 5, 8, 13, 21, 34, 55, … となり，その増大の様子はよく知られているが，行列 $\boldsymbol{A}$ の性質を利用して考えてみよう．$\boldsymbol{A}$ の固有値は $\lambda_+=\dfrac{\sqrt{5}+1}{2}$ と $\lambda_-=\dfrac{-\sqrt{5}+1}{2}$ であり，対応する長さ 1 の固有ベクトルはそれぞれ

(1.13)

$$\boldsymbol{X}_+=\begin{pmatrix}\alpha\\ \beta\end{pmatrix},\quad \boldsymbol{X}_-=\begin{pmatrix}-\beta\\ \alpha\end{pmatrix},\quad \alpha=\sqrt{\frac{5+\sqrt{5}}{10}},\ \beta=\sqrt{\frac{5-\sqrt{5}}{10}}$$

で与えられるから，次の表現が求まる：

$$\boldsymbol{A}=\boldsymbol{P}^{-1}\begin{pmatrix}\lambda_+ & 0\\ 0 & \lambda_-\end{pmatrix}\boldsymbol{P},\quad \boldsymbol{P}=\begin{pmatrix}\alpha & \beta\\ -\beta & \alpha\end{pmatrix}$$

したがって，

$$\boldsymbol{A}^n=\boldsymbol{P}^{-1}\begin{pmatrix}\lambda_+^n & 0\\ 0 & \lambda_-^n\end{pmatrix}\boldsymbol{P}$$

だから，f_n は，

$$f_n = \frac{5+\sqrt{5}}{10}\left(\frac{\sqrt{5}+1}{2}\right)^{n-1} + \frac{5-\sqrt{5}}{10}\left(\frac{-\sqrt{5}+1}{2}\right)^{n-1}$$

である.

$$N_n(\boldsymbol{A}) = (1,1)\boldsymbol{A}^{n-1}\begin{pmatrix}1\\1\end{pmatrix} \equiv f_n + 2f_{n-1} + f_{n-2} = f_{n+2}$$

となり,

$$\lim_{n\to\infty}\frac{1}{n}\log N_n(\boldsymbol{A}) = \lim_{n\to\infty}\frac{1}{n}\log f_{n+2} = \log\frac{\sqrt{5}+1}{2} \tag{1.14}$$

を得る.

この系の周期点について考察するが，最初に次のやさしい事実に注意しよう.

命題 1.5　(Σ_A^+, σ) および (Σ_A, σ) は全ての周期をもつ.

[証明]　与えられた周期 p にたいして，1 の後に 0 が $p-1$ 個並んだものが繰り返される Σ_A の要素 $\boldsymbol{x}^p$ が周期 p の周期点である. ∎

本当は σ の周期 p の周期点の数を数えたいのだが，もっと簡単な，σ^p の固定点の数 $N_p(\boldsymbol{A}, \mathrm{fix})$ を数えてみよう. $\boldsymbol{x}$ が σ^p の固定点とすると

$$\boldsymbol{x} = (i_0, i_1, \cdots, i_{p-1}, i_0, i_1, \cdots, i_{p-1}, i_0, \cdots)$$

の形をしている. これが，Σ_A^+ の元であるためには,

$$A_{i_k, i_{k+1}} = 1, \quad 0 \leqq k < p-1, \quad A_{i_{p-1}, i_0} = 1$$

が成立しなければならない. i_0 を固定して考えると，p 歩で i_0 から i_0 まで行く行き方の数が必要で，それは $\boldsymbol{A}^{(p)}_{i_0, i_0}$ である. よって，$N_p(\boldsymbol{A}, \mathrm{fix}) = \mathrm{trace}\,(\boldsymbol{A}^p)$ が結論である. このことから，周期 p の周期点の個数 $N_p(\boldsymbol{A}, \mathrm{period})$ にたいして,

(1.15)

$$\lim_{p\to\infty}\frac{1}{p}\log N_p(\boldsymbol{A}, \mathrm{period}) = \lim_{p\to\infty}\frac{1}{p}\log N_p(\boldsymbol{A}, \mathrm{fix}) = \log\frac{\sqrt{5}+1}{2}.$$

力学系の **ζ-関数**

$$\zeta(s) \equiv \exp\left[\sum_{n=1}^{\infty}\frac{N_n(\boldsymbol{A}, \mathrm{fix})}{n}s^n\right]$$

を導入しよう．今の場合には，計算できて，

$$\zeta(s) = \exp\left[\sum_{n=1}^{\infty} \frac{\mathrm{trace}(\boldsymbol{A}^n)}{n} s^n\right] = \exp[-\mathrm{trace}(\log(\boldsymbol{I} - s\boldsymbol{A}))] = \det(\boldsymbol{I} - s\boldsymbol{A})^{-1} = \frac{1}{1+s-s^2} \tag{1.16}$$

となる．

したがって ζ-関数の収束半径を ρ_A とおくと，$-\log\rho_A$ は上の極限値(1.15)と一致しているが，あとで見るように一般論としても深い意味があり，その値はサブシフトの位相的エントロピーであり，測度論的エントロピーの最大値でもあり，さらにその最大値に到達する不変測度は，Markov 連鎖の測度である．もう一言，位相力学系としての特徴を述べておくと，位相的可遷と位相的混合性，擬軌道追跡性をもっていることが容易に分かる(言葉の定義は§1.6を，証明は第3章を参照されたい)．

注意 1.6　想像できるように，σ^p の固定点の数 $N_p(\boldsymbol{A}, \mathrm{fix})$ は周期 p の周期点の数 $N_p(\boldsymbol{A}, \mathrm{period})$ と深く関わっている．$N_p(\boldsymbol{A}, \mathrm{orbit}) \equiv N_p(\boldsymbol{A}, \mathrm{period})/p$ は**周期軌道**(periodic orbit)(あるいは閉軌道(closed orbit))の数を意味している．ζ-関数は次の無限積で表示でき，Riemann の ζ-関数との類似性がある．τ を周期軌道，$|\tau|$ をその周期とすると，$n \geqq 1$ を固定して，

$$\sum_{(k,\tau):k|\tau|=n} |\tau| = N_n(\boldsymbol{A}, \mathrm{fix})$$

なる関係があるから，

$$\prod_{\tau}(1-s^{|\tau|})^{-1} = \exp\left[-\sum_{\tau}\log(1-s^{|\tau|})\right] = \exp\left[\sum_{\tau}\sum_{k=1}^{\infty}\frac{1}{k}s^{k|\tau|}\right]$$
$$= \exp\left[\sum_{n=1}^{\infty}\frac{1}{n}\sum_{(k,\tau):k|\tau|=n} s^n\right] = \exp\left[\sum_{n=1}^{\infty}\frac{1}{n}N_n(\boldsymbol{A}, \mathrm{fix})s^n\right] = \zeta_A(s)$$

と表現できる．

§1.3　2次元トーラス上の力学系

2次元トーラス $\mathbb{T}^2$ は群としても，位相空間としても，多様体としても，1

次元トーラス $\mathbb{T}$ の直積空間の構造をもっている．また，2次元の区間 $[0,1)\times[0,1)$ と同一視される．そこでの μ の直積測度を μ^2 と記そう．この節では，1次元トーラスで調べた回転が2次元トーラスではどうなるかを考えよう．

(a)　回転：連続時間

$(\gamma_1,\gamma_2)\in\mathbb{R}^2$ を固定して，$\mathbb{T}^2$ 上の力学系 $\{R_t;\, t\in\mathbb{R}\}$ を

$$R_t\colon\ (x_1,x_2)\mapsto(\langle x_1+\gamma_1 t\rangle,\ \langle x_2+\gamma_2 t\rangle)$$

と定義する．この力学系の軌道の性質は γ_1,γ_2 が有理数体 $\mathbb{Q}$ 上で一次従属な場合，つまり，$n_1\gamma_1+n_2\gamma_2=0$ となる0でない整数 n_1,n_2 が存在するときと，一次独立な場合で全く異なることが，以下の議論から分かる．

議論の仕方はいく通りもあるが，ここでは **Poincaré 写像**(Poincaré map)(または**帰還写像**(return map))と呼ばれているものを利用して行う．簡単のために，$\gamma_2>0$ と仮定し，集合 $G\equiv\{(x_1,0);\, x_1\in\mathbb{T}\}$ を考えよう．G 上の点 $\boldsymbol{x}=(x_1,0)$ から出発した軌道 $R_t\boldsymbol{x}$ は，必ず $\tau\equiv1/\gamma_2$ 時間後に再び G に戻ってくる．そこで，点 $R_\tau\boldsymbol{x}$ の第1座標を Tx_1 と表し，x_1 に Tx_1 を対応させる写像 T を Poincaré 写像と言う．つまり，

$$R_\tau(x_1,0)=(Tx_1,0)$$

である．この場合，T は1次元トーラスの回転

$$Tx_1=\langle x_1+\gamma_1\tau\rangle=\langle x_1+\gamma_1/\gamma_2\rangle$$

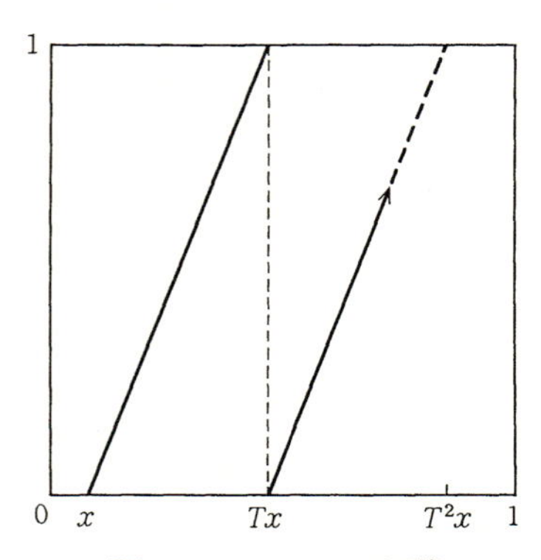

図 1.2　Poincaré 写像

となり，写像 T と帰還時間 τ を用いれば流れ $\{R_t\}$ を記述することができる.

第1のケースは，γ_1, γ_2 が有理的に一次従属($\mathbb{Q}$ 上で一次従属)の場合である．このときには，Poincaré 写像 T が有理数 γ_1/γ_2 の回転(§1.1(b)の第1ケース)となるから，T が周期をもち，したがって，全ての点 $\boldsymbol{x}=(x_1, x_2)\in\mathbb{T}^2$ が同じ周期の周期点となる．すなわち，$R_{t_0}\boldsymbol{x}=\boldsymbol{x}$, $R_t\boldsymbol{x}\neq\boldsymbol{x}$, $0<t<t_0$ が成立するような $t_0>0$ が存在する.

第2のケースは，γ_1, γ_2 が有理的に一次独立($\mathbb{Q}$ 上で一次独立)なときである．$\{T^n x_1;\ n\geqq 0\}$ は一様に $\mathbb{T}$ 上を動くから，$\{R_t\boldsymbol{x};\ t\geqq 0\}$ も $\mathbb{T}^2$ 上を一様に動く．実際に，Weyl の定理が次のように成立する.

命題 1.7　γ_1 と γ_2 が有理的に一次独立ならば $\mathbb{T}^2$ 上の任意の連続関数 $f(x_1, x_2)$ にたいして,

$$\lim_{L\to\infty}\frac{1}{L}\int_0^L f(R_t\boldsymbol{x})dt=\int_{\mathbb{T}^2} f(\boldsymbol{u})d\mu^2(\boldsymbol{u})$$

は一様収束する.

［証明］　$\gamma_2>0$ のときに示す．(x_1, x_2) にたいして,

$$g(x_1)=\int_{-x_2/\gamma_2}^{\tau-x_2/\gamma_2} f(R_t(x_1, x_2))dt$$

と定義し，$K=[\gamma_2 L]$ とおくと，$g(x_1)$ は $\mathbb{T}$ 上の連続関数となる．定理 1.1 を適用すれば,

$$\begin{aligned}\frac{1}{L}\int_0^L f(R_t(x_1, x_2))dt &= \frac{1}{L}\sum_{k=0}^{K-1} g(T^k x_1)-\frac{1}{L}\int_{-x_2/\gamma_2}^{0} f(R_t(x_1, x_2))dt\\ &\quad+\frac{1}{L}\int_{-x_2/\gamma_2}^{L-K/\gamma_2} f(R_t(T^K x_1, x_2))dt\\ &\to \gamma_2\int_{\mathbb{T}} g(u_1)d\mu(u_1)=\int_{\mathbb{T}^2} f(u_1, u_2)d\mu^2(u_1, u_2).\end{aligned}$$

ここで，一様収束性は，1次元の結果から分かる.　∎

(b)　回転：離散時間

γ_1, γ_2 にたいして，$R\boldsymbol{x}=R_{(\gamma_1, \gamma_2)}\boldsymbol{x}\equiv(\langle x_1+\gamma_1\rangle, \langle x_2+\gamma_2\rangle)$ を考えると，$1, \gamma_1, \gamma_2$ が有理的に一次独立かどうかによって軌道の様子が異なる.

第1のケースは，γ_1,γ_2 が共に有理数の場合で，$\mathbb{T}^2$ の全ての点は同じ周期の周期点となる．

第2のケースは，γ_1,γ_2 の少なくとも一方が無理数で，有理的に一次従属なときである．簡単のため，γ_1/γ_2 が有理数のときのみ考察するが，他のときも同様なことが成立する．これらの γ_1,γ_2 に対応した(a)項の $\{R_t\}$ を構成する．明らかに，交換関係 $RR_t=R_tR$ が成立する．したがって，R はその周期軌道 $\{R_t\boldsymbol{x};\ t\in\mathbb{R}\}$ を不変にしており，$\{R^n\boldsymbol{x};\ n\in\mathbb{Z}\}$ はその軌道上を一様に動いている．一様分布定理(定理1.1)は，少し変形された形になる．

命題1.8　無理数 γ_1,γ_2 が有理的に一次従属ならば $\mathbb{T}^2$ 上の任意の連続関数 $f(\boldsymbol{x})$ にたいして，

$$\overline{f}(x_1,x_2)\equiv\lim_{N\to\infty}\frac{1}{N}\sum_{k=0}^{N-1}f(\langle x_1+k\gamma_1\rangle,\langle x_2+k\gamma_2\rangle)=\frac{1}{\ell}\int_0^{\ell}f(R_t(x_1,x_2))dt$$

は一様収束する．ただし，ℓ は R_t の周期である．したがって，$\overline{f}(x_1,x_2)$ は，各 (x_1,x_2) を通る1次元の部分トーラス(R_t の周期軌道)上で定数である．　□

第3のケースは，$1,\gamma_1,\gamma_2$ が有理的に一次独立の場合であるが，1次元で成立した一様分布定理が成り立つ(演習問題1.4参照)．

命題1.9　$1,\gamma_1,\gamma_2$ が有理的に一次独立ならば $\mathbb{T}^2$ 上の任意の連続関数 $f(\boldsymbol{x})$ にたいして，

$$\lim_{N\to\infty}\frac{1}{N}\sum_{k=0}^{N-1}f(\langle x_1+k\gamma_1\rangle,\langle x_2+k\gamma_2\rangle)=\int_{\mathbb{T}^2}f(u_1,u_2)d\mu^2(u_1,u_2)$$

は一様収束する．　□

§1.4　パン屋の変換

パン屋がパイを作るとき，パイ生地の間にバターを挟んで，めん棒で引き延ばす．それを3つに畳んで，また引き延ばす．この折り畳みと引き延ばしの繰り返しで，バターが薄く満遍なく何層にも重ねて混ぜられる．その結果さくっとした歯ざわりのパイが焼き上がる．この工程の数学的モデルが，**パン屋の変換**(baker's transformation)と呼ばれている次の変換 T である．

空間として正方形 $M=[0,1)^2$ をとり，その上の2次元 Lebesgue 測度 μ^2 を考えよう．T は，$\boldsymbol{x}=(x_1,x_2)\in M$ にたいし，

$$(1.17)\qquad T(x_1,x_2)=\begin{cases}(2x_1,x_2/2) & x_1\in[0,1/2)\\ (2x_1-1,x_2/2+1/2) & x_1\in[1/2,1)\end{cases}$$

で定義する．連続な変換ではないので，位相力学系とは言えないが，区分的には滑らかな全射であり，微分同相写像の重要な性質は十分受け継いでいる．さらに保測性をもっている．

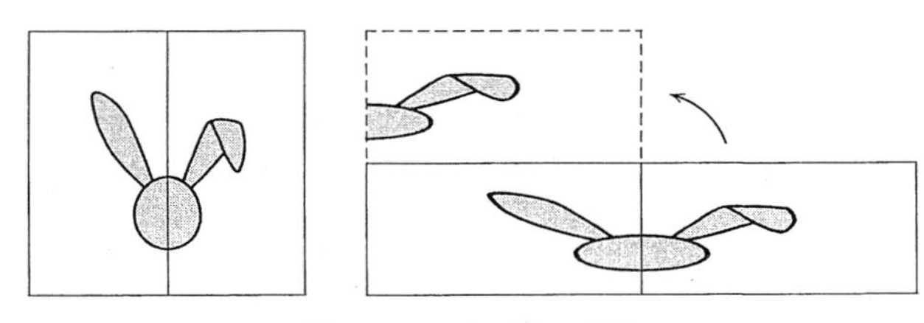

図1.3　パン屋の変換

(a)　安定および不安定局所多様体

M を**横線集合**および**縦線集合**に分ける：$\boldsymbol{x}=(x_1,x_2)$ を通る横線集合を $\gamma_+(\boldsymbol{x})\equiv\{\boldsymbol{y}=(y_1,x_2);\ y_1\in[0,1)\}$，$\boldsymbol{x}=(x_1,x_2)$ を通る縦線集合を $\gamma_-(\boldsymbol{x})\equiv\{\boldsymbol{y}=(x_1,y_2);\ y_2\in[0,1)\}$ と記す．パン屋の変換 T で，横線は2倍に伸び，縦線は1/2倍に縮むから，$\gamma_+(\boldsymbol{x})$ を**不安定局所多様体**(unstable local manifold)，$\gamma_-(\boldsymbol{x})$ を**安定局所多様体**(stable local manifold)と呼んでいる．注目すべき性質は，

$$\boldsymbol{y}\in\gamma_\pm(\boldsymbol{x})\ \Longrightarrow\ \gamma_\pm(\boldsymbol{x})=\gamma_\pm(\boldsymbol{y}),$$

$$T\gamma_-(\boldsymbol{x})\subset\gamma_-(T\boldsymbol{x}),\quad T^{-1}\gamma_+(\boldsymbol{x})\subset\gamma_+(T^{-1}\boldsymbol{x}),$$

$$\boldsymbol{y}\in\gamma_\mp(\boldsymbol{x})\ \Longrightarrow\ d(T^{\pm n}\boldsymbol{x},T^{\pm n}\boldsymbol{y})=2^{-n}d(\boldsymbol{x},\boldsymbol{y}),\ n=0,1,2,\cdots.$$

ここに $d(\boldsymbol{x},\boldsymbol{y})$ は空間 M 上の距離である．実はもう2つ隠れた重要な性質がある．第1は，測度 μ^2 が各局所多様体上の測度に分解できること(確率論的に言えば，各局所多様体での**条件付き確率**(conditional probability)が各線分上の Lebesgue 測度に絶対連続と言うこと)である．この場合には **Fubini**

の定理から，あまりにも明らかな次の式が成立する：Borel 集合 $A \subset M$ にたいして

$$\mu^2(A) = \int_0^1 dx_1 \int_{\gamma_-(x_1,x_2)\cap A} dy_2 = \int_0^1 dx_2 \int_{\gamma_+(x_1,x_2)\cap A} dy_1. \tag{1.18}$$

第2は，2点 $\boldsymbol{x}$, $\boldsymbol{y}$ を通る安定局所多様体 $\gamma_-(\boldsymbol{x}), \gamma_-(\boldsymbol{y})$ を考え，点 $\boldsymbol{u} \in \gamma(\boldsymbol{x})$ にたいし，交点 $\boldsymbol{v} \equiv \gamma_+(\boldsymbol{u}) \cap \gamma_-(\boldsymbol{y})$ を対応させる写像 $\psi_{\boldsymbol{x},\boldsymbol{y}} : \boldsymbol{u} \mapsto \boldsymbol{v}$ を**標準写像** (canonical map) と呼んでいるが，これが絶対連続であることである．このケースでは区間を同じ長さの区間に写すから保測な写像になっている．

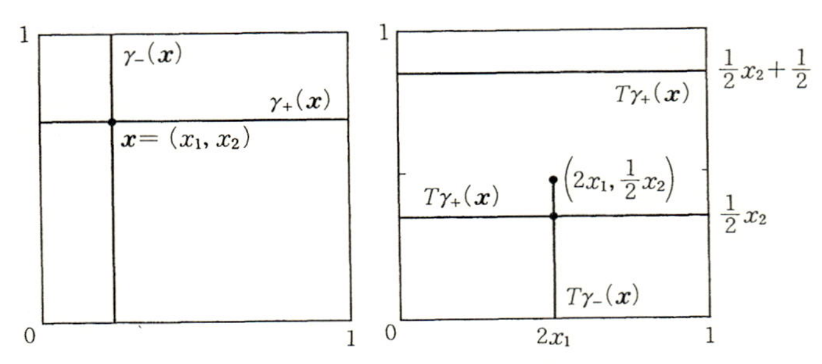

図 1.4　安定および不安定局所多様体

(b)　エルゴード性

パン屋の変換のエルゴード性はいろいろな証明がある．ここでは，安定および不安定局所多様体を利用した証明を考えてみよう．この方法は微分同相写像(例えば **Anosov 系**)にたいする典型的な方法である．

命題 1.10　パン屋の変換はエルゴード的である．

[証明]　M 上の **Lipschitz 連続**な関数 $f(\boldsymbol{x})$, $|f(\boldsymbol{x}) - f(\boldsymbol{y})| \leqq Cd(\boldsymbol{x}, \boldsymbol{y})$, にたいして，**時間平均＝空間平均** を示そう．$\boldsymbol{x} \in M$, $\boldsymbol{y} \in \gamma_-(\boldsymbol{x})$ にたいし時間平均 $\overline{f}(\boldsymbol{x})$ と $\overline{f}(\boldsymbol{y})$ との差を評価する：

$$|\overline{f}(\boldsymbol{x}) - \overline{f}(\boldsymbol{y})| = \left| \lim_{N\to\infty} \frac{1}{N} \sum_{n=0}^{N-1} (f(T^n \boldsymbol{x}) - f(T^n \boldsymbol{y})) \right|$$

$$\leqq \lim_{N\to\infty}\frac{1}{N}\sum_{n=0}^{N-1}Cd(T^n\boldsymbol{x},T^n\boldsymbol{y})$$

$$\leqq \lim_{N\to\infty}\frac{1}{N}\sum_{n=0}^{N-1}C2^{-n}d(\boldsymbol{x},\boldsymbol{y})=0.$$

したがって，$\overline{f}(\boldsymbol{x})=\overline{f}(\boldsymbol{y})$ となる．同様に $\boldsymbol{z}\in\gamma_+(\boldsymbol{x})$ にたいし，$\underline{f}(\boldsymbol{x})=\underline{f}(\boldsymbol{z})$ が成立する．（証明から明らかに分かるように，Lipschitz 性は不要で，一様連続性だけで十分である．）さて，集合

$$A\equiv\{\boldsymbol{x};\ \text{極限}\ \overline{f}(\boldsymbol{x}),\ \underline{f}(\boldsymbol{x})\ \text{が存在し，}\ \overline{f}(\boldsymbol{x})=\underline{f}(\boldsymbol{x})\}$$

は Birkhoff の個別エルゴード定理(定理 1.16 あるいは定理 2.8)から $\mu^2(A)=\mu^2(M)=1$ を充たし，

$$(1.19)\quad A^0\equiv\{\boldsymbol{x}\in A;\ \mu(\gamma_-(\boldsymbol{x})\cap A)=1,\ \mu(\gamma_+(\boldsymbol{x})\cap A)=1\}$$

とおくと，式(1.18)により，$\mu^2(A^0)=1$ となる．いま，2 点 $\boldsymbol{x}=(x_1,x_2)$, $\boldsymbol{y}=(y_1,y_2)\in A^0$ を勝手に選ぶと，(1.19)により，殆ど全ての $z_2\in[0,1)$ にたいして，$(x_1,z_2)\in A$ かつ $(y_1,z_2)\in A$ となり，この両方を充たす z_2 が存在するのでそれを固定する．$\boldsymbol{u}=(x_1,z_2)$, $\boldsymbol{v}=(y_1,z_2)\in A$ だから，

$$\overline{f}(\boldsymbol{x})=\overline{f}(\boldsymbol{u})=\underline{f}(\boldsymbol{u})=\underline{f}(\boldsymbol{v})=\overline{f}(\boldsymbol{v})=\overline{f}(\boldsymbol{y})$$

を得て，$\overline{f}(\boldsymbol{x})$ が殆ど全ての点である定数に一致する．Lipschitz 連続な関数は $L^1(M,\mu^2)$ で稠密だから証明が完結する．（厳密に言えば時間平均の存在は定理 2.8 まで待つ必要がある．） ∎

(c) Bernoulli 変換との対応

$M_0\equiv[0,1/2)\times[0,1)$, $M_1\equiv[1/2,1)\times[0,1)$ とおくと，$T^{-1}M_0=([0,1/4)\cup[2/4,3/4))\times[0,1)$, $T^{-1}M_1=([1/4,2/4)\cup[3/4,1))\times[0,1)$ が成り立ち，一般には $n\geqq 1$ にたいして，

$$T^{-n}M_0=\bigcup_{k=0}^{2^n-1}\left[\frac{2k}{2^{n+1}},\ \frac{2k+1}{2^{n+1}}\right)\times[0,1),$$

$$T^{-n}M_1=\bigcup_{k=0}^{2^n-1}\left[\frac{2k+1}{2^{n+1}},\ \frac{2k+2}{2^{n+1}}\right)\times[0,1)$$

である．また，$TM_0=[0,1)\times[0,1/2)$, $TM_1=[0,1)\times[1/2,1)$ であり，

$$T^n M_0 = [0,1) \times \bigcup_{k=0}^{2^{n-1}-1} \left[\frac{2k}{2^n}, \ \frac{2k+1}{2^n} \right),$$

$$T^n M_1 = [0,1) \times \bigcup_{k=0}^{2^{n-1}-1} \left[\frac{2k+1}{2^n}, \ \frac{2k+2}{2^n} \right)$$

となる．図示してみると図1.5のようになる．

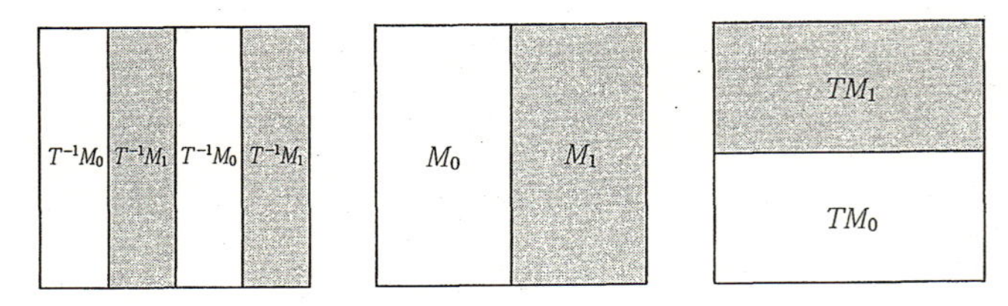

図1.5　分割 $\{M_0, M_1\}$ の動き

$$C(\boldsymbol{x}) \equiv \begin{cases} M_0 & \boldsymbol{x} \in M_0 \\ M_1 & \boldsymbol{x} \in M_1 \end{cases}$$

と定義すると，

$$\gamma_+(\boldsymbol{x}) = \bigcap_{n=1}^{\infty} T^n C(T^{-n}\boldsymbol{x}), \quad \gamma_-(\boldsymbol{x}) = \bigcap_{n=0}^{\infty} T^{-n} C(T^n \boldsymbol{x})$$

という形で局所多様体を構成できることが分かる．点 $\boldsymbol{x}$ に対して $0, 1$ の無限列 $\omega = (a_n)$ を

$$\psi : \boldsymbol{x} \mapsto \omega = (a_n)_{n \in \mathbb{Z}},$$

$$a_n = \begin{cases} 0 & T^n \boldsymbol{x} \in M_0 \\ 1 & T^n \boldsymbol{x} \in M_1 \end{cases}$$

で対応させると，M から $\Sigma = \{0,1\}^{\mathbb{Z}}$ への写像 ψ が定義される．$C(T^{-n}\boldsymbol{x}) = M_{a_n}$ に注意すると，

$$\bigcap_{n \in \mathbb{Z}} T^n M_{a_n} = \gamma_+(\boldsymbol{x}) \cap \gamma_-(\boldsymbol{x}) = \{\boldsymbol{x}\}$$

となり，ψ が単射であることが分かる．$C(T^{-n}T\boldsymbol{x}) = M_{a_{n-1}}$ だから，

$$\psi T\boldsymbol{x} = \sigma\psi\boldsymbol{x}$$

の関係がある．ψ は単射ではあるが全射ではなく，連続ではないので位相力学系の意味で T がシフト σ と同等ではない．しかし，測度論的には同等になっていることが分かる．まず，Σ 上の測度 ν としていわゆる Bernoulli 測度，とくに $B(1/2,1/2)$-Bernoulli 測度と記されるものを考える．すなわち，$(a_{-m}, a_{-m+1}, \cdots, a_{-1}, a_0, a_1, \cdots, a_n) \in \{0,1\}^{n+m+1}$ にたいして，柱状集合 ${}_{-m}[a_{-m}, a_{-m+1}, \cdots, a_{n-1}, a_n]_n$ の ν-測度は，

$$\nu({}_{-m}[a_{-m}, a_{-m+1}, \cdots, a_{n-1}, a_n]_n) = 2^{-n-m-1}$$

と定義される．一方，$\bigcap_{k=-m}^{n} T^k M_{a_k}$ は各辺が 2^{-m-1} と 2^{-n} の長方形であることがわかるから，μ-測度は 2^{-n-m-1} となり，両者が同じ測度をもつ．このことから，$\nu(\Sigma \backslash \psi M) = 0$ が示され，

$$\psi : M \to \psi M \subset \Sigma$$

で考えれば，測度論的に (M, μ^2, T) と (Σ, ν, σ) は同等になる（§1.6(c)参照）．

§1.5　トーラス上の群自己同型

$\boldsymbol{A} = \begin{pmatrix} a & b \\ c & d \end{pmatrix}$ を 2×2-整数行列で正則なものとする．$\boldsymbol{A}$ は $\mathbb{R}^2$ および $\mathbb{Z}^2$ の上へ自然に働いており，それから加群としての 2 次元トーラス $\mathbb{T}^2$ 上の準同型変換が次のように得られる：

$$T_A\boldsymbol{x} \equiv (\langle ax_1 + bx_2\rangle, \langle cx_1 + dx_2\rangle).$$

もし，$\det \boldsymbol{A} = \pm 1$ ならば，T_A は自己同型写像になる．この T_A は，§1.1(c) の 2 倍する変換に類似の性質をもっている．簡単のため

$$\boldsymbol{A} = \begin{pmatrix} 1 & 1 \\ 1 & 0 \end{pmatrix}$$

の場合に限って考察しよう．一般の場合も同様に扱うことができるだろう．

(a)　周期点の個数

まず，T_A^p の固定点の数 $N_p(\boldsymbol{A}, \mathrm{fix})$ を調べよう．固定点 $\boldsymbol{x}$ は $T_A^p\boldsymbol{x} = \boldsymbol{x}$ の解

だから,

$$\begin{pmatrix} 1 & 1 \\ 1 & 0 \end{pmatrix}^p \begin{pmatrix} x_1 \\ x_2 \end{pmatrix} = \begin{pmatrix} x_1+n_1 \\ x_2+n_2 \end{pmatrix}, \quad (n_1, n_2) \in \mathbb{Z}^2$$

を充たす $(x_1, x_2) \in [0,1)^2$, $(n_1, n_2) \in \mathbb{Z}^2$ の存在が問題となる．したがって,

$$(\boldsymbol{A}^p - \boldsymbol{I}) \begin{pmatrix} x_1 \\ x_2 \end{pmatrix} \in \mathbb{Z}^2$$

となる $(x_1, x_2) \in [0,1)^2$ の数が求める固定点の数である．言い替えれば，$\mathbb{R}^2$ 内の区間 $[0,1)^2$ を $\boldsymbol{A}^p - \boldsymbol{I}$ で写せば，平行四辺形になるが，その中に含まれる整数点の個数 q が必要である．この平行四辺形を整数座標だけ平行移動したもので大きな正方形を覆い面積比を調べれば，$|\det(\boldsymbol{A}^p - \boldsymbol{I})|$ が求める数 $q = N_p(\boldsymbol{A}, \mathrm{fix})$ だということが分かる．$\det \boldsymbol{A}^p = (\det \boldsymbol{A})^p = (-1)^p$ だから，式(1.11)と式(1.12)から，$q = a_{p+1} + a_{p-1} - 1 - (-1)^p$ となる．したがって,

$$\lim_{p \to \infty} \frac{1}{p} \log N_p(\boldsymbol{A}, \mathrm{fix}) = \log \frac{\sqrt{5}+1}{2}$$

を得る．また，T_A の ζ-関数は,

$$\zeta_A(s) \equiv \exp\left[\sum_{n=1}^{\infty} \frac{N_n(\boldsymbol{A}, \mathrm{fix})}{n} s^n\right] = \exp\left[\sum_{n=1}^{\infty} \frac{\mathrm{trace}\,(\boldsymbol{A}^n) - 1 - (-1)^n}{n} s^n\right]$$
$$= (1-s^2)\det(\boldsymbol{I} - s\boldsymbol{A})^{-1} = \frac{1-s^2}{1+s-s^2}$$

で与えられる．

(b)　群自己同型の擬軌道追跡性

T_A の局所的性質にも注意を向けよう．それが大域的性質の研究にも資するだろう．(実は T_A の $\mathbb{T}^2$ への働きが，接空間ではどう作用しているのかを調べることに相当しているのだが) $\mathbb{R}^2$ 上での $\boldsymbol{A}$ の作用を調べる．§1.2 の式(1.13)で示したように，$\boldsymbol{A}$ の固有値は $\lambda_+ = \dfrac{\sqrt{5}+1}{2}$ と $\lambda_- = \dfrac{-\sqrt{5}+1}{2}$ で，対応する単位固有ベクトルは,

$$\boldsymbol{X}_+ = \begin{pmatrix} \alpha \\ \beta \end{pmatrix}, \quad \boldsymbol{X}_- = \begin{pmatrix} -\beta \\ \alpha \end{pmatrix}, \quad \alpha = \sqrt{\frac{5+\sqrt{5}}{10}},\ \beta = \sqrt{\frac{5-\sqrt{5}}{10}}$$

であった．図示しておこう．$\boldsymbol{X}_+$ は $\boldsymbol{A}$ の作用で λ_+ 倍に伸張し，$\boldsymbol{X}_-$ は $\boldsymbol{A}$ の作用で向きを反転して，$|\lambda_-|$ 倍に短縮し，この 2 つのベクトルは直交している．2 つの流れ $\{R_t^+\}$ と $\{R_t^-\}$ を導入する:

$$R_t^{\pm}\boldsymbol{x} \equiv \boldsymbol{x}\dot{+}t\boldsymbol{X}_{\pm} \in \mathbb{T}^2.$$

T_A とは交換関係

$$T_A R_t^{\pm} = R_{\lambda_{\pm}t}^{\pm} T_A$$

がある．(幾何学的な言い方をすれば，各 $\boldsymbol{x}$ を通る 2 組の集合 $\Gamma^{\pm}(\boldsymbol{x})$ で各接ベクトルが $\boldsymbol{X}_{\pm}$ のものが存在し，それぞれは $\{R_t^{\pm}\}$ の軌道となっている．あとでは，$\Gamma^+(\boldsymbol{x})$ は不安定多様体あるいは不安定集合，$\Gamma^+(\boldsymbol{x})$ は安定多様体あるいは安定集合と名付けられるだろう．)

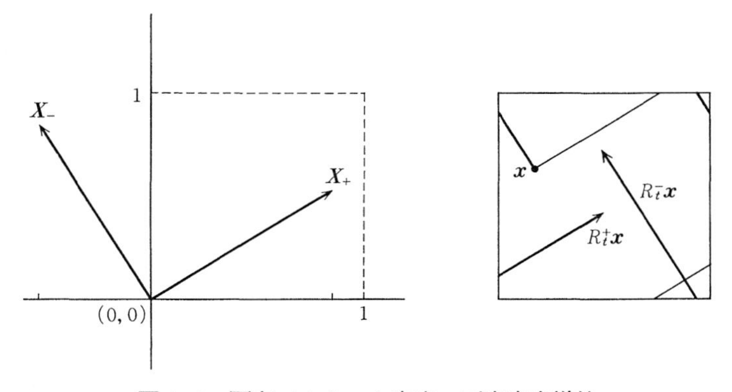

図 1.6 固有ベクトルと安定・不安定多様体

与えられた点 $\boldsymbol{x}^0 \in \mathbb{T}^2$ の近傍で 2 方向 $\boldsymbol{X}_{\pm}$ を使って局所的な座標系を導入する．$\boldsymbol{y}$ の座標が (η_+, η_-) であることは，$\boldsymbol{x}^0$ から $\boldsymbol{X}_{\pm}$-方向へ $\eta_{\pm}$ の点であることを意味する．流れ $\{R_t^{\pm}\}$ を使えば，$\boldsymbol{y} = R_{\eta_+}^+ R_{\eta_-}^- \boldsymbol{x}^0$ ということである．a, $0 < a < 1/4$ にたいして，$\boldsymbol{x}^0$ を中心とした正方形の閉近傍 V を $V \equiv \{R_{\eta_+}^+ R_{\eta_-}^- \boldsymbol{x}^0;\ |\eta_+|, |\eta_-| \leqq a\}$ で定義する．

この座標系のとり方の最初の応用として，次を示そう．擬軌道追跡性の定

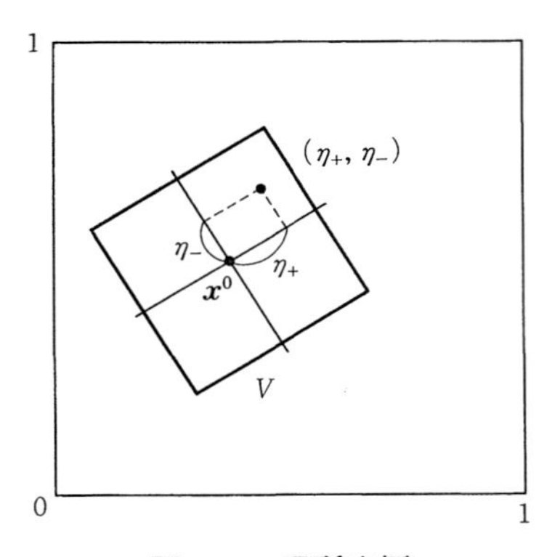

図 1.7 局所座標

義は§1.6 の定義 1.14 を参照のこと.

命題 1.11 2×2-行列 $\boldsymbol{A}$ の最大固有値が 1 より大ならば, T_A は擬軌道追跡性をもつ.

［証明］ 証明は $\boldsymbol{A}=\begin{pmatrix}1 & 1\\ 1 & 0\end{pmatrix}$ の特別なケースに限るが一般の場合も同じ方針でできる. $\delta<(\lambda_+-1)a/4\lambda_+$ と仮定しておき, 記号の簡略化のため, $\rho=|\lambda_-|=1/|\lambda_+|$ とおく. 今 $\{\boldsymbol{x}^n;\ n=0,1,2,\cdots,n,\cdots\}$ を δ-擬軌道とする. 各点 $\boldsymbol{x}^n$ を中心として, 上のような座標近傍を考えておく. ていねいに言えば, $\boldsymbol{x}^n$ の座標近傍 $V_n\equiv\{R^+_{\eta_+}R^-_{\eta_-}\boldsymbol{x}^n;\ |\eta_+|,|\eta_-|\leqq a\}$ で定義し, (η_+,η_-) を点 $R^+_{\eta_+}R^-_{\eta_-}\boldsymbol{x}^n$ の局所座標とする.

まず, $T_A\boldsymbol{x}^0$ と $\boldsymbol{x}^1$ は距離 δ 以内にあるから, $\boldsymbol{x}^1$ の座標近傍内で, $T_A\boldsymbol{x}^0$ の座標は $(\xi^{1,1}_+,\xi^{1,1}_-)$, $|\xi^{1,1}_+|,|\xi^{1,1}_-|<\delta$, と表せる. そこで, $T_A\boldsymbol{x}^0$ と同じ $\boldsymbol{X}_-$-座標をもち, かつまた, $\boldsymbol{x}^1$ と同じ $\boldsymbol{X}_+$-座標 0 をもつ点 $\boldsymbol{y}^{1,1}=(0,\xi^{1,1}_-)$ を定める. このとき, $\boldsymbol{x}^1$ と $\boldsymbol{y}^{1,1}$ の距離は δ 以下であり, 一方 $\boldsymbol{x}^0$ と $\boldsymbol{y}^{0,1}=T_A^{-1}\boldsymbol{y}^{1,1}$ との距離は $\rho|\xi^{1,1}_+|<\rho\delta$ である.

$$d(\boldsymbol{x}^1,\boldsymbol{y}^{1,1})<\delta,\quad d(\boldsymbol{x}^0,\boldsymbol{y}^{0,1})<\rho\delta.$$

次に, $\boldsymbol{x}^2$ の座標近傍を見る. $T_A\boldsymbol{x}^1$ と $T_A\boldsymbol{y}^{1,1}$ の距離は $\rho\delta$ 以下であり, $\boldsymbol{x}^2$ と $T_A\boldsymbol{x}^1$ の距離が δ 以下だから, $d(\boldsymbol{x}^2,T_A\boldsymbol{y}^{1,1})<(1+\rho)\delta<a$ であり, 上と同じく, $\boldsymbol{y}^{2,2}$ を $T_A\boldsymbol{y}^{1,1}$ と同じ $\boldsymbol{X}_-$-座標と $\boldsymbol{x}^2$ と同じ $\boldsymbol{X}_+$-座標をもつように定め

る．このとき，$\boldsymbol{y}^{i,2}=T_A^{i-2}\boldsymbol{y}^{2,2}$，$0\leqq i\leqq 2$ と定義すれば，

$$d(\boldsymbol{x}^2,\boldsymbol{y}^{2,2})<(1+\rho)\delta,\quad d(\boldsymbol{x}^1,\boldsymbol{y}^{1,2})<(1+\rho)\delta,\quad d(\boldsymbol{x}^0,\boldsymbol{y}^{0,2})<\rho(1+\rho)\delta$$

となる．したがって，

$$d(\boldsymbol{x}^3,T_A\boldsymbol{y}^{2,2})<(1+\rho+\rho^2)\delta$$

である．以下この議論を繰り返せば，$\boldsymbol{y}^{n,n}$，$n\in\mathbb{N}$ を選び，$\boldsymbol{y}^{i,n}\equiv T_A^{i-n}\boldsymbol{y}^{n,n}$ が

$$d(\boldsymbol{x}^n,\boldsymbol{y}^{n,n})<\sum_{k=0}^{n-1}\rho^k\delta,\quad d(\boldsymbol{x}^m,\boldsymbol{y}^{m,n})<2\sum_{k=0}^{n-1}\rho^k\delta,\quad 1\leqq m\leqq n-1,$$

$$d(\boldsymbol{x}^0,\boldsymbol{x}^{0,n})<\sum_{k=0}^{n-1}\rho^{k+1}\delta,\quad d(\boldsymbol{y}^{0,n-1},\boldsymbol{y}^{0,n})<\rho^n\delta$$

が成り立つようにできる．さて，$n\to\infty$ を考えると，点列 $\{\boldsymbol{y}^{0,n}\}$ が収束する．その極限点を $\boldsymbol{y}$ とおくと，T_A の連続性から，$\boldsymbol{y}^{m,n}\to T_A^m\boldsymbol{y}$ である．したがって，

$$d(\boldsymbol{x}^m,T_A^m\boldsymbol{y})\leqq\frac{2}{1-\rho}\delta$$

を得るから，最初に与えられた $\varepsilon>0$ にたいして，$\delta<\varepsilon(1-\rho)/2$ にとっておけば結論を得る． ∎

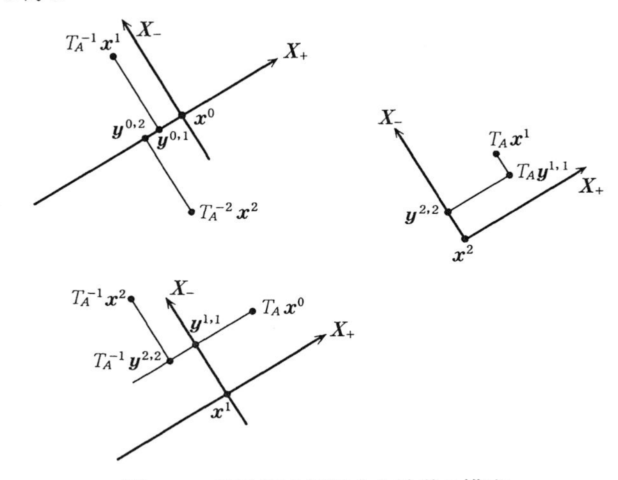

図 1.8　擬軌道を追跡する軌道の構成

(c)　群自己同型のエルゴード性

エルゴード性の証明にも，局所構造が有効に利用できる．

命題 1.12　T_A はエルゴード的である．

[証明]　パン屋の変換と同じ理由により，Lipschitz 連続な関数の前向き時間平均 $\overline{f}$ は $\boldsymbol{x}\in\mathbb{T}^2$ を通る安定多様体上で定数であり，後ろ向き時間平均 $\underline{f}$ は $\boldsymbol{x}$ を通る不安定多様体上で定数となる．また $\overline{f}(\boldsymbol{x})=\underline{f}(\boldsymbol{x})$ が殆ど全ての $\boldsymbol{x}$ で成り立っている．前述のように，$\mathbb{T}^2$ の各点の開近傍 V として，不安定多様体と安定多様体で囲まれた正方形 $V=\{(\eta_+,\eta_-);\ |\eta_+|,|\eta_-|<a\}$，$a<1/4$ をとれる．以上に注意すれば，パン屋の変換のエルゴード性の証明とまったく同じに，各 V 上で $\overline{f}$ が殆ど至るところ定数であることが示せる．さらに，このような開近傍で 2 次元トーラス全体を覆うことができ，近傍の共通集合上では，同じ定数に殆ど至るところ一致しなければならない．これから結論を得る． ∎

注意 1.13　上では，わざと安定および不安定多様体の両方を利用した証明を示したが，実は $\overline{f}(x)$ が流れ $\{R_t^-\}$ で不変であることと，$\{R_t^-\}$ がエルゴード的なことから，$\overline{f}(x)$ が殆ど至るところ定数となり(定理 1.16)，T_A のエルゴード性が示されたことになる(定理 1.18)．もちろん，$\underline{f}(x)$ と $\{R_t^+\}$ を利用してもよい．

(d)　群自己同型の Markov 分割

T_A の動きを $\mathbb{T}^2$ の被覆空間である $\mathbb{R}^2$ の上で眺めて，$\mathbb{T}^2$ に引き戻すことを考えよう．$\mathbb{Z}^2\subset\mathbb{R}^2$ の格子点 (i,j) を通り拡大する方向 $\boldsymbol{X}_+$ の直線を $\ell^+_{i,j}$，縮小する方向 $\boldsymbol{X}_-$ の直線を $\ell^-_{i,j}$ と記すことにしよう．$\ell^\pm_{0,0}$，$\ell^+_{-1,0}$，$\ell^\pm_{0,1}$，$\ell^-_{1,1}$ の 6 本の直線を引き，それらで囲まれた図形を考える．図から分かるように，大小 2 つの正方形(1 辺の長さが $\sqrt{(5+\sqrt{5})/10}$，$\sqrt{(5-\sqrt{5})/10}$)が現れる．注意深く見ると，同じ模様どうしが合同で，ちょうど $[0,1)^2$ と整数だけのずらしで一致していることが分かる．大きい正方形を M_0，小さい正方形を M_1 と名付けよう．ただし，いずれも傾いた正方形の左上と右上の辺はその集合に属さないものと約束しておく．

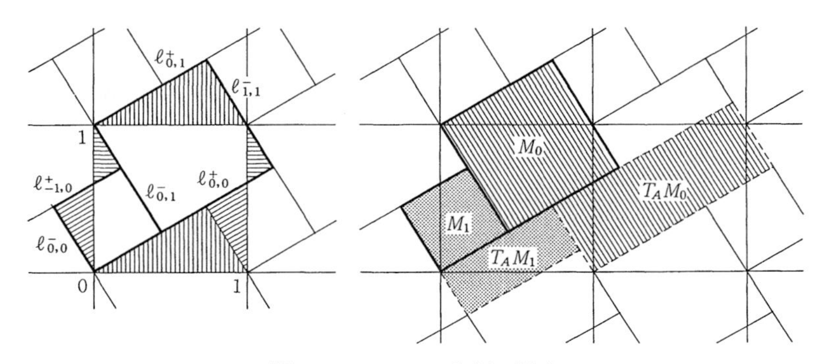

図 **1.9**　Markov 分割の構成

$\{M_0, M_1\}$ はトーラス $\mathbb{T}^2$ の分割と見なせる．いま，T_A で動かしてみると，正方形達は細長い長方形に伸びるが，右上・左下の辺の像は縮んで元の右上・左下の辺の中にきちんと納まる．詳しく説明すると，図 1.9 の右側の図において，T_AM_1 の左下の辺は上へ 1 ずらすと M_0 の左下の辺に，T_AM_1 の右上の辺は M_0 の右上の辺に含まれる．T_AM_0 については，T_AM_0 の左下・右上の辺は左へ 1 ずらすと，それぞれ M_1 の左下の辺・M_0 の右上の辺に含まれている．逆に T_A^{-1} で写せば，やはり左上・右下の像は縮んで元の右上・左下の辺の中にきちんと納まる．一般にこのような性質をもつ分割を **Markov 分割**(Markov partition)と呼んでいる．もう少し一般的な定義は §3.3(a)の定義 3.19 で，また一般的な構成法が §3.3(b)で述べられるだろう．

パン屋の変換と同じく，$\psi : \mathbb{T}^2 \to \Sigma$ を

$$\psi(\boldsymbol{x}) \equiv (i_n)_{n\in\mathbb{Z}}, \quad i_n = \begin{cases} 0 & T^n\boldsymbol{x} \in M_0 \\ 1 & T^n\boldsymbol{x} \in M_1 \end{cases}$$

で定義すれば，$\psi\mathbb{T}^2 \subset \Sigma_A$ であることが分かる．その理由は，大きな正方形 M_0 にたいしては，$T_A^{-1}M_0$ は M_0 にも M_1 にも交わるが，小さな正方形 M_1 にたいしては，$T_A^{-1}M_1$ は大きな正方形 M_0 に含まれてしまうからである．

やはりパン屋の変換と同じく，

$$\psi T_A = \sigma\psi$$

が成立し，また $\psi\mathbb{T}^2 \subsetneq \Sigma_A$ であるが，測度論的には $(\mathbb{T}^2,\mu^2,T_A)$ と (Σ_A,ν,σ) は同等である．ここで，測度 ν はいわゆる **Markov 連鎖**(Markov chain)の測度であり，

$$\nu({}_m[i_m,i_{m+1},\cdots,i_{n-1},i_n]_n) = p_{i_m}\prod_{k=m}^{n-1}p_{i_k,i_{k+1}}$$

で決定される．ただし，

$$(p_0,p_1) = \left(\frac{5+\sqrt{5}}{10},\ \frac{5-\sqrt{5}}{10}\right),$$

$$\begin{pmatrix} p_{0,0} & p_{0,1} \\ p_{1,0} & p_{1,1} \end{pmatrix} = \begin{pmatrix} \dfrac{\sqrt{5}-1}{2} & \dfrac{3-\sqrt{5}}{2} \\ 1 & 0 \end{pmatrix}$$

である．$\mu^2=\nu\circ\psi$ であることは，正方形の面積と縮み方をよく見れば

$$\mu^2\Bigl(\bigcap_{i=m}^{n}T_A^{-i}M_{a_i}\Bigr) = p_{a_m}\prod_{i=m}^{n-1}p_{a_i,a_{i+1}}$$

となることから分かる．

§1.6　力学系の基本的概念

力学系関連の概念を導入して用語等の定義を与えておく．いくつかの事実を述べるが，その証明はあとの章に委ねられる．言葉の意味に迷わされてしまう読者は，先へ進み必要に応じてこの節で定義を確かめるようにするとよいだろう．

(a)　位相力学系

一般に M を位相空間とし，その上の連続な写像 $T:M\to M$ が与えられたとき，その繰り返しによる像 $\{T^nx;\ n=0,1,2,\cdots\}$ を点 x の**前向き軌道**(forward orbit)と呼んでいるが，そのような軌道の大域的性質，すなわち，$n\to\infty$ における挙動に興味があるとき，T を**離散時間**(discrete time)の**位相力学系**(topological dynamical system)と呼んでいる．また，T が**同相写像**

(homeomorphism)のとき，可逆な位相力学系とも言っている.

位相力学系のある軌道の閉包(closure)が空間 M に一致するときに，**位相的可遷性**(topological transitivity)をもつと言い，1点が T によって全ての点のいくらでも近くを通過することを意味している．もっと強い性質として，T が**位相的混合性**(topological mixing)をもつとは，任意の空でない2つの開集合 U, V にたいして，十分大きな自然数 N をとれば，任意の $n \geqq N$ にたいして，$U \cap T^{-n}V \neq \varnothing$ が成立することである.

距離空間上の位相力学系の一般論で強い結果が得られるのは，次の擬軌道追跡性が保証される場合が多い:

定義 1.14 距離空間 (M,d) 上の位相力学系 T が**擬軌道追跡性**(psuedo-orbit tracing property)をもつとは，任意の $\varepsilon > 0$ にたいして，$\delta > 0$ を選べば任意の δ-擬軌道を適当な点 y で ε-追跡することができることを言う．ここに，M の点列 $\{x_0, x_1, x_2, \cdots\}$ が **δ-擬軌道**であるとは,

$$d(Tx_n, x_{n+1}) < \delta, \quad n = 0, 1, 2, \cdots$$

が成立することであり，これを点 y が **ε-追跡**するとは,

$$d(T^n y, x_n) < \varepsilon, \quad n = 0, 1, 2, \cdots$$

となることである. □

さらに，もし T が全単射(bijection)で，逆写像も連続なとき，**可逆な**(invertible)**位相力学系**(topological dynamical system)とか**位相自己同型**(topological automorphism)とか言っている．このときには，**後ろ向き軌道**(backward orbit)$\{T^n x;\ n = 0, -1, -2, \cdots\}$ や**両側軌道**(two sided orbit)$\{T^n x;\ n \in \mathbb{Z}\}$ も考察の対象となる．さらに，T が不変測度をもてば，それは T^{-1} の不変測度でもある.

M 上の連続写像の系 $\{S_t;\ t \in \mathbb{R}\}$ が与えられたとき，各 t を固定すると S_t は可逆な位相力学系であり，式(1.2)を充たすとき，$\{S_t\}$ を**連続時間**(continuous time)の位相力学系(topological dynamical system)，または**位相的流れ**(topological flow)と呼んでいる．連続時間の力学系にたいしても，軌道，前向き軌道，後ろ向き軌道などは同じように定義される.

2つの位相力学系 (M_1, T_1) と (M_2, T_2) が与えられたとき，M_1 から M_2 へ

の同相写像 φ が存在して，

$$\varphi T_1 = T_2 \varphi \tag{1.20}$$

を充たすとき，2つの力学系は**位相共役**(topologically conjugate)であると言う．

(b)　可微分力学系

微分構造をもつ空間 M 上の可微分な変換 T の繰り返し写像 $\{T^n; n=0, 1, 2, \cdots\}$ を考察するとき，組 (M, T) を**可微分力学系**(differentiable dynamical system)と呼んでいる．さらに T が同相写像であり，T^{-1} も可微分ならば，**微分同相写像**(diffeomorphism)と言う．

微分同相写像の系 $\{S_t; t\in\mathbb{R}\}$ が，$(t,x)\mapsto S_t x$ も可微分で，群の性質(1.2)をもつとき，連続時間の可微分力学系と言う．このような力学系の典型は，**多様体**(manifold) M 上の**ベクトル場**(vector field) $\boldsymbol{F}(x)$ が与えられたとき，微分方程式の初期値問題

$$\frac{dx(t)}{dt} = \boldsymbol{F}(x(t)), \quad x(0) = x^0 \tag{1.21}$$

の解 $x(t,x^0)$ にたいして，$S_t: x^0 \mapsto x(t,x^0)$ で定められたものが，典型的である．もちろん，$\{S_t\}$ が与えられたとき

$$\boldsymbol{F}(x) \equiv \frac{d}{dt} S_t x \Big|_{t=0}$$

が定義するベクトル場を通じて，方程式(1.21)を解くことで $\{S_t\}$ が再現できる．

例えば，3次元空間内を相互作用(引力とか斥力)しながら運動する N 個の粒子の運動は，ハミルトニアン

$$H(\boldsymbol{q},\boldsymbol{p}) = \sum_{i=1}^{N}\sum_{j=1}^{3} \frac{p_{i,j}^2}{2m_i} + U(\boldsymbol{q}) \tag{1.22}$$

で定まることが知られている．ただし，$\boldsymbol{q} = (q_{i,j};\ j=1,2,3,\ 1\leqq i\leqq N)$ は i-番目の粒子の位置の第 j-座標を表し，$\boldsymbol{p} = (p_{i,j};\ j=1,2,3,\ 1\leqq i\leqq N)$ は i-番目の粒子の運動量の第 j-成分を表すものとする．このとき，運動は

Hamilton の正準方程式(canonical equation)

$$\frac{dq_{i,j}}{dt} = \frac{\partial}{\partial p_{i,j}} H(\boldsymbol{q},\boldsymbol{p}), \quad \frac{dp_{i,j}}{dt} = -\frac{\partial}{\partial q_{i,j}} H(\boldsymbol{q},\boldsymbol{p})$$

で記述される．ポテンシャル(potential)関数 $U(\boldsymbol{q},\boldsymbol{p})$ が適当な条件を充たしていれば，$S_t(\boldsymbol{q},\boldsymbol{p})$ は，$(t,\boldsymbol{q},\boldsymbol{p})$ に関して可微分であり，各 $t\in\mathbb{R}$ を固定すると，S_t は $\mathbb{R}^{6N}$ 上の微分同相写像になっている．さらに，時間をパラメターとした群の性質(1.2)をもつ．もっとも抽象的な言い方のときは，この(1.2)の性質をもつものを連続な**力学系**(dynamical system)と呼んでいる．実際には空間構造と関係した性質をもつものだけに注目して考えている．力学系として研究するということは，その方程式の性質や解の局所的な性質を調べることに興味があるのではなく，大域的な性質，とくに時刻が $t\to\pm\infty$ における挙動に興味があるということである．

2つの可微分力学系 (M_1,T_1) と (M_2,T_2) が与えられたとき，M_1 から M_2 への微分同相写像 φ が存在して，関係式(1.20)を充たすとき，2つの力学系は**微分同型**(diffeomorphic)であると言う．可微分力学系については第2部で詳しく解説される．

(c)　測度論的力学系

空間 M が可測構造をもっている，言い替えれば，M 上のある **$\boldsymbol{\sigma}$-集合体**(σ-field) $\mathcal{F}$ が与えられているとしよう．すなわち，

(1.23)
$$M\in\mathcal{F}, \quad A\in\mathcal{F} \Longrightarrow A^c\in\mathcal{F}, \quad A_n\in\mathcal{F},\ n\in\mathbb{N} \Longrightarrow \bigcup_{n\in\mathbb{N}} A_n\in\mathcal{F}$$

が成立しているとする．ここで A^c は A の補集合を表す．M 上の変換 T が

(1.24)
$$A\in\mathcal{F} \implies T^{-1}A\in\mathcal{F}$$

を充たすとき，**可測**(measurable)であると言う．さらに，$\mathcal{F}$ 上の測度 μ が与えられ，$A\in\mathcal{F}$ にたいし

(1.25)
$$\mu(A)=0 \iff \mu(T^{-1}A)=0$$

を充たすとき，T は **$\boldsymbol{\mu}$-非特異**(non-singular)であると言い，μ は **$\boldsymbol{T}$-擬不変**

(quasi-invariant)と言う．もっと強く任意の $A\in\mathcal{F}$ にたいし

$$\mu(A)=\mu(T^{-1}A) \tag{1.26}$$

を充たすとき，T は **μ-保測**(measure preserving)であると言い，μ は **T-不変**(invariant)とか**不変測度**(invariant measure)と言う．非特異もしくは保測な変換 T を(離散時間の)**測度論的力学系**(measure theoretical dynamical system)もしくは**自己準同型**(endomorphism)と呼んでいる．

測度論的力学系においては，測度0の集合の上だけの現象は無視してよいので，集合 A の T-不変性は $\mu(T^{-1}A\ominus A)=0$ で定義される．ここで $A\ominus B$ は集合 A と B の対称差 $A\ominus B=(A\setminus B)\cup(B\setminus A)$ を表す．また可測関数 $f(x)$ の T-不変性は，$f(Tx)=f(x)$ μ-a.e. x で定義される．このとき，強い意味で T-不変な $\widetilde{A}$, $\widetilde{f}(x)$（すなわち，$T^{-1}\widetilde{A}=\widetilde{A}$, $\widetilde{f}(Tx)=\widetilde{f}(x)$ が成立する）をうまく選べば，$\mu(\widetilde{A}\ominus A)=0$, $\widetilde{f}(x)=f(x)$ μ-a.e. x が成り立つようにできる．

自己準同型が全単射(bijective)で逆も自己準同型のとき単に**自己同型**(automorphism)と言う．自己同型な変換の系 $\{S_t;\ t\in\mathbb{R}\}$ が式(1.2)を充たし，写像 $(t,x)\mapsto S_tx$ が可測なとき，(連続時間の)**測度論的力学系**あるいは**測度論的流れ**(measure theoretic flow)と言っている．

定義 1.15　**確率空間**(probability space) $(M,\mathcal{F},\mu)$，すなわち $\mu(M)=1$ の測度空間，上の μ-保測な T が**エルゴード的**(ergodic)とは，任意の可積分関数 $f(x)$ にたいして，

$$\lim_{N\to\infty}\frac{1}{N}\sum_{n=0}^{N-1}f(T^nx)=\int_M f(x)d\mu(x)\quad \mu\text{-a.e. } x \tag{1.27}$$

が成立するときに言う．　□

この定義は位相的可遷性と類似で，殆ど全ての点 x が測度論的意味で全ての正測度をもつ集合を訪れるということを意味する．歴史的には，この性質が質点系の力学系で成り立つと期待され，統計力学の基礎となるエルゴード仮説と呼ばれてきた．数学的な最初の結果は Weyl による定理1.1である．一般論としては，次の **Birkhoff の個別エルゴード定理**(individual ergodic theorem)と **von Neumann の平均エルゴード定理**(mean ergodic theorem)がある．

定理 1.16（個別エルゴード定理）　T-不変な確率測度 μ と μ-可積分関数 f にたいし，

（i）　次の前向き時間平均関数 $\overline{f}(x)$ が存在する：

$$\overline{f}(x) = \lim_{N\to\infty} \frac{1}{N} \sum_{n=0}^{N-1} f(T^n x) \quad \mu\text{-a.e. } x. \tag{1.28}$$

さらに，$\overline{f}(x)$ は ***T*-不変関数**(invariant function)である．

（ii）　T-不変な $A \in \mathcal{F}$ にたいして，次の等式が成立する：

$$\int_A \overline{f}(x) d\mu(x) = \int_A f(x) d\mu(x). \tag{1.29}$$

（iii）　もし T が自己同型ならば，次の後ろ向き時間平均関数 $\underline{f}(x)$ が存在する：

$$\underline{f}(x) = \lim_{N\to\infty} \frac{1}{N} \sum_{n=0}^{N-1} f(T^{-n} x) \quad \mu\text{-a.e. } x.$$

（iv）　さらに，$\overline{f}(x) = \underline{f}(x)$ μ-a.e. x.　□

定理 1.17（平均エルゴード定理）　T-不変な確率測度 μ と任意の L^2-関数 $f(x)$ にたいして，L^2-関数 $\overline{f}(x)$ で，

$$\lim_{N\to\infty} \int_M \left| \frac{1}{N} \sum_{n=0}^{N-1} f(T^n x) - \overline{f}(x) \right|^2 d\mu(x) = 0$$

を充たすものが存在する．　□

T が**測度論的に可遷的**(metrically transitive)とは，$A \in \mathcal{F}$ が ***T*-不変**ならば，$\mu(A) = 0$ または $\mu(M \setminus A) = 0$ が成立することである．次の定理により，測度論的可遷性の代わりにエルゴード性と呼んでいる．とくに，非特異力学系でのエルゴード性の定義はこれで与えられている．

定理 1.18　不変測度をもつ力学系においては，測度論的可遷性とエルゴード性は同値である．

［証明］　まず，測度論的可遷性は，任意の可測な不変関数が殆ど至るところ定数であることと同値であることに注意しよう．したがって，測度論的に可遷的ならば，個別エルゴード定理の与える $\overline{f}(x)$ は定数である．式(1.29)を $A = M$ に適用すれば，その定数は $f(x)$ の積分値と一致することが分かる．

逆に，$f(x)$ が不変関数ならば，$g(x) \equiv f(x)/(1+|f(x)|)$ は有界関数であり，T-不変であるから，個別エルゴード定理を適用すれば，

$$g(x) = \frac{1}{N}\sum_{n=0}^{N-1} g(T^n x) = \int_M g(u)d\mu(u) \quad \mu\text{-a.e. } x$$

となり，$g(x)$ は定数に殆ど至るところで等しく，さらに結論を得る． ∎

2つの測度論的力学系 (M_1, T_1) と (M_2, T_2) が与えられたとき，M_1 から M_2 への同型写像 φ が存在して，関係式(1.20)を充たすとき，2つの力学系は**同型**(isomorphic)であると言う(同型写像の定義は§2.1(b)参照)．

また測度論的流れ $(M_1, \mu_1, \{S_t^1\})$ と $(M_2, \mu_2, \{S_t^2\})$ にたいして，

$$\varphi S_t^1 = S_t^2 \varphi, \quad t \in \mathbb{R}$$

を充たす (M_1, μ_1) から (M_2, μ_2) への同型写像 φ が存在するとき，この2つの流れは同型であると言う．

もし M がコンパクト(compact)距離空間で，T がその上の位相力学系ならば，M 上の**位相的 Borel 集合族** $\mathcal{B}$ 上の測度 μ で T-不変なもの，すなわち任意の $A \in \mathcal{B}$ にたいして式(1.26)を充たすものが存在する．

もちろん，このような不変測度は一意的ではない．例えば，$x \in M$ を1つ固定すると，**経験分布**(empirical distribution)

$$\frac{1}{N}\sum_{n=0}^{N-1} \delta_{T^n x}$$

は，$N \to \infty$ での測度の収束の意味で集積点があることが分かり，それら全てが不変測度になる．ただし，測度 δ_x は，点 x に1の質量をもつ測度である．すなわち，連続関数 $f(u)$, $u \in M$, にたいして，積分値が

$$\int_M f(u)d\delta_x(u) = f(x)$$

となるものである．

空間 M と変換 T が固定されているとき，T-不変測度 μ がエルゴード的(混合的)とは，その μ に関して T がエルゴード的(混合的)なときに言う．

《要約》

1.1 1次元トーラス上の回転について，Weylの一様分布定理を示し，r-進変換のエルゴード性や固定点の数とζ-関数について調べた．

1.2 記号力学系の中でも特殊な例について，固定点の数とFibonacci数列の関係やζ-関数について調べた．

1.3 2次元トーラス上の回転のエルゴード性を調べた．

1.4 パン屋の変換のエルゴード性をその安定局所多様体と不安定局所多様体の性質を使って証明し，また記号力学系によって表現できることを示した．

1.5 2次元トーラスの群自己同型の周期点の個数とζ-関数の計算をし，擬軌道追跡性とエルゴード性の証明とMarkov分割を具体的に与えた．

1.6 力学系の基本的な概念の導入を行い，Poincaréの再帰定理と個別エルゴード定理の紹介をした(証明は§2.2)．

演習問題

1.1 §1.1(b)の系1.2の証明を与えよ．

1.2 §1.1(c)の命題1.3において，

(1) 命題の証明を与えよ．

(2) 与えられた有理数から，何回目で周期点に落ち込むか判定する方法を与えよ．

(3) そのとき，周期を判定せよ．

1.3 §1.1(c)の$T=R_{(2)}$にたいして，$N_p(R_{(2)},\mathrm{fix})$を求めよ．さらに

$$\lim_{p\to\infty} p^{-1}\log N_p(R_{(2)},\mathrm{fix})$$

を計算せよ．またζ-関数$\zeta_{R_{(2)}}$を求めよ．

1.4 $\{\gamma_k;\ 1\leqq k\leqq d\}$を用いて，$d$-次元トーラス$\mathbb{T}^d$上のWeyl変換$R_\gamma$を

$$R_\gamma \boldsymbol{x} \equiv (x_1\dot{+}\gamma_1,\ x_2\dot{+}\gamma_2,\ \cdots,\ x_d\dot{+}\gamma_d)$$

で定義する．$\mathbb{T}^d$上の連続関数$f(\boldsymbol{x})$にたいして，

$$\overline{f}(\boldsymbol{x}) \equiv \lim_{N\to\infty}\frac{1}{N}\sum_{k=0}^{N-1} f(R_\gamma^k \boldsymbol{x})$$

は一様収束することを示せ．もし，$\{\gamma_k;\ 1\leqq k\leqq d\}$が有理的に1と一次独立なら

ば，極限関数 $\overline{f}(\boldsymbol{x})$ は，トーラス上での f の積分値に一致する．もし，$\{\gamma_k;\ 1 \leqq k \leqq d\}$ が有理的に一次独立で，γ_d が有理数であり，既約分数で p/q と表されるならば，$\overline{f}(\boldsymbol{x})$ は，$\boldsymbol{x}$ を通る q 個の $d-1$-次元トーラス上での f の積分値に一致し，その上で不変であることを示せ．

1.5　$0<\theta_k<1$, $c_k>0$, $1 \leqq k \leqq s$ とし，

$$S_n \equiv \sum_{k=1}^{s} c_k \cos 2\pi\theta_k n$$

とおくと，適当な $C>0$ を定めると，$S_n > C$ および $S_n < -C$ が無限個の n にたいして成立することを示せ．

1.6　Birkhoff の個別エルゴード定理 1.16 を用いて，von Neumann の平均エルゴード定理 1.17 を証明せよ．

2 測度論的力学系

測度論的力学系の一般論を展開しておこう．力学系の研究は天体力学の研究から始まったと考えられる．惑星の運動は Hamilton 力学系で記述され Liouville 測度という典型的な不変測度をもっている．H. Poincaré はこの測度を活用して天体系の安定性を論じてみせてくれた．J. C. Maxwell や L. Boltzmann は統計力学の基礎付けに用い，エルゴード仮説を提唱した．しかし，Poincaré が使った再帰定理が彼らの理論に打撃を与えることになったのは歴史の皮肉である．この辺の歴史に興味がある読者は[7]を参照されたい．

その後，P. Ehrenfest, B. O. Koopman, G. D. Birkhoff, J. von Neumann, N. Wiener らによってエルゴード仮説が測度論的に定式化されるとともに，エルゴード性を巡る測度論的な力学系の研究の基礎が創られた．E. Hopf や G. A. Hedlund の負曲率空間の測地的力学系のエルゴード性の研究はエルゴード仮説の検証への大きな展開であった．

その後の大きな成果の１つは，A. N. Kolmogorov と Ya. G. Sinai による力学系のエントロピーの導入である．

この章では，Poincaré の再帰定理，Birkhoff の個別エルゴード定理，力学系のエントロピーに対する Sinai の定理の証明を与える．また Perron–Frobenius の定理やその拡張をもちいて，Markov 連鎖や区間力学系の不変測度について調べる．

§2.1　測度空間と分割

ここでは，有限測度空間の復習とちょっとした細かい性質について議論をしておく．有限だから，正規化して確率測度を考えることにする．しばらくは一般論だから，積分論になじんでいる読者はさらっと目を通して必要な所だけ読むとよいだろう．逆に測度論の苦手な読者はここをとばして，必要になったら後戻りして確かめるのも1つの読み方である．また，詳細は小谷眞一『測度と確率』を参照されたい．

(a)　可測空間

X を抽象的な空間として，その部分集合のある族 $\mathcal{F}$ が X の **σ-集合体**(σ-field)とは，

（i）　$X \in \mathcal{F}$,

（ii）　$B \in \mathcal{F} \Longrightarrow B^c \in \mathcal{F}$,

（iii）　$B_i \in \mathcal{F},\ i=1,2,3,\cdots \Longrightarrow \bigcup_{i=1}^{\infty} B_i \in \mathcal{F}$

を充たすときに言い，組 $(X,\mathcal{F})$ を**可測空間**(measurable space)と言った．ある集合の族 $\mathcal{C}$ を含む最小の σ-集合体を $\mathcal{C}$ から**生成された σ-集合体**と言い，$\sigma(\mathcal{C})$ と記す．X が位相空間のとき，その開集合族から生成された σ-集合体 $\mathcal{B}$ を(位相的)**Borel 集合族**(Borel field)と呼び，その要素を **Borel 集合**と呼ぶ．

2つの可測空間 $(X_1,\mathcal{F}_1),(X_2,\mathcal{F}_2)$ が与えられたとき，X_1 から X_2 への写像 ψ が**可測**(measurable)とは，任意の $B_2 \in \mathcal{F}_2$ にたいして，$\psi^{-1}B_2 \in \mathcal{F}_1$ が成立するときを言う．もし，ψ が全単射で，ψ^{-1} も可測なとき，**両可測**(bimeasurable)と言う．とくに，$X_2=\mathbb{R}$，$\mathcal{F}_2$ が $\mathbb{R}$ の位相的 Borel 集合族のときには，ψ を単に**可測関数**(measurable function)と呼んでいる．

可測空間 $(X,\mathcal{F})$ において，X の部分集合の族 $\xi=\{X_\lambda;\ \lambda \in \Lambda\}$ が X の**分割**(partition)とは，$X=\bigcup_{\lambda \in \Lambda} X_\lambda$ かつ $\lambda_1 \neq \lambda_2$ ならば $X_{\lambda_1} \cap X_{\lambda_2} = \varnothing$ が成り立つときに言う．もし，可算個の可測集合 B_i，$i=1,2,\cdots$，が次の条件を充たすとき，ξ を**可測分割**(measurable partition)と言う：任意の X_λ と B_i にたい

して，$X_\lambda \subset B_i$ または $X_\lambda \subset B_i^c$ が成立し，もし $\lambda_1 \neq \lambda_2$ ならば，$X_{\lambda_1} \subset B_i$ かつ $X_{\lambda_2} \cap B_i = \varnothing$ もしくは，$X_{\lambda_2} \subset B_i$ かつ $X_{\lambda_1} \cap B_i = \varnothing$ を充たすような B_i が存在する．このとき，分割 ξ は $\{B_i\}$ によって**生成された**(generated)と言う．$C_\xi(x)$ で x を含む ξ の要素を表すことにする．一般に可測分割 ξ に関して，

$$(2.1)\quad \mathcal{F}(\xi) \equiv \{B \in \mathcal{F};\ C_\xi(x) \subset B \text{ または } C_\xi(x) \cap B = \varnothing,\ \forall x \in X\}$$

とおき，ξ から**生成された** σ-**集合体**と言う．一般に，可測分割 ξ, η にたいして両者の分割を合わせたもの $\xi \vee \eta = \{C_\xi(x) \cap C_\eta(x);\ x \in X\}$ を定義する．$\xi \geqq \eta$ もしくは $\eta \leqq \xi$ とは，$C_\xi(x) \subset C_\eta(x)$ が全ての $x \in X$ で成立することであり，ξ は η より**細かい**(fine)，または η は ξ より**粗い**(coarse)と言う．$\xi \wedge \eta$ は，両者より粗い可測分割の中で最も細かいものを指す．無限個の可測分割 ξ_n にたいしても，$\bigvee_{n=1}^{\infty} \xi_n$ や $\bigwedge_{n=1}^{\infty} \xi_n$ も同じく定義される．

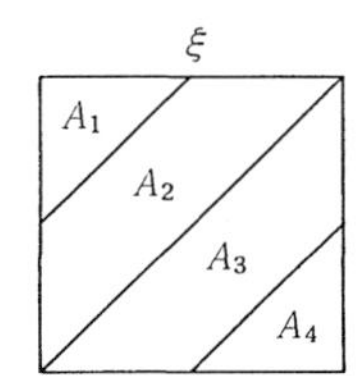

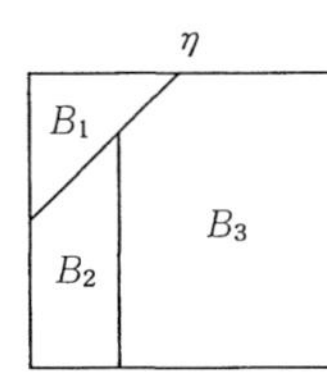

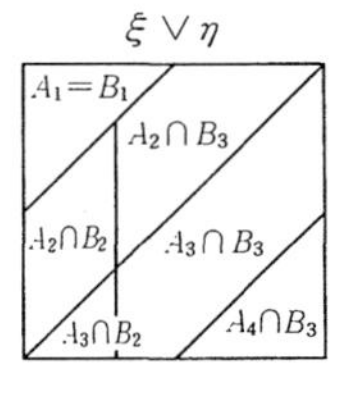

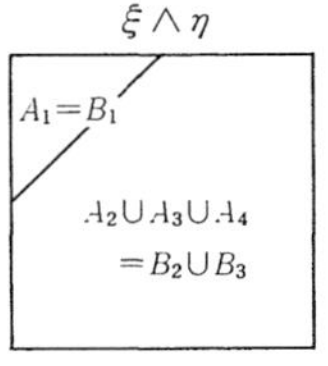

図 2.1　可測分割の演算

例 2.1　簡単な例を挙げよう．$X = \mathbb{T}^2$ を考え，$[0,1)^2$ と同一視する．$\xi \equiv \{X_u;\ u \in [0,1)\}$，$X_u \equiv \{(u,v);\ v \in [0,1)\}$ とおくと，ξ は可測分割である．実際，$\{B_{\lambda,\gamma} = [\lambda,\gamma) \times [0,1);\ 0 \leqq \lambda < \gamma < 1,\ \lambda, \gamma \in \mathbb{Q}\}$ とおけば，$\{B_{\lambda,\gamma}\}$ が ξ を生成する．□

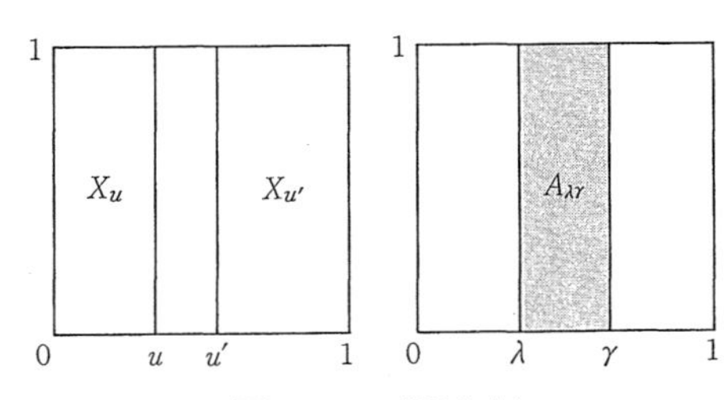

図 2.2　可測分割

(b)　測度空間

与えられた可測空間 $(X,\mathcal{F})$ 上の**有限測度**(finite measure) μ とは，$B\in\mathcal{F}$ を変数とする(集合)関数 $\mu(B)$ が

(i)　$0\leqq\mu(B)<\infty,\quad \forall B\in\mathcal{F}$,

(ii)　$B_i\in\mathcal{F},\ i=1,2,3,\cdots,\ B_i\cap B_j=\varnothing\ (i\neq j)\Longrightarrow \mu\left(\bigcup_{i=1}^{\infty}B_i\right)=\sum_{i=1}^{\infty}\mu(B_i)$

を充たすときに言った．$Y\in\mathcal{F}$ にたいして，$\mathcal{F}_Y\equiv\{B\cap Y;\ B\in\mathcal{F}\}$, $\mu_Y(B)\equiv\mu(B\cap Y)$，$B\in\mathcal{F}$ と定義すると，新しく測度空間 $(Y,\mu_Y,\mathcal{F}_Y)$ が得られ，これを $(X,\mathcal{F},\mu)$ の Y への**制限**(restriction)と言う．もし $\mu(X)=1$ ならば，$(X,\mathcal{F},\mu)$ を**確率空間**(probability space)と言う．任意の有限測度 μ にたいして，$\widetilde{\mu}(B)\equiv\mu(B)/\mu(X)$ を導入すれば，確率空間になる．

2つの測度空間 $(X_1,\mathcal{F}_1,\mu_1)$ と $(X_2,\mathcal{F}_2,\mu_2)$ が与えられたとき，$(X_1,\mathcal{F}_1)$ から $(X_2,\mathcal{F}_2)$ への可測写像 ψ が $\mu_2(B)=\mu_1(\psi^{-1}B)$ を充たすとき ψ は**保測写像**(measure preserving map)と言う．さらに，ψ が両可測のとき ψ は(測度論的)**同型写像**(isomorphism)と言う．また，2つの測度空間は**同型**(isomorphic)であると言う．

もう少し言えば，測度論的な同型は，測度0の集合を除外して考えてよいはずだから，もし，$X_i^0\in\mathcal{F}_i$, $i=1,2$ で，$\mu_i(X_i-X_i^0)=0$, $i=1,2$ であり，それぞれの X_i^0 への制限が同型のとき，元の $(X_1,\mathcal{F}_1)$ と $(X_2,\mathcal{F}_2)$ が同型であると言い，ψ をも同型写像と言う．

念のため，よく使う言い回し「μ-a.e. x」の意味を説明しておく，これは「ある命題が成立しないような $x\in X$ の集合の μ-測度が0である」ことを意味している．μ を明示する必要がなければ，単に「a.e. x」とか,「殆ど全ての x」と言う．

測度の細かい議論をするためには，まったくの抽象的な測度空間では不十分なので，以下に述べるように，測度空間のクラスを制限して議論するが，本書では，つねに具体的な空間を対象としているのでそれで十分である．区間 $X\equiv[0,1]$ 上の通常の **Lebesgue 測度** μ と **Lebesgue 可測集合族** $\mathcal{L}$ をとり，$([0,1],\mathcal{L},\mu)$ に同型な測度空間を **Lebesgue 空間**と言う．通常エルゴー

ド理論では，Lebesgue 空間を用いるが，その抽象的な取扱いは煩雑なので上のように導入した．(M, d) を完備可分な距離空間とし，その上の完備正則な確率測度がアトムをもたなければ Lebesgue 空間であることが知られている．ここに，$a \in X$ がアトム(atom)とは，$\mu(\{a\}) > 0$ のときに言い，測度空間が完備とは，$B \in \mathcal{F}$，$\mu(B) = 0$ ならば，B の全ての部分集合 $D \subset B$ が $\mathcal{F}$ に属するときに言う．

以降何も断わらないが出てくる測度空間は全て Lebesgue 空間である．Lebesgue 空間について詳しいことを知りたい読者は，[18]を参照のこと．

注意 2.2　測度論を自由に使いこなすためには，(a)項で導入した可測分割の関係式をすべて $(\mathrm{mod}\,\mu)$ で考える必要がある(すなわち，μ-測度 0 の集合を除外して，成立することを意味する)．しかし，煩雑でもあり以下まったく触れない．また測度空間がよいもの，例えば Lebesgue 空間，でなければ $\bigvee_{n=1}^{\infty} \xi_n$ や $\bigwedge_{n=1}^{\infty} \xi_n$ の定義にも問題が生じる．

(c)　条件付き確率

確率論で多用される条件付き確率のおさらいをしておこう．$Y \in \mathcal{F}$ が $\mu(Y) > 0$ ならば，条件 Y の下での条件付き確率は $\mu(B|Y) \equiv \mu(B \cap Y)/\mu(Y)$ で定義された．高々可算分割 $\alpha = \{A_i\}$ において，条件 α の下での条件付き確率 $\mu(\cdot|\alpha)$ は

$$\mu(B|\alpha)(x) \equiv \sum_i \mu(B|A_i)\chi_{A_i}(x)$$

で与えられる関数である，ただし $\chi_B(x)$ は集合 B の**定義関数**(defining function)

$$\chi_B(x) \equiv \begin{cases} 1 & x \in B \\ 0 & x \notin B \end{cases}$$

である．この**条件付き確率**(conditional probability)は

$$\mu(B|\alpha)(x) \text{ が } \mathcal{F}(\alpha)\text{-可測である}$$

ことと

$$(2.2) \qquad \int_F \mu(B|\alpha)(x)d\mu(x) = \mu(B\cap F), \quad \forall F \in \mathcal{F}(\alpha)$$

で特徴付られる．条件付き確率は一般の可測分割 α にたいしても $\mathcal{F}(\alpha)$-可測性と(2.2)を充たすものとして定義されるが，もっと具体的に書くことができる．

命題 2.3　可測分割 ξ において，その各 $x\in X$ を含む要素 $C_\xi(x)$ にたいし，$(C_\xi(x), \mathcal{F}_{C_\xi(x)})$ 上の確率測度 $\mu_\xi(\cdot|C_\xi(x))$ で次を充たすものが存在する：

$$\mu(B\cap A) = \int_A \mu_\xi(B\cap C_\xi(x)|C_\xi(x))d\mu(x), \quad A\in\mathcal{F}(\xi).$$

言い替えれば，$\mu(B|\mathcal{F}(\xi))(x) = \mu_\xi(B\cap C_\xi(x)|C_\xi(x))$.　□

形式的に $\mu_\xi(B|C_\xi(x)) \equiv \mu_\xi(B\cap C_\xi(x)|C_\xi(x))$，$B\in\mathcal{F}$ と拡張して使用すると便利である．

可積分関数 f にたいして，それの分割 ξ による**条件付き平均値**(conditional expectation, conditional mean) $E[f|\xi]$ は，

$$E[f|\xi](x) = \int f(y)d\mu_\xi(\cdot|C_\xi(x))$$

で与えられる．抽象的な定義は，$E[f|\xi](x)$ は $\mathcal{F}(\xi)$-可測で

$$\int_B f(x)d\mu(x) = \int_B E[f|\xi](x)d\mu(x)$$

が全ての $B\in\mathcal{F}(\xi)$ にたいして成立するものとして一意に定まる．次に証明なしに挙げる補題は Doob の**マルチンゲールの収束定理**(convergence theorem of martingale)の特殊な場合である([3], [9]や[1]の邦訳付録を参照).

補題 2.4　f は可積分関数とするとき，

(1)　可測分割の増加列 $\{\xi_n\}$，$\xi_1 \leqq \xi_2 \leqq \cdots \leqq \xi_n \leqq \cdots$ にたいして，$n\to\infty$ のとき $E[f|\xi_n](x) \to E\left[f\,\middle|\,\bigvee_{k=1}^{\infty}\xi_k\right](x)$ μ-a.e. x.

(2)　可測分割の減少列 $\{\xi_n\}$，$\xi_1 \geqq \xi_2 \geqq \cdots \geqq \xi_n \geqq \cdots$ にたいして，$n\to\infty$ のとき $E[f|\xi_n](x) \to E\left[f\,\middle|\,\bigwedge_{k=1}^{\infty}\xi_k\right](x)$ μ-a.e. x

が成り立つ．ただし，$\bigwedge_{k=1}^{\infty}\xi_k$ は，どの ξ より粗い可測分割のなかで最大のも

のであり，$\mathcal{F}\left(\bigwedge_{k=1}^{\infty}\xi_k\right)=\bigcap_{k=1}^{\infty}\mathcal{F}(\xi_k)$ が成立する分割である．□

例 2.5　例 2.1 の場合，$\mathbb{T}^2$ 上の Borel 集合族 $\mathcal{B}$ と測度 μ^2 を考えると，$C_\xi(\boldsymbol{x})=X_{x_1}$，$\boldsymbol{x}=(x_1,x_2)$ だから，$\mu_\xi(\cdot|C_\xi(\boldsymbol{x}))$ は単に $\{x_1\}\times[0,1)$ 上の通常の Lebesgue 測度に他ならない．□

§2.2　エルゴード定理

確率空間 $(X,\mathcal{F},\mu)$ 上の**保測変換**(measure preserving transform) T とは，X からそれ自身への写像で，可測かつ保測なものを言う．すなわち $T^{-1}\mathcal{F}\equiv\{T^{-1}B;\,B\in\mathcal{F}\}\subset\mathcal{F}$ かつ $\mu(T^{-1}B)=\mu(B)$，$B\in\mathcal{F}$ を充たす．逆に，測度 μ は $\boldsymbol{T}$**-不変**であるとも言う．このとき，任意の可積分関数 f にたいして，

$$\int f(Tx)d\mu(x)=\int f(x)d\mu(x)$$

が成立する．証明は，f を階段関数で近似して積分を考えれば容易である．

保測変換の長時間にわたる性質の中でもっとも基本的なものとして，Poincaré の**再帰定理**(recurrent theorem) と Birkhoff の**個別エルゴード定理**の証明を与えよう．

(a)　再帰定理

天体力学の研究において惑星運動の安定性・不安定性を調べるために，Poincaré が見出した 2 つの一般的な道具がある．第 1 は，特別な場合に第 1 章で紹介した Poincaré 写像である．第 2 はそれにたいして適用してみせた次の定理である．

定理 2.6 (Poincaré の再帰定理)　$\mu(B)>0$，$B\in\mathcal{F}$ が任意に与えられたとき，殆ど全ての $x\in B$ にたいして，$T^n x$ が無限回 B に復帰する．

[証明]　無限回は復帰しない測度が 0 であることを示せばよい．無限回は復帰しないということは，x に依存した n があって，n 以降の k $(k\geqq n)$ にたいしては，B に $T^k x$ が入らないということである．したがって，

$$E \equiv \bigcup_{n=0}^{\infty} E_n, \quad E_n \equiv \bigcap_{k=n}^{\infty} T^{-k} B^c$$

の μ-測度が 0 になることを示せばよい．$T^{-1}E_n = E_{n+1} \supset E_n$ だから，$\mu(E_{n+1} - E_n) = 0$, $n = 0, 1, 2, \cdots$ が成立する．なぜならば，もしある n で $\mu(E_{n+1} - E_n) > 0$ ならば，μ が T-不変なので，全ての n にたいし，おなじ正の値をとる．そのときには $\mu(E) = \sum_{n=0}^{\infty} \mu(E_{n+1} - E_n) + \mu(E_0) = \infty$ となり，矛盾が生じる．したがって，$\mu(E - E_0) = 0$ であり，$E_0 \cap B = \varnothing$ だから，ただちに $\mu(E \cap B) = \mu(E \cap B - E_0 \cap B) = 0$ を得る． ∎

再帰定理は，細かな運動の追跡を要せずに，惑星の運動等の力学系の安定性を保証していると言える．もちろん，大枠としてはある有界な領域内を離れないことを示す必要はある．しかし，この定理の抽象化は，創生期の統計力学に大きな打撃を与えた．なぜならば，熱学が力学から導かれるとすれば，熱力学の第2法則のエントロピー増大則を真っ向から否定する定理だからである．

(b)　個別エルゴード定理

可積分関数の長時間平均の極限の存在を示すために，1つ補題を与えておく．最初の論文からみるとより簡単な証明に改良された．

補題 2.7 (最大エルゴード定理)　測度空間 $(X, \mathcal{F}, \mu)$ 上の保測変換 T と可積分関数 f にたいして，

$$S_n(x) = S_n(f; x) \equiv \sum_{k=0}^{n-1} f(T^k x), \quad S_0(f; x) \equiv 0 \tag{2.3}$$

とおくと，

$$\int_{\{x;\ \sup_{n \geqq 0} S_n(f;x) > 0\}} f(x) d\mu(x) \geqq 0.$$

[証明]

$$M_n(x) \equiv \max\{S_0(x), S_1(x), S_2(x), \cdots, S_n(x)\},$$
$$M_n^*(x) \equiv \max\{S_1(x), S_2(x), \cdots, S_n(x)\}$$

とおく．明らかに $S_k(Tx) = S_{k+1}(x) - f(x)$ だから，

$$f(x) = M_{n+1}^*(x) - M_n(Tx) \geqq M_n^*(x) - M_n(Tx)$$

を得る．定義から明らかに，$M_n(x) \geqq 0$ である．そこで，$B_n \equiv \{x;\ M_n(x) > 0\}$ とおくと，$x \in B_n$ ならば $M_n^*(x) = M_n(x)$ であり，$x \in B_n^c$ ならば $M_n(x) = 0$ だから，

$$\begin{aligned}\int_{B_n} f(x)d\mu(x) &\geqq \int_{B_n} M_n^*(x)d\mu(x) - \int_{B_n} M_n(Tx)d\mu(x)\\ &= \int_{B_n} M_n(x)d\mu(x) - \int_{B_n} M_n(Tx)d\mu(x)\\ &\geqq \int M_n(x)d\mu(x) - \int M_n(Tx)d\mu(x) = 0.\end{aligned}$$

ここで，$n \to \infty$ とすれば，結論を得る． ∎

次の定理は第1章で一般的証明なしに述べてあるが再掲する．

定理 2.8（個別エルゴード定理）　確率空間 $(X, \mathcal{F}, \mu)$ 上の保測変換 T と可積分関数 $f(x)$ にたいして，

（i）　次の**前向き時間平均**(forward time mean)

$$\overline{f}(x) \equiv \lim_{N\to\infty} \frac{1}{N} \sum_{k=0}^{N-1} f(T^k x) \quad \mu\text{-a.e. } x \in X$$

が存在し，

（ii）　その極限は L^1-収束もする：

$$\lim_{N\to\infty} \int \left| \frac{1}{N} \sum_{k=0}^{N-1} f(T^k x) - \overline{f}(x) \right| d\mu(x) = 0,$$

（iii）　$T^{-1}B = B \in \mathcal{F}$ ならば，

$$\int_B \overline{f}(x)d\mu(x) = \int_B f(x)d\mu(x), \tag{2.4}$$

（iv）　点 x で極限値 $\overline{f}(x)$ が存在すれば，Tx でも存在して

$$\overline{f}(Tx) = \overline{f}(x),$$

（v）　さらに，T が全単射で両可測ならば，**後ろ向き時間平均**(backward time mean)

$$\lim_{N\to\infty} \frac{1}{N} \sum_{k=0}^{N-1} f(T^{-k} x) = \underline{f}(x) \quad \mu\text{-a.e. } x \in X$$

も存在して，$\overline{f}(x)=\underline{f}(x)$ μ-a.e. x.

［証明］　もし，$S_n(x)/n$ の下極限と上極限が一致しない測度が正ならば，

$$B(a,b)\equiv\left\{x;\ \liminf_{n\to\infty}\frac{1}{n}S_n(x)<a<b<\limsup_{n\to\infty}\frac{1}{n}S_n(x)\right\}$$

の測度が正となるような $a<b$ を選ぶことができる．明らかに $T^{-1}B(a,b)=B(a,b)$ だから，最初から $B(a,b)$ の上に制限した測度空間で考えれば，最大エルゴード定理が $a-f(x)$ および $f(x)-b$ に適用できて，

$$\int_{B(a,b)}(a-f(x))d\mu(x)\geqq 0,\quad \int_{B(a,b)}(f(x)-b)d\mu(x)\geqq 0$$

を得る．したがって，

$$a\mu(B(a,b))\geqq\int_{B(a,b)}f(x)d\mu(x)\geqq b\mu(B(a,b))$$

となり，矛盾である．したがって下極限と上極限が一致し，(i)が示された．

とくに，$|f(x)|\leqq K$ と有界のとき，$|S_n(x)/n|\leqq K$ が成立するから，$|\overline{f}(x)|\leqq K$ も成立し，$|S_n(x)-\overline{f}(x)|$ に Lebesgue の**有界収束定理**を適用でき(ii)が示せる．一般の可積分な $f(x)$ にたいしては，有界関数で L^1-近似すればよい．

$g(x)$ が可積分ならば，T の保測性と(ii)により，

$$\int_X\overline{g}(x)d\mu(x)=\lim_{N\to\infty}\int_X\frac{1}{N}\sum_{k=0}^{N-1}g(T^kx)d\mu(x)=\int_X g(x)d\mu(x)$$

が得られる．とくに $g(x)=\chi_B(x)f(x)$ とおくと，$T^{-1}B=B$ だから，$\overline{g}(x)=\chi_B(x)\overline{f}(x)$ に注意すれば，(iii)が示せる．また(iv)は明らかである．

$\underline{f}(x)$ の存在は，T^{-1} を考えれば(i)から明らかであり，(iii)に対応して，B が T-不変ならば

$$\int_B\underline{f}(x)d\mu(x)=\int_B f(x)d\mu(x)$$

が成立する．$B\equiv\{x;\ \overline{f}(x)>\underline{f}(x)\}$ は T-不変だから，

$$\int_B(\overline{f}(x)-\underline{f}(x))d\mu(x)=\int_B f(x)d\mu(x)-\int_B f(x)d\mu(x)=0$$

となり，$\mu(B)=0$ でなければならない．同様に，$\mu(\{x;\ \overline{f}(x)<\underline{f}(x)\})=0$ も示せるから，(v)を得る． ∎

系 2.9　可積分関数 $f(x)$ において，

$$\lim_{n\to\infty}\frac{1}{n}f(T^n x)=0 \quad \mu\text{-a.e. } x.$$

［証明］　個別エルゴード定理から

$$\lim_{n\to\infty}\frac{1}{n}f(T^n x)=\lim_{n\to\infty}\left(\frac{n+1}{n}\frac{1}{n+1}\sum_{k=0}^{n}f(T^k x)-\frac{1}{n}\sum_{k=0}^{n-1}f(T^k x)\right)$$
$$=\overline{f}(x)-\overline{f}(x)=0 \quad \mu\text{-a.e. } x$$

により証明が完了する． ∎

注意 2.10　$\mathcal{I}_T\equiv\{B\in\mathcal{F};\ T^{-1}B=B\}$ とおくと $\mathcal{I}_T$ は T-不変な集合の作る σ-集合体である．式(2.4)は，$\overline{f}(x)$ が σ-集合体 $\mathcal{I}_T$ に関する f の条件付き平均値 $E[f\,|\,\mathcal{I}_T]$ であることを意味している．

(c)　混合性

エルゴード性はある意味で空間の中を一様に動き回ることを保証しているが，もう一歩進んでよく混ざり合うという概念が重要になる．この項の後半では証明なしで事実を述べている．Hilbert 空間の初歩を学んでいない読者には読みにくいと思われる．そのような読者はざっと読みとばしても構わない．

定義 2.11　T が弱混合(weakly mixing)であるとは，

$$\lim_{n\to\infty}\frac{1}{n}\sum_{k=0}^{n-1}|\mu(B\cap T^{-k}F)-\mu(B)\mu(F)|=0, \quad B,F\in\mathcal{F}$$

が成立するときに言う． □

定義 2.12　T が強混合(strongly mixing)であるとは，

$$\lim_{n\to\infty}\mu(B\cap T^{-n}F)=\mu(B)\mu(F)$$

が成立するときに言う． □

命題 2.13

$$\text{強混合}\Longrightarrow\text{弱混合}\Longrightarrow\text{エルゴード的}$$

［証明］　強混合ならば弱混合であることは定義から明らかである．弱混合

であり，可測集合 B が T-不変と仮定すると，

$$\mu(B)-\mu(B)^2 = \frac{1}{n}\sum_{k=0}^{n-1}(\mu(B)-\mu(B)^2)$$
$$= \frac{1}{n}\sum_{k=0}^{n-1}|\mu(B\cap T^{-k}B)-\mu(B)\mu(B)| \to 0$$

だから，$\mu(B)=0$ または1であり，エルゴード的なことが分かる．∎

エルゴード，弱混合，強混合はスペクトルの言葉で述べることができる．しかし，Hilbert 空間の作用素に関する詳しい理論を使うので解説にとどめ，証明は省略する．Hilbert 空間 $L^2(X,\mu)$ において，その上の作用素 U を

$$(Uf)(x) \equiv f(Tx), \quad f\in L^2(X,\mu)$$

と定義すると，T の保測性から U は**等距離作用素**(isometry)になる．すなわち，$(Uf,Ug)_{L^2}=(f,g)_{L^2}$ が $f,g\in L^2$ にたいして成立する．とくに，T が測度論的自己同型ならば，U は**ユニタリ作用素**(unitary operator)になる．ユニタリ作用素の**スペクトル理論**(spectral theory)によれば，

$$U = \int_{-\pi}^{\pi} e^{i\lambda}dE(\lambda)$$

と表現される．ここに，$\{E(\lambda);\ \lambda\in\mathbb{R}\}$ は**射影作用素**による**単位の分解**(resolution of unit)である．すなわち，$E^*(\lambda)$ を $E(\lambda)$ の共役作用素として，

$$E(\lambda)^* = E(\lambda), \quad E(\lambda_1)E(\lambda_2) = E(\min\{\lambda_1,\lambda_2\}),$$
$$E(-\pi)=0, \quad E(\pi)=I, \quad E(\lambda+0)=E(\lambda).$$

さらに，$f\in L^2\ominus\mathbb{C}$（すなわち $f\in L^2, \int fd\mu=0$）にたいして，

$$F_f(\lambda) \equiv \|E(\lambda)f\|_2^2$$

は右連続な単調増加関数となり，$F_f(-\pi)=0$, $F_f(\pi)=\|f\|_2^2$ という性質をもっている．関数 $f_{\max}$ をうまく選べば，$F_{\max}\equiv F_{f_{\max}}$ が絶対連続性の意味で最大のものに選べる．すなわち，$f\in L^2\ominus\mathbb{C}$ にたいして，可測関数 g を選んで

$$F_f(\lambda) = \int_{-\pi}^{\lambda} g(\gamma)dF_{\max}(\gamma)$$

となるようにできる(**Stone の定理，Hellinger–Hahn の定理**)．次の定理

が知られているが，ここでは証明は省略する．

定理 2.14

（i） T がエルゴード的である必要十分条件は，$F_{\max}$ が $\lambda=0$ で連続なことである．

（ii） T が弱混合である必要十分条件は，$F_{\max}$ が連続関数であることである．

（iii） T が強混合である必要十分条件は，$F_{\max}$ が

$$\lim_{n\to\infty}\int_{-\pi}^{\pi} e^{i\lambda n}dF_{\max}(\lambda) = 0$$

を充たすことである． □

§2.3　測度論的エントロピー

最近は Kolmogorov–Sinai の**エントロピー**と引用されることが多いが，位相力学系にたいする**位相的エントロピー**との対比で，表題のように呼ぶことにした．もともとは，熱力学で絶対温度との関係で導入された熱力学的量であるが，非可逆過程ではエントロピーが増大することが示され，物理の法則としてだけでなく，思想的な概念にすらなっている．統計力学の立場からエントロピーを定義することは Boltzmann によって試みられ，ある種の乱雑さもしくは不確定さを表すものとして理解されるようになった．情報理論の創始に当たって，Shannon は，情報量を表すものとしてエントロピーを利用した．その後，Kolmogorov と Sinai は力学系の**不変量**(invariance)として，ここで紹介するエントロピーのようにさらに深い定義を与えた．この節では，確率空間上に限定して議論する．

(a)　分割のエントロピー

可算可測分割 $\alpha=\{A_i;\ i=1,2,3,\cdots\}$ にたいして，エントロピー

$$H(\alpha) = H(\mu,\alpha) \equiv -\sum_{i=1}^{\infty}\mu(A_i)\log\mu(A_i)$$

を定義する．ただし，$x=0$ のとき $x\log x=0$ と約束しておく．可測分割 γ が与えられたとき，条件 γ の下での**条件付きエントロピー**(conditional entropy)は，

$$(2.5)\quad H(\alpha|\gamma)\equiv-\int_X\sum_{i=1}^{\infty}\mu_\gamma(A_i|C_\gamma(x))\log\mu_\gamma(A_i|C_\gamma(x))d\mu(x)\geqq 0$$

で与える．とくに $\gamma=\{C_i\}$ も可算可測分割で $H(\gamma)<\infty$ ならば，

$$\begin{aligned}H(\alpha|\gamma)&=-\sum_{j=1}^{\infty}\mu(C_j)\sum_{i=1}^{\infty}\mu(A_i|C_j)\log\mu(A_i|C_j)\\&=-\sum_{j=1}^{\infty}\sum_{i=1}^{\infty}\mu(A_i\cap C_j)\log\mu(A_i\cap C_j)+\sum_{j=1}^{\infty}\mu(C_j)\log\mu(C_j)\\&=H(\alpha\vee\gamma)-H(\gamma)\end{aligned}$$

が成立する．

補題 2.15　可算可測分割の列 $\{\beta_n\}$ が存在して，$\beta_n\uparrow\gamma$（すなわち，$\beta_n\leqq\beta_{n+1}\leqq\gamma$ かつ，任意の $C,C'\in\gamma$, $C\neq C'$, にたいして，n を選べば，$C\subset B$, $C'\cap B=\varnothing$ を充たすような $B\in\beta_n$ が見出される）ならば，

$$H(\alpha|\beta_n)\downarrow H(\alpha|\gamma)$$

が示せる．

［証明］　補題 2.4 により，

$$\lim_{n\to\infty}\mu_{\beta_n}(A_i|C_{\beta_n}(x))=\mu_\gamma(A_i|C_\gamma(x))\quad \mu\text{-a.e. }x$$

であり，$|\mu_{\beta_n}(A_i|C_{\beta_n}(x))\log\mu_{\beta_n}(A_i|C_{\beta_n}(x))|\leqq e^{-1}$ だから，Lebesgue の有界収束定理が使え，

$$\begin{aligned}\lim_{n\to\infty}H(\alpha|\beta_n)&=-\lim_{n\to\infty}\int\sum_i\mu_{\beta_n}(A_i|C_{\beta_n}(x))\log\mu_{\beta_n}(A_i|C_{\beta_n}(x))d\mu(x)\\&=-\int\sum_i\mu_\gamma(A_i|C_\gamma(x))\log\mu_\gamma(A_i|C_\gamma(x))d\mu(x)=H(\alpha|\gamma)\end{aligned}$$

を得て証明ができる．収束の単調性は次の補題(iv)より明らか．　∎

補題 2.16　$\alpha=\{A_i\}$, $\beta=\{B_j\}$, $\gamma=\{C_k\}$ にたいして，

（i）　$H(\alpha\vee\beta|\gamma)=H(\alpha|\gamma)+H(\beta|\gamma\vee\alpha)\leqq H(\alpha|\gamma)+H(\beta|\gamma)$.

（ii）　$\beta\geqq\alpha$ ならば，$H(\beta|\gamma)\geqq H(\alpha|\gamma)$.

(iii)　α と β が条件 γ のもとで独立，すなわち $\mu(C_k)>0$ を充たす全ての k と全ての i,j にたいして $\mu(A_i\cap B_j|C_k)=\mu(A_i|C_k)\mu(B_j|C_k)$ が成立する必要十分条件は，

$$H(\alpha\vee\beta|\gamma)=H(\alpha|\gamma)+H(\beta|\gamma)$$

である．

(iv)　もし，$\alpha\leqq\gamma$ ならば，$H(\beta|\alpha)\geqq H(\beta|\gamma)$ であり，また $H(\alpha|\gamma)=0$ である．とくに，各点分割 $\varepsilon=\{\{x\};\ x\in X\}$ にたいして，$H(\alpha|\varepsilon)=0$.

(v)　υ を自明な分割(trivial partition)，すなわち $\upsilon=\{X,\varnothing\}$ とするとき，

$$H(\upsilon)=0,\quad H(\alpha|\upsilon)=H(\alpha).$$

□

補題 2.17　$\alpha=\{A_i;\ i=1,2,\cdots,N\}$ ならば，$H(\alpha|\gamma)\leqq\log N$ である．とくに $\mu(A_i)=1/N$, $i=1,2,\cdots,N$, かつ γ が自明な分割 $\gamma=\upsilon$ のとき最大値 $\log N$ をとる． □

(b)　変換のエントロピー

確率空間 $(X,\mathcal{F},\mu)$ 上の保測変換 T のエントロピーを定義する．そのために，2つの補題を見ておこう．

補題 2.18　実数列 $\{a_n;\ n=1,2,3,\cdots\}$ が条件

$$a_n+a_m\geqq a_{n+m},\quad \inf_{n\geqq 1}\frac{a_n}{n}>-\infty$$

を充たせば，

$$\lim_{n\to\infty}\frac{a_n}{n}=\inf_{n\geqq 1}\frac{a_n}{n}.$$

[証明]　m を固定し，任意の n を $n=km+\ell$, $0\leqq\ell<m$, と表せば，$n\to\infty$ のとき

$$\frac{a_n}{n}=\frac{a_{km+\ell}}{km+\ell}\leqq\frac{ka_m}{km+\ell}+\frac{a_\ell}{km+\ell}\to\frac{a_m}{m}$$

を得る．したがって，

$$\limsup_{n\to\infty}\frac{a_n}{n}\leqq\inf_{m\geqq 1}\frac{a_m}{m}\leqq\liminf_{n\to\infty}\frac{a_n}{n}$$

だから，証明が完了した． ∎

補題 2.19　T が保測変換ならば，

(i)　$H(T^{-1}\alpha)=H(\alpha)$,

(ii)　$H(T^{-1}\alpha|T^{-1}\gamma)=H(\alpha|\gamma)$. □

T を保測変換，α は有限可測分割として，

$$a_n\equiv H(\alpha\vee T^{-1}\alpha\vee\cdots\vee T^{-n+1}\alpha)$$

とおくと，補題 2.16, 2.19 により，

$$\begin{aligned}a_{n+m}&=H(\alpha\vee T^{-1}\alpha\vee\cdots\vee T^{-n+1}\alpha\vee T^{-n}\alpha\vee\cdots\vee T^{-n-m+1}\alpha)\\&\leqq H(\alpha\vee T^{-1}\alpha\vee\cdots\vee T^{-n+1}\alpha)+H(T^{-n}\alpha\vee\cdots\vee T^{-n-m+1}\alpha)\\&=a_n+a_m\end{aligned}$$

となる．補題 2.18 を使えば，

$$\lim_{n\to\infty}\frac{1}{n}H(\alpha\vee T^{-1}\alpha\vee\cdots\vee T^{-n+1}\alpha)=\inf_{n\geqq 1}\frac{1}{n}H(\alpha\vee T^{-1}\alpha\vee\cdots\vee T^{-n+1}\alpha)$$

と極限の存在が言える．

定義 2.20　有限可測分割 α に関する T の測度論的エントロピーは

$$h(T,\alpha)=h(\mu,T,\alpha)\equiv\lim_{n\to\infty}\frac{1}{n}H(\alpha\vee T^{-1}\alpha\vee\cdots\vee T^{-n+1}\alpha)$$

で定義される．さらに，変換 T のエントロピーは

$$h(T)=h(\mu,T)\equiv\sup\{h(\mu,T,\alpha);\ \alpha\text{ は有限可測分割}\}$$

で定義される．連続時間の力学系 $\{S_t\}$ のエントロピーは $h(\{S_t\})\equiv h(S_1)$ で定義される． □

補題 2.21

(i)　$\beta\equiv\bigvee_{j=m}^{n}T^{-j}\alpha$ とおけば，$h(\mu,T,\beta)=h(\mu,T,\alpha)$

(ii)　$\beta\leqq\alpha$ ならば，$h(\mu,T,\beta)\leqq h(\mu,T,\alpha)$

(iii)　$h(\mu,T,\alpha\vee\beta)\leqq h(\mu,T,\alpha)+h(\mu,T,\beta)$

(iv)　$h(\mu,T,\alpha)\leqq\dfrac{1}{n-m+1}H(T^{-m}\alpha\vee\cdots\vee T^{-n}\alpha)\leqq H(\alpha)$ □

この補題の証明は，補題2.16と$h(\mu,T,\alpha)$の定義から容易である．もう1つ概念を導入する．

定義2.22　可測分割αが**生成元**(generator)であるとは，$\mathcal{F}\left(\bigvee_{n=0}^{\infty} T^{-n}\alpha\right)=\mathcal{F}$（$T$が両可測のときは，$\mathcal{F}\left(\bigvee_{n=-\infty}^{\infty} T^{-n}\alpha\right)=\mathcal{F}$）のときに言う．□

命題2.23　確率空間$(X,\mathcal{F},\mu)$がLebesgue空間のとき，TとαがXの**各点を分離**(separate each point)すれば，生成元である．各点を分離するとは，任意の組$x\neq y\in X$にたいして，$T^n x\in A$, $T^n y\notin A$が成立するようなnと$A\in\alpha$が存在することを言う．□

この命題は実用的だが証明は省く．興味ある読者は[18]を参照されたい．次の定理によって，うまい生成元が見つかればエントロピーの計算が簡単にできる．もっとも見つかるとは限らないが．

定理2.24（Kolmogorov–Sinaiの定理）　有限可測分割αが生成元ならば，$h(\mu,T,\alpha)=h(\mu,T)$．

［証明］　任意の有限可測分割$\beta=\{B_j\}_{j=1}^{s}$と任意に小さい$\varepsilon>0$にたいして，十分大きなnをとれば，

$$\sum_{j=1}^{s}\mu(B'_j\ominus B_j)<\varepsilon,\quad B'_j\in\mathcal{F}\left(\bigvee_{k=-n}^{n}T^{-k}\alpha\right),\quad j=1,2,\cdots,s$$

とできる(ここで$\ominus$は2つの集合の対称差を表す)．なぜならば，仮定から，$\bigvee_{k=-n}^{n}T^{-k}\alpha\uparrow\varepsilon$に注意して，補題2.4を使えば，与えられた$\varepsilon>0$と各$B_j$にたいして，十分大きな$n$を選べば，

$$\mu\left(\left\{x;\ \left|E\left[\chi_{B_j}\ \Big|\ \bigvee_{k=-n}^{n}T^{-k}\alpha\right]-\chi_{B_j}\right|\geqq\frac{1}{3}\right\}\right)<\varepsilon/(2s+2)$$

とできる．$B'_j\equiv\left\{x;\,E\left[\chi_{B_j}\ \Big|\ \bigvee_{k=-n}^{n}T^{-k}\alpha\right]>1/2\right\}$とおけば，これが求める集合である．

$$C_{s+1}\equiv\left(\bigcup_{j=1}^{s}(B_j\ominus B'_j)\right)^{c},\quad C_j\equiv B_j-C_{s+1},\quad \gamma\equiv\{C_i;\ i=1,2,\cdots,s+1\}$$

とおくと，明らかに

$$\left(\bigvee_{k=-n}^{n} T^{-k}\alpha\right) \vee \gamma \geqq \beta.$$

よって，補題2.21により

$$h(\mu,T,\beta) \leqq h\left(\mu,T,\bigvee_{k=-n}^{n} T^{-k}\alpha\right) + h(\mu,T,\gamma) \leqq h(\mu,T,\alpha) + H(\mu,\gamma)$$

を得る．$H(\mu,\gamma)$ を直接計算すると，

$$H(\mu,\gamma) = -\sum_{i=1}^{s+1} \mu(C_i)\log\mu(C_i) \leqq -s\varepsilon\log\varepsilon - (1-\varepsilon)\log(1-\varepsilon)$$

である．$\varepsilon > 0$ は任意だから，

$$h(\mu,T,\beta) \leqq h(\mu,T,\alpha)$$

が任意の有限可測分割 β にたいして成立し定理を得る． ∎

系2.25　$\{\alpha_j;\, j \geqq 1\}$ を有限可測分割の列で，$\alpha_1 \leqq \alpha_2 \leqq \cdots$ を充たすものとする．もし，$\bigvee_{j=1}^{\infty} \alpha_j$ が生成元ならば，$\lim_{j\to\infty} h(\mu,T,\alpha_j) = h(\mu,T)$ である．

［証明］　上の証明中で，β の要素の近似を $\mathcal{F}\left(\bigvee_{k=0}^{n}\bigvee_{j=1}^{m} T^{-k}\alpha_j\right)$ の要素で行えばよい． ∎

次の定理は，測度論的すぎるように見えるかもしれないが，実は幾何学的な力学系にたいしても応用が広い．あるいは，幾何学的な定理の測度論的表現とも言える．

定理2.26　α を有限可測分割とすれば，$h(\mu,T,\alpha) = H\left(\alpha \,\middle|\, \bigvee_{n=1}^{\infty} T^{-n}\alpha\right)$.

［証明］　補題2.16により，

$$\begin{aligned}
&H(\alpha \vee T^{-1}\alpha \vee \cdots \vee T^{-n+1}\alpha) \\
&\quad = H(\alpha|T^{-1}\alpha \vee \cdots \vee T^{-n+1}\alpha) + H(T^{-1}\alpha \vee \cdots \vee T^{-n+1}\alpha) \\
&\quad = H(\alpha|T^{-1}\alpha \vee \cdots \vee T^{-n+1}\alpha) + H(T^{-1}\alpha|T^{-2}\alpha \vee \cdots \vee T^{-n+1}\alpha) \\
&\qquad + H(T^{-2}\alpha \vee \cdots \vee T^{-n+1}\alpha) \\
&\quad = \sum_{k=0}^{n-1} H(T^{-k}\alpha|T^{-k-1}\alpha \vee \cdots \vee T^{-n+1}\alpha) \\
&\quad = \sum_{k=0}^{n-1} H(\alpha|T^{-1}\alpha \vee \cdots \vee T^{-n+k+1}\alpha)
\end{aligned}$$

だから，補題 2.4 により，

$$\lim_{n\to\infty}\frac{1}{n}H(\alpha\vee T^{-1}\alpha\vee\cdots\vee T^{-n+1}\alpha)$$
$$=\lim_{n\to\infty}\frac{1}{n}\sum_{k=0}^{n-1}H(\alpha|T^{-1}\alpha\vee\cdots\vee T^{-n+k+1}\alpha)$$
$$=\lim_{n\to\infty}H(\alpha|T^{-1}\alpha\vee\cdots\vee T^{-n+1}\alpha)=H\left(\alpha\,\middle|\,\bigvee_{n=1}^{\infty}T^{-n}\alpha\right)$$

を得る． ∎

例 2.27　最大固有値 λ_+ が 1 より大きい 2 次元トーラスの群自己同型のエントロピーは $\log\lambda_+$ であることが次のように証明できる．この方法は，もっと一般的な系，例えば **Anosov 系**にたいしても適用できる．

$\boldsymbol{X}_+$-方向を $\boldsymbol{A}$ の固有値 λ_+ の固有ベクトル方向とし，$\boldsymbol{X}_-$-方向をもう 1 つの固有値 λ_- の固有ベクトル方向とする．有限分割 $\alpha=\{A_i\}$ の各要素は境界を $\boldsymbol{X}_\pm$-方向にもつ四辺形とし，各々の直径 $\mathrm{diameter}(A_i)\equiv\sup\{d(\boldsymbol{x},\boldsymbol{y});\ \boldsymbol{x},\boldsymbol{y}\in A_i\}$ が $1/4\lambda_+$ 以下とする．分割 $\xi_-\equiv\bigvee_{n=0}^{\infty}T^{-n}\alpha$ とおくと，殆ど全ての $\boldsymbol{x}\in\mathbb{T}$ にたいして，$\boldsymbol{x}$ を含む ξ の要素 $C_{\xi_-}(\boldsymbol{x})$ は $\boldsymbol{X}_-$-方向の線分である．その理由は以下のとおりである．$\partial\alpha$ を α の各要素の境界の和集合とし，

$$d_\alpha(\boldsymbol{x})\equiv\inf\{d(\boldsymbol{x},\boldsymbol{y});\ \boldsymbol{y}\in\partial\alpha\}$$

とおくと，簡単に

$$\int_{\mathbb{T}}|\log d_\alpha(\boldsymbol{x})|d\mu(\boldsymbol{x})<\infty$$

が示される．個別エルゴード定理の系 2.9 により，

$$\lim_{n\to\infty}\frac{1}{n}\log d_\alpha(T^{\pm n}\boldsymbol{x})=0\quad\mu\text{-a.e. }\boldsymbol{x}$$

が成立するから，

$$D_\pm(\boldsymbol{x})\equiv\inf_{n\geqq 0}\lambda_+^n d_\alpha(T^{\mp n}\boldsymbol{x})>0\quad\mu\text{-a.e. }\boldsymbol{x}$$

である．今，$\boldsymbol{x}\in A_i$ とし，その点を含む $\boldsymbol{X}_-$-方向の線分 γ で A_i の境界を結ぶものを考える．$T^n\boldsymbol{x}\in A_{i_n}$ とすると，$\alpha\vee T^{-1}\alpha$ の要素で $\boldsymbol{x}$ を含むものは $A_{i_0}\cap T^{-1}A_{i_1}$ であるが，γ がこの要素で切り取られる線分の境界への $\boldsymbol{x}$ から

の距離が

$$\min\{d_\alpha(\boldsymbol{x}),\, \lambda_+ d_\alpha(T\boldsymbol{x})\}$$

以上となることは明らかである．同様にして，$\bigvee_{k=0}^{n} T^{-k}\alpha$ の要素で $\boldsymbol{x}$ を含むものが γ を切り取る線分の境界への $\boldsymbol{x}$ からの距離は

$$\min\{\lambda_+^k d_\alpha(T^k\boldsymbol{x});\ 0 \leqq k \leqq n-1\} \geqq D_-(\boldsymbol{x})$$

以上となる．したがって，$C_{\xi_-}(\boldsymbol{x})$ は $\boldsymbol{x}$ から境界までの距離が $D_-(\boldsymbol{x})$ 以上の $\boldsymbol{X}_-$-方向の線分で $\boldsymbol{x}$ を通るものを含む．

一方，$\boldsymbol{x}$ を通り $\boldsymbol{X}_+$-方向の線分 γ' を考察すると，$\boldsymbol{y} \in \gamma'\ (\neq \boldsymbol{x})$, $d(T^n\boldsymbol{x}, T^n\boldsymbol{y}) = \lambda_+^n d(\boldsymbol{x}, \boldsymbol{y})$ だから，適当な n にたいして，$\boldsymbol{x}$ と $\boldsymbol{y}$ は異なる α の要素に入ることになり，$C_{\xi_-}(\boldsymbol{x})$ は1本の線分だけを含むことが分かる．同様に，$\xi_+ \equiv \bigvee_{k=0}^{\infty} T^{-k}\gamma'$ とおいて，$\boldsymbol{x}$ を含むその分割の要素を $C_{\xi_+}(\boldsymbol{x})$ と書くと，これは $\boldsymbol{X}_+$-方向の線分を含んでいる．そのことから分割 $\bigvee_{k=-\infty}^{\infty} T^{-k}\alpha$ の各要素は1点のみから成り立っている．

$r(\boldsymbol{x})$ で線分 $C_{\xi_-}(\boldsymbol{x})$ の長さを表すとすると，$C_{T^m\xi_-}(\boldsymbol{x}) = T^m C_{\xi_-}(T^{-m}\boldsymbol{x})$ の長さは $\lambda_+^{-m} r(T^{-m}\boldsymbol{x})$ になる．

今の場合の条件付き測度は

$$\frac{\text{線分上の通常の Lebesgue 測度}}{\text{線分の長さ}}$$

だから，

$$\mu_{\xi_-}(T^n C_{\xi_-}(T^{-n}\boldsymbol{x}) | C_{\xi_-})(\boldsymbol{x}) = \lambda_+^{-n} \frac{r(T^{-n}\boldsymbol{x})}{r(\boldsymbol{x})}$$

となり，エルゴード性から，殆ど全ての $\boldsymbol{x}$ にたいして，

$$\begin{aligned} H(T\xi_- | \xi_-) &= -\int \log \mu_{\xi_-}(TC_{\xi_-}(T^{-1}\boldsymbol{x}) | C_{\xi_-}(\boldsymbol{x})) d\mu(\boldsymbol{x}) \\ &= -\lim_{n\to\infty} \frac{1}{n} \sum_{k=0}^{n-1} \log \mu_{\xi_-}(TC_{\xi_-}(T^{-k-1}\boldsymbol{x}) | C_{\xi_-}(T^{-k}\boldsymbol{x})) \\ &= -\lim_{n\to\infty} \frac{1}{n} \sum_{k=0}^{n-1} \log \lambda_+^{-1} r(T^{-k-1}\boldsymbol{x}) / r(T^{-k}\boldsymbol{x}) \\ &= -\lim_{n\to\infty} \frac{1}{n} \log \lambda_+^{-n} r(T^{-n}\boldsymbol{x}) / r(\boldsymbol{x}) \end{aligned}$$

$$= -\lim_{n\to\infty}\frac{1}{n}\log\lambda_+^{-n}r(T^{-n}\boldsymbol{x})/r(\boldsymbol{x}) = \log\lambda_+$$

を得る．ここで，最後の等式を示すには，等式の最初の極限が存在することと，Poincaré の再帰定理 2.6 を使えばよい(演習問題 2.1 参照)．□

§2.4　Markov 連鎖

第1章でも出てきた Markov 性に関してもう少し述べておこう．s-ベクトル $\boldsymbol{p}=(p_1,p_2,\cdots,p_s)$ が**確率ベクトル**(probability vector)とは，

$$\sum_{i=1}^{s} p_i = 1, \quad p_i \geqq 0$$

を充たすときに言い，$s\times s$-行列 $\boldsymbol{P}=(p_{i,j})_{i,j=1}^{s}$ が**確率行列**(stochastic matrix)であるとは，

$$\sum_{j=1}^{s} p_{i,j} = 1, \quad p_{i,j} \geqq 0$$

を充たすときに言う．$\boldsymbol{P}$ のベキ乗を $\boldsymbol{P}^n=(p_{i,j}^{(n)})_{i,j=1}^{s}$ と記すこととする．とくに，

$$\sum_{i=1}^{s} p_i p_{i,j} = p_j$$

が全ての j にたいして成立するとき，$\boldsymbol{p}$ は $\boldsymbol{P}$ の**定常分布**(stationary distribution)と言う．もし適当な自然数 N を用いて，任意の i,j にたいして，$p_{i,j}^{(N)}>0$ が成立するならば，$\boldsymbol{P}$ は**混合条件**(mixing condition)を充たすと言う．一般に混合条件を充たす確率行列にたいして定常分布が一意的に存在することを主張する **Perron–Frobenius の定理**として知られている補題を証明しよう．そのためにまず，少し一般的な補題を主張する．行列 $\boldsymbol{A}=(A_{i,j})$ の各要素 $A_{i,j}$ が非負のとき，$\boldsymbol{A}$ を**非負行列**(non-negative matrix)と呼び，各 $A_{i,j}$ が正のとき，**正行列**(positive matrix)と呼ぶ．また，ベクトルにたいしても同じ呼び方をする．s-ベクトル $\boldsymbol{x}=(x_1,x_2,\cdots,x_s)$ にたいして，$|\boldsymbol{x}|\equiv\sum_{k=1}^{s}|x_k|$ でノルムを定義する．集合 $\mathfrak{S}_s\equiv\{\boldsymbol{x};$ 非負ベクトル, $|\boldsymbol{x}|=1\}$ を定義しておく．

$s\times s$-非負行列 $\boldsymbol{A}=(A_{i,j})$ が**混合的**(mixing)であるとは，同じく適当な自然数 N で，$\boldsymbol{A}^N$ が正行列になることである．$\boldsymbol{x}$ が0でない非負ベクトルならば，$A^N\boldsymbol{x}$ は正ベクトルになることを注意しておく．以上の準備の下で，次の補題が示される．

補題 2.28 (Perron–Frobenius の定理)　$s\times s$-非負行列 $\boldsymbol{A}$ が混合的であるとする．

(i)　特性方程式 $\det(\boldsymbol{A}-\lambda\boldsymbol{I})=0$ は正の最大解 $\lambda_{\max}$ をもち，他の $s-1$ 個の固有値 λ_k は，$|\lambda_k|<\lambda_{\max}$ を充たす．

(ii)　$\lambda_{\max}$ に対応する右固有ベクトル $\boldsymbol{u}={}^t(u_1,u_2,\cdots,u_s)$ と左固有ベクトル $\boldsymbol{v}=(v_1,v_2,\cdots,v_s)$ で $\sum_{k=1}^{s}u_k=\sum_{k=1}^{s}v_k=1$ を充たすものが唯一つ存在し，それらは $u_k,v_k>0$, $1\leqq k\leqq s$ を充たす．　□

［証明］　第1ステップとして，$\boldsymbol{A}$ の最大固有値が正であることを示そう．固有値(厳密には，特性根)を重複度を込めて λ_k, $1\leqq k\leqq s$, として，$\lambda\equiv\max_{1\leqq k\leqq s}|\lambda_k|$, $\lambda_k=|\lambda_k|e^{2\pi i\theta_k}$, $0\leqq\theta_k\leqq 1$, $1\leqq k\leqq s$, とおき，λ 自身は固有値ではないと仮定する．

$$S_n\equiv\sum_{|\lambda_k|=\lambda}\cos 2\pi\theta_k n$$

は，演習問題1.5により，適当な $C>0$ を選べば $-C$ 以下の値を無限回とる．

$$\begin{aligned}\mathrm{trace}(\boldsymbol{A}^n)\lambda^{-n}&=\sum_{k=1}^{s}|\lambda_k|^n\lambda^{-n}\cos 2\pi\theta_k n\\&=S_n+\sum_{|\lambda_k|<\lambda}|\lambda_k|^n\lambda^{-n}\cos 2\pi\theta_k n\end{aligned}$$

の第2項が0に収束するから，$\mathrm{trace}(\boldsymbol{A}^n)\lambda^{-n}$ は $-C/2$ 以下の値を無限回とることになる．一方明らかに，$\boldsymbol{A}^n$, $n\geqq N$, のトレースはつねに正だから，矛盾である．したがって，$\lambda_k=\lambda$ となる k が存在する．

第2ステップとして，λ を固有値にもつ正の固有ベクトルの存在を示す．それには，非負固有ベクトルの存在を言えばよい．λ を固有値にもつ $\boldsymbol{A}$ の右固有ベクトルで，その要素の少なくとも1つは正であるものを固定して $\boldsymbol{z}$ とおく．$\alpha>\lambda$ にたいして，級数 $(\alpha\boldsymbol{I}-\boldsymbol{A})^{-1}=\alpha^{-1}\sum_{k=1}^{\infty}(\alpha^{-1}\boldsymbol{A})^k$ は収束し，正行列である．s-ベクトル $\mathbf{1}={}^t(1,1,\cdots,1)$ にたいして，定数 $c_n>0$ を

$$\boldsymbol{x}_n\equiv c_n\Big(\Big(\lambda+\frac{1}{n}\Big)\boldsymbol{I}-\boldsymbol{A}\Big)^{-1}\mathbf{1}\in\mathfrak{S}_s$$

のようにとると，$\boldsymbol{x}_n$ は正ベクトルである．$\mathfrak{S}_s$ がコンパクトだから，適当な部分列を選べば，$\mathfrak{S}_s$ の要素 $\boldsymbol{x}$ に収束する．$\boldsymbol{x}$ は 0 でない非負ベクトルで，

$$c_n\mathbf{1}=\Big(\Big(\lambda+\frac{1}{n}\Big)\boldsymbol{I}-\boldsymbol{A}\Big)\boldsymbol{x}_n\to(\lambda\boldsymbol{I}-\boldsymbol{A})\boldsymbol{x}\quad(n\to\infty)$$

だから，$(\lambda\boldsymbol{I}-\boldsymbol{A})\boldsymbol{x}$ も非負ベクトルとなる．さらに，$\boldsymbol{A}^N\boldsymbol{x}$ は正ベクトル，$\boldsymbol{A}^N(\lambda\boldsymbol{I}-\boldsymbol{A})\boldsymbol{x}=(\lambda\boldsymbol{I}-\boldsymbol{A})\boldsymbol{A}^N\boldsymbol{x}$ は 0 ベクトルか正ベクトルになる．前者の場合は $\boldsymbol{A}^N\boldsymbol{x}$ が正の固有ベクトルになる．後者の場合は，$(\lambda^{-1}\boldsymbol{A})^n\boldsymbol{A}^N\boldsymbol{x}$ は各要素ごとに単調に減少し，その極限 $\boldsymbol{y}$ も非負ベクトルであることを意味している．適当な $\beta>0$ を選べば，$\boldsymbol{z}+\beta\boldsymbol{A}^N\boldsymbol{x}$ は正ベクトルである．したがって，$(\lambda^{-1}\boldsymbol{A})^n(\boldsymbol{z}+\beta\boldsymbol{A}^N\boldsymbol{x})$ は正ベクトルであり，その $n\to\infty$ における極限 $\boldsymbol{z}+\beta\boldsymbol{y}\neq 0$ も非負ベクトルであり，もちろん $\lambda^{-1}\boldsymbol{A}$-不変である．したがって，$\boldsymbol{A}$ の右固有値 λ の固有ベクトルになる．非負の右固有ベクトルであることから，正ベクトルであることも分かる．適当な定数を掛けることで，正の右固有ベクトル $\boldsymbol{u}\in\mathfrak{S}_s$ を得る．同様に，λ に対応する正の左固有ベクトル $\boldsymbol{v}$ も得られる．

第3ステップとして，λ を固有値にもつ固有ベクトルの一意性と λ が特性方程式の単純根であることを示そう．正の右固有ベクトル $\boldsymbol{u}$ とそれに一次独立な右固有ベクトル $\boldsymbol{x}$ にたいして，適当な β を選べば，$\boldsymbol{x}+\beta\boldsymbol{u}$ を 0 でなく，正でもない，非負右固有ベクトルにできる．ところが，$\lambda^{-s}\boldsymbol{A}^N(\boldsymbol{x}+\beta\boldsymbol{u})=\boldsymbol{x}+\beta\boldsymbol{u}$ は正ベクトルとなり，矛盾する．したがって，もし λ が単純でなければ，一般固有ベクトル $\boldsymbol{y}$ が存在する，すなわち，$(\lambda\boldsymbol{I}-\boldsymbol{A})\boldsymbol{y}=\boldsymbol{u}$ が成立する．このとき，次の等式

$$\lambda(\boldsymbol{I}-(\lambda^{-1}\boldsymbol{A})^n)\boldsymbol{y}=\sum_{k=0}^{n-1}(\lambda^{-1}\boldsymbol{A})^k(\lambda\boldsymbol{I}-\boldsymbol{A})\boldsymbol{y}=n\boldsymbol{u}$$

が得られ，かつまた，これらは正ベクトルである．$(\lambda^{-1}\boldsymbol{A})^n\boldsymbol{y}$ も正ベクトルだから，$\lambda|\boldsymbol{y}| \geqq n|\boldsymbol{u}|$ がすべての n にたいして成立し，矛盾である．

最後のステップとして，他の固有値は $|\lambda_k|<\lambda$ であることを示す．$\boldsymbol{v}$ を λ を固有値にもつ正の左固有ベクトル，$\boldsymbol{x}$ を λ_k を固有値にもつ右固有ベクトルとする．左ベクトル $\boldsymbol{v}$ と右ベクトル $\boldsymbol{u}$ の積を $\langle \boldsymbol{v}, \boldsymbol{u}\rangle = \sum_k v_k u_k$ で表せば，

$$\lambda\langle \boldsymbol{v}, \boldsymbol{x}\rangle = \langle {}^t\boldsymbol{A}\boldsymbol{v}, \boldsymbol{x}\rangle = \langle \boldsymbol{v}, \boldsymbol{A}\boldsymbol{x}\rangle = \lambda_k\langle \boldsymbol{v}, \boldsymbol{x}\rangle$$

から，$\langle \boldsymbol{v}, \boldsymbol{x}\rangle = 0$ となり，$\boldsymbol{x}$ の各要素の偏角は一致しない．一般に，ベクトル $\boldsymbol{y}=(y_1, y_2, \cdots, y_s)$ にたいして，$\mathrm{abs}(\boldsymbol{y}) \equiv (|y_1|, |y_2|, \cdots, |y_s|)$ とおき各成分の絶対値をとって得られるベクトルを対応させると，

$$\begin{aligned}\lambda^N\langle \boldsymbol{v}, \mathrm{abs}(\boldsymbol{x})\rangle &= \langle {}^t\boldsymbol{A}^N\boldsymbol{v}, \mathrm{abs}(\boldsymbol{x})\rangle = \langle \boldsymbol{v}, \boldsymbol{A}^N\mathrm{abs}(\boldsymbol{x})\rangle \\ &> \langle \boldsymbol{v}, \mathrm{abs}(\boldsymbol{A}^N\boldsymbol{x})\rangle = |\lambda_k|^N\langle \boldsymbol{v}, \mathrm{abs}(\boldsymbol{x})\rangle\end{aligned}$$

となり，$\lambda>|\lambda_k|$ が示された．■

この定理の証明は種々ある([4], [5], [15]等)．

補題 2.29　$\boldsymbol{P}$ が混合的な確率行列とする．$\boldsymbol{P}$ は唯一つの定常分布 $\widehat{\boldsymbol{p}} = (\widehat{p}_1, \widehat{p}_2, \cdots, \widehat{p}_s)$ をもち，それは $\widehat{p}_k>0, 1\leqq k\leqq s$ を充たす．さらに，$\delta>0$ と $C>0$ で，全ての n にたいして，$|\widehat{p}_i - P_{i,j}^{(n)}| \leqq Ce^{-\delta n}$ を充たすものが存在する．

［証明］　$\boldsymbol{1} = {}^t(1, 1, \cdots, 1)$ が，固有値 1 の右固有ベクトルであることは，明らかだから，1 が最大固有値である．左固有ベクトルの一意性と正値性は，補題 2.28 で示したが，それが定常分布である．収束の速さを示せばよい．まず，$P_{i,j}>0$, $1\leqq i, j\leqq s$, の場合に証明する．$c\equiv \min\{P_{i,j};\ 1\leqq i, j\leqq s\}>0$ とおき，

$$m_j^{(n)} \equiv \min\{P_{i,j}^{(n)};\ 1\leqq i\leqq s\}, \quad M_j^{(n)} \equiv \max\{P_{i,j}^{(n)};\ 1\leqq i\leqq s\}$$

と定義し，その最小・最大値をとる番号をそれぞれ $\underline{i}(n, j)$ と $\overline{i}(n, j)$ としよう．

$$\begin{aligned}P_{i,j}^{(n)} &= \sum_{k=1}^{s} P_{i,k}P_{k,j}^{(n-1)} = \sum_{k\neq \underline{i}(n-1,j)} P_{i,k}P_{k,j}^{(n-1)} + P_{i,\underline{i}(n-1,j)}P_{\underline{i}(n-1,j),j}^{(n-1)} \\ &\leqq \sum_{k\neq \underline{i}(n-1,j)} P_{i,k}M_j^{(n)} + P_{i,\underline{i}(n-1,j)}m_j^{(n)}\end{aligned}$$

$$\leqq M_j^{(n-1)} - c(M_j^{(n-1)} - m_j^{(n-1)})$$

となり，

$$M_j^{(n)} \leqq M_j^{(n-1)} - c(M_j^{(n-1)} - m_j^{(n-1)})$$

が得られ，同様に

$$m_j^{(n)} \geqq m_j^{(n-1)} + c(M_j^{(n-1)} - m_j^{(n-1)})$$

となる．この2つの式から

$$0 \leqq M_j^{(n)} - m_j^{(n)} \leqq (1-c)(M_j^{(n-1)} - m_j^{(n-1)})$$

が求まる．$0 \leqq M_j^{(0)} - m_j^{(0)} \leqq 1$ だから，

$$0 \leqq M_j^{(n)} - m_j^{(n)} \leqq (1-c)^n$$

となる．したがって，$P_{i,j}^{(n)}$ は i によらない極限値 $\widehat{p}_j$ に収束する．もともと $\sum_{j=1}^{s} P_{i,j}^{(n)} = 1$ だから，$\sum_{j=1}^{s} \widehat{p}_j = 1$ を充たしている．また，

$$|P_{i,j}^{(n)} - \widehat{p}_j| \leqq M_j^{(n)} - m_j^{(n)} \leqq (1-c)^n$$

に注意すれば，指数の速さの収束が言えている．

$$\widehat{p}_j = \lim_{n\to\infty} P_{i,j}^{(n+1)} = \lim_{n\to\infty} \sum_{k=1}^{s} P_{i,k}^{(n)} P_{k,j} = \sum_{k=1}^{s} \widehat{p}_k P_{k,j}$$

も示せる．この式は $\widehat{\boldsymbol{p}}$ が $\boldsymbol{P}$ の固有値1の固有ベクトルを意味するから，一意性によりこれが前補題が定めたものと一致する．

一般の混合条件を充たす確率行列にたいしては，全ての要素が正となる $\boldsymbol{P}^N$ にたいして，上の結果を使えばよい．そのとき $P_{i,j}^{(nN)}$ の極限確率ベクトル $\widehat{\boldsymbol{p}}$ 自身が $\boldsymbol{P}$ の定常分布になっていることは容易に分かる．$\widehat{c} \equiv \min\{P_{i,j}^{(N)};\ 1 \leqq i,j \leqq s\}$ とおけば，

$$|P_{i,j}^n - \widehat{p}_j| \leqq (1-\widehat{c})^{n/N-1}$$

なる評価が得られる． ∎

以上で，混合条件のもとで定常分布の存在が明らかになった．ここでは一般に確率行列 $\boldsymbol{P}$ とその定常分布が与えられているとして，**Markov 連鎖**の空間とその上のシフトを定義しよう．状態空間 $\mathcal{S} = \{1, 2, \cdots, s\}$ にたいして，§1.2 で定義した直積空間 $\Sigma = \mathcal{S}^{\mathbb{Z}}$ 上のシフト σ を考える．柱状集合にたいして，Markov 連鎖の測度 $\mu = \mu_P$ を

$$\mu({}_n[i_0, i_1, \cdots, i_{m-1}]_{n+m-1}) = p_{i_0} P_{i_0, i_1} P_{i_1, i_2} \cdots P_{i_{m-1}, i_m}$$

と定義する．この測度は拡張でき，さらに σ-不変になることが分かる．不変性は μ の値が柱状集合の座標の位置に依存しないことから出る．このとき，$\boldsymbol{P}$ を**遷移確率行列**(transition probability matrix)とも呼んでいる．

定理 2.30　混合条件を充たす遷移確率行列 $\boldsymbol{P}$ をもつ Markov 連鎖の空間において，シフトはエルゴード的であり，強混合性をもち，そのエントロピーは

$$h(\mu_P, \sigma) = -\sum_{i,j=1}^{s} p_i P_{i,j} \log P_{i,j} \tag{2.6}$$

で与えられる．

［証明］　まずは，強混合性の証明を行う．とくに柱状集合 ${}_0[i_0, i_1, \cdots, i_m]_m$, ${}_0[j_0, j_1, \cdots, j_m]_m$ を固定しよう．十分大きな n にたいして測度は

$$\mu({}_0[i_0, i_1, \cdots, i_m]_m \cap \sigma^{-n-m}{}_0[j_0, j_1, \cdots, j_m]_m)$$
$$= p_{i_0} \prod_{k=1}^{m} P_{i_{k-1}, i_k} P_{i_m, j_0}^{(n-m)} \prod_{k=1}^{m} P_{j_{k-1}, j_k}$$

と計算されるが，補題 2.29 により，$n \to \infty$ のとき，$P_{i_m, j_0}^{(n-m)}$ は p_{j_0} に収束するから，この測度は

$$\mu({}_0[i_0, i_1, \cdots, i_m]_m)\mu({}_0[j_0, j_1, \cdots, j_m]_m)$$

へ収束する．一般の可測集合にたいしては，この形の集合で近似すれば強混合性が証明できる．命題 2.13 で示したようにエルゴード性はそれから導かれる．

分割 $\alpha \equiv \{{}_0[i]_0;\ 1 \leqq i \leqq s\}$ が生成分割であるから，Kolmogorov–Sinai の定理(定理 2.24)により，この分割から生成される柱状集合による分割のエントロピーを計算すればよい．

$$\lim_{n\to\infty} \frac{1}{n} \sum_{i_0, i_1, \cdots, i_n} p_{i_0} P_{i_0, i_1} P_{i_1, i_2} \cdots P_{i_{m-1}, i_m} \log p_{i_0} P_{i_0, i_1} P_{i_1, i_2} \cdots P_{i_{m-1}, i_m}$$
$$= -\lim_{n\to\infty} \frac{1}{n} \sum_{i_0, i_1, \cdots, i_n} p_{i_0} P_{i_0, i_1} P_{i_1, i_2} \cdots P_{i_{m-1}, i_m} \left(\log p_{i_0} + \sum_{k=1}^{m} \log P_{i_{k-1}, i_k}\right)$$

$$= -\sum_{i,j=1}^{s} p_i P_{i,j} \log P_{i,j}$$

により証明された. ∎

Markov 連鎖の特別なケースである, $p_{i,j} = p_j$, $1 \leqq i \leqq s$ のとき, **Bernoulli 試行列**と言っている. このときの確率測度 μ は確率分布 $\boldsymbol{p} = (p_i)$ の直積測度であり, **Bernoulli 測度**と呼ばれている. このシフトの与える力学系を **Bernoulli シフト**とか Bernoulli 変換と言う. エントロピーは次で与えられる:

$$h(\mu, \sigma) = -\sum_{i=1}^{s} p_i \log p_i.$$

§2.5　区間力学系の不変測度

区間からその中への写像 φ により与えられる力学系を区間力学系と呼んでいる. ここでは Lebesgue 測度に絶対連続な不変測度についての結果を紹介しておく. 連続写像の場合の位相的な性質については, 次章で述べる. 区間力学系 φ は, 実数値関数としての意味もあるので, φx と $\varphi(x)$ の両方の表記を混用する.

(a)　Perron–Frobenius 作用素

簡単のため区間 $X = [0,1]$ 上の区分的に単調な C^1-級の写像 φ にたいして, **Perron–Frobenius 作用素**を

$$\mathcal{L}f(x) \equiv \sum_{\varphi(y)=x} \frac{1}{|\varphi'(y)|} f(y)$$

で定義する. もう少し細かく述べると, φ は各区間 $J_i = \langle b_i, b_{i+1} \rangle$ 上で単調, その内点で微分可能, かつ $X = \bigcup_i J_i$ としよう. ただし, $\langle b_i, b_{i+1} \rangle$ は b_i, b_{i+1} を端点とする区間であり, 各端点はその区間に属すことも属さないこともある. また, 端点における微係数は, その端点が属する区間の内点からの微分を意味することにしておこう. このとき φ の各 J_i への制限を φ_i と記し,

$$h_i(x) \equiv |\varphi_i'(\varphi_i^{-1}(x))|^{-1}\chi_{\varphi_i(J_i)}(x) \tag{2.7}$$

とおくとき，

$$\mathcal{L}f(x) = \sum_i h_i(x)f(\varphi_i^{-1}(x)) \tag{2.8}$$

に注意しよう．

命題 2.31

（ｉ）　可積分関数 f と有界可測関数 g にたいして，

$$\int_X g(\varphi x)f(x)dx = \int_X g(y)\mathcal{L}f(y)dy.$$

（ii）　φ が ρ を密度にもつ確率測度 μ を不変測度にもつための必要十分条件は $\mathcal{L}\rho(x) = \rho(x)$ が殆ど全ての x で成り立つことである．

（iii）　φ が Lebesgue 測度を不変測度にもつための必要十分条件は $\mathcal{L}1 = 1$ が殆ど全ての x で成り立つことである．

［証明］

$$\begin{aligned}\int_X g(\varphi x)f(x)dx &= \sum_i \int_{J_i} g(\varphi x)f(x)dx \\ &= \sum_i \int_{\varphi_i(J_i)} g(y)f(\varphi_i^{-1}y)\frac{1}{|\varphi'(\varphi_i^{-1}(y))|}dy \\ &= \int_X g(y)\sum_i \chi_{\varphi_i(J_i)}(y)f(\varphi_i^{-1}y)\frac{1}{|\varphi'(\varphi_i^{-1}(y))|}dy \\ &= \int_X g(y)\mathcal{L}f(y)dy\end{aligned}$$

が得られ(i)が示された．(ii)は $f(x) = \rho(x)$ に(i)を適用して，$\rho(x)$ が $\mathcal{L}\rho = \rho$ a.e. x ならば，$\int_X g(\varphi x)d\mu(x) = \int_X g(y)\rho(y)dy$ となり，μ の φ-不変性が示される．逆に μ が不変ならば，$\int_X g(x)\rho(x)dx = \int_X g(x)\mathcal{L}\rho(x)dx$ が任意の有界可測関数 g にたいして成立するから，$\rho(x) = \mathcal{L}\rho(x)$ a.e. x となる．(ii)を $\rho(x) = 1$ に適用して(iii)が証明できる．∎

φ が Lebesgue 測度に絶対連続な不変測度 μ：$d\mu(x) = \rho(x)dx$ をもつと仮定し，作用素 $(\mathcal{L}_\mu f)(x) \equiv (\mathcal{L}\rho f)(x)/\rho(x)$ を考察しよう．測度 μ に関する平均

値は E_μ で表すことにする.

命題 2.32

(i)　f,g を連続関数とするとき,

$$\int_X f(\varphi^n x)g(x)d\mu(x) = \int_X f(x)\mathcal{L}_\mu^n g(x)d\mu(x).$$

(ii)　$X=[0,1]$ 上の Borel 集合族を $\mathcal{B}$ とするとき, $\varphi^{-n}\mathcal{B}$ に対する条件付き平均値は

$$E_\mu[f|\varphi^{-n}\mathcal{B}](x) = (\mathcal{L}_\mu f)(\varphi^n x) \quad \mu\text{-a.e. } x$$

と表現される.

(iii)　μ-可積分関数 f にたいして,

$$\lim_{n\to\infty}(\mathcal{L}_\mu^n f)(\varphi^n x) = E_\mu\left[f \,\middle|\, \bigcap_n \varphi^{-n}\mathcal{B}\right](x) \quad \mu\text{-a.e. } x\,.$$

□

[証明]　命題 2.31 により,

$$\int_X f(\varphi x)g(x)d\mu(x) = \int_X f(x)\mathcal{L}(g\rho)dx$$
$$= \int_X f(x)(\mathcal{L}_\mu g)(x)d\mu(x)$$

となり, (i)が示される. $B\in\varphi^{-n}\mathcal{B}$ ならば, $B'\in\mathcal{B}$ を用いて, $B=\varphi^{-n}B'$ と書ける. したがって,

$$\int_B(\mathcal{L}_\mu^n f)(\varphi^n x)d\mu(x) = \int(\mathcal{L}_\mu^n f)(\varphi^n x)\chi_{B'}(\varphi^n x)d\mu(x)$$
$$= \int(\mathcal{L}_\mu^n f)(x)\chi_{B'}(x)d\mu(x) = \int f(x)\chi_{B'}(\varphi^n x)d\mu(x)$$
$$= \int f(x)\chi_B(x)d\mu(x)$$

が得られ, (ii)が示される. (iii)は Doob のマルチンゲールの収束定理(補題 2.4)から明らかである. ∎

(b)　絶対連続な測度の構成

Lebesgue 測度に**絶対連続**(absolutely continuous)な不変測度の存在は次の Lasota–York の定理で与えられる. 主張のために, 記号を導入する. X 上の

関数 f の**全変動**(total variation) $\mathrm{Var}(f)$ は

$$\mathrm{Var}(f) \equiv \sup \Big\{ \sum_{k=0}^{n} |f(x_{k+1}) - f(x_k)| \;;\; 0 = x_0 < x_1 < x_2 < \cdots < x_n < x_{n+1} = 1,\ n \in \mathbb{N} \Big\}$$

で定義され，$\mathrm{Var}(f) < \infty$ のとき，f は**有界変動**(bounded variation)であると言う．$\mathrm{Var}_I(f)$ は区間 I の上に制限した全変動を表すことにする．

定理 2.33　φ が X 上で区分的に単調かつ C^2-級の写像とする．もし，$\lambda \equiv \inf\{|\varphi'(x)|;\ x \in X,$ かつ x は φ の滑らかな点$\} > 1$ ならば，任意の有界変動な可積分関数 f にたいして，極限

$$f^* = \lim_{n\to\infty} \frac{1}{n} \sum_{k=0}^{n-1} \mathcal{L}^k f \quad \text{in } L^1(X, dx) \tag{2.9}$$

が存在し，次が成立する：

(i)　$f(x) \geqq 0$ a.e. x ならば，$f^*(x) \geqq 0$ a.e. x,

(ii)　$\displaystyle\int_X f^*(x)dx = \int_X f(x)dx$,

(iii)　$\mathcal{L}f^*(x) = f^*(x)$ a.e. x,

(iv)　f^* は有界変動で $\mathrm{Var}(f^*) \leqq C\|f\|_{L^1}$.

したがって，Lebesgue 測度に絶対連続な φ-不変測度 $d\mu(x) = f^*(x)dx$ が存在する．

［証明］　$\lambda > 4$ と仮定しておくと，式(2.7)において，$h_i(x) < 1/4$ が成り立つことに注意し，命題 2.31(i)を $g = 1$ として利用すると，

$$|\mathcal{L}f(x)| \leqq \mathcal{L}|f|(x), \quad \int_X \mathcal{L}|f|(x)dx = \int_X |f(x)|dx$$

だから，$\mathcal{L}$ は **L^1-縮小作用素**(contraction operator)である．また，

$$\begin{aligned}
\mathrm{Var}(\mathcal{L}f) &\leqq \sum_i \Big(\mathrm{Var}_{J_i}(h_i f \circ \varphi_i^{-1}) + \frac{1}{4}(|f(b_i)| + |f(b_{i+1})|)\Big) \\
&\leqq \sum_i \left(\int_{J_i} |f(\varphi_i^{-1}(x))||h_i'(x)|dx + \int_{J_i} |h_i(x)||df(\varphi_i^{-1}x)| + \frac{|f(b_i)| + |f(b_{i+1})|}{4} \right) \\
&\leqq \sum_i \Big(K_1 \int_{J_i} |f(\varphi_i^{-1}(x))||h_i(x)|dx + \frac{1}{4}(\mathrm{Var}_{J_i}(f \circ \varphi_i^{-1}) + |f(b_i)| + |f(b_{i+1})|) \Big)
\end{aligned}$$

$$\leqq (K_1+K_2)\|f\|_{L^1}+\frac{1}{2}\mathrm{Var}(f)$$

なる評価が得られる．ここで，$K_1\equiv\sup\{|h_i'(x)|/h_i(x);\ x\in J_i,\ i\}$，$K_2\equiv\max\{2/(b_{i+1}-b_i);\ i\}$ である．また，評価

$$\sum_i(|f(b_i)|+|f(b_{i+1})|)\leqq\sum_i\left(\mathrm{Var}_{J_i}(f)+\frac{1}{b_{i+1}-b_i}\int_{b_i}^{b_{i+1}}|f(x)|dx\right)$$
$$\leqq \mathrm{Var}(f)+4K_2\|f\|_{L^1}$$

を使った．$K\equiv K_1+K_2$ とおいて，

$$\mathrm{Var}(\mathcal{L}^n f)\leqq K\|\mathcal{L}^{n-1}f\|_{L^1}+\frac{1}{2}\mathrm{Var}(\mathcal{L}^{n-1}f)$$
$$\leqq K(1+2^{-1})\|\mathcal{L}^{n-2}f\|_{L^1}+\frac{1}{4}\mathrm{Var}(\mathcal{L}^{n-2}f)$$
$$\leqq 2K\|f\|_{L^1}+2^{-n}\mathrm{Var}(f)$$

を得る．したがって，

$$\limsup_{n\to\infty}\mathrm{Var}(\mathcal{L}^n f)\leqq 2K\|f\|_{L^1}.$$

一様に有界かつ有界変動な関数族は L^1 の中で相対コンパクトである．したがって，

$$\left\{\frac{1}{n}\sum_{k=0}^{n-1}\mathcal{L}^k f;\ n\in\mathbb{N}\right\}$$

はある極限点 f^* をもつ．これが，定理の条件を充たすことを確認しよう．(i)，(ii)，(iv)はいずれも容易である．(iii)は命題 2.31(i)から明らかである．命題 2.31(ii)から，$d\mu=f^*dx$ が φ-不変であることが分かる．実際に極限(2.9)が存在することの証明は次の通りである．任意の $\varepsilon>0$ にたいして，番号 n_0 で

$$\left\|\frac{1}{n_0}\sum_{k=0}^{n_0-1}\mathcal{L}^k f-f^*\right\|_{L^1}<\frac{\varepsilon}{2}$$

となるものが選べる．$n\geqq 2n_0$ ならば

$$\left\|\frac{1}{n}\sum_{k=0}^{n-1}\mathcal{L}^k f-f^*\right\|_{L^1}\leqq\sum_{0\leqq m\leqq[n/n_0]+1}\frac{n_0}{n}\left\|\frac{1}{n_0}\sum_{k=0}^{n_0-1}\mathcal{L}^{k+mn_0}f-\mathcal{L}^{mn_0}f^*\right\|_{L^1}$$

$$\leqq \sum_{0 \leqq m \leqq [n/n_0]+1} \frac{n_0}{n} \left\| \frac{1}{n_0} \sum_{k=0}^{n_0-1} \mathcal{L}^k f - f^* \right\|_{L^1}$$
$$< \frac{\varepsilon}{2} \frac{n_0}{n} \frac{n+n_0}{n_0} \leqq \varepsilon$$

だから，結論を得る．一般の場合には，$\lambda^N > 4$ を充たす $N \geqq 1$ を定めて φ^N にたいして上の議論を展開すればよい． ∎

この定理は不変測度の存在定理としては条件も単純で便利ではあるが，強い結果を出すには不十分である．よく使われるのは，

$$-\frac{\varphi''(x)}{(\varphi'(x))^2} \leqq c, \quad x \in X \tag{2.10}$$

である．証明は省くが次のような定理が知られている．

定理 2.34　φ が区分的に単調増加で条件(2.10)を充たすとき，Lebesgue 測度に絶対連続な不変測度 μ が存在し，その密度は台が互いに交わらない $\rho_1, \rho_2, \cdots, \rho_r$ に分けられ，任意の $f \in L^1$ にたいして，次が成立する．

$$\mathcal{L}^n f = \sum_{i=1}^{r} \nu_i(f) \rho_{\alpha^n(i)}(x) + R_n f, \quad \mathcal{L}\rho_i = \rho_{\alpha(i)}$$

ただし，α は $(1, 2, \cdots, r)$ の置換，α^n は 置換 α の n 回の繰り返し，ν_i は測度，$\nu_i(f) = \int f\, d\nu_i$，$R_n$ は線形写像で，$\|R_n f\|_{L^1} \to 0$ である． □

《 要 約 》

2.1　測度論の復習，可測分割と条件付き測度の準備をした．

2.2　Poincaré の再帰定理と Birkhoff の個別エルゴード定理の証明を与え，混合性について述べた．

2.3　分割のエントロピーを定義し，その基本的性質を調べた．さらに，力学系の測度論的エントロピーを導入し，Sinai の定理を示した．

2.4　測度論的な力学系の典型として，Markov 連鎖について述べた．特に，正行列にたいする Perron–Frobenius の定理を示し，不変測度を構成した．

2.5　区間力学系にたいする Perron–Frobenius 作用素の性質を調べ，Lebesgue

測度に絶対連続な不変測度の構成を行った.

演習問題

2.1 T を確率空間 $(X, \mathcal{F}, \mu)$ 上の保測変換とするとき，可測関数 f, g, h が $f(x) = g(x) + h(Tx) - h(x)$ μ-a.e. x を充たすとき，f は g に**ホモローガス**(homologous)と言い，$h(Tx) - h(x)$ を**コバンダリー**(co-boundary)と言う. $f(x) \in L^1$ が $g(x) \in L^1$ とホモローガスならば,

$$\lim_{n\to\infty} \frac{1}{n} \sum_{k=0}^{n-1} g(T^k x) = \lim_{n\to\infty} \frac{1}{n} \sum_{k=0}^{n-1} f(T^k x) \quad \mu\text{-a.e. } x$$

が成立することを示せ.

2.2

(1) $f(x)$ は区間 $[a, b]$ 上の**狭義凸関数**(strictly convex function)とする. $x_1, x_2, \cdots, x_N \in [a, b]$, $\lambda_1, \lambda_2, \cdots, \lambda_N \geqq 0$, $\sum_{k=1}^{N} \lambda_k = 1$ にたいして，次の **Jensen の不等式**(Jensen inequality)を示せ.

$$\sum_{k=1}^{N} \lambda_k f(x_k) \geqq f\left(\sum_{k=1}^{N} \lambda_k x_k\right).$$

また，等号が成立するのは，$x_1 = x_2 = \cdots = x_N$ のときに限る.

(2) 補題 2.17 を示せ.

(3) $x_k, y_k \geqq 0$, $\sum_{k=1}^{N} x_k = 1 \geqq \sum_{k=1}^{N} y_k$ にたいして，次の不等式を示せ.

$$-\sum_{k=1}^{N} x_k \log x_k \leqq -\sum_{k=1}^{N} x_k \log y_k.$$

また，等号が成立するのは，$y_k = x_k$, $1 \leqq k \leqq N$ のときに限る.

2.3 補題 2.16 を証明せよ.

2.4 1 次元トーラス $\mathbb{T}$ 上の回転 R_γ のエントロピーを計算せよ.

2.5 パン屋の変換 T のエントロピーを計算せよ.

2.6 確率ベクトルの集合を $\mathfrak{S}_s \equiv \left\{ \boldsymbol{p} = (p_i)_{i=1}^{s},\ p_i \geqq 0,\ \sum_{i=1}^{s} p_i = 1 \right\}$ とおく. $\boldsymbol{p} \in \mathfrak{S}_s$ のエントロピーを $H(\boldsymbol{p}) \equiv -\sum_{i=1}^{s} p_i \log p_i$ と記すことにする. 与えられた $\{\varepsilon_i\}_{i=1}^{s}$ にたいして，$f(\boldsymbol{p}) \equiv H(\boldsymbol{p}) + \sum_{i=1}^{s} p_i \varepsilon_i$ の最大値を与える $\boldsymbol{p}$ は

$$p_i = \frac{e^{\varepsilon_i}}{\sum_{k=1}^{s} e^{\varepsilon_k}} \tag{2.11}$$

であることを示し，$f(p)$ の最大値を求めよ．

2.7　$s\times s$-行列 $A=(A_{i,j})$ が混合的であるとき，任意の i,j にたいして，$A_{i,j}^{(n)}>0$ となる n $(0\leqq n\leqq s)$ が存在することを示せ．また，全ての i,j にたいして，同時に $A_{i,j}^{(n)}>0$ となるには，$n\geqq s^2-2s+2$ であることが必要な例をあげよ．

2.8　混合的な正行列 $\boldsymbol{A}$ とその最大固有値 $\lambda_{\max}$ において，$\lim_{n\to\infty} A_{i,j}^{(n)}$ の極限値とその収束の速さを調べよ．

そのために，補題 2.28 によって定まる正の右固有ベクトル $\boldsymbol{u}={}^t(u_1,u_2,\cdots,u_s)$ と正の左固有ベクトル $\boldsymbol{v}=(v_1,v_2,\cdots,v_s)$ から定まる次の遷移確率行列 $\boldsymbol{P}$ と確率ベクトル $\boldsymbol{p}$ に，補題 2.29 を適用せよ．

$$P_{i,j} \equiv \frac{A_{i,j}u_j}{\lambda_{\max}u_i}, \quad p_i \equiv \frac{v_i u_i}{\sum_{k=1}^{s} v_k u_k}. \tag{2.12}$$

2.9　補題 2.29 で収束の速さの評価を除けば次のコンパクトな距離空間上の縮小写像(contraction)にたいする補題を用いて証明できる．

補題 2.35　(M,d) をコンパクト距離空間，φ をその上の変換とし，任意の x, $y\in M$ にたいして，$d(\varphi x,\varphi y)\leqq d(x,y)$ が成立し，$x\neq y$ ならば，$d(\varphi^m x,\varphi^m y)<d(x,y)$ が成立するような m が存在する．このとき，φ は唯一つの固定点 x_0 をもつ．さらに点列 $\varphi^n x$ は点 x_0 に収束する：$\lim_{n\to\infty} d(\varphi^n x, x_0)=0$.　□

この補題の証明とこれを用いた補題 2.29 の証明を与えよ．

3

位相力学系

位相力学系の一般論を展開しておこう．その延長として記号力学系を調べる．M を位相空間，φ をその上の連続写像とするとき，(M,φ) を**位相力学系**と言い，とくに φ が同相写像のとき，可逆な位相力学系と言った．以下の定義や命題の中で，φ^n の動く範囲は，可逆な場合は $n\in\mathbb{Z}$，そうでないときは $n\in\mathbb{N}_0\equiv\{n\geqq 0\}$ に限るが，とくに注意はしない．また，多くの場合一方だけしか述べないが，とくに断わらない限り，適切に定義と命題を書き替えればどちらの場合でも成り立つのでそのつもりで読んでほしい．第1章では，力学系を T で記したが，この章では，φ を主に使用している．

M がコンパクトな場合には一般的な枠組みが議論できるので，この章では，コンパクト距離空間に焦点を合わせて述べている．ここで扱う主な話題は，位相的エントロピーの導入と，位相的混合性・拡大性・擬軌道追跡性をもつ力学系の位相的エントロピーや ζ-関数についてである．さらに，2次元トーラス上の群自己同型写像を例にとって，Markov 分割の一般的な構成を示す．1次元力学系のカオス研究のきっかけとなった Li–Yorke の論文の紹介を行う．

§3.1　コンパクト距離空間上の位相力学系

(M,d) がコンパクト距離空間のとき，その上の位相力学系 (M,φ) をコン

パクト位相力学系(compact topological dynamical system)とも呼ぶ．この節では，いちいち断わらずにこのケースに限って論じる．

(a)　位相的エントロピー

M の開集合の集まり，$\alpha=\{O_\lambda;\ \lambda\in\Lambda\}$ が $E\subset M$ の**開被覆**(open cover, open covering)とは，各 O_λ が開集合で $E\subset\bigcup_{\lambda\in\Lambda}O_\lambda$ を充たすときに言った．β が α の**部分被覆**(subcover, subcovering)とは，β が α の要素の集まりで，なおかつ E の被覆になっているときを言う．

M の有限開被覆 $\alpha=\{A_1,A_2,\cdots,A_k\}$, $\beta=\{B_1,B_2,\cdots,B_\ell\}$ にたいして，$\alpha\geqq\beta$ もしくは $\beta\leqq\alpha$ とは，α の任意の要素 A_i がある $B_j\in\beta$ に含まれる($A_i\subset B_j$)ことを意味する．$\alpha\vee\beta\equiv\{A_i\cap B_j\}$ と記すことにする．連続写像 φ にたいして $\varphi^{-1}\alpha\equiv\{\varphi^{-1}A_1,\varphi^{-1}A_2,\cdots,\varphi^{-1}A_k\}$ は再び開被覆になる．α の部分被覆の中で，その要素の個数の最小値を $N(\alpha)$ で表し，$H_{\rm top}(\alpha)=\log N(\alpha)$ で開被覆 α のエントロピーを表す．以上の用語と記号の下で次の命題に基づいて力学系のエントロピーの定義をする．

命題 3.1　極限

$$\lim_{n\to\infty}\frac{1}{n}H_{\rm top}(\alpha\vee\varphi^{-1}\alpha\vee\cdots\vee\varphi^{-n+1}\alpha)=h_{\rm top}(\varphi,\alpha)$$

が存在する．　□

［証明］　一般に，$N(\alpha\vee\beta)\leqq N(\alpha)N(\beta)$ が成立することにより，$a_n\equiv\log N(\alpha\vee\varphi^{-1}\alpha\vee\cdots\vee\varphi^{-n+1}\alpha)$ とおくと補題 2.18 の条件を充たすことが分かるから，命題の証明ができる．　■

定義 3.2　位相力学系 (M,φ) の**位相的エントロピー**(topological entropy) $h_{\rm top}(\varphi)$ は

$$h_{\rm top}(\varphi)=h_{\rm top}(M,\varphi)\equiv\sup\{h_{\rm top}(\varphi,\alpha);\ \alpha\text{ は有限開被覆}\}$$

で定義する．　□

次の補題は容易に示せる．

補題 3.3

(i)　もし $\alpha\leqq\beta$ ならば，$h_{\rm top}(\varphi,\alpha)\leqq h_{\rm top}(\varphi,\beta)$．

（ii）　$h_{\mathrm{top}}\left(\varphi, \bigvee_{k=n}^{m} \varphi^{-k}\alpha\right) = h_{\mathrm{top}}(\varphi, \alpha)$. □

ここまでは，一般の位相空間で成り立つ議論であったが，位相的エントロピーの計算をする際に，全ての有限開被覆について計算することは困難なので，特別な開被覆についての計算で済ませられると便利である．そのためには，空間および写像に条件が必要である．以降は，(M,d) はコンパクト距離空間と仮定しておく．

距離空間の部分集合 $B \subset M$ の**直径**(diameter)は次で定義される：

$$\mathrm{diameter}(B) \equiv \sup\{d(x,y);\ x,y \in B\}.$$

補題 3.4（Lebesgue の被覆定理）　(M,d) をコンパクト距離空間，α を M の開被覆とするとき，α の **Lebesgue 数**と呼ばれる $\delta(\alpha) > 0$ が存在して，直径が $\delta(\alpha)$ 以下の M の任意の部分集合は α のある要素に含まれる．

［証明］　補題の主張が成立しないと仮定しよう．そのとき任意の $n \in \mathbb{N}$ にたいして，α のどの要素にも含まれない直径 $1/n$ 以下の部分集合 B_n が存在する．各 B_n から 1 点ずつ $x_n \in B_n$ を選ぶ．コンパクトだから，部分列 $\{x_{n_k}\}$ と点 $x \in M$ で $x_{n_k} \to x$ $(k \to \infty)$ となるものが存在する．α は被覆だから，その要素 $A \in \alpha$ で $x \in A$ となるものが存在する．A が開集合だから，十分小さい x の開近傍 $U_\delta(x) \equiv \{y;\ d(x,y) < \delta\}$, $\delta > 0$ をとれば，$U_\delta(x) \subset A$ とできる．また，x_{n_k} が x に収束するから，十分大きな k_0 を選んで，$n_{k_0} > 4/\delta$ かつ $k \geqq k_0$ ならば，$d(x_{n_k}, x) < \delta/4$ が成立するようにできる．したがって，$y \in B_{n_k}$ ならば，$d(x,y) \leqq d(x, x_{n_k}) + d(x_{n_k}, y) < \delta/4 + 1/n_k < \delta/2$ だから，

$$B_{n_k} \subset U_\delta(x) \subset A$$

となり，B_{n_k} が α のどの要素にも含まれないことに矛盾する． ■

定義 3.5　有限開被覆 α が**各点を分離**(separate each point)するとは，$x, y \in M$ において，どんな n にたいしても $\varphi^n x$ と $\varphi^n y$ を同時に含む $\overline{A_{i_n}}$, $A_{i_n} \in \alpha$ が存在すれば $x = y$ となるときに言う． □

命題 3.6　コンパクト距離空間上の位相力学系 (M,d,φ) の有限開被覆 α において，

（i）　任意に与えた $\delta > 0$ にたいして，十分大きな N をとれば，$\bigvee_{k=0}^{N} \varphi^{-k}\alpha$

の要素の直径が δ 以下にできるとき，$h_{\mathrm{top}}(\varphi,\alpha)=h_{\mathrm{top}}(\varphi)$ が成立する．

（ii）　有限開被覆 α が各点を分離するならば，$h_{\mathrm{top}}(\varphi,\alpha)=h_{\mathrm{top}}(\varphi)$ が成立する．

［証明］　β を任意の有限被覆，$\delta(\beta)$ をその Lebesgue 数とする．$\delta=\delta(\beta)/2$ ととり，N を命題の条件のようにとると，補題 3.4 により，$\bigvee_{k=0}^{N}\varphi^{-k}\alpha\geqq\beta$ となる．補題 3.3 により，(i)が示される．

$\alpha=\{A_i;\ i=1,2,\cdots,s\}$ が各点を分離すれば，(i)の条件を充たすことを示そう．そのためどんな n にたいしても，$\bigvee_{k=0}^{n}\varphi^{-k}\alpha$ のある要素の直径が δ_0 より大きくなるような $\delta_0>0$ が存在したと仮定しよう．そうすれば，x_n, y_n で $d(x_n,y_n)>\delta_0$ を充たし，$\bigvee_{k=0}^{n}\varphi^{-k}\alpha$ の同じ要素に含まれるものがある．コンパクトだから，適当な部分列 $\{n_j\}$ を選べば，$x_{n_j}\to x$，$y_{n_j}\to y$ と収束するようにできる．もちろん，$d(x,y)\geqq\delta_0$ が成り立つ．x_n, y_n を同時に含む要素を

$$A_{i_{n,0}}\cap\varphi^{-1}A_{i_{n,1}}\cap\varphi^{-2}A_{i_{n,2}}\cap\cdots\cap\varphi^{-n}A_{i_{n,n}}$$

としよう．α が有限被覆だから，$\{A_{i_{n_j,0}}\}$ のうち無限部分列 $\{n'_j\}$ で $A_{i_{n'_j,0}}$ がすべてある要素 A_{i_0} と一致する．$x_n, y_n\in A_{i_{n,0}}$ だから，$x,y\in\overline{A_{i_0}}$ である．そのような $\{n'_j\}$ のそのまた部分列 $\{n''_j\}$ で，$A_{i_{n''_j,1}}$ がすべてある A_{i_1} と一致するものがあり，$\varphi x,\varphi y\in\overline{A_{i_{n''_j,1}}}$ となる．以下同様にして，$\varphi^n x,\varphi^n y\in\overline{A_{i_n}}$ となるものが選べる．このことは，各点を分離するということに矛盾するから，(ii)の証明ができた．　▮

この命題により，具体的に位相的エントロピーを計算するのに，特殊な開被覆にたいしてだけ計算すればよいことになる．

定義 3.7　距離空間 (M,d) 上の写像 φ が**拡大的**(expansive)とは，正定数 $\varepsilon^*>0$ で次の条件を充たすものが存在するときに言う：任意の $x\neq y\in M$ にたいして，ある n で $d(\varphi^n x,\varphi^n y)>\varepsilon^*$ が成立する．このとき，ε^* を**拡大定数**(expansive constant)と言う．　□

補題 3.8　(X,d) をコンパクト距離空間，φ をその上の拡大定数 ε^* の拡大的位相力学系とする．有限開被覆 $\alpha=\{A_1,A_2,\cdots,A_s\}$ の要素の直径が $\varepsilon^*/2$ 以下，$\mathrm{diameter}(A_i)\leqq\varepsilon^*/2$，$i=1,2,\cdots,s$，と仮定する．このとき，任意の $\delta>0$

にたいして，十分大きな N を選べば，$\bigvee_{k=0}^{N} \varphi^{-k}\alpha$ の要素の直径は δ より小さくできる．

［証明］ 主張を否定して，任意の N にたいして，$\bigvee_{k=0}^{N} \varphi^{-k}\alpha$ の少なくとも1つの要素の直径が δ 以上になると仮定しよう．そのような要素 $A_{i_{N,0}} \cap \varphi^{-1}A_{i_{N,1}} \cap \cdots \cap \varphi^{-N}A_{i_{N,N}}$ から2点 x_N, y_N を $d(x_N, y_N) > \delta/2$ となるように選べる．コンパクトだから，部分列 $\{N_j\}$ を選んで，$x_{N_j} \to x$, $y_{N_j} \to y$ と収束するようにでき，このとき $d(x,y) \geqq \delta/2$ である．α は有限被覆だから，$\{N_j\}$ の無限部分列 $\{N_j'\}$ をうまく選べば，$A_{i_{N_j',0}}$ は全て同じ要素にできる．それを A_{i_0} とすれば，$x_{N_j'}, y_{N_j'} \in A_{i_0}$ だから，$x, y \in \overline{A_{i_0}}$ である．その部分列を選んで，同様の議論をすれば，A_{i_1} が $\varphi x, \varphi y \in \overline{A_{i_1}}$ となるように選べる．以下同様の議論の繰り返しで，A_{i_n}, $n=0,1,2,\cdots$, を $\varphi^n x, \varphi^n y \in \overline{A_{i_n}}$ となるように決定できる．したがって，$d(\varphi^n x, \varphi^n y) \leqq \varepsilon^*/2 < \varepsilon^*$ となり，拡大性に反する． ∎

定理 3.9 コンパクト距離空間上の (M, d, φ) を，拡大定数 ε^* の拡大的位相力学系とする．α を有限開被覆とし，各要素の直径が $\varepsilon^*/2$ 以下ならば，$h_{\mathrm{top}}(\varphi, \alpha) = h_{\mathrm{top}}(\varphi)$ が成立する．

［証明］ 任意の有限開被覆 β にたいし，$\delta(\beta)$ をその Lebesgue 数とする．補題 3.8 により，N を十分大きくとれば，$\bigvee_{k=0}^{N} \varphi^{-k}\alpha$ の各要素の直径が $\delta(\beta)$ より小にできる．Lebesgue の被覆定理により，$\beta \leqq \bigvee_{k=0}^{N} \varphi^{-k}\alpha$ を得る．補題 3.3 により，

$$h_{\mathrm{top}}(\varphi, \beta) \leqq h_{\mathrm{top}}\left(\varphi, \bigvee_{k=0}^{N} \varphi^{-k}\alpha\right) \leqq h_{\mathrm{top}}(\varphi, \alpha)$$

となり，$h_{\mathrm{top}}(\varphi)$ の定義から，証明が完了する． ∎

この定理は具体的に位相的エントロピーを計算する際には大変有効である．

例 3.10 1次元トーラス $\mathbb{T}$ 上の 2-進変換 $\varphi = R_{(2)}$ の位相的エントロピーの計算をしよう．φ が $\varepsilon^* = 1/8$ を拡大定数にもつ拡大的位相力学系であることはすぐ分かる．被覆 $\alpha = \{A_0, A_1, A_2, A_3\}$ は $A_0 = (0, 2/4)$, $A_1 = (1/4, 3/4)$, $A_2 = (2/4, 4/4)$, $A_3 = (3/4, 4/4) \cup [0, 1/4)$ ととる．

$$\bigvee_{k=0}^{n} \varphi^{-k}\alpha = \{A_{n,i};\ 0 \leqq i \leqq 2^{n+2}-1\}$$

ただし，

$$A_{n,i} = (i2^{-n-2},\ (i+2)2^{-n-2}),\quad 0 \leqq i < 2^{n+1}-1,$$
$$A_{n,2^{n+2}-1} = (1-2^{-n-2},\ 1) \cup [0,\ 2^{-n-2})$$

となり，要素の数は 2^{n+2} である．定理を適用して

$$\lim_{n\to\infty} \frac{1}{n} H_{\mathrm{top}}(\alpha \vee \varphi^{-1}\alpha \vee \cdots \vee \varphi^{-n+1}\alpha) = \lim_{n\to\infty} \frac{(n+2)\log 2}{n} = \log 2$$

を得る． □

$E \subset X$ が φ に関して (n,ε)**-被分離**(separated)とは $x \neq y \in E$ ならば，

$$\max\{d(\varphi^i x, \varphi^i y);\ 0 \leqq i \leqq n-1\} \geqq \varepsilon$$

が成立するときに言い，$\sharp E$ で集合 E の**濃度**(cardinal number, cardinality)，すなわち要素の個数を表す．また，

$$N_n(\mathrm{separated}, \varphi, \varepsilon) = \max\{\sharp E;\ E \text{ は全ての } (n,\varepsilon)\text{-被分離集合を動く}\}$$

とおくと，次の命題が成立する．

命題 3.11　コンパクト距離空間上の位相力学系 (X,d,φ) において，

$$h_{\mathrm{top}}(\varphi) = \lim_{\varepsilon\downarrow 0} \limsup_{n\to\infty} \frac{1}{n} \log N_n(\mathrm{separated}, \varphi, \varepsilon),$$

とくに拡大的なとき，任意の ε，$0<\varepsilon<\varepsilon_1^*$，にたいして，

$$h_{\mathrm{top}}(\varphi) = \limsup_{n\to\infty} \frac{1}{n} \log N_n(\mathrm{separated}, \varphi, \varepsilon)$$

が成立するような $\varepsilon_1^* > 0$ が存在する．

［証明］　$\alpha = \{A_1, A_2, \cdots, A_s\}$ を開被覆とするとき，$h_{\mathrm{top}}(\varphi, \alpha)$ が右辺より小であることを示す．$\delta(\alpha)$ を Lebesgue 数とする．F は有限集合で次の条件を充たす濃度最小の集合とする：任意の $x \in X$ にたいして，$y \in F$ で $\max\{d(\varphi^i x, \varphi^i y);\ 0 \leqq i \leqq n-1\} \leqq \delta(\alpha)/2$ を充たすような $y \in F$ が存在する．$z \in F$ にたいして，$A_{i_k}(z) \in \alpha$，$0 \leqq k \leqq n-1$ を

$$\overline{U_{\delta(\alpha)/2}(\varphi^k z)} \subset A_{i_k}(z)$$

となるように選べる．このとき，$(n,\delta(\alpha)/2)$-被分離集合で濃度が最大のものを E とすると，$\sharp E \geqq \sharp F$ が成立する．なぜならば，もし $z\in X$ が任意の $y\in E$ にたいして，$\max\{d(\varphi^i z,\varphi^i y);\ 0\leqq i\leqq n-1\}\geqq\delta(\alpha)/2$ を充たせば，$E\cup\{z\}$ も $(n,\delta(\alpha)/2)$-被分離集合となり，E の濃度の最大性に反するから，E 自身が F を定めた性質を有している．F の濃度の最小性から，求める不等式が示される．

$C(z)$ を

$$C(z)\equiv A_{i_0}(z)\cap\varphi^{-1}A_{i_1}(z)\cap\cdots\cap\varphi^{-n+1}A_{i_{n-1}}(z)$$
$$\in\alpha\vee\varphi^{-1}\alpha\vee\cdots\vee\varphi^{-n+1}\alpha$$

と定めると，F の定義の仕方から $X=\bigcup_{z\in F}C(z)$ である．言い替えると，各 $x\in X$ にたいして，$x\in C(z)$ となる $z\in F$ が存在する．よって，

$$N(\alpha\vee\varphi^{-1}\alpha\vee\cdots\vee\varphi^{-n+1}\alpha)\leqq\sharp F\leqq N_n\left(\text{separated},\varphi,\frac{\delta(\alpha)}{2}\right)$$

が成立する．

逆の不等式の証明のためには，$\delta>0$ と開被覆 $\alpha=\{A_1,A_2,\cdots,A_s\}$ で直径 $\mathrm{diameter}(A_i)<\delta$ となるものを固定する．E を (n,δ)-被分離集合で最大濃度をもつものとする．もし，$x,y\in E$ が $\alpha\vee\varphi^{-1}\alpha\vee\cdots\vee\varphi^{-n+1}\alpha$ の同じ要素に含まれたとすると，$d(\varphi^i x,\varphi^i y)<\delta,\ 0\leqq i\leqq n-1$，となり，$x\neq y$ は E が (n,δ)-被分離であることに反する．したがって，

$$N(\alpha\vee\varphi^{-1}\alpha\vee\cdots\vee\varphi^{-n+1}\alpha)\geqq\sharp E=N_n(\text{separated},\varphi,\delta)$$

を得て，$h_{\mathrm{top}}(\varphi,\alpha)\geqq\lim\limits_{n\to\infty}\dfrac{1}{n}\log N_n\left(\text{separated},\varphi,\dfrac{\delta(\alpha)}{2}\right)$ となり，逆の不等式を示せる．

拡大的ならば，拡大定数 ε^* にたいして，$\varepsilon_1^*=\varepsilon^*/2$ ととれば，定理 3.9 により，$h_{\mathrm{top}}(\varphi,\alpha)=h_{\mathrm{top}}(\varphi)$ が成り立つことから，第 2 の主張が示せる． ∎

(b) 周期点の数

位相力学系 φ の周期点は，数論における素数に対比されて，調べられている．その典型は φ の ζ-関数である．第 1 章でも特別な場合に紹介したよう

に，φ^n の固定点の数 $N_n(\varphi, \mathrm{fix})$ を用いて，

$$\zeta(s) = \zeta_\varphi(s) \equiv \exp\left[\sum_{n=1}^{\infty} \frac{N_n(\varphi, \mathrm{fix})}{n} s^n\right]$$

と定義した．これと，φ の周期 p の周期点の数 $N_p(\varphi, \mathrm{period})$ とは §1.2 注意1.6 で見たように，深く関わっている．ここでは，直接周期点の個数を議論するより，$N_n(\varphi, \mathrm{fix})$ を調べることにする．

命題 3.12　(M, d, φ) をコンパクト距離空間上の位相力学系とする．もし，φ が拡大的ならば，

$$h_{\mathrm{top}}(\varphi) \geqq \limsup_{n\to\infty} \frac{1}{n} \log N_n(\varphi, \mathrm{fix})\,.$$

［証明］　拡大定数を ε^* とし，有限開被覆 α の各要素の直径は $\varepsilon^*/2$ より小とする．このとき，$\bigvee_{k=0}^{-n+1} \varphi^{-k}\alpha$ の各要素は高々 1 つの φ^n の固定点をもつ．実際に，もし x, y が同じ要素に入る固定点とすれば，$d(\varphi^{kn+r}x, \varphi^{kn+r}y) < \varepsilon^*/2$, $0 \leqq r \leqq n-1$, $k = 0, 1, 2, \cdots$, が成り立つから，拡大性により $x = y$ になる．したがって，

$$H_{\mathrm{top}}(\alpha \vee \varphi^{-1}\alpha \vee \cdots \vee \varphi^{-n+1}\alpha) \geqq \log N_n(\varphi, \mathrm{fix})$$

となるから，命題を得る．∎

位相的可遷性と位相的混合性と擬軌道追跡性は第1章で導入した．

定理 3.13　コンパクト距離空間上の位相力学系 (X, d, φ) が拡大的で，位相的混合性と擬軌道追跡性をもてば，

$$h_{\mathrm{top}}(\varphi) = \limsup_{n\to\infty} \frac{1}{n} \log N_n(\varphi, \mathrm{fix}).$$

［証明］　拡大定数を ε^* とし，$0 < \varepsilon < \varepsilon^*$ を固定しよう．擬軌道追跡性において，$\delta > 0$ を $\varepsilon/2$-追跡可能なように定める．コンパクト性と位相的混合性から，十分大きな n_0 を定めて，$m \geqq n_0$ ならば，任意の $x, y \in X$ にたいして

$$U_\delta(x) \cap \varphi^{-m} U_\delta(y) \neq \varnothing$$

が成立するようにできる．そこで，与えられた n にたいして，E を (n, ε)-被分離集合とする．$x \in E$ にたいして，擬軌道 $\{x_i;\ i \in \mathbb{N}_0\}$ を次のように構成する．まず，

$$x_i \equiv \varphi^i x, \quad 0 \leqq i \leqq n-1$$

とおく．z を $z \in U_\varepsilon(\varphi^n x) \cap \varphi^{-n_0} U_\varepsilon(x)$ とすると，$d(\varphi^{n_0} z, x) < \delta$ かつ $d(z, \varphi^n x) < \delta$ だから，

$$\begin{aligned} &x_i \equiv \varphi^{i-n} z, \quad n \leqq i \leqq n_0 + n - 1, \\ &x_{n+n_0} \equiv x, \\ &x_i \equiv x_{i-n-n_0}, \quad i > n + n_0 \end{aligned}$$

と定義すると δ-擬軌道である．したがって，$\varepsilon/2$-追跡する $y \in E$ が存在する：$d(x_i, \varphi^i y) < \varepsilon/2$, $i \in \mathbb{N}_0$.

この y の性質を調べよう．まず，$\{x_i\}$ は $n+n_0$ の周期をもっているから，

$$d(\varphi^i y, \varphi^{i+n+n_0} y) < d(\varphi^i y, x_i) + d(x_{i+n+n_0}, \varphi^{i+n+n_0} y) < \varepsilon < \varepsilon^*, \quad i \in \mathbb{N}_0$$

となり，拡大性から $\varphi^i y = \varphi^{i+n+n_0} y$ と周期性をもつことが分かる．少なくとも，y は φ^{n+n_0} の固定点である．さて，各 $x \in E$ にたいして $y(x) = y$ と対応しているが，その対応は単射である．なぜなら，$x \neq x' \in E$ ならば，$d(x, x') \geqq \varepsilon$ だから，$d(y(x), y(x')) > d(x, x') - d(x, y(x)) - d(x', y(x')) > \varepsilon - \varepsilon = 0$ を得て，$y(x) \neq y(x')$ だからである．したがって，

$$N_n(\text{separated}, \varphi) \leqq {}^\sharp E \leqq N_n(\varphi, \text{fix})$$

であり，定理 3.13 と命題 3.11 により証明が完了する． ∎

系 3.14　定理の条件の下で，$\exp[-h_{\mathrm{top}}(\varphi)]$ は，ζ-関数の収束半径と一致する． □

§3.2　記号力学系

記号力学系はそれ自身が研究対象としても興味深いが，第1章でも見たように，与えられた力学系を記号力学系で表現して調べるという手段としても有効である．この節でも，片側シフト (Σ^+, σ) を中心に議論を展開するが，添字の範囲に注意して，定義や命題を書き替えれば両側シフト (Σ, σ) にたいしてもそのまま成立する．後で定義するサブシフトにたいして，(Σ, σ) や (Σ^+, σ) を**全シフト**(full shift)と呼んでいる．

$\mathcal{S} = \{1, 2, \cdots, s\}$ を状態集合とし，X を $\Sigma^+ \equiv \mathcal{S}^{\mathbb{N}_0}$ のシフト不変な閉集合と

する．Σ^+ の距離 $d(\boldsymbol{x},\boldsymbol{y})$ は $d(\boldsymbol{x},\boldsymbol{y})=2^{-m_0} \Longleftrightarrow \omega_i(\boldsymbol{x})=\omega_i(\boldsymbol{y})$，$0 \leqq i \leqq m_0-1$，$\omega_{m_0}(\boldsymbol{x}) \neq \omega_{m_0}(\boldsymbol{y})$ で与えたことを思い出しておこう．この距離の定義の仕方は他書とは異なっているかもしれないが，ここでの議論のためにはなかなか便利である．例えば，σ は Lipschitz 連続性

$$d(\sigma\boldsymbol{x},\sigma\boldsymbol{y}) \leqq 2d(\boldsymbol{x},\boldsymbol{y})$$

を有していることが容易に分かる．また $2^{-m_0}<\varepsilon \leqq 2^{-m_0+1}$ にたいして，$\boldsymbol{x} \in \Sigma^+$ の ε-近傍は

$$U_\varepsilon(\boldsymbol{x})=\{\boldsymbol{y} \in \Sigma^+;\ \omega_i(\boldsymbol{y})=\omega_i(\boldsymbol{x}),\ 0 \leqq i \leqq m_0-1\}$$

で与えられる．別な見方をすれば，柱状集合 ${}_0[a_0,a_1,\cdots,a_{m_0}]_{m_0}$，$a_0,a_1,\cdots,a_{m_0} \in \mathcal{S}$，$m_0 \in \mathbb{N}_0$ たちが，**基本開集合**(fundamental open set)となることを意味している．さらに，これらは閉かつ開集合であるという特徴的なことも容易に分かる．

(a)　サブシフト

Σ（または，Σ^+）の閉部分集合 X が**シフト不変**，すなわち $\sigma X=X$ を充たすとき，σ の X への制限 σ_X を考え，(X,σ_X) を**サブシフト**(subshift)と言う．混乱しないときには，単に (X,σ) と書くことも多い．$\boldsymbol{a}=a_0a_1a_2\cdots a_{m-1}$ が X の要素の列の中に現れるとき，すなわち $\boldsymbol{x} \in X$ で $\omega_k(\boldsymbol{x})=a_k$；$0 \leqq k \leqq m-1$，となるものが存在するときに，$\boldsymbol{a}$ を X の長さ m の単語と言い，$W^m(X)$ で X の長さ m の単語全体の集合を表し，$W(X)$ で X の単語全体の集合を表す．長さ m の単語が与えられたとき，それが決める柱状集合を

$$\begin{aligned} {}_n[\boldsymbol{a}]_{m+n-1} &= {}_n[a_0a_1a_2\cdots a_{m-1}]_{m+n-1} \\ &\equiv \{\boldsymbol{x} \in X;\ \omega_{k+n}(\boldsymbol{x})=a_k,\ 0 \leqq k \leqq m-1\} \end{aligned}$$

で表すことにする．

まず，次の命題を示す．

命題 3.15　サブシフト (X,σ) は拡大性をもつ．

［証明］　$\varepsilon^*=1$ が拡大定数になることを示す．実際 $\boldsymbol{x} \neq \boldsymbol{y} \in X$ としよう．直積空間 Σ^+ の定義により，$\omega_m(\boldsymbol{x}) \neq \omega_m(\boldsymbol{y})$ となる m が存在する．このとき $d(\sigma^m\boldsymbol{x},\sigma^m\boldsymbol{y})=1=\varepsilon^*$ だから結論を得る．∎

(b)　有限型のサブシフト

有限型の記号力学系は豊富な性質をもち，詳しく調べられている．§1.2で定義してあるが，復習をしておこう．長さ m の単語の集合 $W \subset S^m$ が与えられたとき，

$$\Sigma_W \equiv \{\boldsymbol{x} \in \Sigma;\ (\omega_n(\boldsymbol{x}), \omega_{n+1}(\boldsymbol{x}), \cdots, \omega_{n+m-1}(\boldsymbol{x})) \in W,\ \forall n \in \mathbb{Z}\}$$

とおき，(Σ_W, σ) を**有限型の両側サブシフト**(two side subshift of finite type)と言う(厳密には，σ の Σ_W への制限を指す)．

有限型の片側サブシフト(one side subshift of finite type) (Σ_W^+, σ) は，同様に Σ^+ の部分集合

$$\Sigma_W^+ \equiv \{\boldsymbol{x} \in \Sigma^+;\ (\omega_n(\boldsymbol{x}), \omega_{n+1}(\boldsymbol{x}), \cdots, \omega_{n+m-1}(\boldsymbol{x})) \in W,\ \forall n \in \mathbb{N}_0\}$$

により与えられる．

とくに，$m=2$ の場合は，係数が0と1の行列 $\boldsymbol{A}$ を与えて，$W=\{(a,b) \in \mathcal{S}^2;\ A_{a,b}=1\}$ と定めると，Σ_W は次の Σ_A と一致する：

$$\Sigma_A \equiv \{\boldsymbol{x} \in \Sigma;\ A_{\omega_n(\boldsymbol{x}), \omega_{n+1}(\boldsymbol{x})} = 1,\ n \in \mathbb{Z}\}.$$

逆に，W が与えられれば，$\boldsymbol{A}=(A_{a,b})$ を

$$A_{a,b} = \begin{cases} 1 & (a,b) \in W \\ 0 & (a,b) \notin W \end{cases}$$

と定義すると $\Sigma_W = \Sigma_A$ が成立する．確率論の **Markov 連鎖**(Markov chain)から名前を借りて，(Σ_A, σ) を両側 Markov サブシフト，(Σ_A^+, σ) を片側 Markov サブシフト，と呼んでいる．必要ならば，σ_A と $\boldsymbol{A}$ を明示して，シフト自体を区別することもある．このとき，長さ m の単語の集合を W_A^m，単語全体の集合を W_A と記すことにしよう．$\boldsymbol{a}=a_0a_1a_2\cdots a_{m-1} \in W_A^m$ の必要十分条件は，もちろん $A_{a_{k-1},a_k}=1$, $1 \leqq k \leqq m-1$ である．演習問題3.3で示すように，全ての有限型サブシフトは Markov サブシフトと同等であることが分かる．

まず，記号力学系が有限型になるための条件を見よう．

定理 3.16　サブシフト (X, σ) が有限型であるための必要十分条件は，擬

軌道追跡性をもつことである.

［証明］ 擬軌道追跡性を仮定しよう. $\varepsilon=1/4$ ととり, δ を δ-擬軌道が ε-追跡できるように定める. m_0 を $2^{-m_0+2}<\delta$, $m_0 \geqq 1$ となるように固定し, 長さ m_0 の単語の集合 W を

$$W \equiv \{(\omega_0(\boldsymbol{x}), \omega_1(\boldsymbol{x}), \cdots, \omega_{m_0-1}(\boldsymbol{x}));\ \boldsymbol{x} \in X\}$$

と定義すると, $X \subset \Sigma_W^+$ は明らかだから, $X \supset \Sigma_W^+$ を示す. 定義により, $\boldsymbol{z} \in \Sigma_W^+$ ならば任意の m にたいして, $(\omega_m(\boldsymbol{z}), \omega_{m+1}(\boldsymbol{z}), \cdots, \omega_{m+m_0-1}(\boldsymbol{z})) \in W$ が成り立つ. W の定め方から, 各 m にたいして,

$$\begin{aligned}
&(\omega_0(\boldsymbol{x}_m), \omega_1(\boldsymbol{x}_m), \cdots, \omega_{m_0-1}(\boldsymbol{x}_m)) \\
&\quad = (\omega_m(\boldsymbol{z}), \omega_{m+1}(\boldsymbol{z}), \cdots, \omega_{m+m_0-1}(\boldsymbol{z})) \\
&\quad = (\omega_0(\sigma^m \boldsymbol{z}), \omega_1(\sigma^m \boldsymbol{z}), \cdots, \omega_{m_0-1}(\sigma^m \boldsymbol{z})) \in W
\end{aligned}$$

を充たす $\boldsymbol{x}_m \in X$ が存在する. 距離の定義から, $d(\boldsymbol{x}_m, \sigma^m \boldsymbol{z}) \leqq 2^{-m_0}$ なる評価が得られ, また同じく $d(\sigma \boldsymbol{x}_m, \sigma^{m+1} \boldsymbol{z}) \leqq 2^{-m_0+1}$ を得る. よって,

$$\begin{aligned}
d(\boldsymbol{x}_{m+1}, \sigma \boldsymbol{x}_m) &\leqq d(\boldsymbol{x}_{m+1}, \sigma^{m+1} \boldsymbol{z}) + d(\sigma \boldsymbol{x}_m, \sigma^{m+1} \boldsymbol{z}) \\
&\leqq 2^{-m_0} + 2^{-m_0+1} < 3 \cdot 2^{-m_0} < \delta
\end{aligned}$$

を充たし, $\{\boldsymbol{x}_m\}$ が δ-擬軌道であることが分かる. したがって, ε-追跡可能であり, $\boldsymbol{x} \in X$ で任意の m にたいして, $d(\boldsymbol{x}_m, \sigma^m \boldsymbol{x}) < \varepsilon = 1/4$ となるものが存在する. したがって,

$$d(\sigma^m \boldsymbol{x}, \sigma^m \boldsymbol{z}) \leqq d(\sigma^m \boldsymbol{x}, \boldsymbol{x}_m) + d(\boldsymbol{x}_m, \sigma^m \boldsymbol{z}) < \varepsilon + 2^{-m_0} < 1$$

となり, 命題 3.15 により, $\boldsymbol{x}=\boldsymbol{z}$ を得て, $\boldsymbol{z} \in X$ となる. したがって $\Sigma_W^+ = X$ が示された.

逆に, 長さ m_0 の単語の集合 $W \subset W^{m_0}(X)$ により, $X = \Sigma_W^+$ と書けているとしよう. 任意の $\varepsilon > 0$ にたいして, $\delta = 2^{-n_0} < \varepsilon$, $n_0 \geqq m_0$ ととり, $\{\boldsymbol{x}_n\}$ を Σ_W^+ のある δ-擬軌道とする. そして, $\boldsymbol{x} \in \Sigma^+$ を $\omega_n(\boldsymbol{x}) = \omega_0(\boldsymbol{x}_n)$ となる点とすると, これが ε-追跡する点であることを示そう. 任意の n にたいし $d(\sigma \boldsymbol{x}_n, \boldsymbol{x}_{n+1}) < 2^{-n_0}$ だから,

$$\omega_{k+1}(\boldsymbol{x}_n) = \omega_k(\boldsymbol{x}_{n+1}), \quad 0 \leqq k \leqq n_0$$

である. したがって,

$$\omega_0(\boldsymbol{x}_{n+k}) = \omega_k(\boldsymbol{x}_n), \quad 0 \leqq k \leqq n_0$$

が成り立つ．よって，任意の n にたいして，

$$\begin{aligned}(\omega_0(\sigma^n \boldsymbol{x}), \omega_1(\sigma^n \boldsymbol{x}), \cdots, \omega_{n_0-1}(\sigma^n \boldsymbol{x})) &= (\omega_n(\boldsymbol{x}), \omega_{n+1}(\boldsymbol{x}), \cdots, \omega_{n+n_0-1}(\boldsymbol{x})) \\ &= (\omega_0(\boldsymbol{x}_n), \omega_0(\boldsymbol{x}_{n+1}), \cdots, \omega_0(\boldsymbol{x}_{n+n_0-1})) \\ &= (\omega_0(\boldsymbol{x}_n), \omega_1(\boldsymbol{x}_n), \cdots, \omega_{n_0-1}(\boldsymbol{x}_n))\end{aligned}$$

が成立し，$d(\sigma^n \boldsymbol{x}, \boldsymbol{x}_n) < 2^{-n_0} < \varepsilon$ が分かり，Σ^+ においては，ε-追跡することが分かる．最後に $\boldsymbol{x} \in \Sigma_W^+$ を示せば証明が完了する．$\boldsymbol{x}_n \in \Sigma_W^+$，$n_0 \geqq m_0$ だから，上の式から任意の n にたいして，

$$(\omega_0(\sigma^n \boldsymbol{x}), \omega_1(\sigma^n \boldsymbol{x}), \cdots, \omega_{m_0-1}(\sigma^n \boldsymbol{x})) = (\omega_0(\boldsymbol{x}_n), \omega_1(\boldsymbol{x}_n), \cdots, \omega_{m_0-1}(\boldsymbol{x}_n)) \in W$$

が成立し，$\boldsymbol{x} \in \Sigma_W^+$ を得る． ∎

命題3.15，定理3.16により，有限型のサブシフトは，拡大性と擬軌道追跡性をもち，前節の定理を種々の形で利用できる．

(c)　Markovサブシフト

前節の命題により，有限型のサブシフトの研究はMarkovサブシフトの研究に帰結されるから，ここでは後者に限定して詳しく調べよう．基本的なことは，§1.2で紹介したことに尽きているが，ここでは一般論として話を展開しておく．

状態集合 $\mathcal{S} = \{1, 2, \cdots, s\}$ であり，構造行列(structure matrix) $\boldsymbol{A}$ が与えられているとしよう．$\boldsymbol{A}^n$ の行列要素は

$$\boldsymbol{A}^n = (A_{i,j}^{(n)})_{i,j \in \mathcal{S}}$$

と記されているとする．

先にあげた定義では，Σ_A（あるいは，Σ_A^+）で特定の記号が現れないことがある．そこで，最初からそのような現れない記号は除外してあると約束しておく．

さて，Markovサブシフト (Σ_A, σ) あるいは，(Σ_A^+, σ) のいくつかの性質を行列 $\boldsymbol{A}$ の言葉で述べておこう．

命題3.17　(Σ_A, σ) が位相的混合性をもつための必要十分条件は，$\boldsymbol{A}$ が混合的であることである．

［証明］　柱状集合が基本開集合であったから，位相的混合性は，任意の柱状

集合 $I, J \neq \varnothing$ にたいし，自然数 $N(I, J)$ を適当に選べば，任意の $n \geqq N(I, J)$ で，$I \cap \sigma^{-n} J \neq \varnothing$ が成立することと同等である．まず，位相的混合性をもつとき，$I = {}_0[i]_0$，$J = {}_0[j]_0$ ととれば，$\boldsymbol{x} \in I \cap \sigma^{-n} J$ は，$\omega_0(\boldsymbol{x}) = i$，$\omega_0(\sigma^n \boldsymbol{x}) = j$ を意味するから，$A_{i,j}^{(n)} \geqq 1$，$n \geqq \max\{N({}_0[i]_0, {}_0[j]_0); i, j \in \mathcal{S}\}$ を得る．

逆に，$A_{i,j}^{(n)} \geqq 1$，$i, j \in \mathcal{S}$，$n \geqq N$ を仮定すると，$I = {}_0[i_0, i_1, \cdots, i_{m_1}]_{m_1}$，$J = {}_0[j_0, j_1, \cdots, j_{m_2}]_{m_2} \neq \varnothing$ にたいして，$A_{i_{m_1}, j_1}^{(n)} \geqq 1$，$n \geqq N$ である．そこで $N(I, J) \equiv N + m_1 + 1$ とおけば，$n \geqq N(I, J)$ ならば，

$$\prod_{k=0}^{m_1-1} A_{i_k, i_{k+1}} \times A_{i_{m_1}, j_1}^{(n-m_1)} \times \prod_{k=0}^{m_2-1} A_{j_k, j_{k+1}} \geqq 1$$

が成立し，$I \cap \sigma^{-n} J \neq \varnothing$ が示せる．■

Markov サブシフト (Σ_A, σ_A) において，$N_p(\boldsymbol{A}, \mathrm{fix})$ で，σ_A^p の固定点の数を表し，ζ-関数 $\zeta_A(s)$ を

$$\zeta_A(s) \equiv \exp\left[\sum_{p=1}^{\infty} \frac{1}{p} N_p(\boldsymbol{A}, \mathrm{fix}) s^p\right]$$

とおく．

定理 3.18　$\boldsymbol{A}$ を混合的な構造行列とする．

(i)　$\zeta_A(s) = \det(\boldsymbol{I} - s\boldsymbol{A})^{-1}$ であり，その収束半径は $\lambda_{\max}^{-1}$ で，$s = \lambda_{\max}^{-1}$ で1位の極をもつ．

(ii)　(Σ_A, σ) の任意の不変確率測度 μ にたいして，$h_{\mathrm{top}}(\sigma_A) \geqq h(\mu, \sigma_A)$ が成立する．

(iii)　$h_{\mathrm{top}}(\sigma_A) = \log \lambda_{\max}$ であり，さらに (Σ_A, σ) の不変確率測度 μ で，$h_{\mathrm{top}}(\sigma_A) = h(\mu, \sigma_A)$ を充たすものがある．

[証明]　式(1.16)と同じ計算で ζ-関数は求まる．その収束半径は，$\det(\boldsymbol{I} - s\boldsymbol{A}) = 0$ の解の絶対値の最小値である．それは特性方程式の最大解の逆数と一致するわけだから，定理 3.13 の系により第1の結論を得る．第2の主張は，演習問題 3.4 から分かる．

補題 2.28 による正の右固有ベクトル $\boldsymbol{u} = {}^t(u_1, u_2, \cdots, u_s)$ と正の左固有ベクトル $\boldsymbol{v} = (v_1, v_2, \cdots, v_s)$ を考える．式(2.12)と同じく $p_i \equiv u_i v_i \Big/ \sum_{k=1}^{s} u_k v_k$，および $P_{i,j} \equiv A_{i,j} u_j / \lambda_{\max} u_i$ とおけば，$\boldsymbol{P} \equiv (P_{i,j})$ は確率行列で，(p_i) はその定常

確率分布である(演習問題 2.8 参照). 測度論的エントロピーは, §2.4 の定理 2.30 を用いて,

$$h(\mu, \sigma_A) = -\sum_{i,j=1}^{s} p_i P_{i,j} \log P_{i,j}$$
$$= \sum_{i,j=1}^{s} p_i P_{i,j} (\log \lambda_{\max} + \log u_i - \log u_j) = \log \lambda_{\max}$$

である. ∎

上の定理の位相的エントロピーと測度論的エントロピーの関係はもっと一般の位相力学系で成立する事実であるが, ここでは省略する.

§3.3　Markov 分割

第1章で, 2次元トーラス上の特別な群自己同型写像の Markov 分割を天下り的に与えた. そこでも述べたように力学系にたいして Markov 分割があれば, Markov サブシフトで表現でき, 豊富な結果を得ることができる. ここでは, やはり例を2次元トーラス上の群同型写像にとりながらも一般的な構成法を紹介する. その方法は第2部で議論される Anosov 系など**双曲型**(hyperbolic)の可微分力学系に適用できる.

(a)　Markov 分割の定義

$\boldsymbol{A}$ は整数係数, その行列式の絶対値が1の 2×2-行列で, その固有値の絶対値が1でないものとする. このとき, 固有値は実数になる. 絶対値が1より大きいものを λ_+, 小さいものを λ_- とし, 簡単のため $\lambda = |\lambda_+|$ とおこう. 第1章と同じく, この行列はトーラス $\mathbb{T}^2$ 上の群自己同型写像 T_A を導く. $\boldsymbol{A}$ の固有値 $\lambda_\pm$ に対する固有ベクトルをそれぞれ $\boldsymbol{X}_\pm$ とする.

$\mathbb{T}$ の各点において, 直径が 1/2 より小な閉近傍 V を §1.5(b)のように定める. この近傍内で, V の点 $\boldsymbol{y}$ を通り $\boldsymbol{X}_-$-方向の2辺を結ぶ $\boldsymbol{X}_+$-方向の線分を $\gamma_+(V, \boldsymbol{y})$ と記し, $\boldsymbol{X}_+$-方向の2辺を結ぶ $\boldsymbol{X}_-$-方向の線分を $\gamma_-(V, \boldsymbol{y})$ と記す. $\gamma_+(V, \boldsymbol{y})$ を $\boldsymbol{x}$ の近傍における $\boldsymbol{y}$ を通る**不安定局所多様体**(unstable local manifold)，$\gamma_-(V,\boldsymbol{y})$ を $\boldsymbol{x}$ の近傍における $\boldsymbol{y}$ を通る**安定局所多様体**(stable local manifold)と呼ぶ．以下の議論では V のとり方に依存しない面もあるので，混乱を生じない場合には単に $\gamma_+(\boldsymbol{y})$, $\gamma_-(\boldsymbol{y})$ と記す．ここで $\boldsymbol{y},\boldsymbol{z}\in V$ にたいして，2種の局所多様体の交点を

$$[\boldsymbol{y},\boldsymbol{z}]\equiv\gamma_+(V,\boldsymbol{y})\cap\gamma_-(V,\boldsymbol{z}) \tag{3.1}$$

で表し，$A,B\subset V$ にたいして，$[A,B]\equiv\{[y,z];y\in A,z\in B\}$ と記す．

V 内の領域 R が**四辺形**(quadrilateral, rectangle)であるとは，2つの安定局所多様体と2つの不安定局所多様体で囲まれたものを指す．言い替えれば，$\boldsymbol{x}\in R$ にたいして，$\gamma_\pm(V,\boldsymbol{x})$ の線分 $\gamma_\pm(R,\boldsymbol{x})$ が存在し，任意の $\boldsymbol{y}\in\gamma_+(R,\boldsymbol{x})$ と $\boldsymbol{z}\in\gamma_-(R,\boldsymbol{x})$ にたいし，$[\boldsymbol{z},\boldsymbol{y}]\in R$ が成立することである．

R が四辺形ならば，任意の $\boldsymbol{x}\in R$ において，$\gamma_\pm(R,\boldsymbol{x})\equiv R\cap\gamma_\pm(V,\boldsymbol{x})$ が定義に現れる R の局所多様体の役割を果たしている．R の安定および不安定方向の境界の交点を R の角と呼ぼう．互いに交わる $\boldsymbol{X}_\pm$-方向の局所多様体 $\gamma_\pm$ を与えると $R=[\gamma_-,\gamma_+]\equiv\{[\boldsymbol{y},\boldsymbol{z}];\ \boldsymbol{y}\in\gamma_-,\ \boldsymbol{z}\in\gamma_+\}$ で四辺形が定まる．$\mathrm{int}\,R$ で R の内点集合を表そう．

定義 3.19　四辺形を要素とする $\mathbb{T}^2$ の分割 $\alpha=\{R_i\}$ が **Markov 分割**であるとは，$\boldsymbol{x}\in\mathrm{int}\,R_i$ かつ $T_A\boldsymbol{x}\in\mathrm{int}\,R_j$ ならば，$T_A\gamma_-(R_i,\boldsymbol{x})\subset\gamma_-(R_j,T_A\boldsymbol{x})$ が成立し，$\boldsymbol{x}\in\mathrm{int}\,R_i$ かつ $T_A^{-1}\boldsymbol{x}\in\mathrm{int}\,R_j$ ならば，$T_A^{-1}\gamma_+(R_i,\boldsymbol{x})\subset\gamma_+(R_j,T_A^{-1}\boldsymbol{x})$ が成立することである．　□

$\partial_\pm R_i$ は R_i の境界で $\boldsymbol{X}_\pm$-方向の局所多様体の部分を表し，$\partial\alpha\equiv\bigcup_i\partial_\pm R_i$ とおくと，上の定義は，$T_A\partial_-\alpha\subset\partial_-\alpha$ かつ $T_A^{-1}\partial_+\alpha\subset\partial_+\alpha$ が成立することを意味している．

注意 3.20　ここで与えた四辺形の定義は明快だが，一般的には連結性の条件

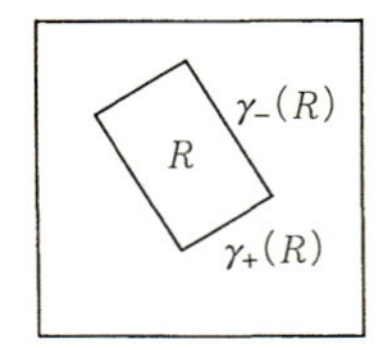

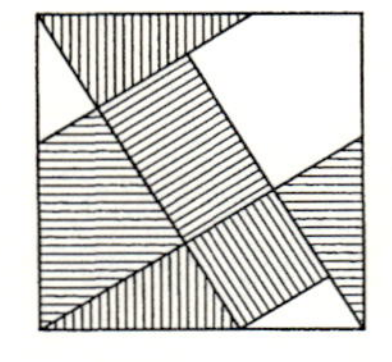

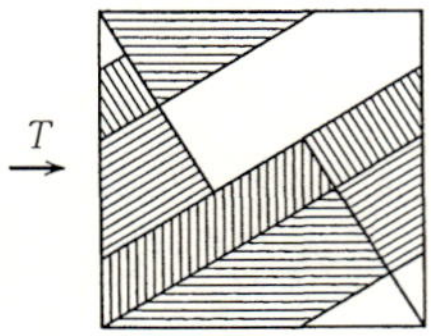

図 3.1　四辺形と Markov 分割

が強すぎ，Anosov 系には十分だが，**公理 A 系**などには使えないので，連結性をはずした条件が用いられる．このときも次の Markov 分割の構成の基本的アイデアは変わらない．

(b) Markov 分割の構成

定理 3.21　η を $0<\eta<1/(4\lambda)$ のように定めたとき，各要素の直径が η 以下の Markov 分割が存在する．

［証明］　$\lambda>2$ を仮定してよい．なぜならば $\lambda^N>2$ の N を選び T_A^N にたいして以下の方法で Markov 分割 α を構成し，$\alpha'\equiv\bigvee_{k=0}^{N}T_A^{-k}\alpha$ とおけば，T_A にたいする Markov 分割になるからである．

まず，$\mathbb{T}^2$ を直径が $\eta(\lambda-1)/2(\lambda+1)$ 以下の四辺形の開近傍で覆い，それから，有限被覆 $\{V_i^0\}$ を取り出す．各四辺形は $V_i^0=[\gamma_{-,i}^0,\gamma_{+,i}^0]$ と与えられているとし，$\gamma_{+,i}$ と $\gamma_{-,i}$ を

$$\gamma_{\pm,i}^{k+1}\equiv\gamma_{\pm,i}^{k}\cup\bigcup_j\{[\gamma_{\pm,i}^k,T_A^{-1}\gamma_{\pm,j}^k];\mathrm{int}\,V_i^0\cap\mathrm{int}\,T_A^{-1}V_j^0\neq\varnothing\},$$

$$\gamma_{\pm,i}\equiv\bigcup_{k=0}^{\infty}\gamma_{\pm,i}^k$$

で定義する．これを用いて，四辺形 $V_i\equiv[\gamma_{-,i},\gamma_{+,i}]$ を定めると，直径が η 以下であり，任意の i と $\boldsymbol{z}\in V_i$ にたいして，適当な j を選ぶと，$T_A\boldsymbol{z}\in V_j$ と $T_A\gamma_+(V_i,\boldsymbol{z})\supset\gamma_+(V_j,T_A\boldsymbol{z})$ が成立することが示せる．また，適当な k を選ぶと，$T_A^{-1}\boldsymbol{z}\in V_k$ と $T_A^{-1}\gamma_-(V_i,\boldsymbol{z})\supset\gamma_-(V_k,T_A^{-1}\boldsymbol{z})$ が成立することも示せる．

そのためには，まず，$\gamma_{\pm,i}^k$ の長さが

$$\gamma_{\pm,i}^{k+1}\text{ の長さ}\leqq\gamma_{\pm,i}^0\text{ の長さ}+2\eta\frac{(\lambda-1)}{2(\lambda+1)}\sum_{\ell=1}^{k}\lambda^{-\ell}<\frac{\eta}{2}\leqq\frac{1}{8}$$

と評価されることに注意しよう．各 $\gamma_{-,i}^0$ の両側を X^--方向へ $\eta/2(\lambda+1)$ ずつ延長したものを $\widetilde{\gamma}_{-,i}$ とし，$\widetilde{V}_{+,i}\equiv[\widetilde{\gamma}_{-,i}^0,\gamma_{+,i}]$ と記すと，$V_i\subset\widetilde{V}_{+,i}$ となる．さらに，$\mathrm{int}\,V_i^0\cap\mathrm{int}\,T_A^{-1}V_j^0\neq\varnothing$ のとき，$\boldsymbol{z}\in\mathrm{int}\,\widetilde{V}_{+,i}$ かつ $T_A\boldsymbol{z}\in\mathrm{int}\,\widetilde{V}_{+,j}$ ならば，

$$T_A\gamma_+(\widetilde{V}_{+,i},\boldsymbol{z})\supset\gamma_+(\widetilde{V}_{+,j},T_A\boldsymbol{z}),$$
$$\gamma_-(\widetilde{V}_{+,i},\boldsymbol{z})\subset T_A^{-1}\gamma_-(\widetilde{V}_{+,j},T_A\boldsymbol{z})$$

が成立することを確かめれば，後は容易である．

この開被覆 $\{V_i\}$ から四辺形を要素とする分割を構成する．そのためには，V_i の内部に V_j の角 $\boldsymbol{y}$ が属しているとき，V_i を $\gamma_\pm(V_i, \boldsymbol{y})$ で分ける．このようにして得られた四辺形への分割を $\alpha \equiv \{R_i\}$ とすると，これが求めるものである．

理由を簡単に説明しよう．V_i の中に V_j の角 $\boldsymbol{y}$ が入っており，$T_A\boldsymbol{y} \in V_{i'}$ としよう．$T_A\boldsymbol{y} \in V_{i'}$ は T_AV_j の $\boldsymbol{X}_-$-方向の境界の端点だから，ある $V_{j'}$ の $\boldsymbol{X}_-$-方向の境界に含まれる．したがって，$V_{i'}$ 自身 $\gamma_-(V_{i'}, T_A\boldsymbol{y})$ で切断されている．もちろん，

$$T_A\gamma_-(V_i, \boldsymbol{y}) \subset \gamma_-(V_{i'}, T_A\boldsymbol{y})$$

であるから，$T_A\partial_-\alpha \subset \partial_-\alpha$ が分かる．同様に $T_A^{-1}\partial_+\alpha \subset \partial_+\alpha$ も示せる．

念のため付け加えると，このままでは要素は境界で重なっているので，真に分割にするために，四辺形の安定および不安定局所多様体の各1辺は四辺形に属し，対辺は属さないとしておく． ∎

(c) Markov サブシフトによる表現

前項で構成した Markov 分割が得られたとき，それを利用した記号力学系による T_A の表現を考えよう．残念ながら，位相的に同型にはならないが，多くの情報を与えてくれる．

命題 3.22　各要素の直径が $1/(4\lambda)$ より小さい Markov 分割 $\alpha = \{R_i\}_{i=1}^s$ が与えられれば，

$$S_{i,j} \equiv \begin{cases} 1 & \mathrm{int}\, R_i \cap \mathrm{int}\, R_j \neq \varnothing \\ 0 & \text{その他のとき} \end{cases}$$

で構造行列 $\boldsymbol{S}$ を定義すれば，Σ_S から $\mathbb{T}^2$ の上への連続な全射 ψ で $T_A\psi = \psi\sigma$ を充たすものが存在する．

［証明］　$\boldsymbol{w} \in \Sigma_S$ にたいして，

$$\bigcap_{n \in \mathbb{Z}} T_A^n \overline{R}_{\omega_n(\boldsymbol{w})}$$

は次の理由で1点からなるので，その点を$\psi(\boldsymbol{w})$と記すとそれが求めるものである．まず，長さ$2n+1$の単語$i_{-n}i_{-n+1}\cdots i_0i_1\cdots i_n\in W_S^{2n+1}$にたいして，$\bigcap_{k=-n}^{n} T_A^k\overline{R}_{i_k}$が空でない四辺形であることを示そう．条件から各$R_{i_k}\cap T_A^{-1}R_{i_{k+1}}\neq\varnothing$が成立している．$T_A(R_{i_0}\cap T_A^{-1}R_{i_1})=T_AR_{i_0}\cap R_{i_1}$の形状は，$R_{i_1}$に含まれる四辺形で，$\partial_-R_{i_1}$を結んでいる．一方$R_{i_1}\cap T_A^{-1}R_{i_2}$はやはり$\partial_+R_{i_1}$を結ぶ四辺形である．したがって，$T_AR_{i_0}\cap R_{i_1}\cap T_A^{-1}R_{i_2}$は空集合ではない．再び，$T_A(T_AR_{i_0}\cap R_{i_1}\cap T_A^{-1}R_{i_2})=T_A^2R_{i_0}\cap T_AR_{i_1}\cap R_{i_2}$は$R_{i_2}$に含まれる四辺形で$\partial_-R_{i_2}$を結んでおり，$R_{i_2}\cap T_A^{-1}R_{i_3}$との共通集合は空集合でない．以下同様の議論で，$\bigcap_{k=0}^{n} T_A^{-k}R_{i_k}$は空でない四辺形であり，$\partial_+R_{i_0}$を結んでいる．同様に$\bigcap_{k=-n}^{0} T_A^{-k}R_{i_k}$は空でない四辺形であり，$\partial_-R_{i_0}$を結んでいる．したがって$\bigcap_{k=-n}^{n} T_A^{-k}R_{i_k}$は空でない四辺形である．さらに，その辺の長さはいずれもλ^{-n}以下である．もちろんその閉包も空でない．コンパクトな空間だから$\bigcap_{k=-\infty}^{\infty} T_A^{-k}\overline{R}_{i_k}\neq\varnothing$であり，その直径は0であるから1点からなる集合である．∎

注意 3.23　以上の議論から分かるように，ψの像が$M=\mathbb{T}^2\setminus\bigcup_{n\in\mathbb{Z}}T_A^n(\partial_+\alpha\cup\partial_-\alpha)$に入る点では$\psi$は単射にもなっている．$M$上では，$\psi^{-1}$は

$$\omega_n(\psi^{-1}\boldsymbol{x})=i_n,\quad T_A^n\boldsymbol{x}\in R_{i_n}$$

と定まる．

§3.4　熱力学形式

位相力学系と測度論的力学系をつなぐものに，R. Bowen [2] と D. Ruelle [14]の**熱力学形式**(thermodynamic formalism)がある．例えば，記号力学系で全シフトを考察すると，前節の結果からわかるように，位相力学系に自然に付随する測度は Bernoulli 測度$B\left(\frac{1}{s},\frac{1}{s},\cdots,\frac{1}{s}\right)$である．しかし，確率論的には他の Bernoulli 測度や Markov 測度など典型的で重要なものがある．それらを自然な対象として取り込むには，空間を少しゆがめればよい．すなわち，適当な重みを付けて考える．この節を完全に理解するには，**Banach**

空間，とくにコンパクト距離空間の上の連続関数の空間とその共役空間である有限測度空間についての知識が少し必要になる．しかし，いくつかの基本的事項を受け入れるなら後は難しい議論は必要ない．

(a) ポテンシャルと Ruelle–Perron–Frobenius 作用素

簡単のため，混合性をもつ構造行列 $\boldsymbol{A}$ で定まる Markov サブシフト (Σ_A^+, σ) とその上の連続関数 $\phi(\boldsymbol{x})$ を考える．$A_{i,j}^{(N)} > 0$ としておこう．

$$\mathrm{var}_n(\phi) \equiv \sup\{|\phi(\boldsymbol{x}) - \phi(\boldsymbol{y})|;\ \boldsymbol{x}, \boldsymbol{y} \in \Sigma_A^+,\ \omega_k(\boldsymbol{x}) = \omega_k(\boldsymbol{y}),\ 0 \leqq k \leqq n\}$$

とおくとき，$\phi(\boldsymbol{x})$ が θ-Hölder 連続(Hölder continuous)とは，適当な C と θ, $0 < \theta < 1$ にたいして，

$$\mathrm{var}_n(\phi) \leqq C\theta^n \tag{3.2}$$

が全ての $n \in \mathbb{N}$ にたいして成立することである．Bowen [2] は Hölder 連続性の下で理論を展開したが，ここでは少し弱い条件

$$\sum_{n=0}^{\infty} \mathrm{var}_n(\phi) < \infty$$

の下で議論する．以下この条件を仮定し，記号

$$B_m \equiv \exp\left[\sum_{n=m+1}^{\infty} \mathrm{var}_n(\phi)\right]$$

を導入しておく．

Σ_A^+ 上の連続関数の空間 $C(\Sigma_A^+)$ には通常の一様ノルム(uniform norm)

$$|||f||| \equiv \max\{|f(\boldsymbol{x})|;\ \boldsymbol{x} \in \Sigma_A^+\}$$

による位相が導入され Banach 空間となっている．この上の作用素を次のように定義する：

$$\begin{aligned} \mathcal{L}_\phi f(\boldsymbol{x}) &\equiv \sum_{\boldsymbol{y} \in \Sigma_A^+,\ \sigma \boldsymbol{y} = \boldsymbol{x}} \exp[\phi(\boldsymbol{y})] f(\boldsymbol{y}) \\ &= \sum_{i \in \mathcal{S}} A_{i, \omega_0(\boldsymbol{x})} \exp[\phi(i\boldsymbol{x})] f(i\boldsymbol{x}) \end{aligned} \tag{3.3}$$

ただし，$i\boldsymbol{x}$ は記号 i を $\boldsymbol{x}$ の前に付けてできる Σ_A^+ の要素を表している．

空間 $C(\Sigma_A^+)$ の共役空間は Σ_A^+ 上の有限測度空間 $\mathcal{M}(\Sigma_A^+)$ であり，互いの

共役関係は

$$\langle \nu, f \rangle = \int_{\Sigma_A^+} f(\boldsymbol{x}) d\nu(\boldsymbol{x})$$

で与えられ，作用素 $\mathcal{L}_\phi$ の共役作用素 $\mathcal{L}_\phi^*$ は，

$$\langle \mathcal{L}_\phi^* \nu, f \rangle = \langle \nu, \mathcal{L}_\phi f \rangle$$

で定義される．$\mathcal{M}_+(\Sigma_A^+)$ で正の有限測度，$\mathcal{M}_1(\Sigma_A^+)$ で確率測度全体の集合を表すことにしよう．また，凸集合

$$V_+ \equiv \{f \in C(\Sigma_A^+);\ f(\boldsymbol{x}) \geqq 0,\ f(\boldsymbol{y}) \leqq B_m f(\boldsymbol{x}),$$
$$\omega_k(\boldsymbol{x}) = \omega_k(\boldsymbol{y}),\ 0 \leqq k \leqq m,\ m = 0, 1, 2, \cdots\}$$

を定義する．

定理 3.24（Ruelle–Perron–Frobenius の定理）

（i）　次の条件を充たす $\lambda_\phi > 0$, $h_\phi(\boldsymbol{x}) \in C(\Sigma_A^+)$, $h_\phi(\boldsymbol{x}) > 0$, $\nu_\phi \in \mathcal{M}_1(\Sigma_A^+)$ が唯一つ存在する：

$$\mathcal{L}_\phi h_\phi = \lambda_\phi h_\phi, \quad \mathcal{L}_\phi^* \nu_\phi = \lambda_\phi \nu_\phi, \quad \int h_\phi(\boldsymbol{x}) d\nu_\phi(\boldsymbol{x}) = 1.$$

（ii）　ν_ϕ の**台**(support)は Σ_A^+ である．言い替えれば，任意の開集合の測度は正である．

（iii）　$c_\phi^{-1} \leqq h_\phi(\boldsymbol{x}) \leqq c_\phi$ が成立するような定数 $c_\phi > 0$ が存在する．

（iv）　任意の $f \in V_+$ にたいして

$$\lim_{n\to\infty} |||\mathcal{L}_\phi^n f - \langle \nu, f \rangle h_\phi||| = 0. \qquad \square$$

証明の前に補題を準備する．

補題 3.25

（i）　$f \in V_+$ ならば，$\mathcal{L}_\phi f \in V_+$．

（ii）　$\mathcal{L}_\phi$ を関数 f に n 回作用させると次の結果を得る：

$$\mathcal{L}_\phi^n f(\boldsymbol{x}) = \sum_{i_0, i_1, \cdots, i_{n-1}} A_{i_0, i_1} A_{i_1, i_2} \cdots A_{i_{n-2}, i_{n-1}} A_{i_{n-1}, \omega_0(\boldsymbol{x})}$$
$$\times \exp[\phi(i_0 i_1 \cdots i_{n-1} \boldsymbol{x}) + \phi(i_1 \cdots i_{n-1} \boldsymbol{x}) + \cdots + \phi(i_{n-1} \boldsymbol{x})]$$
$$\times f(i_0 i_1 \cdots i_{n-1} \boldsymbol{x}).$$

とくに,

$$\mathcal{L}_\phi^n(f(\sigma^n\cdot)g(\cdot))(\boldsymbol{x}) = f(\boldsymbol{x})\mathcal{L}_\phi^n g(\boldsymbol{x})\,. \tag{3.4}$$

(iii) $f \geqq 0$ と空でない柱状集合 $U = {}_0[j_0, j_1, \cdots, j_m]_m$ と $n > N+m$ にたいして

$$\begin{aligned}
&\mathcal{L}_\phi^n(\chi_U f)(\boldsymbol{x}) \\
&= \sum_{i_{m+1},\cdots,i_{n-1}} A_{j_0,j_1}\cdots A_{j_m,i_{m+1}}A_{i_{m+1},i_{m+2}}\cdots A_{i_{n-2},i_{n-1}}A_{i_{n-1},\omega_n(\boldsymbol{x})} \\
&\quad \times \exp[\phi(j_0j_1\cdots j_m i_{m+1}\cdots i_{n-1}\boldsymbol{x}) + \phi(j_1\cdots i_{n-1}\boldsymbol{x}) + \cdots + \phi(i_{n-1}\boldsymbol{x})] \\
&\quad \times f(j_0\cdots j_m i_{m+1}\cdots i_{n-1}\boldsymbol{x}) \\
&\geqq e^{-n|||\phi|||}\min\{f(\boldsymbol{x});\ \boldsymbol{x} \in \Sigma_A^+\}\,.
\end{aligned}$$

(iv) 前項において, $f \in V_+$ ならば, $\mathcal{L}_\phi^n(\chi_U f) \in V_+$ である.

[証明] (i)の証明は, $\omega_k(\boldsymbol{x}) = \omega_k(\boldsymbol{y})$, $0 \leqq k \leqq m$ とすれば, 評価

$$\begin{aligned}
\mathcal{L}_\phi f(\boldsymbol{x}) &= \sum_i A_{i,\omega_0(\boldsymbol{x})} e^{\phi(i\boldsymbol{x})} f(i\boldsymbol{x}) \\
&\leqq \sum_i A_{i,\omega_0(\boldsymbol{x})} e^{\phi(i\boldsymbol{y}) + \mathrm{var}_{m+1}(\phi)} B_{m+1} f(i\boldsymbol{y}) \\
&\leqq B_m \mathcal{L}_\phi f(\boldsymbol{y})
\end{aligned}$$

によって得られる. $\mathcal{L}_\phi$ の連続性は明らか.

(ii), (iii)の証明は容易であるし, (iv)の証明は, (iii)の式にたいして(i)の証明と同様の評価を行えば証明できる. ∎

[定理 3.24 の証明] 第1ステップとして次の考察をする: 確率測度の空間 $\mathcal{M}_1(\Sigma_A^+)$ 上の変換

$$\nu \mapsto \frac{1}{\langle \mathcal{L}_\phi^* \nu, 1\rangle}\mathcal{L}_\phi^*\nu$$

は, コンパクト凸集合 $\mathcal{M}_1(\Sigma_A^+)$ 上の連続な変換であるから, **Shauder–Tychonoff** の固定点定理(fixed point theorem)から, 固定点 ν が存在する. このとき

$$\nu_\phi \equiv \langle \mathcal{L}_\phi^*\nu, 1\rangle^{-1}\nu, \quad \lambda_\phi \equiv \langle \mathcal{L}_\phi^*\nu, 1\rangle = \langle \nu, \mathcal{L}_\phi 1\rangle$$

とおけば,

$$\mathcal{L}_\phi^*\nu_\phi = \lambda_\phi\nu_\phi, \quad \langle \nu_\phi, 1\rangle = 1 \tag{3.5}$$

が成立する.

第2のステップとして，$\{f\in V_+;\ |||f|||\leqq K\}$ がコンパクトであることを示す. **Ascoli–Arzelà の定理**によれば，**同程度連続**(equicontinuous)であることを示せば十分である. 任意の $\varepsilon>0$ にたいして，$m_0>0$ を $(B_{m_0}-1)<\varepsilon/K$ を充たすように選ぶ. $d(\boldsymbol{x},\boldsymbol{y})\leqq 2^{-m_0}$ ならば，$\omega_k(\boldsymbol{x})=\omega_k(\boldsymbol{y})$, $0\leqq k\leqq m_0$ が成立するから，

$$B_{m_0}^{-1}f(\boldsymbol{y})\leqq f(\boldsymbol{x})\leqq B_{m_0}f(\boldsymbol{y})$$

を得て，

$$|f(\boldsymbol{x})-f(\boldsymbol{y})|\leqq(B_m-1)K<\varepsilon$$

となるから，同程度連続性が示せた.

第3のステップは，集合

$$\mathfrak{S}_\phi\equiv\{f\in V_+;\ \langle\nu_\phi,f\rangle=1\}$$

を定義すると，$\lambda_\phi^{-1}\mathcal{L}_\phi:\mathfrak{S}_\phi\mapsto\mathfrak{S}_\phi$ であることと，$((\lambda_\phi^{-1}\mathcal{L}_\phi)^N\mathfrak{S}_\phi,|||\cdot|||)$ がコンパクトなこと，さらに $((\lambda_\phi^{-1}\mathcal{L}_\phi)^N\mathfrak{S}_\phi,\|\cdot\|_{L^1(\nu_\phi)})$ もコンパクトであることを示すことである. ただし，$\|f\|_{L^1(\nu_\phi)}=\int|f(\boldsymbol{x})|d\nu_\phi(\boldsymbol{x})$.

まず，補題 3.25(i)により $\mathcal{L}_\phi V_+\subset V_+$ が示されているから，$\mathfrak{S}_\phi$ の不変性は，$\langle\nu_\phi,f\rangle=1$ のとき $1=\langle\nu_\phi,\lambda_\phi^{-1}\mathcal{L}_\phi f\rangle=\langle\lambda_\phi^{-1}\mathcal{L}_\phi^*\nu_\phi,f\rangle$ を示せばよいが，しかし，それは第1ステップから明らかである.

f が $\boldsymbol{z}$ で最小値をとるとすると，$\boldsymbol{A}^N>0$ だから，$\omega_0(\boldsymbol{y})=\omega_0(\boldsymbol{z})$, $\sigma^N\boldsymbol{y}=\boldsymbol{x}$ となる $\boldsymbol{y}$ が存在する. したがって，補題 3.25(ii)により，

$$\mathcal{L}_\phi^N f(\boldsymbol{x})\leqq s^N e^{N|||\phi|||}f(\boldsymbol{y})\leqq s^N e^{N|||\phi|||}B_0 f(\boldsymbol{z})\leqq s^N e^{N|||\phi|||}B_0$$

を得る. 最後の不等式は，$\langle\nu_\phi,f\rangle=1$ だから，最小値 $f(\boldsymbol{z})$ は1以下でなければならないからである. 同様に下からの評価もでき，次の結果を得る:

$$e^{-N|||\phi|||}B_0^{-1}\leqq\mathcal{L}_\phi^N f(\boldsymbol{x})\leqq s^N e^{N|||\phi|||}B_0. \tag{3.6}$$

第3ステップと合わせて，$((\lambda_\phi^{-1}\mathcal{L}_\phi)^N\mathfrak{S}_\phi,|||\cdot|||)$ のコンパクト性が分かる. $((\lambda_\phi^{-1}\mathcal{L}_\phi)^N\mathfrak{S}_\phi,\|\cdot\|_{L^1(\nu_\phi)})$ のコンパクト性は，ノルム $\|\cdot\|_{L^1(\nu_\phi)}$ がノルム $|||\cdot|||$ より弱いことから明らかである.

第4ステップは，$\mathfrak{S}_\phi$ 上での $\lambda_\phi^{-n}\mathcal{L}_\phi^n$ の漸近的性質を調べることである. 空でない柱状集合 $U={}_0[i_0,i_1,\cdots,i_m]_m$ と $f\equiv 1$ に補題 3.25(iii)を適用すること

により,

$$\nu(U) = (\lambda_\phi^{-1}\mathcal{L}_\phi^*)^{N+m+1}\nu(U)$$
$$\geqq \lambda_\phi^{-N-m-1}\exp[-(N+m+1)|||\phi|||] > 0$$

が示せる．このことは，空でない開集合が正測度をもつことを意味する．

$f, g \in \mathfrak{S}_\phi$ は連続で，ともに ν_ϕ で積分すると 1 だから，$f \neq g$ とすれば $B_\pm \equiv \{x;\ \pm(f(x)-g(x)) > 0\}$ は空でない開集合であり，それぞれに含まれる空でない柱状集合 ${}_0[j_0^\pm, j_1^\pm, \cdots, j_{m-1}^\pm]_{m-1}$ が存在する．ここで，ν_ϕ にたいする L^1-ノルム $\|\cdot\|_{L^1(\nu_\phi)}$ について，補題 3.25(ii) と式(3.5)を用いれば，$n > N+m$ にたいして，

$$\begin{aligned}\|\lambda_\phi^{-n}\mathcal{L}_\phi^n(f-g)\|_{L^1(\nu_\phi)} &= \int \lambda_\phi^{-n}|\mathcal{L}_\phi^n(f-g)|d\nu_\phi \\ &\leqq \int \lambda_\phi^{-n}\mathcal{L}_\phi^n|f-g|d\nu_\phi \\ &= \int |(f-g)|d\nu_\phi \\ &= \|f-g\|_{L^1(\nu_\phi)}\end{aligned}$$

が成立する．とくに不等号において等号が成立するのは，殆ど全ての $\boldsymbol{x}$ と $i_0i_1\cdots i_{n-1}\omega_0(\boldsymbol{x}) \in W_A^{n+1}$ となる全ての $i_0i_1\cdots i_{n-1}$ とにたいして，

$$f(i_0i_1\cdots i_{n-1}\boldsymbol{x}) - g(i_0i_1\cdots i_{n-1}\boldsymbol{x})$$

の符号が一定のときに限る．ν_ϕ の台が Σ_A^+ だから，$i_m^\pm, i_{m+1}^\pm, \cdots, i_{n-1}^\pm$ と $\boldsymbol{x}$ で，

$$j_0^\pm j_1^\pm \cdots j_{m-1}^\pm i_m^\pm i_{m+1}^\pm \cdots i_{n-1}^\pm \boldsymbol{x} \in B_\pm$$

が成立し，

$$f(j_0^\pm j_1^\pm \cdots j_{m-1}^\pm i_m^\pm i_{m+1}^\pm \cdots i_{n-1}^\pm \boldsymbol{x}) - g(j_0^\pm j_1^\pm \cdots j_{m-1}^\pm i_m^\pm i_{m+1}^\pm \cdots i_{n-1}^\pm \boldsymbol{x})$$

の符号が ± 両者にたいして一致するように選べる．これは，$B_\pm$ の定義に矛盾し，等号が成立しないことが分かる．このことは，任意の $f \neq g \in \mathfrak{S}_\phi$ にたいして，

$$\|\lambda_\phi^{-n}\mathcal{L}_\phi^n(f-g)\|_{L^1(\nu_\phi)} < \|f-g\|_{L^1(\nu_\phi)}$$

を意味している．$f \in \mathfrak{S}_\phi$ にたいする $\lambda_\phi^{-n}\mathcal{L}_\phi^n f$ の収束を示そう．第3ステップから，$(\lambda_\phi^{-1}\mathcal{L}_\phi)^N \mathfrak{S}_\phi$ が L^1-ノルムでもコンパクトなので，演習問題 2.9 の補題 2.35 が適用でき，任意の $f \in \mathfrak{S}_\phi$ にたいして，$(\lambda_\phi^{-1}\mathcal{L}_\phi)^n$ が f によらない

極限 $h_\phi \in \mathfrak{S}_\phi$ に $L^1(\nu_\phi)$ で収束することが示せる．$|||\cdot|||$ にたいするコンパクト性とあわせれば，$|||\cdot|||$ での収束も示せる．やはり補題 2.35 から，不変性 $\lambda_\phi^{-1}\mathcal{L}_\phi h_\phi = h_\phi$ も明らかである．

最後のステップとして定理の各主張を確認しよう．(i)は第 1 ステップと第 4 ステップで証明されている．(ii)は，第 4 ステップの冒頭で示した．(iii)は，$c_\phi = s^N \exp[N|||\phi|||]B_0$ とおけば，第 3 ステップで示してある．また，(iv)は第 4 ステップの主張である． ∎

Bowen は α-Hölder 連続性の下で収束の速さが指数オーダーであることを示しているが，ここでは論じないことにする．

(b)　エルゴード性

さて，h_ϕ と ν_ϕ を用いて測度 μ_ϕ を

$$d\mu_\phi(\boldsymbol{x}) \equiv h_\phi(\boldsymbol{x})d\nu_\phi(\boldsymbol{x}) \tag{3.7}$$

で定義すると，次の定理が示せる．

定理 3.26　式(3.7)により定まる μ_ϕ は σ-不変測度であり，混合的である．したがってエルゴード的である．

［証明］　$\nu_\phi = \lambda_\phi^{-1}\mathcal{L}_\phi^*\nu_\phi$ かつ $\mathcal{L}_\phi h_\phi = \lambda_\phi h_\phi$ だから，式(3.4)により

$$\begin{aligned}\int f(\sigma\boldsymbol{x})d\mu_\phi(\boldsymbol{x}) &= \int f(\sigma\boldsymbol{x})h_\phi(\boldsymbol{x})\lambda_\phi^{-1}d(\mathcal{L}_\phi^*\nu_\phi)(\boldsymbol{x}) \\ &= \int f(\boldsymbol{x})\lambda_\phi^{-1}\mathcal{L}_\phi h_\phi(\boldsymbol{x})d\nu_\phi(\boldsymbol{x}) \\ &= \int f(\boldsymbol{x})h_\phi(\boldsymbol{x})d\nu_\phi(\boldsymbol{x}) \\ &= \int f(\boldsymbol{x})d\mu_\phi(\boldsymbol{x})\end{aligned}$$

により，不変性は明らかである．

2 つの柱状集合 $F = {}_0[i_0, i_1, \cdots, i_m]_m$ と $G = {}_0[j_0, j_1, \cdots, j_m]_m$ において，補題 3.25(iv)により，$(\lambda_\phi^{-1}\mathcal{L}_\phi)^N(\chi_F h_\phi) \in \mathfrak{S}_\phi$ だから，$n > 2(N+m)$ にたいして，定理 3.24 と式(3.4)により，

$$\begin{aligned}\mu(\sigma^{-n}F\cap G) &= \int \chi_F(\sigma^n \boldsymbol{x})\chi_G(\boldsymbol{x})h(\boldsymbol{x})d\nu(\boldsymbol{x}) \\ &= \int \chi_F(\boldsymbol{x})\lambda_\phi^{-n}\mathcal{L}_\phi^n(\chi_G h)(\boldsymbol{x})d\nu(\boldsymbol{x}) \\ &\to \int \chi_F(\boldsymbol{x})\langle \nu_\phi, h_\phi\chi_G\rangle h(\boldsymbol{x})d\nu(\boldsymbol{x}) = \mu(F)\mu(G)\end{aligned}$$

が示される. ∎

(c)　Gibbs 測度

Bowen のねらいは，統計力学の Gibbs 測度の定式化とエルゴード理論の結び付けであった．主題の力学系から離れていくので深くは立ち入らないが，統計力学的量であるエントロピーばかりでなく，圧力なども力学系として意味をもっている．例えば，**Hausdorff 次元**の計算などに使われる．

Bowen の**分配関数**(partition function) $Z_n(\phi)$ は

$$Z_n(\phi) \equiv \sum_{\boldsymbol{a}\in W_A^n} \exp\left[\max_{\boldsymbol{x}\in {}_0[\boldsymbol{a}]_{n-1}} \sum_{k=0}^{n-1} \phi(\sigma^k \boldsymbol{x})\right] \tag{3.8}$$

で定義される．次の定理で一意的に定まる確率測度 μ をポテンシャル ϕ の **Gibbs 測度**(Gibbs measure)と言い，$P(\phi)=P$ を**圧力**(pressure)と言う．

定理 3.27　Σ_A^+ 上の σ-不変な確率測度 μ で，適当な定数 P, C_1, C_2 にたいして

$$C_1 < \frac{\mu(\{\boldsymbol{y};\ \omega_k(\boldsymbol{y})=\omega_k(\boldsymbol{x}),\ 0\leqq k\leqq n-1\})}{\exp\left[-Pn+\sum_{k=0}^{n-1}\phi(\sigma^k\boldsymbol{x})\right]} < C_2 \tag{3.9}$$

が，全ての $\boldsymbol{x}\in\Sigma_A^+$ と $n\geqq 1$ にたいして成立するものが唯一つ存在する．さらに，上の式を充たす $P=P(\phi)$ は一意であり，

$$P(\phi) \equiv \lim_{n\to\infty}\frac{1}{n}\log Z_n(\phi)$$

で与えられる．実際にはこの一意な解は，

$$\mu=\mu_\phi, \quad P(\phi)=\log\lambda_\phi \tag{3.10}$$

で与えられる．

［証明］　詳しい証明は省くが，定理 3.24 で与えられる μ_ϕ が求める Gibbs 測度であることを示そう．$\boldsymbol{x},\boldsymbol{z}\in{}_0[\boldsymbol{a}]_{n-1}$，$\boldsymbol{a}\in W_A^n$ ならば，補題 3.25(ii)により，

$$\mathcal{L}_\phi^n(\chi_F h_\phi)(\boldsymbol{z}) \leqq \exp\left[\sum_{k=0}^{n-1}\phi(\sigma^k\boldsymbol{x})\right]B_0|||h_\phi|||$$

を得るから，$F={}_0[\boldsymbol{a}]_{n-1}$ の評価

$$\begin{aligned}\mu_\phi({}_0[\boldsymbol{a}]_{n-1}) &= \langle\nu_\phi,\chi_F h_\phi\rangle = \lambda_\phi^{-n}\langle\nu_\phi,\mathcal{L}_\phi^n(\chi_F h_\phi)\rangle\\ &\leqq \lambda_\phi^{-n}\exp\left[\sum_{k=0}^{n-1}\phi(\sigma^k\boldsymbol{x})\right]B_0c_\phi\end{aligned}$$

が示される．同様に補題 3.25(iii)と定理 3.24 により，

$$\mu_\phi({}_0[\boldsymbol{a}]_{n-1}) = \lambda_\phi^{-n}\langle\nu_\phi,\mathcal{L}_\phi^n(\chi_F h_\phi)\rangle \geqq \lambda_\phi^{-n}\exp\left[\sum_{k=0}^{n-1}\phi(\sigma^k\boldsymbol{x})\right]B_0^{-1}c_\phi^{-1}$$

が得られ，$P=\lambda_\phi$，$C_1=B_0^{-1}c_\phi^{-1}$，$C_2=B_0c_\phi$ ととれば，これら 2 つの評価が不等式(3.9)を保証する．同じ理由により，

$$B_0^{-1}c_\phi^{-1}\lambda_\phi^n\mu({}_0[\boldsymbol{a}]_{n-1}) \leqq \exp\left[\max_{\boldsymbol{y}\in{}_0[\boldsymbol{a}]_{n-1}}\sum_{k=0}^{n-1}\phi(\sigma^k\boldsymbol{y})\right] \leqq B_0c_\phi\lambda_\phi^n\mu({}_0[\boldsymbol{a}]_{n-1})$$

が得られるから，$\displaystyle\sum_{\boldsymbol{a}\in W_A^n}\mu({}_0[\boldsymbol{a}]_{n-1})=1$ に注意すれば，

$$C_2^{-1}\lambda_\phi^n \leqq Z_n(\phi) \leqq C_1^{-1}\lambda_\phi^n$$

となり，定理の P の表式が得られる．

もし他の測度 μ' と P', C_1', C_2' が定理の条件を充たしたとすると，P' も同じ表式で表されるから，$P'=P$ が成り立つ．定理の不等式から，μ_ϕ と μ' がともに σ-不変で，互いに絶対連続であることがわかり，**Radon–Nikodým の定理**により，**密度関数**(density function) $f\equiv d\mu'/d\mu_\phi$ が存在して，σ-不変になる．μ_ϕ がエルゴード的であったから，f は定数であり，それは 1 でなければならない．したがって，μ_ϕ と μ' は一致する．∎

(d)　変分原理

次の定理は**変分原理**(variational principle)と呼ばれている．統計力学の定理の変形ではあるが，力学系における位相的エントロピーが測度論的エント

ロピーの最大値であるという定理の拡張とも見なせる.

定理 3.28　Σ_A^+ 上の任意の σ-不変確率測度 μ にたいして

$$h(\mu,\sigma)+\int\phi(\boldsymbol{x})d\mu(\boldsymbol{x})\leqq P(\phi)$$

が成立し，μ_ϕ は左辺の最大値を与え,

$$h(\mu_\phi,\sigma)+\int\phi(\boldsymbol{x})d\mu_\phi(\boldsymbol{x})=P(\phi)$$

を充たす.

［証明］　μ を任意の σ-不変確率測度とすると,

$$\begin{aligned}
&h(\mu,\sigma)+\int\phi(\boldsymbol{x})d\mu_\phi(\boldsymbol{x})\\
&\quad=\lim_{n\to\infty}\frac{1}{n}\left(-\sum_{\boldsymbol{a}\in W_A^n}\mu({}_0[\boldsymbol{a}]_{n-1})\log\mu({}_0[\boldsymbol{a}]_{n-1})+\int\sum_{k=0}^{n-1}\phi(\sigma^k\boldsymbol{x})d\mu(\boldsymbol{x})\right)\\
&\quad\leqq\lim_{n\to\infty}\frac{1}{n}\sum_{\boldsymbol{a}\in W_A^n}\mu({}_0[\boldsymbol{a}]_{n-1})\left(-\log\mu({}_0[\boldsymbol{a}]_{n-1})+\max_{\boldsymbol{x}\in{}_0[\boldsymbol{a}]_{n-1}}\sum_{k=0}^{n-1}\phi(\sigma^k\boldsymbol{x})\right)\\
&\quad\leqq\lim_{n\to\infty}\frac{1}{n}\log Z_n(\phi)=P(\phi)
\end{aligned}$$

を得る．ここに最後の不等式は演習問題 2.6 による．再び $\boldsymbol{a}\in W_A^n$ にたいして,

$$\begin{aligned}
&-\mu_\phi({}_0[\boldsymbol{a}]_{n-1})\log\mu_\phi({}_0[\boldsymbol{a}]_{n-1})+\int_{{}_0[\boldsymbol{a}]_{n-1}}\sum_{k=0}^{n-1}\phi(\sigma^k\boldsymbol{x})d\mu_\phi(\boldsymbol{x})\\
&\quad\geqq\mu_\phi({}_0[\boldsymbol{a}]_{n-1})\left(-\log\mu_\phi({}_0[\boldsymbol{a}]_{n-1})+\max_{\boldsymbol{x}\in{}_0[\boldsymbol{a}]_{n-1}}\sum_{k=0}^{n-1}\phi(\sigma^k\boldsymbol{x})-\log B_0\right)\\
&\quad\geqq\mu_\phi({}_0[\boldsymbol{a}]_{n-1})(P(\phi)n-\log C_1-\log B_0)
\end{aligned}$$

だから，$\boldsymbol{a}\in W_A^n$ についての和の対数を n で割って極限をとれば,

$$h(\mu,\sigma)+\int\phi(\boldsymbol{x})d\mu_\phi(\boldsymbol{x})\geqq P(\phi)$$

を得て定理の証明が完了する.　∎

例 3.29　$\phi\equiv0$ にとり，変分原理を適用すれば，Σ_A^+ 上の任意の σ-不変な測度 μ にたいして，$h(\mu,\sigma)\leqq h_{\mathrm{top}}(\Sigma_A^+,\sigma)$ を意味している．左辺の最大値は

右辺であり，それを与える μ_0 は定理3.18のMarkov連鎖の測度である．また $h_0 \equiv 1$, $\nu_0 = \mu_0$ である． □

§3.5　区間力学系

1次元区間 $X = [x_{\min}, x_{\max}]$ 上の力学系を区間力学系と呼んでいる．一般には必ずしも連続性を仮定しないが，多くの場合区分的な滑らかさを仮定している．Lebesgue測度に絶対連続な不変測度が存在するか，具体的にはどう与えられるかなどは基本的な問題であり，各種の研究がなされていたが，近年Li–Yorkeにより，もっと単純でもっと一般的な性質が指摘された．彼らの主張の一部はSharkovskiiの定理と呼ばれているものの特別な場合である．

この節では，点 a と b を端点とする閉区間を $\langle\langle a, b\rangle\rangle$ と記すことにする．$[a, b]$ との違いは，前者は a と b の大小関係をいずれとも仮定しない点である．

(a)　3周期はカオスを導く

この項の表題はLi–Yorkeの有名な論文の題名 “Period three implies chaos” の和訳である．彼らは，連続な区間力学系が3周期点をもてば，全ての周期の周期点をもつこと，またそのとき非常に不規則な動きをする軌道の存在を示した．彼らの定理を少しずつ分けて説明しよう．以下 φ は閉区間 X 上の連続な区間力学系とする．区間 I にたいして，$|I|$ はその長さを表すことにしておく．

補題3.30

(i)　閉区間 $I \subset X$ で $\varphi(I) \subset I$ あるいは $\varphi(I) \supset I$ ならば，I 内に固定点が存在する．

(ii)　閉区間 $I, J \subset X$ において $\varphi(I) \supset J$ ならば，閉区間 $F \subset I$ で，$\varphi(F) = J$ となるものが存在する．

[証明]　(i) $\varphi(I) \subset I = [a, b]$ を仮定し，$f(x) \equiv \varphi(x) - x$ とおこう．

$$f(a) = \varphi(a) - a \geqq 0 \quad \text{かつ} \quad f(b) = \varphi(b) - b \leqq 0$$

だから，中間値の定理により，$f(c)=c$, $a \leqq c \leqq b$, となる点cが存在する．このcはφの固定点である．逆に，$\varphi(I) \supset I$のときにも同じように示せる．

（ii）$J=[c,d]$, $\ell \equiv \inf\{|b-a|;\,(a,b) \in I \times I,\ \varphi(a) \leqq c,\ \varphi(b) \geqq d\}$とおくと，列$(a_n, b_n)$で，$\varphi(a_n) \leqq c$, $\varphi(b_n) \geqq d$, $\lim_{n \to \infty} |b_n - a_n| = \ell$となるものが存在する．$I$がコンパクトだから，適当な部分列をとり直すことで，$\lim_{n \to \infty} a_n = a$, $\lim_{n \to \infty} b_n = b$が存在するとしてよい．このとき，$\varphi$の連続性から，$\varphi(a) \leqq c$, $\varphi(b) \geqq d$が成立する．もし，aとbの中間に，$\varphi(x) < c$となる点があれば，aの代わりにxを採用すれば，$|b-x| < \ell$となってℓの最小性に反し，このaとbを端点とする区間F上で，$\varphi(x) \geqq c$であることが分かる．同様に，$\varphi(x) \leqq d$も示され，$\varphi(F)=J$である． ∎

2×2-構造行列$\boldsymbol{A} = \begin{pmatrix} 1 & 1 \\ 1 & 0 \end{pmatrix}$は(1.10)で与えられたものとし，可算集合$E \subset \Sigma_A^+$を究極的に3周期点$\boldsymbol{e} = 00100100100\cdots$に落ち込む点の集合とする．

補題 3.31　閉区間J_0とJ_1において，$\varphi(J_0) \supset J_0 \cup J_1$かつ$\varphi(J_1) \supset J_0$を仮定し，$J_0$と$J_1$の共通集合が3周期点$c$からなり，$\varphi c$は$J_0$，$\varphi^2 c$は$J_1$の端点であるとする．$\Sigma_A^+$から$X$への写像$\Psi$で，$\varphi^n \Psi(\boldsymbol{x}) \in J_{\omega_n(\boldsymbol{x})}$を充たすものが存在する．とくに，$\Sigma_A^+ \backslash E$上では単射，また$\boldsymbol{x}$が$\sigma$の周期$p$の周期点ならば，$\Psi(\boldsymbol{x})$も$\varphi$の周期$p$の周期点であるように選べる．

［証明］　$\boldsymbol{x} \in \Sigma_A^+$だから，$I_n \equiv J_{\omega_n(\boldsymbol{x})}$とおくと，仮定により，$\varphi(I_k) \supset I_{k+1}$は明らかである．閉区間列$F_{n,k} \subset I_k$, $k \leqq n$, $n \in \mathbb{N}$を$F_{0,0} \subset I_0$, $\varphi(F_{0,0}) = I_1$，一般には，

$$\varphi(F_{n,k}) = F_{n,k+1}, \quad 0 \leqq k \leqq n-1,$$
$$\varphi(F_{n,n}) = I_{n+1}, \quad F_{k,k} \supset F_{k+1,k} \supset \cdots \supset F_{n,k}$$

を充たすように構成する．まず，補題3.30から，最初の閉区間$F_{0,0}$の存在は明らか．次に，$\varphi(I_1) \supset I_2$だから，閉区間$F_{1,1} \subset I_1$で$\varphi(F_{1,1}) = I_2$となるものが存在する．そのとき，$\varphi(F_{0,0}) = I_1 \supset F_{1,1}$だから，再び前補題により，閉区間$F_{1,0} \subset F_{0,0}$で$\varphi(F_{1,0}) = F_{1,1}$を充たすものがとれる．以下同様に，$\{F_{n,k};\ 0 \leqq k \leqq n\}$が期待のように選べたとすると，閉区間$F_{n+1,n+1} \subset I_{n+1}$を，$\varphi(F_{n+1,n+1}) = I_{n+2}$を充たすようにとれる．$\varphi(F_{n,n}) = I_{n+1} \supset F_{n+1,n+1}$だ

から，閉区間 $F_{n+1,n}\subset F_{n,n}$ を $\varphi(F_{n+1,n})=F_{n+1,n+1}$ を充たすように選べる．以下同様に繰り返せば，$F_{n+1,k}$，$0\leqq k\leqq n+1$ が，$F_{n+1,k}\subset F_{n,k}$，$\varphi(F_{n+1,k})=F_{n+1,k+1}$ を充たすように決定できる．

$F_{n,0}\subset I_0$ は空でない閉区間の減少列だから，共通集合 $\bigcap_n F_{n,0}$ 内に，1 点 $\Psi(\boldsymbol{x})$ を選ぶことができる．そのとき，任意の n にたいして，$\varphi^k\Psi(\boldsymbol{x})\in\varphi^k(F_{n,0})=F_{n,k}\subset I_k=J_{\omega_k(x)}$ だから，Ψ が求めるものである．単射であることを示そう．$\Psi(\boldsymbol{x})=\Psi(\boldsymbol{y})=u\in X$, $\boldsymbol{x}\neq\boldsymbol{y}$ と仮定しよう．ある n で，$\omega_k(\boldsymbol{x})=\omega_k(\boldsymbol{y})=i_k$，$0\leqq k\leqq n-1$, $\omega_n(\boldsymbol{x})=\omega_n(\boldsymbol{y})=0$, $\omega_{n+1}(\boldsymbol{x})=0$, $\omega_{n+1}(\boldsymbol{y})=1$ と仮定すると，$\varphi^{n+1}u\in I_0\cap I_1$ だから，$\varphi^{n+1}u=c$ である．したがって，$\sigma^n\boldsymbol{x}=001001001\cdots$ と $\sigma^n\boldsymbol{y}=01001001\cdots$ の 2 点だけが可能である．すなわち，両者とも 3 周期点 $\boldsymbol{e}$ に落ち込む．

さて，上の Ψ の定義では，周期点に周期点が対応している保証はないので，周期点にたいしてのみ定義を変更する．3 周期点にたいしては，$c,\varphi c,\varphi^2c$ を対応させる．$\boldsymbol{z}=i_0i_1\cdots i_{p-1}i_0i_1\cdots i_{p-1}i_0i_1\cdots$ を周期 $p>3$ の周期点とする．この $\boldsymbol{z}$ に対する $F_{n,k}$ の構成をたどると，

$$F_{p-1,k}\subset J_{i_k},\quad \varphi(F_{p-1,k-1})=F_{p,k},\quad 0\leqq k\leqq p-1,$$
$$\varphi(F_{p-1,p-1})=J_{i_p}=J_{i_0}$$

が成り立ち，$\varphi^p(F_{p-1,0})=J_{i_0}\supset F_{p-1,0}$ だから，補題 3.30(i)により，φ^p は $F_{p-1,0}$ の中に固定点 x をもつ．x は周期点には違いないが，これの周期が実際に p であることは，$\Sigma_A^+\backslash E$ 上の単射の証明から明らかである．∎

定理 3.32　φ が 3 周期点をもてば，全ての周期の周期点が存在する．

[証明]　φ の 3 周期点を 1 つとる．その軌道上の点を $a<c<b$ としよう．可能性として，$\varphi c=a$, $\varphi^2c=a$, $\varphi^3c=c$ となる場合と，$\varphi c=b$, $\varphi^2c=a$, $\varphi^3c=c$ となる場合がある．前者において，$J_0=[a,c]$, $J_1=[c,b]$ とおけば，$\varphi a=b$, $\varphi c=a$ だから，$\varphi J_0\supset J_1\cup J_0$ を充たす．$\varphi c=b$, $\varphi b=c$ だから，$\varphi(J_1)\supset J_0$ であり，命題 1.5 と補題 3.31 により，全ての周期点をもっている．後者の場合には，$J_0=[c,b]$, $J_1=[a,c]$ とおけばやはり，$\varphi(J_0)\supset J_0\cup J_1$ かつ $\varphi(J_1)\supset J_0$ が成立し同様に示せる．∎

実は，このように「ある周期点があれば他の周期点が存在する」という形の定理は Sharkovskii によって証明されている．第2部で詳しく紹介される．

(b)　スクランブル集合

カオス(chaos)の本来の意義は天地創造前の混沌とした状態を表していた．数学的な熟語としてもいくつかの分野で用いられていたが，T. Y. Li と J. A. Yorke は，力学系の軌道が不規則に動く様子を表す用語として新たに導入した．不規則な動きそのものを記述するものとして，スクランブル集合を定義した．次に述べる定理が Li–Yorke のもう1つの重要な主張である．

定義 3.33　距離空間 (M,d) 上の連続な力学系 φ において，部分集合 $S\subset M$ が**スクランブル集合**(scramble set)とは次の条件を充たすときに言う：

(i)　任意の異なる2点 $x,y\in S$ にたいして，

$$\limsup_{n\to\infty} d(\varphi^n x,\varphi^n y)>0,\quad \liminf_{n\to\infty} d(\varphi^n x,\varphi^n y)=0$$

が成立する．

(ii)　任意の周期点 $p\in M$ と任意の $x\in S$ にたいして，

$$\limsup_{n\to\infty} d(\varphi^n x,\varphi^n p)>0,\quad \liminf_{n\to\infty} d(\varphi^n x,\varphi^n p)=0$$

が成立する．　□

定理 3.34 (Li–Yorke の定理)　連続な区間力学系 φ が3周期点をもてば，非可算濃度のスクランブル集合が存在する．

［証明］　区間 J_0 と J_1 を定理3.32の証明のように定義し，$\varphi c=b$ の場合には，$\delta>0$ を $c-\delta\leqq z\leqq c$ ならば $\varphi^2(z)<(a+c)/2$ が成立するように選んでおく($\varphi c=a$ の場合にも同様に $\delta>0$ を選ぶ)．$r\in[1/2,1]$ にたいして，集合

$$\Omega_r\equiv\left\{\boldsymbol{w}\in\Sigma_A^+;\ \lim_{n\to\infty}\frac{1}{n}\sum_{k=0}^{n-1}\omega_k(\boldsymbol{w})=r\right\}$$

を定義する．各 Ω_r から，1点 $\boldsymbol{w}_r\in\Omega_r$ を選び，

$$S\equiv\left\{\Psi(\boldsymbol{w}_r);\ \frac{3}{4}\leqq r\leqq 1\right\}\tag{3.11}$$

とおく．この S の異なる2点 x,y をとり，$x=\Psi(\boldsymbol{w}_r)$，$y=\Psi(\boldsymbol{w}_{r'})$，$r>r'\geqq$

3/4 としよう．J_0 と J_1 の現れる回数の比率が 3/4 以上であることと J_1 の次には J_0 が現れることにより，$\varphi^n x \in J_0$ かつ $\varphi^n y \in J_1$，$\varphi^{n+1} y \in J_0$，$\varphi^{n+2} y \in J_0$ となる n が無限個存在する．$\varphi^2 \varphi^n y \in J_0$ だから，$\varphi^n y < c-\delta$ である．$\varphi^n x \in J_0$ だから，$d(\varphi^n x, \varphi^n y) \geqq \delta$ である．このことから，$\limsup_{n\to\infty} d(\varphi^n x, \varphi^n y) \geqq \delta$ が示せる．

$\liminf_{n\to\infty} d(\varphi^n x, \varphi^n y) = 0$ を保証するためには，あらかじめ Ψ の定義と $\boldsymbol{x} \in \Omega_r$ の選び方も工夫を凝らして S を構成する必要がある．$\varphi(J_0) \supset J_0$ だから，区間の減少列 $\langle\langle a_n, b_n \rangle\rangle$ を $\varphi(\langle\langle a_{n+1}, b_{n+1} \rangle\rangle) = \langle\langle a_n, b_n \rangle\rangle$，$\langle\langle a_0, b_0 \rangle\rangle = J_0$ および $\varphi b_{n+1} = a_n$，$\varphi a_{n+1} = b_n$ のようにとれる．$a^* \equiv \lim_{n\to\infty} a_n$，$b^* \equiv \lim_{n\to\infty} b_n$ とおくと，$\varphi a^* = b^*$，$\varphi b^* = a^*$ となる．そこで，補題 3.31 において Ψ を定義する区間列 $\{I_n\}$ の設定の段階で，n から，0 がちょうど $2m+1\ (m \geqq 1)$ 個続くとき，単に J_0 とおく代わりに，次の特定の列を採用する：$I'_0 \equiv J_0$，$I'_{2j-1} \equiv \langle\langle a_{2m-2j+1},\ a^* \rangle\rangle$，$I'_{2j} \equiv \langle\langle b^*,\ b_{2m-2j} \rangle\rangle$，$1 \leqq j \leqq m$．このとき，$\varphi(I_j) \supset I_{j+1}$ $1 \leqq 2m$，$\varphi(I'_{2m}) \supset I_1$ が成立する．そこで，$I_{n+j} \equiv I'_j$，$0 \leqq j \leqq 2m$ と選んで，Ψ を定義する．次に，$\boldsymbol{x}_r \in \Omega_r$ の選び方にも注意を払い，十分大きな全ての n にたいして，$\omega_{n^2+k}(\boldsymbol{x}_r) = 0$，$0 \leqq k \leqq 2n$ が成立するものを選ぶ．そのような点の存在は明らかであろう．S を式(3.11)で定義すると，スクランブル集合の条件(i)と(ii)の上極限に関する条件は充たされる．下極限の条件のためには，各周期点のまわりで，上と類似の工夫が必要である．この部分の証明は読者に委ねよう．∎

(c)　スクランブル集合の大きさ

スクランブル集合は，複雑な軌道の存在を示したものには違いなく，非可算集合なので濃度は十分大きいのだが，実際の大きさはどの程度だろうか？ また，「非常に複雑」な性質なのだろうか？　このような観点から考察しておこう．

区間力学系における **Lyapunov 指数**(Lyapunov exponent, Lyapunov index) $\kappa(x)$ を

$$\kappa(x) \equiv \limsup_{n\to\infty} \frac{1}{n} \log\left|\frac{d\varphi^n(x)}{dx}\right|$$

で定義しておく.

定理 3.35　φ が区分的に C^1-級で，Lebesgue 測度に絶対連続な不変測度 μ をもち，Lyapunov 指数 $\kappa(x)>0$ μ-a.e. x を充たすとき，もしスクランブル集合 S が可測ならば，$\mu(S)=0$ である.

［証明］　μ の Lebesgue 測度にたいする密度を ρ とおき，命題 2.32 の $\mathcal{L}_\phi(x)$, $\phi(x)\equiv\log\rho(x)/\rho(\varphi(x))$ を考察する．スクランブル集合 S の条件(ii)から，φ は S 上で単射でなければならない．したがって，

$$\begin{aligned}\mathcal{L}_\phi^n\chi_S(\varphi^n(x)) &= \sum_{\varphi^n(y)=\varphi^n(x)} \chi_S(y)\rho(y)\big(\rho(\varphi^n(y))|(\varphi^n)'(y)|f(\varphi^n(y))\big)^{-1} \\ &= \chi_S(x)\rho(x)\big(\rho(\varphi^n(x))|(\varphi^n)'(x)|f(\varphi^n(x))\big)^{-1}.\end{aligned}$$

命題 2.32(iii)により，

$$\begin{aligned}&E_\mu\left[\chi_S \,\middle|\, \bigcap_{n=0}^{\infty}\varphi^{-n}\mathcal{B}\right](x) \\ &= \lim_{n\to\infty} \log E_\mu[\chi_S|\varphi^{-n}\mathcal{B}](x) \\ &= \lim_{n\to\infty} \log \mathcal{L}_\phi^n\chi_S(\varphi^n(x)) \\ &= \lim_{n\to\infty} \big(\log|(\varphi^n)'(x)| + \log\rho(x) - \log\rho(\varphi^n(x))\big) \quad \mu\text{-a.e. } x\end{aligned}$$

が得られる．Birkhoff の個別エルゴード定理を適用して，

$$\kappa(x) = \lim_{n\to\infty}\frac{1}{n}\log|(\varphi^n)'(x)| = \lim_{n\to\infty}\frac{1}{n}\sum_{k=0}^{n-1}\log|\varphi'(\varphi^k x)|$$

が殆ど全ての点 x で存在するから，Poincaré の再帰定理とあわせて

$$\begin{aligned}\kappa(x) &= \lim_{n\to\infty}\frac{1}{n}\left(\log E_\mu\left[\chi_S \,\middle|\, \bigcap_{k=0}^{n}\varphi^{-k}\mathcal{B}\right] + \log\rho(\varphi^n(x)) - \log\rho(x)\right) \\ &= 0 \quad \mu\text{-a.e. } x \text{on } S\end{aligned}$$

が成立し，Lyapunov 指数 $\kappa(x)\neq 0$ μ-a.e. x の仮定から，$\mu(S)=0$ が証明ができた. ∎

ここではもう議論しないが，スクランブル集合の測度が 0 というより，一

般にはむしろ内測度が0であることが示されるというのが正確である．すなわち外測度を測ると正になるような非可測なスクランブル集合の存在の可能性が残っている．実際に非常に一般的な設定の下で，φ が弱混合性をもてば，外測度正のスクランブル集合の存在が示せる．

《要約》

3.1 コンパクト距離空間上の位相的力学系について位相的エントロピーを導入し，とくに擬軌道追跡，拡大性，位相的混合性をもつ場合に，測度論的エントロピーや周期点の個数や ζ-関数との関係を論じた．

3.2 記号力学系のサブシフト，とくに Markov サブシフトについて述べた．

3.3 2次元トーラス上の群自己同型にたいして，Markov 分割の一般的な構成方法を示した．それを用いて，Markov サブシフトと測度論的に同型なことを示した．

3.4 Markov サブシフトにたいして，ポテンシャルに応じて重みが均等でない不変測度の構成を熱力学形式と呼ばれる方法で行い，その測度の混合性を示した．また，Gibbs 測度と変分原理について述べた．

3.5 区間力学系における Li–Yorke の定理を紹介し，可測なスクランブル集合の Lebesgue 測度が0であることを示した．

演習問題

3.1 1次元トーラス $\mathbb{T}$ 上の回転 R_γ の位相的エントロピーを計算せよ．

3.2 有限開被覆 $\beta=\{B_i\}$ が各点を**弱分離**(weakly separate)するとは，任意の $x\neq y\in M$ にたいして，適当な n と i を選べば，$\varphi^n x\in B_i$, $\varphi^n y\notin B_i$ もしくは，$\varphi^n x\notin B_i$, $\varphi^n y\in B_i$ が成り立つときを言う．β が各点を弱分離すれば，β と同じ個数の開被覆 α, $\alpha\geqq\beta$ で各点を分離するものがあることを示せ．

3.3 有限型サブシフトは Markov サブシフトと位相同型であることを示せ．

3.4 有限集合 $\mathcal{S}$ を状態集合にもつサブシフト (X,σ) において，$h_{\mathrm{top}}(X,\sigma)\geqq h(\mu,\sigma)$ が任意の σ-不変測度 μ にたいして成立することを示せ．

3.5　混合的な構造行列 $\boldsymbol{A}$ をもつ (Σ_A, σ) において，圧力 $P(\phi)$ の0における値 $P(0)$ は，位相的エントロピー $h_{\mathrm{top}}(\Sigma_A, \sigma)$ と一致することを示せ．

3.6　混合的な正行列 $\boldsymbol{Q}=(Q_{i,j})$ にたいして，構造行列

$$\boldsymbol{A}=\begin{cases} 1 & Q_{i,j}>0 \\ 0 & \text{それ以外} \end{cases}$$

とおき，Σ_A 上のポテンシャル $\phi(\boldsymbol{x}) \equiv \log Q_{\omega_0(\boldsymbol{x}),\, \omega_1(\boldsymbol{x})}$ を定める．Ruelle–Perron–Frobenius の定理(定理3.24)の与える測度を求めよ．

3.7　行列 $\boldsymbol{A}=\begin{pmatrix} 2 & 1 \\ 1 & 1 \end{pmatrix}$ により定義される $\mathbb{T}^2$ 上の自己同型写像 T_A の固有ベクトルも式(1.13)で与えられるが，図1.9の分割では，命題3.22の帰結が成立するような T_A の Markov 分割として不十分であることを説明せよ．

散逸的撞球系

ここでは，**撞球問題**と呼ばれる系について調べる．撞球問題というのは，何個かの玉突きの玉が衝突しあって運動している系のことである．このような系の研究が統計力学の基礎付けにおいて重要な問題として登場したのは，約100年前の1900年4月27日Lord Kelvinが大英帝国科学アカデミーで行った演説でのことだった．彼の演説は「20世紀の物理学を覆う二叢の雲」という題でなされた．彼が憂いた問題は，幸いにも5年後には相対論と量子論という2つの新しい物理学によって解決の糸口が見出された．しかし，彼の提唱したモデルの数学的解明には，簡単な場合でさえ70年の歳月を要し，Ya. G. Sinai [16]の結果を待つ必要があった．

本来の問題は，ある領域に閉じこめられた撞球の運動のエルゴード性の証明であるが，ここでは散逸する系における位相的な性質に着目して論じる．紹介する定理の内容のほとんどは盛田[11], [12]の結果であるが，証明方法は異なっている．

撞球系の面白さは，簡単な設定から複雑な双曲型の力学系が得られ，一般的な研究手法が体験できることにある．ただ，一般の可微分力学系と異なり，特異性が現れるのが研究の困難な点である．ここでは，散逸的な撞球系の懸垂流れによる表現，無限回衝突する軌道の決定，周期軌道の長さの分布に関する素軌道定理を主な話題として取り上げている．最後に，保存的な撞球系のエルゴード性の調べ方の紹介も行っている．

§4.1　撞球系の設定

複数の球が運動する系を考察するのは大変なので，問題を簡単にして，平面上に有限個の球が釘で留められており，残りの1つの球がそれらにぶつかりながら運動している系を考える．それは，運動する球の中心の運動に着目すれば，1質点が障害物となっている釘で留められた球の2倍の半径の円上で反射しながら運動する系と同等であることがわかる．そこで，多少の一般化とある種の制限を設けよう．

障害物の個数 L は3個以上の有限個であり，障害物の形状は，滑らかな境界をもつ狭義の凸形(曲率が正)であるとし，次の**非月蝕条件**を仮定する：

非月蝕条件　任意の2つの障害物(からそれぞれ任意の点を選びそれら)を結ぶ直線は他の障害物と交わりも接しもしない．

次に，質点の運動を規定しよう．

完全弾性衝突　質点は，障害物のないときには，速さ1の等速直線運動を行い，障害物の境界では，入射角と反射角が等しくなるように反射する．

障害物を Q_ι, $1 \leqq \iota \leqq L$, とし，その境界を ∂Q_ι, $1 \leqq \iota \leqq L$, と記し，全境界

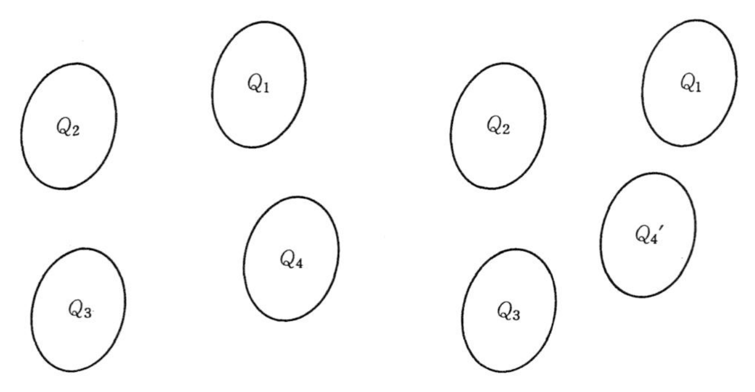

図 4.1　非月蝕条件：左図のように，互いに完全に他の障害物を見通せる．右図のような場合が月蝕である．

は $\partial Q \equiv \bigcup_{\iota=1}^{L} \partial Q_\iota$ で表そう．各境界 ∂Q_ι 上に原点を定め，境界上の点は，原点から反時計回りに曲線に沿っての距離で座標 r を定める．もちろん，境界の長さを $|\partial Q_\iota|$ として，座標は $\mathrm{mod}\,|\partial Q_\iota|$ で考える．∂Q 上の点 q は，境界の番号 $\iota = \iota(q)$ と座標 $r = r(q)$ で決定される．境界上の点 $q = (\iota, r)$ における内向き**法線ベクトル**(normal vector)（質点の運動している側が内側である）を $\boldsymbol{n}(q) = \boldsymbol{n}(\iota, r)$ と記す．q に足をもつ単位長さのベクトル $x = (q, p)$ は，法線ベクトル $\boldsymbol{n}(q)$ と p のなす角度 φ を用いて座標 (ι, r, φ) で表現できる．

障害物全体 $Q = \bigcup_{\iota=1}^{L} Q_\iota$ の外部 Q^c の点 q における単位接ベクトル p, $|p| = 1$ の組全体を $M \equiv \{x = (q, p);\ q \in Q^c,\ |p| = 1\}$ で記そう．これが力学系の働く空間となる．M は境界

$$\partial M \equiv \{x = (q, p);\ q \in \partial Q,\ |p| = 1\}$$

をもっており，それは L 個の連結成分

$$\partial M_\iota \equiv \{x = (q, p);\ q \in \partial Q_\iota,\ |p| = 1\}, \quad 1 \leqq \iota \leqq L$$

に分解される．各 ∂M_ι は円柱面 $\partial Q_\iota \times [-\pi/2,\ \pi/2]$ と見なせる．

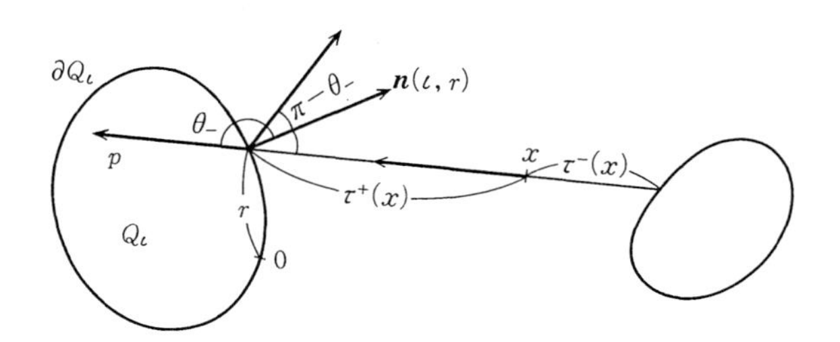

図 **4.2**　記号の導入

さて，$q \in Q^c$ から p-方向に直線的に進み最初に障害物に到達するまでの距離を $\tau^+(x)$，逆に $-p$-方向に直線的に進み最初に障害物に到達するまでの距離を $-\tau^-(x)$ とすると，運動を表す力学系 $\{S_t\}$ は，

$$S_t x = (q + tp, p), \quad \tau^-(x) \leqq t < \tau^+(x)$$

である．衝突した時点 $\tau^+(x)$ で瞬時に，方向 p は次の法則で転じる：衝突した点 (ι, r) で，法線ベクトル $\boldsymbol{n}(\iota, r)$ と p のなす角度を θ_- とすると，それは

法線ベクトルとなす角度が $\pi-\theta_-$ の方向に変わる．簡便のため，この2方向は同一視しておこう．

過去か未来に少なくとも一度は障害物に衝突するような状態に限ってこの運動を記述するには，次のように定義される Poincaré 写像を用いるのが便利である．

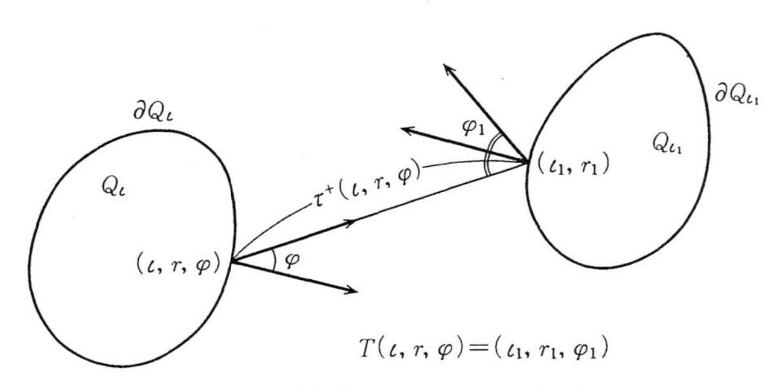

図 4.3　撞球系の Poincaré 写像

境界 ∂M 上の点 x はその障害物の番号 ι と境界 ∂Q_ι 上の位置 r とそこにおける法線となす角度 φ の組 (ι, r, φ) で規定される．∂M 上の変換 T を

$$T(\iota, r, \varphi) = (\iota_1, r_1, \varphi_1) \equiv S_{\tau^+(\iota, r, \varphi)}(\iota, r, \varphi)$$

で定義する．もう1つ鏡像写像(reflection)R を定義しよう：

$$R(\iota, r, \varphi) = (\iota, r, -\varphi).$$

運動の方向と時間の流れの向きを反転して同じ運動が得られるので，T と R の交換関係

(4.1) $$RT = T^{-1}R$$

が成り立つことが分かる．これを運動の**時間対称性**(time symmetry)と言う．

この Poincaré 写像を使って $\{S_t\}$ は **Ambrose–角谷表現**もしくは，**懸垂流れ表現**と呼ばれる次の表現をもつ．すなわち空間と力学系を

(4.2) $$\widetilde{M} \equiv \{(\iota, r, \varphi, u);\ 0 \leqq u < \tau^+(\iota, r, \varphi),\ (\iota, r, \varphi) \in \partial M\}$$

(4.3) $$\widetilde{S}_t(\iota, r, \varphi, u) \equiv (T^n(\iota, r, \varphi), u+t-f(n, \iota, r, \varphi)),$$
$$f(n, \iota, r, \varphi) \leqq u+t < f(n+1, \iota, r, \varphi)$$

と定義すれば，$(\widetilde{M}, \widetilde{S}_t)$ は (M, S_t) と自然に同型になる．ただし，$f(n, \iota, r, \varphi)$ は，

$$f(n,\iota,r,\varphi) = \begin{cases} \sum_{k=0}^{n-1} \tau^+(T^k(\iota,r,\varphi)) & n \geqq 1 \\ 0 & n = 0 \\ -\sum_{k=n}^{-1} \tau^+(T^k(\iota,r,\varphi)) & n \leqq -1 \end{cases}$$

で定義される**コサイクル**(cocycle)である．以下ではこの 2 つの力学系は同一視してまったく混同して使う．

注意 4.1　一般に $f(n, x)$ が (M, T) のコサイクルとは，$f(n+m, x) = f(n, x) + f(m, T^n x)$ を充たすときに言う．

読者諸君は，鉛筆と物差しを用意して自分で質点の軌跡を描いてみてほしい．実際 Lord Kelvin の助手 Anderson はその実験をしたのだ！ 例えば 3 つの円が置かれた平面で考えて，いつまでも衝突を繰り返す軌道が発見できるだろうか？ もちろん簡単なものは見つかる．2 つの円の最短位置を往復する周期軌道である．それが分かれば他の周期軌道も見つかるかもしれない．しかし，周期軌道以外に無限遠に逃げていかない軌道が非可算無限個あるといえば驚くのではないだろうか．もっと驚くことは，無限の彼方からやってきて，この 3 個の円に捕まってしまう軌道さえ非可算無限個存在するのだ！

注意 4.2　以上の設定のためには，最初においた仮定は何も必要ない．区分的に滑らかな境界をもつ障害物が与えられれば，特殊な初期状態を除外して，力学系が構成できる．$p = (\cos\theta, \sin\theta)$ とすれば，Liouville 測度 μ は

$$d\mu = \text{const.}\, dq d\theta$$

で与えられ，その除外集合の測度は 0 になるので，測度論的には完全に構成できることになる．とくに一度は障害物に衝突した状態だけに限れば，

$$d\mu = \text{const.} \cos\varphi \, du dr d\varphi$$

である．もし，障害物が有界な領域の周囲を取り巻いていて質点の運動がその中に制限されていれば，そこでは μ は有限となる．境界が内向きに狭義の凸になっていれば，エルゴード的であることが示されている．

§4.2　撞球系の Poincaré 写像の性質

M の境界 ∂M は，L 個の円柱面 $\partial M_\iota=\partial Q_\iota\times[-\pi/2,\ \pi/2]$，$1\leqq\iota\leqq L$ から成り立っている．M の境界上で定義されている Poincaré 写像 T は各連結成分である円柱面 ∂M_ι 上で区分的に滑らかなことが分かる．その **Jacobi 行列**を計算しよう．

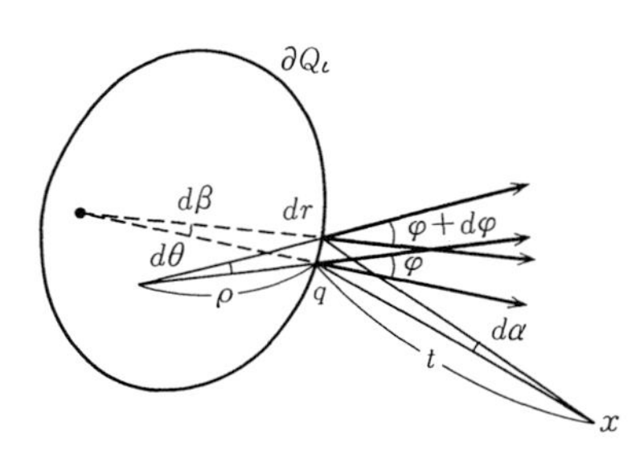

図 4.4　幾何光学的考察

図 4.4 のように，x から出発する軌道が t 時刻後に境界 ∂Q_ι に点 $q=(\iota,r)$ で衝突し，そのときの反射角が φ（入射角は $\pi-\varphi$）だとしよう．今 x と同じ位置から微少な角度 $d\alpha$ だけ角度を変えて出発した軌道が衝突する位置を $r+dr$，反射角を $\varphi+d\varphi$ とする．両反射ベクトルのなす角度を $d\theta$，逆方向に延長した交点と点 r までの距離を ρ としよう．また両衝突地点における法線ベクトル $\boldsymbol{n}(\iota,r)$，$\boldsymbol{n}(\iota,r+dr)$ のなす角度を $d\beta$ とし，$k(\iota,r)$ を点 (ι,r) における境界 ∂Q_ι の曲率とすると，両法線の交点と点 (ι,r) の距離は $1/k(\iota,r)+o(d\alpha)$ となる．ここで，$o(d\alpha)$ は，$d\alpha$ にたいする**高位の無限小**(higher order infinitesimal)であり，$\lim_{d\alpha\to 0}o(d\alpha)/d\alpha=0$ となる量を意味している．次の等式はこの高位の無限小を付けて正しい式なのだが，簡便のため省略してある．

補題 4.3

$$dr=-\frac{t}{\cos\varphi}d\alpha, \tag{4.4}$$

$$d\beta=k(\iota,r)dr=-\frac{k(\iota,r)t}{\cos\varphi}d\alpha, \tag{4.5}$$

$$d\varphi = -d\alpha + d\beta = -\left(1 + \frac{k(\iota, r)t}{\cos\varphi}\right)d\alpha, \tag{4.6}$$

$$d\theta = d\beta + d\varphi = -\left(1 + \frac{2k(\iota, r)t}{\cos\varphi}\right)d\alpha, \tag{4.7}$$

$$\rho = \cos\varphi \frac{dr}{d\theta} = \frac{t}{1 + \dfrac{2k(\iota, r)t}{\cos\varphi}}. \tag{4.8}$$

□

今，$x = (\iota, r, \varphi) \in \partial M$ にたいして，次のように記号を導入しておく：

$$\iota(x) = \iota, \quad r(x) = r, \quad \varphi(x) = \varphi$$

$$\begin{aligned}
x_i &\equiv T^i x, \quad i \in \mathbb{Z}, \\
\iota_i &= \iota_i(x) \equiv \iota(x_i), \\
r_i &= r_i(x) \equiv r(x_i), \\
\varphi_i &= \varphi_i(x) \equiv \varphi(x_i), \\
k_i &= k_i(x) \equiv k(\iota_i, r_i), \\
\tau_i^+ &= \tau_i^+(x) \equiv \tau^+(\iota_i, r_i, \varphi_i).
\end{aligned}$$

補題 4.3 により，Jacobi 行列を与える次の補題が容易に導かれる．

補題 4.4 もし，x, Tx がともに ∂M の内点ならば，

$$\begin{pmatrix} \dfrac{\partial r_1}{\partial r} & \dfrac{\partial r_1}{\partial \varphi} \\ \dfrac{\partial \varphi_1}{\partial r} & \dfrac{\partial \varphi_1}{\partial \varphi} \end{pmatrix} = \begin{pmatrix} -\left[1 + \dfrac{\tau^+ k}{\cos\varphi}\right]\dfrac{\cos\varphi}{\cos\varphi_1} & -\dfrac{\tau^+}{\cos\varphi_1} \\ -k_1\left[1 + \dfrac{\tau^+ k}{\cos\varphi}\right]\dfrac{\cos\varphi}{\cos\varphi_1} - k & -\left[1 + \dfrac{\tau^+ k_1}{\cos\varphi_1}\right] \end{pmatrix},$$

$$\frac{\partial \tau^+}{\partial r} = \sin\varphi_1 \frac{\partial r_1}{\partial r} - \sin\varphi, \quad \frac{\partial \tau^+}{\partial \varphi} = -\tau^+ \tan\varphi_1$$

が成立し，逆に，

$$\begin{pmatrix} \dfrac{\partial r}{\partial r_1} & \dfrac{\partial r}{\partial \varphi_1} \\ \dfrac{\partial \varphi}{\partial r_1} & \dfrac{\partial \varphi}{\partial \varphi_1} \end{pmatrix} = \begin{pmatrix} -\left[1 + \dfrac{\tau^+ k_1}{\cos\varphi_1}\right]\dfrac{\cos\varphi_1}{\cos\varphi} & +\dfrac{\tau^+}{\cos\varphi} \\ +k\left[1 + \dfrac{\tau^+ k_1}{\cos\varphi_1}\right]\dfrac{\cos\varphi_1}{\cos\varphi} + k_1 & -\left[1 + \dfrac{\tau^+ k}{\cos\varphi}\right] \end{pmatrix},$$

$$\frac{\partial\tau^+}{\partial r_1}=\sin\varphi_1-\sin\varphi\frac{\partial r}{\partial r_1},\quad \frac{\partial\tau^+}{\partial\varphi_1}=-\tau^+\tan\varphi$$

が成立する．　□

2つの行列の行列式は，$\cos\varphi/\cos\varphi_1$ および $\cos\varphi_1/\cos\varphi$ であることが分かる．言い替えれば，$\cos\varphi\, d\varphi dr$ は変換 T で不変な測度である．上の補題から次の補題はただちに導かれる．また T, T^{-1} は**オリエンテーション** (orientation) を保つ写像であることも分かる．

補題 4.5　γ を ∂M_ι 上の滑らかな曲線とし，方程式 $\varphi=\psi(r)$ で記述されているとし，$(\iota_i, r_i, \psi_i(r_i))\equiv T^i(\iota, r, \psi(r))$ と記す．T がその上で連続ならば，関係式

$$\frac{d\psi_1}{dr_1}=k_1+\frac{\cos\psi_1}{\cos\psi}\frac{1}{\dfrac{\tau^+}{\cos\psi}+\dfrac{1}{\dfrac{d\psi}{dr}+k}}$$

$$\frac{dr_1}{dr}=-\frac{\cos\psi}{\cos\psi_1}\left[1+\frac{\tau^+\left(\dfrac{d\psi}{dr}+k\right)}{\cos\psi}\right]$$

$$\frac{d\psi_1}{d\psi}=-k_1\frac{\cos\psi}{\cos\psi_1}\frac{dr}{d\psi}-\left[1+\frac{\tau^+k_1}{\cos\psi_1}\right]\left[1+k\frac{dr}{d\psi}\right]$$

$$\frac{d\tau^+}{dr}=\sin\psi_1\frac{dr_1}{dr}-\sin\psi$$

$$\frac{d\psi}{dr}=-k-\frac{\cos\psi}{\cos\psi_1}\frac{1}{\dfrac{\tau^+}{\cos\psi_1}-\dfrac{1}{\dfrac{d\psi_1}{dr_1}-k_1}}$$

$$\frac{dr}{dr_1}=-\frac{\cos\psi_1}{\cos\psi}\left[1-\frac{\tau^+\left(\dfrac{d\psi_1}{dr_1}-k_1\right)}{\cos\psi_1}\right]$$

$$\frac{d\psi}{d\psi_1}=k\frac{\cos\psi_1}{\cos\psi}\frac{dr_1}{d\psi_1}-\left[1+\frac{\tau^+k}{\cos\psi}\right]\left[1-k_1\frac{dr_1}{d\psi_1}\right]$$

$$\frac{d\tau^+}{dr_1} = \sin\psi_1 - \sin\psi\frac{dr}{dr_1}$$

が成立する. □

次の記号を導入しておこう:

$$k_{\min} \equiv \min\{k(\iota, r);\ (\iota, r)\in\partial Q\},\quad k_{\max} \equiv \max\{k(\iota, r);\ (\iota, r)\in\partial Q\},$$

$$\tau_{\min} \equiv \min\{\tau^+(\iota, r, \varphi);\ (\iota, r, \varphi)\in\widetilde{M}\},$$

$$K_{\max} \equiv k_{\max} + \frac{1}{\tau_{\min}},\quad \lambda \equiv 1 + k_{\min}\tau_{\min} > 1\,.$$

γ を ∂M 上の方程式 $\varphi=\psi(r)$ で定められる曲線とするとき, 関数 $\psi(r)$ が単調増加ならば, 曲線 γ が単調増加と言い, 逆に $\psi(r)$ が単調減少ならば, γ が単調減少であると言う. 単調な曲線 γ にたいして, $\theta(\gamma)$ で γ の φ-方向の変動を表す.

補題 4.6 γ は ∂M 上の滑らかな曲線で, 方程式 $\varphi=\psi(r)$ で与えられているとする.

(i) γ が単調増加で, T がその上で定義されていれば, $\gamma_1\equiv T\gamma$ も滑らかで単調増加な曲線であり,

$$k_{\min} \leqq \frac{d\psi_1}{dr_1} \leqq K_{\max},\quad \theta(T\gamma)\geqq\lambda\theta(\gamma).$$

(ii) γ が単調減少で, T^{-1} がその上で定義されていれば, $\gamma_{-1}\equiv T^{-1}\gamma$ も滑らかで単調減少な曲線であり,

$$k_{\min} \leqq -\frac{d\psi_{-1}}{dr_{-1}} \leqq K_{\max},\quad \theta(T^{-1}\gamma)\geqq\lambda\theta(\gamma)$$

が成立する.

[証明] 滑らかな単調増加曲線 $\gamma: \varphi=\psi(r)$, $r'\leqq r\leqq r''$ の T による像 $T\gamma$ の方程式は $\varphi_1=\psi_1(r_1)$; $r_1'\leqq r_1\leqq r_1''$ とすると, 補題 4.5 により,

$$\frac{d\psi_1}{dr_1} = k_1 + \cfrac{\cos\psi_1}{\tau^+ + \cfrac{\cos\psi}{\cfrac{d\psi}{dr}+k}}$$

だから，$0 \leqq \dfrac{d\psi}{dr} \leqq +\infty$ に注意すれば，

$$k_{\min} \leqq k_1 \leqq \frac{d\psi_1}{dr_1} \leqq k_1 + \cfrac{1}{\tau^+ + \cfrac{\cos\psi}{k}} \leqq k_{\max} + \frac{1}{\tau_{\min}}$$

を得る．再び，補題4.5により，

$$\left|\frac{d\psi_1}{d\psi}\right| \geqq \left(1+\frac{\tau_1^+ k_1}{\cos\psi_1}\right) \geqq 1 + k_{\min}\tau_{\min} = \lambda$$

だから，

$$\theta(T\gamma) = \int_{\gamma_1} d\psi_1 = \int_{\gamma}\left|\frac{d\psi_1}{d\psi}\right| d\psi \geqq \lambda\theta(\gamma)$$

を得る．これで(i)は示された．(ii)も同様である．　■

以上で基本的な量の計算と評価のための準備が整った．次に T と T^{-1} の定義域の性質を調べておこう．今，i, j を異なる境界の番号とし，$\overline{r_0} \in \partial Q_i$ と $\overline{r_1} \in \partial Q_j$ を2つの境界の最短点とする．このとき $(i, \overline{r_0})$ からは，∂Q_j の全景(もちろん片面だけだが)が見渡せる．そのときの角度の限界は何で決まるだろうか？　図4.5から分かるように，∂M_j の境界 $S_j^{\pm} \equiv \{(j, r, \pm\pi/2);\ r \in \partial Q_j\}$ の T^{-1} の像と $\{r_0\} \times [-\pi/2,\ \pi/2]$ の交点で決まっている．一般に，$T^{-1}S^-$ と $T^{-1}S^+$ で上下から挟まれた角度の範囲が T の定義域となる．このことから，T の定義域 $\mathcal{D}(T)$ は単調減少な2曲線で囲まれた帯状の単連結な閉領域であることが分かる．もう少し正確にいえば，自分自身の地平線がもう2つの境界を与えている．また T^{-1} の定義域 $\mathcal{D}(T^{-1})$ は T の値域 $\mathcal{R}(T)$ と一致するが，それは単調増加な曲線 TS^- と TS^+ で上下から挟まれた帯状の単連結な領域である．

帯を規定している2曲線の形状について考えれば，補題4.5により，像 $T^{-1}S^{\pm}$ と $TS^{\pm}$ の各連結成分の方程式は，$\cos\psi_1 = 0$ および $\cos\psi_{-1} = 0$ だから，それぞれ

$$\frac{d\psi}{dr} = -k - \frac{\cos\psi}{\tau^+}, \quad \frac{d\psi}{dr} = k + \frac{\cos\psi}{\tau_{-1}^+}$$

で与えられる．M は連結成分 ∂M_i, $1 \leqq i \leqq L$ に分解された．式(4.1)にも注

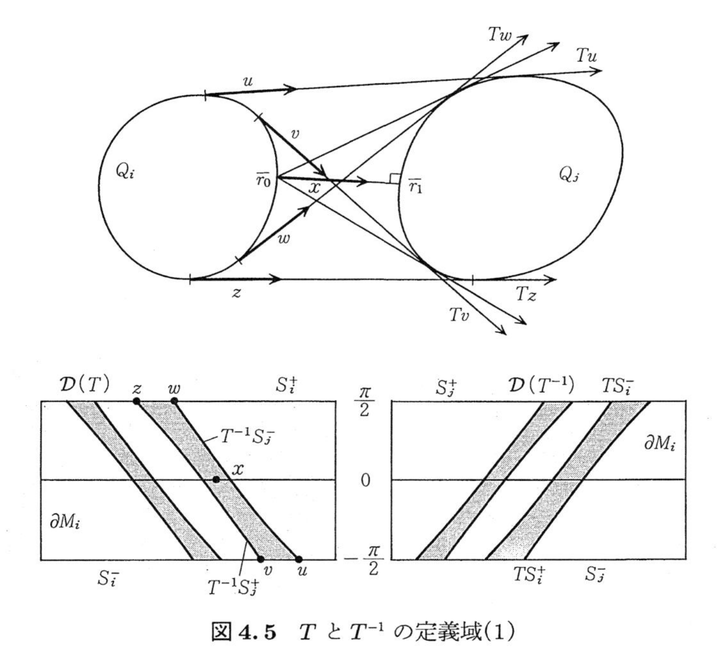

図 4.5　T と T^{-1} の定義域(1)

意しながら，

$$
\begin{aligned}
X_i^+ &\equiv \mathcal{D}(T^{-1}) \cap \partial M_i = \mathcal{R}(T) \cap \partial M_i \ = R\mathcal{R}(T^{-1}) \cap \partial M_i, \\
X_i^- &\equiv \mathcal{D}(T) \cap \partial M_i \ = \mathcal{R}(T^{-1}) \cap \partial M_i = R\mathcal{R}(T) \cap \partial M_i
\end{aligned}
$$

と記すと以前注意したように，それぞれ ∂M_i 内の単調増加と単調減少な単連結な帯状領域に分解される．各連結成分は

$$
\begin{aligned}
X_{i,j}^+ &\equiv X_i^+ \cap TX_j^-, \\
X_{i,j}^- &\equiv X_i^- \cap T^{-1}X_j^+
\end{aligned}
$$

である．$x \in X_{i,j}^-$ は ∂M_i 上にあり，T により ∂M_j に写る点の集合である．再び式(4.1)から，

$$
X_{i,j}^+ = RX_{i,j}^-
$$

である．

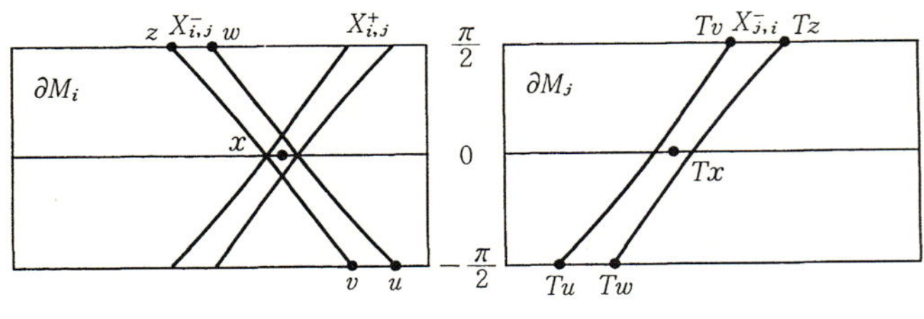

図 4.6 T と T^{-1} の定義域(2)

§4.3 両側無限軌道の決定

この撞球系の軌道は続けて同じ境界 ∂Q_ι に衝突することはない．可能性の話だけとしては，続けて同じ境界を訪れなければよいようである．実際にそうであることを示そう．訪れる境界の番号の両側無限列の空間としては，$L\times L$-行列

$$A \equiv \begin{pmatrix} 0 & 1 & 1 & \cdots & 1 & 1 \\ 1 & 0 & 1 & \cdots & 1 & 1 \\ 1 & 1 & 0 & \ddots & 1 & 1 \\ \vdots & \ddots & \ddots & \ddots & \vdots & \vdots \\ 1 & & \cdots & & 0 & 1 \\ 1 & & \cdots & & 1 & 0 \end{pmatrix} \tag{4.9}$$

を構造行列とする Markov サブシフト (Σ_A, σ_A) を選べば十分である．

(a) 記号力学系との対応

定理 4.7 無限の過去から無限の未来まで障害物に衝突し続ける点の集合

$$X \equiv \{x \in \partial M;\ T^n x \in \partial M,\ n \in \mathbb{Z}\} \tag{4.10}$$

において，(X, T) と (Σ_A, σ_A) は同型である．具体的には，$\Psi : X \to \Sigma_A$ を

$$\Psi x \equiv (\iota(T^j x))_{j\in\mathbb{Z}} \tag{4.11}$$

で定義すれば，Ψ は全単射で，$\Psi T = \sigma_A \Psi$ を充たす．

［証明］ $\Psi x \in \Sigma_A$ と $\Psi T = \sigma_A \Psi$ は明らかであるから，単射であることと全射であることを示せばよい．そのためにはいくつかの考察と補題の準備が必要である．

補題 4.8　ι, ι', ι'' を異なる境界の番号とし，γ' と γ'' はそれぞれ区間 I' と I'' 上で定義された単調な連続曲線でともに境界 S_ι^- と S_ι^+ を結んでいるとする．

（i）　もし，$\gamma' \subset X_{\iota,\iota'}^-$，$\gamma'' \subset X_{\iota,\iota''}^-$ でともに単調減少ならば，区間 I' と I'' は共通点をもつ．さらに，$I' \cap I''^c \neq \varnothing$，$I'^c \cap I'' \neq \varnothing$．

（ii）　もし，$\gamma' \subset X_{\iota,\iota'}^-$ で単調減少，$\gamma'' \subset X_{\iota,\iota''}^+$ で単調増加ならば，γ' と γ'' は交点をもつ．

［証明］　もし，$I' \cap I'' = \varnothing$ ならば，$\partial Q_\iota'$ と $\partial Q_\iota''$ を結ぶ直線で，∂Q_ι と交わるものが存在することになり，非月蝕条件に矛盾する．もし，$I' \subset I''$ ならば，∂Q_ι と $\partial Q_\iota''$ を結ぶ直線で，$\partial Q_\iota'$ と交わるものが存在しやはり非月蝕条件に反する．$I'' \subset I'$ の場合も同じである．

第2の主張は，γ' と $R\gamma''$ に第1の主張を適用して，I' と I'' が共通点を有することを確かめることによって示される．■

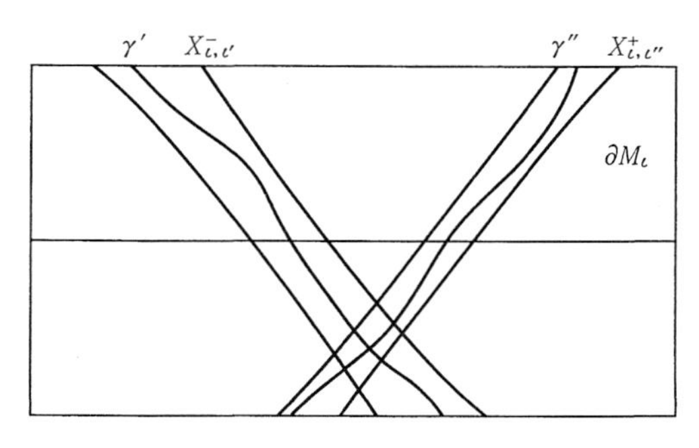

図 4.7　S_ι^- と S_ι^+ を結ぶ曲線

補題 4.9　境界番号 ι, ι', ι'' において，ι は他と異なるとする．

（i）　2つの帯状領域 $X_{\iota,\iota'}^-$ と $X_{\iota,\iota''}^+$ は，完全に交わり，単調減少な曲線 $T^{-1}S_{\iota'}^-$，$T^{-1}S_{\iota'}^+$ と単調増加な曲線 $TS_{\iota''}^-$，$TS_{\iota''}^+$ で囲まれた単連結な閉領域である．

（ii）　$T(X_{\iota,\iota'}^- \cap X_{\iota,\iota''}^+) = X_{\iota',\iota}^+ \cap TX_{\iota,\iota''}^+$ は，$\partial M_{\iota'}$ 内の $S_{\iota'}^-$ と $S_{\iota'}^+$ を結ぶ単調増加な帯状閉領域である．

（iii）　$T^{-1}(X_{\iota,\iota'}^- \cap X_{\iota,\iota''}^+) = T^{-1}X_{\iota,\iota'}^- \cap X_{\iota'',\iota}^-$ は，$\partial M_{\iota''}$ 内の $S_{\iota''}^-$ と $S_{\iota''}^+$ を結ぶ

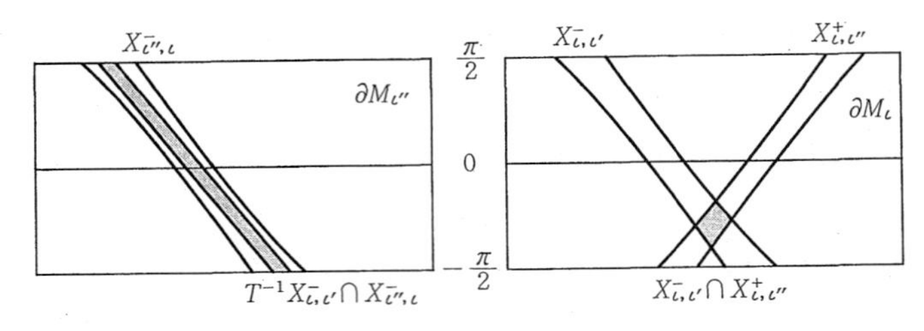

図 4.8 $T^{-1}(X^-_{\iota,\iota'}\cap X^+_{\iota,\iota''})=T^{-1}X^-_{\iota,\iota'}\cap X^-_{\iota'',\iota}$

単調減少な帯状閉領域である.

[証明] 第1の主張は，補題 4.8 により $\iota'\neq\iota''$ の場合は明らかである. $\iota'=\iota''$ の場合には，関係 $X^-_{\iota,\iota''}=RX^+_{\iota,\iota'}$ が成り立つから明らかである．第2, 第3の主張は，第1の主張から分かる. ∎

これで定理の証明の準備は整った. $\boldsymbol{x}=(\cdots,i_{-2},i_{-1},i_0,i_1,i_2,\cdots)\in\Sigma_A$ にたいして，補題 4.9 により，$X^-_{i_0,i_1}\cap T^{-1}X^-_{i_1,i_2}$ は $S^-_{i_0}$ と $S^+_{i_0}$ を結ぶ ∂M_{i_0} に含まれる単調減少な帯状閉領域でありその T^2 による像

$$T^2(X^-_{i_0,i_1}\cap T^{-1}X^-_{i_1,i_2})=X^+_{i_2,i_1}\cap TX^+_{i_1,i_0}$$

は $S^-_{i_2}$ と $S^+_{i_2}$ を結ぶ ∂M_{i_2} に含まれる単調増加な帯状閉領域である．この像と $X^-_{i_2,i_3}$ との共通部分は，曲線群 $T^2S^{\pm}$ と $T^{-1}S^{\pm}$ で囲まれたある連結な閉領域であることが，補題 4.8 から分かる．さらにこの共通部分の T^{-2} による像は

$$X^-_{i_0,i_1}\cap T^{-1}X^-_{i_1,i_2}\cap T^{-2}X^-_{i_2,i_3}$$

であり，$X^-_{i_0,i_1}\cap T^{-1}X^-_{i_1,i_2}$ に含まれ，$S^-_{i_0}$ と $S^+_{i_0}$ を結ぶ ∂M_{i_0} に含まれる単調減少な帯状閉領域である．次に再びこの T^3 による像が，$S^-_{i_3}$ と $S^+_{i_3}$ を結ぶ ∂M_{i_3} に含まれる単調増加な帯状閉領域であるから，以上の議論を再帰的に繰り返すことができ，任意の $n>0$ にたいして，

$$\bigcap_{j=0}^{n-1}T^{-j}X^-_{i_j,i_{j+1}}\neq\varnothing$$

は，$S^-_{i_0}$ と $S^+_{i_0}$ を結ぶ ∂M_{i_0} に含まれる単調減少な帯状閉領域であることが分かる.

ついでに，この帯の幅を評価しておこう．φ-軸に平行な直線 γ で，この帯の上下端を結ぶ．補題 4.6 により，γ は T^n により単調増加な曲線に写りそ

の φ-方向の変動 $\theta(T^n\gamma) \geqq \lambda^n\theta(\gamma)$ を充たしている．一方 φ-方向の変動は最大 π であるから，$\theta(\gamma) \leqq \pi\lambda^{-n}$ なる評価が得られる．このことから，

$$\bigcap_{j=0}^{\infty} T^{-j} X^{-}_{i_j, i_{j+1}}$$

は，$S^{-}_{i_0}$ と $S^{+}_{i_0}$ を結ぶ単調減少な曲線となることが分かる．

一方同じ議論で，

$$\bigcap_{j=-n}^{-1} T^{-j} X^{-}_{i_j, i_{j+1}} = \bigcap_{j=-n+1}^{0} T^{-j} X^{+}_{i_j, i_{j-1}} \neq \varnothing$$

は，$S^{-}_{i_0}$ と $S^{+}_{i_0}$ を結ぶ ∂M_{i_0} に含まれる単調増加な帯状閉領域であることが分かる．再び，補題 4.8 により，

$$\bigcap_{j=-n}^{n-1} T^{j} X^{-}_{i_j, i_{j+1}} \neq \varnothing$$

がわかり，コンパクト性から

$$\bigcap_{j=-\infty}^{\infty} T^{j} X^{-}_{i_j, i_{j-1}} = \bigcap_{j=-\infty}^{\infty} T^{j} X^{+}_{i_j, i_{j+1}} \neq \varnothing$$

の結論を得ると同時に，この集合が 1 点から成り立っていることが分かる．そこで，$\boldsymbol{x}$ にたいして，この点を対応させる対応を Φ で表すことにしよう．定義の仕方から，

$$\iota(T^n\Phi(\boldsymbol{x})) = i_n = \omega_n(\boldsymbol{x}), \quad n \in \mathbb{Z}$$

が成り立つ．このことは，Φ が Ψ の逆写像であることを意味しており，目的とした Ψ が全単射であることが示されたことになる． ∎

注意 4.10 上の証明から明らかなように，$\bigcap_{j=-n+1}^{n} T^{j} X^{+}_{i_j, i_{j-1}} = \bigcap_{j=-n}^{n-1} T^{j} X^{-}_{i_j, i_{j+1}} \neq \varnothing$ の直径は $C\lambda^{-n}$ 以下である．ただし，$C \equiv 2\pi(1+1/k_{\min})$．

(b) 無限遠からの来訪

2 つの凸な障害物があるところに無限遠から質点が飛んできて捕まってしまうことがある．それも非可算無限通りもあることを示そう．境界 ∂Q_1 と ∂Q_2 の位置が定まっているとき，あと 3 つ境界 ∂Q_3，∂Q_4，∂Q_5 を十分離した位置において 5 つが非月蝕条件を充たすようにする．次のような両側無限

列全体を Y^- とおこう：

$$Y^- \equiv \{\boldsymbol{x} = \boldsymbol{y}121212\cdots;\ \boldsymbol{y} \in \Sigma_{A'}^-\} \subset \{1,2,3,4,5\}^{\mathbb{Z}},$$

ただし，$\Sigma_{A'}^-$ は記号空間 $\{3,4,5\}$ をもつ構造行列

$$\boldsymbol{A}' \equiv \begin{pmatrix} 0 & 1 & 1 \\ 1 & 0 & 1 \\ 1 & 1 & 0 \end{pmatrix}$$

による後ろ向きの片側サブシフトの空間 ($\subset \{3,4,5\}^{(-\infty,-1]}$) である．この撞球系における軌道を ∂Q_1 と ∂Q_2 に衝突する寸前までは，無限遠からの直線運動とみなせば欲しい軌道が Y^- の濃度だけ得られる．

§4.4 閉軌道

連続時間の力学系の閉軌道の数の研究は，Riemann 多様体の閉測地線の数の研究と類似性もあり興味深い．この節の目的は，閉軌道の数が素数定理型の漸近的性質をもつことを示すことである．すなわち，撞球系の閉軌道 γ の最小の長さを $|\gamma|$ で表すとき，

定理 4.11　α を散逸的撞球系の位相的エントロピーとすると

$$^{\#}\{\gamma;\ \exp[\alpha|\gamma|] \leqq x\} \frac{\log x}{x} \to 1 \quad (x \to \infty)$$

なる漸近性がある．　□

証明は，Markov サブシフトにたいする懸垂流れにおける素軌道定理の一般論である定理 4.13 に持ち込んで行う．そのための条件を撞球系が充たすことの証明は以下で完全に示すが，定理 4.13 の証明については残念ながら，このシリーズの範囲を越えるので解説に留める．

(a)　$\boldsymbol{\tau}^+$ の Hölder 連続性

無限の過去から未来まで，衝突を続ける点の集合 X は式(4.10)で与えられた．撞球系 S_t の閉軌道 γ の長さ $|\gamma|$ は，軌道上の 1 点 $x \in X$ を止めて

$$|\gamma| \equiv \inf\{t > 0;\ S_t x = x\}$$

で定義される．もちろん x は T の周期点であり，その周期を p として

$$|\gamma| = \sum_{k=0}^{p-1} \tau^+(T^k x) \tag{4.12}$$

なる関係がある．X から式(4.9)で与えられた構造行列 $\boldsymbol{A}$ で定まる両側 Markov サブシフト Σ_A への全単射 Ψ を式(4.11)で定めた．$x \in X$ の衝突までの時間 $\tau^+(x)$ を Σ_A 上の関数に写す:

$$\phi(\boldsymbol{x}) \equiv \tau^+(\Psi^{-1}\boldsymbol{x}), \quad \boldsymbol{x} \in \Sigma_A.$$

この ϕ の Hölder 連続性をチェックしよう．式(3.2)は片側シフトにたいする定義だったので，念のため両側シフトのときの定義を書いておく：ある $\theta \in (0,1)$ にたいして，

$$\|\phi\|_\theta \equiv \sup_{n \in \mathbb{N}_0} \mathrm{var}_n(\phi)\theta^n < \infty,$$

$$\mathrm{var}_n(\phi) \equiv \sup\{|\phi(\boldsymbol{x}) - \phi(\boldsymbol{y})|;\ \boldsymbol{x}, \boldsymbol{y} \in \Sigma_A,\ \omega_k(\boldsymbol{x}) = \omega_k(\boldsymbol{y}),\ |k| \leqq n\}.$$

注意 4.10 によれば，過去と未来に n 回の衝突が同じ境界に入っている 2 点 x, y; $\iota_k(x) = \iota_k(y)$, $|k| \leqq n$ は M の中で，直径が $C\lambda^{-n}$ の領域に入っている．T および T^{-1} で写った後も，直径が $C\lambda^{-n+1}$ の領域に入っているから，補題 4.5 の $d\tau^+$ の式から，$\mathrm{var}_n(\phi)\lambda^n \leqq C(1+\lambda)$ だから $\|\phi\|_{1/\lambda} < \infty$ であり，Hölder 連続性が分かった．

(b)　非格子分布

最初に確認するのは，閉軌道の長さが格子分布をしないことである．そのため記号力学系では，1232323⋯323232 が繰り返す形の周期 $4m$ の周期点に対応する特別な閉軌道を観察する．ここで，1 周期に 23 の繰り返す回数が $2m-1$ である．$\widetilde{x}^m = (1, \widetilde{r}^m, \widetilde{\varphi}^m)$ をその周期点の 1 つとしておく．この軌道の 1 つの特徴は，時間反転にたいして対称なことであり，そのことから，$\widetilde{\varphi}^m = 0$ が分かる．もちろん $\widetilde{x}^m_{2m} = T^{2m}\widetilde{x}^m = (3, \widetilde{r}^m_{2m}, \widetilde{\varphi}^m_{2m})$ においても，$\widetilde{\varphi}^m_{2m} = 0$ である．

この閉軌道の長さの半分，すなわち ∂Q_1 から出発して ∂Q_3 で折り返すまでの長さを ℓ_m とおく．さて，$\widetilde{x} = \widetilde{x}_m$ の位置を微少量 dr 変動し，$\widetilde{x}' = (1, \widetilde{r} +$

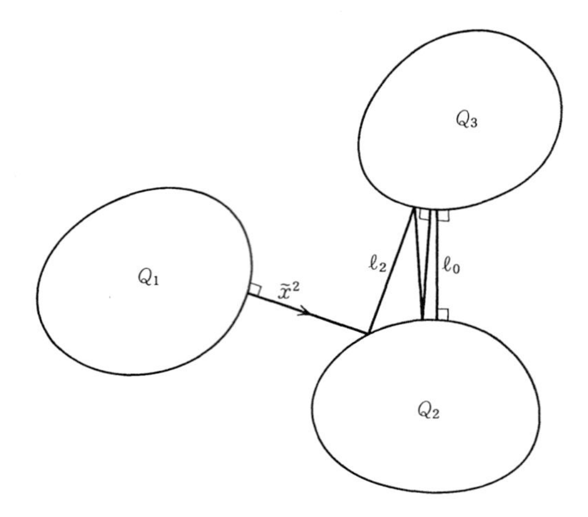

図 4.9　閉軌道の例

$dr, 0)$ に移したときの $2m$ 回衝突までの軌道の長さの変動量 $d\ell_m$ を計算する. $\psi(r)=0$ だから，補題 4.5 により，

$$(4.13)\qquad d\ell_m = \sum_{k=0}^{2m-1}(\sin\psi_{k+1}\,dr_{k+1} - \sin\psi_k\,dr_k) = \sin\psi_{2m}\,dr_{2m}$$

である．このことは，$\psi_{2m}=0$ で，極小値をとることを意味しており，当然ながら閉軌道は長さが極小値をとる軌道であることが分かる．補題 4.5 の $k_{\min} \leqq d\psi_{2m}/dr_{2m} \leqq K_{\max}$ を使えばさらに進んで，

$$(4.14)\qquad d\ell_m \geqq (1-\cos d\psi_{2m})/K_{\max} \geqq 2\sin^2(d\psi_{2m}/2) > 0$$

を得る．

次に ℓ_{m+1} の長さとの比較を行うが，便宜上周期 2 の周期点 …2323…2323… とそれに対する閉軌道を見よう．その周期点の 1 つを $z=(3,\bar{r},0)$，軌道の長さの半分を ℓ_0 とおいておく．補題 4.6 もしくは注意 4.10 により，この z と $T^{2m}\widetilde{x}^m$ の距離は $2\pi(1+1/k_{\min})\lambda^{-2m}$ 以下である．$x_{2m}^{m+1} \equiv T^{2m}\widetilde{x}^{m+1}$ と z との距離も同じく $C\lambda^{-2m}$ 以下である．したがって，式(4.13)により，x_{2m}^{m+1} から z までの軌道の長さは，$2\ell_0$ より大きく $2\ell_0+C\lambda^{-2m}$ 以下である．再度，式(4.13)を使えば，$\widetilde{x}^{m+1}$ から $\widetilde{x}_{2m}^{m+1}=T^{2m}\widetilde{x}^{m+1}$ までの距離は，ℓ_m より大きく $\ell_m+C\lambda^{-2m}$ 以下である．よって，

$$0 < \ell_{m+1} - \ell_m - 2\ell_0 \leqq 2C\lambda^{-2m}$$

となり，次の命題を得る．

命題 4.12 $\{\ell_m;\ m=1,2,3,\cdots\}$ は格子分布しない．すなわちどんな $a>0$ にたいしても $\{\ell_m;\ m=1,2,3,\cdots\} \subset a\mathbb{Z}$ とはならない． □

(c) 懸垂流れの素軌道定理

一般的に混合的な構造行列 $\boldsymbol{A}$，それによる Markov サブシフト Σ_A，その上の Hölder 連続な正関数 $\phi(\boldsymbol{x})$ を考える．もちろんこの節で扱ってきた撞球系固有のものであってもよい．そこで，懸垂流れを，**懸垂空間**(suspension space) $\widetilde{M} \equiv \{(\boldsymbol{x}, u);\ 0 \leqq u < \phi(\boldsymbol{x}),\ \boldsymbol{x} \in \Sigma_A\}$ 上に(4.2)のように定義する：

$$\widetilde{S}_t^{\phi}(\boldsymbol{x}, u) \equiv (\sigma^n \boldsymbol{x}, u+t-\phi(n, \boldsymbol{x})), \quad \phi(n-1, \boldsymbol{x}) \leqq u+t < \phi(n, \boldsymbol{x}),$$

$$\phi(n, \boldsymbol{x}) = \begin{cases} \displaystyle\sum_{k=0}^{n-1} \phi(\sigma^k \boldsymbol{x}) & n \geqq 1 \\ 0 & n = 0 \\ \displaystyle -\sum_{k=n}^{-1} \phi(\sigma^k \boldsymbol{x}) & n \leqq -1 \end{cases}$$

この流れの閉軌道 γ は σ の周期軌道と対応している．周期 p の周期軌道 ξ にたいして，その上の点 $\boldsymbol{x}$ を用いて，

$$S(\phi, \xi) \equiv \sum_{k=0}^{p-1} \phi(\sigma^k \boldsymbol{x})$$

と定義すると，閉軌道 γ と周期軌道 ξ が対応していれば，

$$|\gamma| = S(\phi, \xi)$$

である．この閉軌道の長さの分布を調べるために ζ-関数を§3.2(c)で定義したものを少し変更して導入する．

$$\zeta_A(s, \phi) \equiv \exp\left[\sum_{n=1}^{\infty} \frac{1}{n} \sum_{\sigma^n \boldsymbol{x} = \boldsymbol{x}} \exp\left[-s \sum_{k=0}^{n-1} \phi(\sigma^k \boldsymbol{x})\right]\right] = \prod_{\xi} (1 - e^{-S(\phi, \xi)s})$$

と定義する．2つめの等号は注意 1.6 の証明と同様に分かる．つねに $\boldsymbol{A}$ の混合性は仮定しているので，もし ϕ が格子分布をしていなければ，$\{S_t^{\phi}\}$ は弱混合性をもっていることが示せる．$P(\phi)$ は定理 3.28 の左辺で定義される圧

力

$$P(\phi) \equiv \max_{\mu:\text{確率不変測度}} \left\{ h(\Sigma_A, \sigma, \mu) + \int \phi(\boldsymbol{x}) d\mu(\boldsymbol{x}) \right\}$$

とする．そのとき，正数 α_ϕ で，$P(-\alpha\phi)=0$ を充たすものが唯一つ存在する．この値 α_ϕ は流れ $\widetilde{S}_t^\phi$ の位相的エントロピーに一致している．さらに，$\zeta_A(s,\phi)$ は $s=\alpha_\phi$ で極をもち，それを除外して $\mathrm{Re}\, s \geqq \alpha_\phi$ で解析的である([13]参照)．池原–Wienner の **Tauber 型定理**を ζ-関数に適用して次の定理が証明できる．

定理 4.13　$\phi>0$ が Hölder 連続で，格子分布しないならば，

$$^{\#}\{\gamma;\ \exp[\alpha_\phi|\gamma|] \leqq x\} \frac{\log x}{x} \to 1$$

が成立する．　□

注意 4.14　ϕ が Hölder 連続だから，$\omega_k(\boldsymbol{x})$; $k \geqq 0$ のみに依存する Hölder 連続な関数 $\phi'(\boldsymbol{x})$ で $\phi(\boldsymbol{x})$ とホモローガスなるものが存在する．すなわち $\phi(\boldsymbol{x}) = \phi'(\boldsymbol{x}) + g(\sigma\boldsymbol{x}) - g(\boldsymbol{x})$ となる Hölder 連続な関数 g が存在する．ϕ' を Σ_A^+ 上の関数とみなすと，Perron–Frobenius 作用素 $\mathcal{L}_{\alpha\phi'}$ の最大固有値 が $\lambda_{\alpha\phi'}=1$ を充たす α である．

以上の結果は，双曲的な連続力学系について幅広く適用可能なものであり，数学の各分野の深い結び付きを与えてくれる．これらの証明に興味のある読者は，参考書[13]で勉強してほしい．内容的にも分量的にも，このシリーズの限度を越えるのが残念である．

§4.5　保存的撞球系

この章では，散逸的な系を扱ってきたが，この節で保存系の議論に触れておきたい．散逸しないためには，粒子の軌道はある有界な領域に閉じこめられる必要がある．余分な特異点を避けたいのならば，本当の撞球台のように，長方形の領域内の運動で，壁で完全弾性衝突をすると仮定しておけばよい．ここでは，それよりもう少し一般にして，台ではなく，2次元トーラス

上での運動と理解する．力学系 $\{S_t\}$ やその Poincaré 写像 T の構成は前と同じにでき，T にたいする局所的な性質は全て保たれる．S_t は Liouville 測度を不変測度にもつ．具体的にいえば，相空間 $M=\{x=(q,p);\ q=(q_1,q_2)\in Q^c,\ p=(\cos\omega,\sin\omega)\}$ に測度

$$d\mu(x)\equiv\frac{dq_1dq_2d\omega}{2\pi|Q^c|}$$

を導入すれば，S_t-不変な確率測度になる．ただし，$|Q^c|$ は質点が運動する領域 Q^c の面積である．これを，$\widetilde{M}=\{(\iota,r,\varphi,u);\ 0\leqq u<\tau^+,\ (\iota,r,\varphi)\in\partial M\}$ の座標系で書けば，

$$d\mu(\iota,r,\varphi,u)=\frac{\cos\varphi\, dud\varphi dr}{\sum\limits_{\iota}\int_{\partial Q_\iota}\int_{-\pi/2}^{\pi/2}\tau^+(\iota,r,\varphi)\cos\varphi\, d\varphi dr}$$

となる．∂M 上の測度 ν

$$d\nu(\iota,r,\varphi)\equiv\frac{\cos\varphi\, d\varphi dr}{2|\partial Q|}$$

が T-不変な確率測度である．ただし，$|\partial Q|=\sum\limits_{\iota}|\partial Q_\iota|$ は障害物の境界の長さの総和である．実際に ν が T-不変であることは，補題 4.4 の直後に示しておいた．

散逸的な場合との大きな違いは，非月蝕条件はまったく意味をなさない，すなわち，必ず月蝕が起こることである．そのことから生じることとして，T は高々可算個の連結部分に分けられた部分上で区分的に連続となり，その各部分は 4 組(もしくは，2 ないし 3 組)の減少曲線で囲まれた単連結領域である．その連結成分への分割を α としよう．$\bigvee\limits_{k=0}^{n-1}T^{-k}\alpha$ は，減少する帯からなり，$\bigvee\limits_{k=0}^{\infty}T^{-k}\alpha$ は，減少する連結曲線からなる．各曲線がある程度の長さをもっていることの保証は次のようにできる．$T\alpha$ の各要素はその上で T^{-1} が連続となる連結成分であり，4 つの増加曲線で囲まれていることに注意しよう．実際そのことは，時間反転の対称性(式(4.1))により明らかである．

$x\in\partial M$ から，$\alpha\vee T\alpha$ の各要素の境界までの距離を $d(x,\partial\alpha)$ と記すことにする．α の各要素のサイズと形態を詳しく観測すると $\log d(x,\partial\alpha)$ の可積分

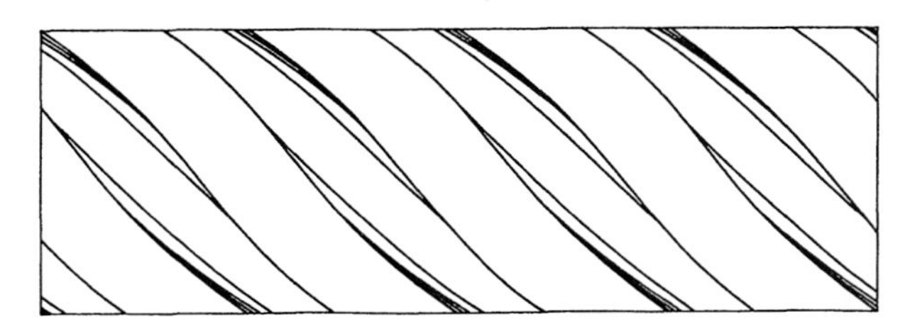

図 4.10　T が連続となる区分

性がチェックできる．そこで，個別エルゴード定理(定理 1.16)を適用すると

$$(4.15)\quad \underline{d}(x) \equiv \inf_{n\in\mathbb{Z}} \lambda^{|n|} d(T^n x, \alpha) k_{\min}/2(1+k_{\min}) > 0 \quad \mu\text{-a.e. } x$$

が示せる．$\Xi_n(x)$ を $T^n x$ を中心とした上下幅 $\lambda^{-n}\underline{d}(x)$ の帯とする．$\underline{d}(x)>0$ なる x を固定し，図 4.11 のような $T^n x$ $(n\geqq 1)$，傾き $-k_{\min}$ と $-K_{\max}$ の 2 つの直線で囲まれた $\Xi_n(x)$ 内の 2 つの三角形状の閉領域 $\Delta_{n,n}(x)$ を考察すると，直径が $d(T^n x, \partial\alpha)$ より小になる．したがって，$T\alpha$ の 1 つの要素の中に含まれる．すなわち，T^{-1} がその上で連続になり，補題 4.6 によれば，$T^n x$ を通り，$\Delta_{n,n}(x)$ の上下端を結ぶ減少曲線の T^{-1} による像は，φ-方向の変動 θ が少なくとも λ 倍になるから，$\Delta_{n-1,n-1}(x)$ の上下端を結ぶ．補題 4.5 によれば，$T^{-1}\Delta_{n,n}(x)$ と $\Xi_{n-1}(x)$ との共通部分 $\Delta_{n,n-1}(x)$ は，$\Delta_{n-1,n-1}(x)$ に含まれる．この議論を繰り返せば，$\Delta_{0,0}(x)$ の内部にその上下端を結ぶ三角形状の閉領域 $\Delta_{n,0}(x)$ が構成できて，$\Delta_{n,n}(x)$ の部分閉領域の像になっている．さらに最初の議論から，$\Delta_{n-1,0}(x)$ の閉部分集合でもある．$\Delta(x)\equiv\bigcap_{n\geqq 1}\Delta_{n,0}(x)$ とおけば，この上で任意の $n\geqq 1$ にたいして T^n は連続である．すなわち，$\Delta_{n,0}(x)$ は $\bigvee_{k=0}^{n-1} T^{-k}\alpha$ の 1 つの要素に含まれる．念のため付け加えると，もし $\Delta(x)$ の 2 点が同じ φ-座標をもてば，それは同一点であり，したがって $\Delta(x)$ は曲線である．なぜならば，その 2 点を結ぶ直線は $\Delta(x)$ に含まれその上で T^n が連続になり，最初の 1 回の像以降は傾き $k_{\min}$ 以上の増加曲線になる．再び補題 4.6 によりその後は φ-方向の変動が λ^{n-1} 倍に増加して無限大に発散する．それは矛盾だから，元々 1 点でなければならない．もちろん，$\Delta(x)$

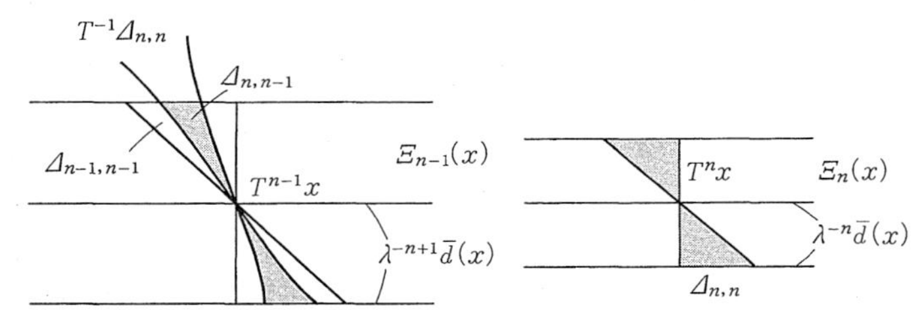

図 4.11　三角形状の領域

の φ-方向の変動は $2\underline{d}(x)>0$ 以上である．

曲線 $C_{\pm}(x)$ は x を含む $\bigvee_{k=0}^{\infty} T^{\pm k}\alpha$ の要素としよう．補題 4.6 により，$T^{\mp n}C_{\pm}(x)$ の長さは $n\to\infty$ で 0 に収束する．§1.4(b)の命題 1.10 のパン屋の変換のエルゴード性の証明と同じく，殆ど全ての x にたいして，連続関数 f の前向き時間平均 $\overline{f}$ は，$C_{-}(x)$ 上で一致し，後ろ向き時間平均 $\underline{f}$ は，$C_{+}(x)$ 上で一致する．命題 1.10 と類似に証明をするための重要な局所多様体の性質は 2 つある．第 1 は，$C_{\pm}(x)$ 上の条件付き測度が局所多様体の長さから定まる Lebesgue 測度と互いに絶対連続になること．第 2 に，$\pm$ 両方向の局所多様体の交点が式(3.1)に類似に定める写像

$$C_{+}(x)\to C_{+}(y);\ u\in C_{+}(x)\mapsto v=[y,u]\equiv C_{+}(y)\cap C_{-}(u)$$

が絶対連続であることである．この 2 点の証明は測度論的な議論がなかなか大変で，ここでは割愛するが，実際に証明することができる．それらが保証されれば，パン屋の変換の場合と同様にエルゴード性が示せる．

定理 4.15　保存的な撞球系 T および $\{S_t\}$ はエルゴード的である．さらにいずれも Kolmogorov 系である．もっと強く Bernoulli 系でもある．　□

Kolmogorov 系の定義はしておかなかったが，可測分割 ξ で

$$T\xi\geqq\xi,\quad \bigvee_{n=0}^{\infty} T^{n}\xi=\varepsilon,\quad \bigwedge_{n=0}^{\infty} T^{-n}\xi=\upsilon$$

を充たすものが存在するときに言う．T^n を S_t に置き換えて成立するとき $\{S_t\}$ は Kolmogorov 系と言う．Kolmogorov 系ならば，強混合性が成り立つことも知られている．**Bernoulli 系**とは各 S_t，$t\neq 0$，が Bernoulli シフトと同型であることを意味している．この証明のためには，弱 **Bernoulli** 性を

チェックするのだが，ここではこれ以上の解説を省く.

《要約》

4.1　非月蝕性をもつ散逸的撞球系を定義し，懸垂流れによる表現を行った.

4.2　Poincaré 写像の Jacobi 行列など局所的な性質を調べた.

4.3　障害物に無限の未来から無限の過去まで衝突し続ける軌道を決定し，Markov サブシフトとの対応を与えた. その考え方を利用して，無限の彼方からとんできて，複数の障害物に捕まってしまう軌道の存在を示した.

4.4　閉軌道の長さについて調べ，非格子分布をしていることを確認した. 懸垂流れの素軌道定理を用いて，閉軌道の長さの分布を論じた.

4.5　保存的な撞球系にたいして，エルゴード性の証明の方針を解説した.

演習問題

4.1　補題 4.4 を証明せよ.

4.2　補題 4.6 を証明せよ.

4.3　保存的撞球系において，長方形の台の上の系の研究は，トーラス上の系の研究に帰着できることを説明せよ.

4.4　トーラス上の撞球系では，障害物の配置を巧妙に選べば，T が区分的に連続になるその区分が有限個である例が作れる. 具体的に与えてみよ.

4.5　Kolmogorov 系は強混合であることを示せ.

現代数学への展望

本文の中で展開したことがどのような意味があるかについてあまり説明しないで済ませてしまった．簡単な事例に触れながらどのような発展があるのかに触れよう．

(1) 複雑な運動

もともとの天体力学の問題も現代数学の問題として今なお興味あるテーマである．太陽と地球という2つだけの天体を扱う2体問題は，Newton方程式を解くことにより，Keplerの法則が得られ，完全に理解される．しかし，3体問題は，制限3体問題と呼ばれる特殊なものしか解けない．天体が3体以上のときには，初期状態によっては，非常に複雑な運動をすることが，示されている．

そのための議論の基本となるのは，本文中では触れなかったが，馬蹄形(微分同相)写像と呼ばれる散逸的変換である．本文中に現れた類似のものとしては散逸的撞球系に現れたPoincaré写像Tがある．これについて振り返ってみよう．図4.5の左下の図の2本の帯は，Tの定義域$\mathcal{D}(T)$を表していた．また，右下の図の2本の帯は値域$\mathcal{R}(T)$であった．これらの共通部分$\mathcal{D}(T)\cap\mathcal{R}(T)$は両図の重ね合わせだから，4つの四角な連結領域に分かれる．図4.8での議論を思いだしながら，さらに，$\mathcal{D}(T^2)$と$\mathcal{R}(T^2)$との重ね合わせを考えれば，上の各連結領域がさらに4つの小さな連結領域に分かれる．定理4.7の証明の意味することは，この繰り返しで得られる集合が，過去・未来とも衝突し続ける集合Xであることに気づく：

$$X=\bigcap_{n=1}^{\infty}\mathcal{D}(T^n)\cap\mathcal{R}(T^n).$$

このような入れ子の形の極限で作られる集合を一般にCantor集合と呼び，

フラクタル集合の一つの典型とされている．一方

$$X^{-} \equiv \bigcap_{n=1}^{\infty} \mathcal{D}(T^{n})$$

は単調減少な曲線の集合となり(定理 4.7 の証明参照)，各曲線ごとに，その上の点は皆，未来において同時に同じ障害物に当たり続ける．

馬蹄形写像の例としては，正方形状の閉領域 M を横に引き延ばして折り曲げ，馬の蹄鉄のような形にしてから，2 本足がもとの正方形の上に乗るように写す変換 φ を考えればよい．パン屋の変換は横に 2 倍に延ばしてから，切って，きっちりと重ねたが，それを滑らかにかつルーズにやったと思えばよい．

さてこのとき，もとの正方形とその像の交わりは 2 つの閉連結領域に分かれる．逆に $M\cap\varphi^{-1}M$ も 2 つの閉連結領域に分かれるのでそれらを X_0 と X_1 としよう．撞球系と同じく，

$$X^{-} \equiv \bigcap_{n=0}^{\infty} \varphi^{-n}M$$

は曲線の集合となり，この集合の横の切り口は Cantor 集合である．$x\in X^{-}$ に対して，$\varphi^{n}x\in X_i$ ならば，$\omega_n(x)=i$ とおき，

$$\Psi x \equiv (\omega_n(x))_{n\in\mathbb{N}_0}, \quad x\in X^{-}$$

により，写像 $\Psi\colon X^{-}\to\Sigma^{+}$ が定義される．同じ曲線上の点 y にたいしては $\Psi y=\Psi x$ だから，X^{-} の曲線と $\Sigma^{+}=\{0,1\}^{\mathbb{N}_0}$ の点が 1 対 1 に対応する．Σ^{+} 上に，§2.4 で与えた Bernoulli 測度 μ を考える．ただし，このときの分布は (p_0,p_1)，$p_0,p_1>0$，$p_0+p_1=1$ は何でもよい($p_0=p_1=1/2$ がもっとも普通)としておく．

典型的な点 $x\in X^{-}$ にたいしては，φ による x の動き $\{\varphi^{n}x,\ n\in\mathbb{N}_0\}$ が，不規則に X_0 と X_1 を行き来することを説明しよう．ここで言う不規則とは，決定論的などんな規則にも従わないということである．それは，勝手に 0–1 の単語 $\boldsymbol{a}=a_0a_1\cdots a_{m-1}$ を与えたとき，この順序で $\varphi^{n}x$ が X_0 と X_1 を訪れることがあると解釈しよう．すなわち，

$$\omega_k(\varphi^{n}x)=a_k, \quad 0\leqq k<m$$

が成立するような，n が存在するということである．これは，(Σ^+,σ) の位相的可遷性からでる．もっと強くランダム性は，そのようなことが繰り返し起こり，その頻度が $p_0p_1\cdots p_{m-1}$ であること：

(∗)

$$\lim_{N\to\infty}\frac{1}{N}{}^{\#}\{k;\ 0\leqq k<N,\ \omega_{k+j}(x)=a_j,\ 0\leqq j<m\}=p_{a_0}p_{a_1}\cdots p_{a_{m-1}}$$

が成り立つことと理解できる．実際に，個別エルゴード定理(定理2.8)により，殆ど全ての(μ-測度1の適当な集合 E があって，$\Psi x\in E$ となる)点 x にたいして，式(∗)が成り立つことが分かる．

以上で，どのような仕組みがあれば不規則な運動が見いだされるか分かったと思う．具体的にこの仕組みを3体問題に適用するには，このような馬蹄形写像をうまく見つける必要があり，そのためには，優れたアイデアと計算の腕力が必要である．万有引力に支配された古典的な Newton 方程式は式としては単純である．しかし，力学系の理論は天体力学に単純さと複雑さとを与えた．3体問題に限らず，他にも複雑な動きをまだまだ発見できるだろう．

そのような複雑な振る舞いは，他の力学，いやもっと一般に微分方程式で記述される系について，多く見いだされるようになった．そのきっかけとなったのは，どのカオスの本にも書いてあるあの有名な Lorenz の方程式

$$\frac{dx}{dt}=a(y-x),\quad \frac{dy}{dt}=bx-y-xz,\quad \frac{dz}{dt}=cz+xy$$

であった．この例では，$z=0$ で定まる平面への Poincaré 写像を考えれば，上のような構造が発見できる．([19], [24], [39], [51]等参照.)

(2) 可微分力学系

多様体上の可微分力学系の研究に関しては，第2部で扱われるので，ここでは簡単な説明に止めておく．もっとも基本的なものは，本文でも言葉だけは登場した Anosov 系や公理A系である．本書では曲がった空間は扱わない方針であり，多様体は単に特定の集合にたいして名付けた名称に過ぎなかったので，説明なしに済ませてきたが，少しだけ多様体のお話をしよう．典型

的な例として，3次元空間内の2次元の境界がない滑らかな曲面を思い浮かべればよい．例えば，球面は部分的には2変数関数のグラフとして書けるが，全体としては2変数関数のグラフでは書けない．そこで，局所座標の概念が導入される．ちょうど，地球の地図のように何枚かに分けると，点を2つの座標で表せる．数学的な要請は，2枚の地図の重なり合った部分の点では，座標の表し方が2通り生じるが，それらが滑らかな関係になっていることである．一般には，次元の高い何枚かの地図と重なった部分での座標の関係式を与えることで，多様体Mが抽象的に定義される．(正確な定義は，適当な参考書を見ていただきたい．[41]の付録には非常に簡潔な説明がある．) 2次元の滑らかな曲面上の点にたいするのと同じく，各点xでMに接する接空間E_xが考えられる．

さて，M上の滑らかな変換φを考える(滑らかとは，xとφxの座標をそれぞれの地図で書いたとき，その関係が滑らかな関数で表せることを意味する)．φがAnosov系であるとは，Mの各点xで，接空間が$E_x = E_x^{\mathrm{u}} \oplus E_x^{\mathrm{s}}$と直和分解され，変換$\varphi$でその分解が不変であり，$\xi \in E_x^{\mathrm{s}}$ならば，$\varphi^n$の作用で，$\xi$が指数の速さで短くなり，$\xi \in E_x^{\mathrm{u}}$ならば，$\varphi^{-n}$の作用で，$\xi$が指数の速さで短くなるときを言う．安定多様体とは，Mの部分多様体で，各点xにおけるその接ベクトルが全てE_x^{s}に属するようなものを言う．不安定多様体も同様に定義される．典型的な例が，§1.5(c)で扱ったトーラス上の群自己同型写像である．この典型例における結果の多くがAnosov系でも成立している．例えば，エルゴード性，擬軌道追跡性，Markov分割，Kolmogorov系であること，弱Bernoulli性などである．また，写像を少し摂動してももとと共役になる，いわゆる構造安定性をもっている．

多様体上の滑らかな変換が不変測度をもつ場合に，重要な役割を果たす定理として，V. I. Oseledecの積型エルゴード定理がある．それにより，非常に一般的な設定の下で，Anosov系と似たような接空間の分解ができ，Lyapunov指数および安定多様体・不安定多様体の概念が導入され，現在のカオスの理論の発展の基にもなっている．例えば，Pesinの定理と呼ばれるものに，「コンパクト多様体M上の$C^{1+\alpha}$-可微分同相写像をφ，μをエルゴード的な滑らかな不変測度とするとき，$h(\mu, \varphi)$ は正の Lyapunov 指数の和である」がある．念のため注意しておくと，一般には Lyapunov 指数が 0 の場合が現れるし，正だけとか負だけといった極端なこともある．

また，Pesin–Ruelle–Sinai 測度はエントロピー，Lyapunov 指数，次元を結ぶものであり，幾何学的構造をより深く知るのにも役立っている．（[22], [38], [41]等.）

(3) 測地的流れ

Riemann 多様体 M（定義は省く）上の測地的流れは，可微分力学系の 1 つではあるが，それ独自の問題の研究も興味深い．測地的流れ $\{S_t\}$ とは，Riemann 多様体上の単位接バンドル(単位の長さをもつ接ベクトル全体)の空間 T_1M 上で定義された流れであり，与えられた接ベクトルをその方向に測地線に沿って t だけ平行移動した接ベクトルを対応させる力学系である．T_1M の Riemann 多様体の構造を自然に与えれば，体積要素が不変測度になる．コンパクトなら，(定数倍の調整で)確率測度となる．

正の曲率空間では，測地的流れは決してエルゴード的にならない．平坦なトーラス上でもエルゴード的ではない．負の曲率をもつコンパクトな空間においては Anosov 系になることが分かっている．$\{S_t\}$ の閉軌道の研究は，閉測地線の研究と同等であり，ラプラシアン，ζ-関数，Selberg のトレース公式等々の大域解析的な問題と深く関わっている．

Hamilton 系は適当な読み替えで，適当な多様体上の測地的流れと見なせることがわかる．M が種数 2 以上の曲面の場合には，逆に適当なポテンシャルを配置することにより，負の曲率空間の測地的流れを Hamilton 流(運動方程式から定まる流れ)とみなすこともできる．

定曲率空間では，測地的流れを群論的に記述することもできる．逆にその観点から，コンパクトな商空間上の群論的な流れの研究が興味をもたれ，群の表現論との関連も深い．（[23], [30], [34], [47]等.）

(4) KAM 理論

力学系の KAM 理論とは，力学系を少し摂動したときにどうなるかを議論したもので，例えばもとのものと同型になるかといったことが問題となる．典型的な問題として，2 次元トーラス上の微分方程式

$$\begin{cases} \dfrac{dx_1(t)}{dt} = 1 \\ \dfrac{dx_2(t)}{dt} = \gamma \end{cases}$$

で定まる力学系は，もちろん，§1.3(a)で議論した連続時間の回転 $R_{(1,\gamma)}$ である．これを少し摂動して，1 に近い関数 f_1 と γ に近い関数 f_2 を用いた新しい微分方程式

$$\begin{cases} \dfrac{dx_1(t)}{dt} = f_1(x_1, x_2) \\ \dfrac{dx_2(t)}{dt} = f_2(x_1, x_2) \end{cases}$$

で定まる力学系を考える．十分小さな摂動のとき，これがもとと同型になるためには，関数のクラスも問題になるし，γ にも制限が加わる．例えば，γ を有理数で近似するときの精度が悪い必要があり，Diophantus 近似の問題が出現する．この種の問題は，現代数学の複素関数論，Fourier 解析，数論，関数解析，大域解析等にも関連している．([21], [42]等.)

(5) 力学系の分類

分類というときは常に，どのようなレベルで考えるかまたどのようなクラスで考えるかが問題となる．可微分同相写像の自然な分類は可微分な範囲での同相であろう．もちろん，完全に分類がなされているはずがない．例えば，2 次元トーラス上の Anosov 系は，位相的には群自己同型写像しかないことが知られており，状況は複雑である．

測度論的力学系においては，過去にはスペクトル型での分類が期待されたが，測度論的エントロピーによりさらに細分されることが判明した

(Kolmogorov–Sinai). Bernoulli シフトにおいては，エントロピーが等しければ，測度論的に同型であることが示され(Ornstein)，エントロピーによって完全に分類されることが分かった．さらに弱 Bernoulli などのもっと広いクラスでも同じ結論が成立する．このクラスには，多くの性質のよい群論的あるいは幾何学的な力学系が属している．例えば，本書で扱った，トーラス上の群自己同型写像で固有値の絶対値が 1 にならないものはこのクラスに入る．他に，パン屋の変換，混合的 Markov サブシフトや保存的撞球系もこのクラスに入る．

この理論は，その証明段階における技法を含めて，情報理論の符号化の理論の発展をうながし，応用上も重要である．情報の通信理論では，情報源の通信文をいくつかのアルファベットに書き替えて(符号化，coding)通信回路を通して送信し，受け取り側で解読(復号化，decoding)することをテーマとしている．Shannon が情報の価値を計る量として導入した情報量は，定常情報源にたいして，測度論的エントロピーと一致している．もし，雑音がなく，符号化・復号化でロスがなければ，送った側の情報量と受け取り側の情報量は同じである．

現代の通信の多くは，デジタル化され 0–1 の 2 符号で送受信されている．情報源はそれこそマルチメディアで各種各様だが，簡単のために，ローマ字 26 文字で書かれた(空白もピリオドもない!)文章としよう．それを効率よくデジタル化するにはどうするかが問題である．簡単なのは，昔のモールス信号のように，アルファベット 1 文字を数文字の 0–1 符号に一律に書き替えることである．その方法では無駄が生じることが，両者のエントロピーを比較することにより分かる．

通信回路を通して 1 単位時間当たりに送れる単語の種類の数の対数をその回路の容量と呼んでいる．Shannon は，容量が情報源の情報量より大きいならば，その回路を通して情報が送れることを示した．しかし，両者が等しいときには，小さい確率とはいえ，誤差が生じることを容認する理論であった．

Ornstein の理論は，情報源の性質がよく，通信回路の容量が情報源の情報量以上ならば，誤差なしの符号化・復号化により通信可能であることを主張していることになる．それによって，さらに新しい符号化の理論が生み出された．([1], [28], [36], [40], [48]等.)

(6) von Neumann 環

von Neumann 環の理論にはなじみがないかも知れないので簡単に力学系との関係を紹介しよう．$(X, \mathcal{F}, \mu, T)$ を§1.6(c)で定義した非特異力学系とする．von Neumann は，$\mathbb{Z}\times X$ 上の複素 L^2-空間上で有界可測関数を掛ける作用と T で変数 x を写す作用を基に作用素の族 $\mathcal{C}$ を定義し，それから生成される von Neumann 環 $\mathcal{N}=\mathcal{C}''$ ($=\mathcal{C}$ と交換可能な作用素と交換可能な作用素全体の集合)を考察した．この作用素環の同型は T にたいする変換軌道同型(本質的に軌道が同じ)による分類と一致することが示された．

さらに，T が可算有限かつもとの μ と互いに絶対連続な不変測度をもつことと環が II 型であることが同値である．T が可算有限な不変測度をもたないことと環が III 型であることとが同値であり，その中でも III_λ 型となる条件が密度関数

$$\frac{d\mu(T^{-1}\cdot)}{d\mu}$$

の性質で決定されることが分かった．もっと進んで，III_λ $(0\leqq\lambda<1)$ 型の von Neumann 環はエルゴード的な力学系から構成されるものに(同型の意味で)限ることも示されている．このように，保測でない力学系の理論も重要な役割を果たしている．([31]等.)

(7) カオス・フラクタル・分岐

力学系は，単純な決定論的な機構が複雑でランダムな現象を生み出す不思議さを追求するというカオスの観点からも研究されている．また，力学系のストレンジアトラクターのような不変集合や Mandelbrot 集合のように，特定の性質をもつ力学系のパラメターの集合としてフラクタル集合が現れることがあるが，その立場からの研究も盛んである．フラクタル集合の Hausdorff 次元の計算には，§3.4 の熱力学形式の理論も有効に使われている．

パラメターをもつ力学系において，パラメターを変化させたとき，力学系がどのように変化するかを調べる．典型的な現象として，固定点がパラメターの変化により，2 周期点に分かれ，さらに動かすと 4 周期点へと分かれ，どんどん 2 倍に分岐してゆき，最後にはカオス状態になるといった分岐現象がある．また，分岐するときの型とその型が現れる仕組みの研究は，微分方程式の理論などに応用する際に重要な手掛かりを与えてくれる．([24], [29], [35], [43], [45], [50], [51]等．)

(8) ランダムな力学系

上で議論したように，決定論的力学系そのものがランダムな振る舞いをして，確率過程とみなせることもある．

通常は，力学系そのものがランダムな枠組みでなされている場合やランダムな揺動が加わったもの，ランダムな道に沿っての変換などがある．多様体上の微分同相写像が毎回ランダムに変わる系においても，ランダム変数にたいする定常性とともに，独立性とか強混合性の条件下では，Osledec や Pesin の仕事なども同様に成立する．

力学系をランダムに摂動する場合はもとの力学系の性質によって摂動の結果が非常に異なる．例えば，変換が双曲的ならばある程度の安定性があり，摂動が小さければ，もとの系に近い性質が現れる．([25], [26], [32], [33], [37]等．)

(9) 数論・組み合わせ理論

数論や組み合わせ理論と力学系の結び付きも種々あり，興味深い結果が知られている．もっとも簡単な関係は，§1.1(c)の r-進変換である．$r=2$ とおき，$\omega_n(x)=\langle r^2x\rangle$, $x\in\mathbb{T}$ とおくと，x の 2-進数表示が得られる:

$$x=\sum_{n=0}^{\infty}\omega_n(x)2^{-n-1}.$$

一般に，x が正規数であるとは，$(*)$が成立することである．エルゴード定理によれば，μ-測度で計って正規数はたくさんあることが分かる．

無理数 x を有理数で近似するには,

$$f(x)=\left\langle\frac{1}{x}\right\rangle,\quad \omega_0(x)=\left[\frac{1}{x}\right],\quad \omega_n(x)=\omega(f^n x)$$

と定義し, x_n を連分数を用いて

$$x_n=\omega_0(x)+\cfrac{1}{\omega_1(x)+\cfrac{1}{\omega_2(x)+\cfrac{1}{\cdots+\cfrac{1}{\omega_n(x)}}}}$$

とおけば, x_n が x の近似を与えている(Diophantus 近似). この変換 f にエルゴード定理を適用して, (4)で述べた, KAM 理論にとって都合のよい γ がたくさんあることを主張できる.

Weyl は, §1.1(b)の回転だけでなく, 同時に, 多項式を用いたトーラス上における数論的な変換についても調べており, 最近の量子カオスの問題とも関係深い. その他, 数列の再帰性に関する研究や, 多項式の整数点における値の分布に関する研究, 力学系もしくはエルゴード理論を援用した数論の研究も幅広く行われている. ([1], [27], [46]等.)

付　　録

§A.1　距離空間要約

空間 M の 2 点 x, y 間の距離 $d(x,y)$ が与えられたとき，(M,d) を**距離空間**(metric space)と言っている．ここで**距離**(metric) d とは，

$$d(x,y)=d(y,x)\geqq 0,\ \ d(x,y)=0 \iff x=y,\ \ d(x,y)\leqq d(x,z)+d(y,z)$$

を充たす関数である．点列 $\{x_n\}$ $(\subset M)$ が x_0 に収束するという概念が，この距離により，

$$\lim_{n\to\infty} x_n = x_0 \iff \lim_{n\to\infty} d(x_n, x_0)=0$$

で定義されていることが重要である．このとき，x_0 を $\{x_n\}$ の極限という．

$\varepsilon>0$ にたいして，集合 $U_\varepsilon(x)\equiv\{y: d(x,y)<\varepsilon\}$ を x の **ε-開近傍**(open neighborhood)と言う．集合 O が**開集合**(open set)であるとは，任意の $x\in O$ にたいして，適当な $\varepsilon>0$ を選べば，$U_\varepsilon(x)\subset O$ が成立することである．F が**閉集合**(closed set)とは，F の点列が収束すれば，その極限点も F に属することを意味する．集合 A の**閉包**(closure) $\overline{A}$ は，A の点列の極限点全体の集合である．$x\in A$ が A の**内点**(interior point)であるとは，適当な $\varepsilon>0$ にたいして，$U_\varepsilon(x)\subset A$ が成立するときに言う．A の内点全体の集合を $\mathrm{int}\,A$ または A° と記し，**内点集合**(interior)と呼んでいる．

点列 $\{x_n\}$ が**基本列**(Cauchy sequence)とは，$\lim_{n,m\to\infty} d(x_n,x_m)=0$ のときに言う．もし，任意の基本列が M の点に収束するならば，**完備**(complete)であると言う．また，集合 S が M で**稠密**(dense)とは，$M=\overline{S}$ が成立することである．M で稠密な可算部分集合 S が存在すれば，(M,d) は**可分**(separable)であると言う．

開被覆と部分被覆の定義は§3.1(a)で述べたが，K $(\subset M)$ の任意の開被覆が有限部分被覆をもつとき K は**コンパクト**(compact)であると言う．この定義は何を言っているのか分かりにくいが，距離空間に限れば，コンパクトであることと，K の任意の点列 $\{x_n\}$ が K の要素に収束するような部分点列 $\{x_{n_k}\}$ をもつことが同値になる．このことから明らかなように，コンパクト集合は閉集合である．また，コンパクト集合の閉部分集合はコンパクトであることも明らかである．コンパクト集合

の任意の族は，その有限個の共通集合が空でなければ，全ての共通集合が空でないという性質をもっている．M 自身がコンパクトなとき，**コンパクト距離空間**と言う．このとき，完備であることも分かる．一般に，A の閉包 $\bar{A}$ がコンパクトのとき，A を**相対コンパクト**(relatively compact)と言う．

距離空間 (M,d) から，別の距離空間 (M_1,d_1) への写像 φ が**連続**(continuous)とは，任意の点 $x\in M$ と任意の $\varepsilon>0$ にたいして，適当な $\delta>0$ を選べば，$d(x,y)<\delta \Longrightarrow d_1(\varphi(x),\varphi(y))<\varepsilon$ が成立することである．φ が全単射で，逆も連続であるとき，**同相写像**(isomorphism)と言う．

§A.2　Lebesgue 測度要約

測度の一般的な定義は本文 §2.1(b)で与えた．ここでは，2 次元の Lebesgue 測度の紹介をしておく．$\mathbb{R}^2$ の区間 $X=[0,1]\times[0,1]$ に含まれる図形の面積を考えよう．その図形が区間 $I=[a,b]\times[c,d]$ $(0\leqq a<b\leqq 1,\ 0\leqq c<d\leqq 1)$ ならば，その面積 $m(I)$ は，まぎれもなく $m(I)=(b-a)\times(d-c)$ である．一般に X の部分集合 A の面積はどう考えるべきだろうか？

そこで，一般の集合 A にたいしてその**外測度**(outer measure) $m^*(A)$ を

$$m^*(A)\equiv \inf\left\{\sum_{i=1}^{\infty} m(I_i) : A\subset \bigcup_{i=1}^{\infty} I_i,\ I_i \text{ は区間}\right\}$$

で定義する．ちょっと図形を描いてみれば，これが A を外から測った面積という感じはすぐ分かるだろう．例えば，可算集合の外測度は 0 になることはすぐ分かる．

次に内側からの測度，**内測度**(inner measure) $m_*(A)$ を

$$m_*(A)=m(X)-m^*(X-A)$$

で定義すると，$0\leqq m_*(A)\leqq m^*(A)\leqq m(X)=1$ が成り立つ．

$$\mathcal{L}\equiv\{A\subset X : m^*(A)=m_*(A)\}$$

は，§2.1(a)の 3 条件を充たし，σ-集合体であることが分かる．このとき，$A\in\mathcal{L}$ にたいして，A の Lebesgue 測度 $\mu^2(A)$ を $\mu^2(A)=m^*(A)=m_*(A)$ と定義すると，§2.2 の 2 条件を充たし，確かに測度であることが分かる．

全く同じ考え方で，1 次元区間上の Lebesgue 測度 $\mu=\mu^1$ や d-次元区間上の Lebesgue 測度 μ^d なども定義できる．このように，基本的な図形(集合)にたいしての面積(「測度」)からそのような集合から生成される σ-集合体上の測度を構成することを，測度を**拡張**(extend)すると言っている．

§A.3　Lebesgue 積分要約

可測空間と測度の定義は，§2.1 で述べた．また，具体的な測度の構成は，前節で紹介した．今は，抽象的な確率測度空間 $(X, \mathcal{F}, \mu)$ が与えられているとして，その積分について解説する．**可測関数**(measurable function)や「μ-a.e. x」については，§2.1(a)および(b)で記述してある．

まず，可測関数 $f(x)$ が

$$f(x) = \sum_{k=1}^{N} a_k \chi_{A_k}(x), \quad A_k \in \mathcal{F},\ a_k \in \mathbb{R},\ 1 \leqq k \leqq N$$

と書けているとき，**階段関数**(step function)と言い，その積分は，

$$\int_X f(x) d\mu = \sum_{k=1}^{N} a_k \mu(A_k)$$

で定義される．非負可測関数 $f(x)$ が与えられたときには，

$$\int_X f(x) d\mu = \sup\{\int_X g(x) d\mu : 0 \leqq g(x) \leqq f(x),\ g(x) \text{ は非負階段関数}\}$$

で定義する．この値が有限のとき，f は**可積分**(integrable)であると言う．実際には，$0 \leqq f_1(x) \leqq f_2(x) \leqq \cdots \leqq f_n(x) \leqq \cdots$ で，$f_n(x) \to f(x)$ ならば，

$$\int_X f(x) d\mu = \lim_{n\to\infty} \int_X f_n(x) d\mu$$

が成立し，上の定義で上限をとっているところは，$f(x)$ に収束する階段関数の単調増加列 $\{g_n\}$ にたいする積分の極限でかまわない．よく選ばれるのは，

$$g_n(x) = \sum_{k=0}^{n2^n} \frac{k}{2^n} \chi_{A_{n,k}}(x),$$

$A_{n,k} \equiv \{x : k2^{-n} \leqq f(x) < (k+1)2^{-n}\}$，$0 \leqq k < n2^n$，$A_{n,n2^n} \equiv \{x : f(x) \geqq n\}$ である．

一般の可測関数にたいしては，$f_+(x) \equiv \max\{0, f(x)\}$，$f_-(x) \equiv \max\{0, -f(x)\}$ とおいたとき，両者が可積分のとき f も**可積分**であると言い，

$$\int_X f(x) d\mu \equiv \int_X f_+(x) d\mu - \int_X f_-(x) d\mu$$

で f の **Lebesgue 積分**(Lebesgue integral)を定義する．

確率測度空間 $(X, \mathcal{F}, \mu)$ において f と g が可積分ならば，次が成立する．

(1) 正値性　$f(x) \geqq 0$，μ-a.e. $x \in X$，ならば，$\int_X f(x) d\mu \geqq 0$．

(2) 線形性　$\int_X (af(x) + bg(x)) d\mu = a\int_X f(x) d\mu + b\int_X g(x) d\mu$．

定理 A.1 (Lebesgue の収束定理)　可測関数列 $\{f_n(x)\}$ が μ-a.e. x で収束し，可積分関数 $g(x)$ で $|f_n(x)| \leqq g(x)$ μ-a.e. x と押さえられていれば，

$$\int_X \lim_{n\to\infty} f_n(x)d\mu = \lim_{n\to\infty}\int_X f_n(x)d\mu. \qquad \square$$

ν も $(X,\mathcal{F})$ 上の有限測度とする．もし，$A\in\mathcal{F}$，$\mu(A)=0$ ならば $\nu(A)=0$ が成立するならば，ν は μ に**絶対連続**(absolutely continuous)であると言う．

定理 A.2 (Radon–Nikodým の定理)　有限測度 ν が μ に絶対連続であるための必要十分条件は，次を充たす可積分関数 $\rho(x)\geqq 0$ が存在することである．

$$\nu(A) = \int_A \rho(x)d\mu, \quad A\in\mathcal{F}. \qquad \square$$

この定理における ρ を **Radon–Nikodým 密度**(Radon-Nikodým density)と呼び，$\rho=\dfrac{d\nu}{d\mu}$ と記す．

なお，§A.2 で議論した，区間上の Lebesgue 測度による積分は，連続関数にたいしては，Riemann 積分と一致することを示すことは簡単である．ここで，§A.1 の $[0,1]^2$ 上の 2 次元測度 μ^2 と $[0,1]$ 上の 1 次元測度 μ の関係で，Fubini の定理を説明する．

Lebesgue 可測な 2 次元集合 A が与えられたとき，A の**縦線集合** $A(x)\equiv\{y: (x,y)\in A\}$ を考える．

定理 A.3 (Fubini の定理)

(1)　Lebesgue 可測な A において，殆ど全ての x にたいして，縦線集合 $A(x)$ は Lebesgue 可測であり，$\mu(A(x))$ は Lebesgue 可積分で，

$$\mu^2(A) = \int_{[0,\ 1]} \mu(A(x))d\mu(x).$$

(2)　$[0,1]^2$ の Lebesgue 可積分な $f(x)$ において，固定した殆ど全ての x にたいして，$f(x,y)$ は Lebesgue 可積分であり，$\int_{[0,1]} f(x,y)d\mu(y)$ も Lebesgue 可積分で，

$$\int_{[0,1]^2} f(x,y)d\mu^2(x,y) = \int_{[0,1]}\left(\int_{[0,1]} f(x,y)d\mu(y)\right)d\mu(x). \qquad \square$$

§A.4　Banach 空間と Hilbert 空間要約

ベクトル空間 V にたいして，次の条件を充たす $f\in V$ の関数 $\|f\|$ をノルム(norm)と言う：

$$\|f\|\geqq 0, \quad \|f\|=0 \Longleftrightarrow f=0, \quad \|af\|=|a|\|f\|, \quad \|f+g\|\leqq\|f\|+\|g\|.$$

このとき，$\|f-g\|$ は V の距離を定める．この距離により，完備なときに，$(V,\|\cdot\|)$

を**Banach空間**(Banach space)と呼ぶ．

V 上の関数 F が線形性と有界性

$$F(af+bg) = aF(f)+bF(g), \quad |F(f)| \leqq c\|f\| \quad (f \in V)$$

を充たすとき，**有界線形汎関数**(bounded linear functional)または，**連続線形汎関数**(continuous linear functional)といい，その全体を V^* で表す．V^* のノルムを

$$\|F\| \equiv \sup\left\{\frac{|F(f)|}{\|f\|}; f \in V, \ f \neq 0\right\}$$

で定義すると，$(V^*, \|\cdot\|)$ はBanach空間となり，V の**共役空間**(dual space)と呼ばれている．$f \in V$ と $F \in V^*$ にたいして，$\langle F, f\rangle \equiv F(f)$ とも書く．もし $\{F_n\}$ が $\lim_{n\to\infty} \|F_n - F\| = 0$ を充たせば，F に**強収束**(strongly converge)すると言う．また，

$$\lim_{n\to\infty} F_n(f) = F(f) \quad (f \in V)$$

のとき，F に**弱収束**(weakly converge)すると言う．V^* では有界な閉集合は弱収束に関してはコンパクトであることが知られている．

典型的な例は，コンパクト距離空間 (M, d) 上の連続関数全体の空間を $C(M)$ で表し，$f \in C(M)$ にたいして，その**一様ノルム**(uniform norm) $|||f|||$ を

$$|||f||| \equiv \max\{|f(x)|; x \in M\}$$

で定義すると，$(C(M), |||\cdot|||)$ はBanach空間となる．

もし，任意の非負連続関数 $f(x) \geqq 0$ にたいして，$F(f) \geqq 0$ が成立するならば，F は**正の線形汎関数**(positive linear functional)であると言う．$|||f||| - |f(x)| \geqq 0$ だから，明らかに，$|F(f)| \leqq |F(1)| \, |||f|||$ が成立し，F は有界である．次の定理が位相的力学系の研究に重要である．

定理 A.4 (Rieszの定理)　F がコンパクト距離空間 (M, d) 上の正の線形汎関数であるための必要充分条件は，$(M, \mathcal{B}(M))$ 上の有限測度 μ により，

$$F(f) = \int_M f(x) d\mu(x)$$

と表現できることである．　□

とくに，μ が確率測度，すなわち $\mu(M) = 1$ のときには，$F(1) = 1$ が成り立っている．$C(M)$ の共役空間 $\mathcal{M}(M) \equiv C(M)^*$ の要素は2つの測度の差で表される**符号付測度**(signed measure)であることも知られている(§3.4(a)では，それをも単に測度と呼んでいる)．

コンパクト距離空間上の確率測度全体は，$C(M)^*$ の有界閉集合だから弱収束に関してコンパクトとなり，勝手な列 $\{\mu_n\}$ が与えられると，適当な部分列 $\{\mu_{n_k}\}$ と極限確率測度 μ_0 を選んで

$$\lim_{k\to\infty}\int_M f(x)d\mu_{n_k}=\int_M f(x)d\mu_0 \quad (f\in C(M))$$

が成立することがわかる．

V から V への写像 L が次の線形性と有界性を充たすとき，**有界作用素**(bounded operator)あるいは**連続作用素**(continuous operator)と言う：

$$L(af+bg)=aL(f)+bL(g), \quad \|L(f)\|\leqq c\|f\| \quad (f\in V).$$

このとき，$F\in V^*$ にたいして，$F(Lf)$ も有界線形汎関数となるのでそれを L^*F と記し，L^* を L の**共役作用素**(dual operator)と言う．この関係は，$\langle L^*F,f\rangle\equiv\langle F,Lf\rangle$ とも書き換えられる．

$f,g\in V$ にたいして，次の条件を充たすものを**内積**(inner product)と言う：

$$(f,f)\geqq 0, \quad (f,f)=0\Longleftrightarrow f=0, \quad (f,g)=(g,f),$$
$$(a_1f_1+a_2f_2,g)=a_1(f_1,g)+a_2(f_2,g).$$

Banach 空間のノルムが $\|f\|=\sqrt{(f,f)}$ で与えられるとき，**Hilbert 空間**(Hilbert space)と言う．

$\{e_k\}$ が，

$$(e_k,e_j)=\begin{cases}0 & k\neq j\\ 1 & k=j\end{cases}$$

を充たすとき，**正規直交系**(orthonormal system)と言う．このとき，級数 $\sum_{k=1}^{\infty}c_ke_k$ は V で収束し，

$$\|\sum_{k=1}^{\infty}c_ke_k\|_2^2=\sum_{k=1}^{\infty}|c_k|^2\leqq\|f\|_2^2$$

が成立することが分かる．

もし，$(V,\|\cdot\|)$ が可分ならば，高々可算の正規直交系で，次の条件を充たすものが存在する：

$$f=\lim_{n\to\infty}\sum_{k=1}^{\infty}(f,e_k)e_k.$$

このような性質をもつものを**完全正規直交系**(complete orthonormal system)と言う．

§A.5　L^p–空間要約

ここでは，確率測度空間 $(X,\mathcal{F},\mu)$ 上の関数 $f(x)$ は複素数値を許すとしよう．実部 $\Re f(x)$ と虚部 $\Im f(x)$ がともに可測なとき，$f(x)$ は可測であると言い，それらが可積分のとき，f の積分を

$$\int_X f(x)d\mu \equiv \int_X \Re f(x)d\mu + i\int_X \Im f(x)d\mu$$

で定義する．

p $(p \geqq 1)$ と可測関数 $f(x)$ にたいして，$|f(x)|^p$ が可積分のとき，

$$\|f\|_p \equiv \left(\int_X |f(x)|^p d\mu\right)^{\frac{1}{p}}$$

と定義する．このとき，p $(p>1)$ にたいして，$q \equiv p/(p-1)$ とおくと，$|ts| \leqq \dfrac{1}{p}|t|^p + \dfrac{1}{q}|s|^q$ が成立するので，$f \in L^p$，$g \in L^q$ にたいして，$t = f(x)/\|f\|_p$，$s = g(x)/\|g\|_q$ として適用すれば，

$$\left|\int_X f(x)g(x)d\mu\right| \leqq \|f\|_p \|g\|_q$$

を得る．これから，ノルムの条件を充たすことがわかり，さらに Banach 空間であることも示せる．

§2.1(a)で述べたように，開集合全体で生成される σ-集合体を **Borel 集合体** (Borel field)と言い $\mathcal{B}(M)$ と表す．可分なコンパクト距離空間 (M,d) において，$(M,\mathcal{B}(M))$ 上の測度 μ が与えられたとき，$L^p = L^p(M,\mathcal{B}(M),\mu)$ は可分になっていることも分かる．また，連続関数空間 $C(M)$ が各 L^p で稠密であることも記憶しておこう．

定理 A.5 (Riesz の定理)　L^p $(p>1)$ にたいして，$F(f)$ が L^p 上の有界線形汎関数になるための必要充分条件は，適当な $g \in L^q$，$q = p/(p-1)$ を用いて，

$$F(f) = \int_M f(x)\overline{g(x)}d\mu(x) \quad (f \in L^p)$$

と表現できることである．　□

とくに，$p=2$ のときは，

$$(f,g) \equiv \int_M f(x)\overline{g(x)}d\mu(x) \quad (f,g \in L^2)$$

が内積の性質をもっていることが分かる．ただし，複素ベクトル空間だから，内積の性質の 1 つだけを $(f,g) = \overline{(g,f)}$ と書き直す必要がある．

§A.6 Fourier 級数要約

§1.1(b)で議論した $\mathbb{T}$ 上の連続関数 $f(x)$ の **Fourier 級数**(Fourier series)

$$\sum_{n=-\infty}^{\infty} c_n \exp[2\pi inx], \quad c_n = \int_0^1 f(x) \exp[-2\pi inx] d\mu(x)$$

の収束について考える．ここで，$\{c_n\}$ を f の **Fourier 係数**(Fourier coefficients)という．**Dirichlet 核**(Dirichlet kernel)D_N と **Fejér 核**(Fejér kernel)F_N を

$$D_n(x) \equiv \sum_{k=-n}^{n} \exp[2\pi ikx] = \frac{\sin \pi(2n+1)x}{\sin \pi x},$$

$$F_N(x) \equiv \frac{1}{N} \sum_{n=0}^{N-1} D_n(x) = \frac{\sin^2 \pi(2N-1)x}{N \sin^2 \pi x}$$

と定義すると，Fourier 級数の部分和について

$$S_n(f;x) \equiv \sum_{k=-n}^{n} c_n \exp[2\pi inx] = \int_0^1 f(y) D_n(x-y) d\mu(y)$$

$$\frac{1}{N} \sum_{n=0}^{N-1} S_n(f;x) = \int_0^1 f(y) F_N(x-y) d\mu(y)$$

なる関係がある．$F_N(x)$ が次の性質を充たすことがわかる：

（i）　$\int_0^1 F_N(x) d\mu(x) = 1, \quad F_N(x) \geqq 0$

（ii）　$\lim_{N\to\infty} \int_\varepsilon^{1-\varepsilon} F_N(x) d\mu(x) = 0 \quad (\varepsilon > 0).$

このことから，

$$\frac{1}{N} \sum_{n=0}^{N-1} S_n(f;x) = \sum_{n=-N+1}^{N-1} \left(1 - \frac{|n|}{N}\right) c_n \exp[2\pi inx]$$

が $N \to \infty$ のときに $f(x)$ に一様収束することが示せる．

さらに，$\sum_n |c_n| < \infty$ ならば，$f(x)$ は Fourier 級数で

$$f(x) = \sum_{n=-\infty}^{\infty} c_n \exp[2\pi inx]$$

と書け，右辺が一様収束することが直ちに分かる．例えば，$f(x)$ が $\mathbb{T}$ 上で C^2-級ならば，部分積分により $|c_n| = O(|n|^{-2})$ が簡単に示せ，この一様収束が成立する．

$\{\exp[2\pi inx]\}_{n\in\mathbb{Z}}$ は $L^2(\mathbb{T})$ で完全正規直交系であることと，任意の $f \in L^2(\mathbb{T})$ にたいして，

$$f(x) = \sum_{n=-\infty}^{\infty} c_n \exp[2\pi inx]$$

が L^2–空間の要素として成立することが以上の議論から容易に分かる．

また，f を実数値関数に限れば，$\{1, \cos 2\pi n, \sin 2\pi n, n \in \mathbb{N}\}$ を用いた Fourier 三角級数で同様の理論が成立することを注意しておく．

参考文献

[1] Billingsley, P., *Ergodic theory and information*, Robert E. Krieger Publ. Co., 1978.（邦訳）渡辺毅・十時東生，確率論とエントロピー，吉岡書店，1968.

[2] Bowen, R., *Equilibrium states and the ergodic theory of Anosov diffeomorphisms*, Lecture Notes in Mathematics **470**, Springer, 1975.

[3] 舟木直久，確率微分方程式，岩波書店，2005.

[4] 伊理正夫，一般線形代数，岩波書店，2003.

[5] 釜江哲朗・高橋智，エルゴード理論とフラクタル，シュプリンガー東京，1993.

[6] 小谷眞一，測度と確率，岩波書店，2005.

[7] Kubo, I., Perturbed billiard systems, I. The ergodicity of the motion of a particle in a compound central field, *Nagoya Mathematical Journal* **61**(1976), 1–57.

[8] 久保泉，エルゴード伝説，現代数学のあゆみ 1（数学セミナー・リーディングス），日本評論社，1986，117–142.

[9] 國田寛，確率過程の推定，産業図書，1976.

[10] Lasota, A. and Mackey, M. C., *Probabilistic properties of deterministic systems*, Cambridge Univ. Press, 1985.

[11] Morita, T., The symbolic representation of billiards without boundary condition, *Trans. Amer. Math. Soc.* **325**(1991), 819–828.

[12] Morita, T., Billiards without boundary and their zeta functions, *Zeta Functions in Geometry*, Advanced Studies in Pure Mathematics **21**, Kinokuniya, 1992, 173–179.

[13] Parry, W. and Pollicott, M., *Zeta functions and the periodic orbit structure of hyperbolic dynamics*, Astérisque, 187–188, Société Mathématique de France, 1990.

[14] Ruelle, D., *Thermodynamic formalism*, Addison-Wesley, 1978.

[15] Seneta, E., *Non-negative matrices—An introduction to theory and applications*, George Allen & Unwin, 1973.

[16] Sinai, Ya. G., Dynamical systems with elastic reflections, *Russian Mathematical Surveys* **25**(1970), 137–189.

[17] 高橋陽一郎，実関数とフーリエ解析，岩波書店，2006.

[18] 十時東生，エルゴード理論入門，共立出版，1971.

（以下は「現代数学への展望」で引用した文献）

[19] Abraham, R., Marsden, J. E., *Foundations of mechanics—A mathematical exposition of classical mechanics with an introduction to the qualitative theory of dynamical systems and applications to the three-body problem*, Benjamin, 1967.

[20] Anosov, D. V., *Geodesic flows on closed Riemann manifolds with negative curvature*, Proceedings of the Steklov Institute of Mathematics **90**, 1967.

[21] Arnold, V. I., *Methods of classical mechanics*, Springer, 1978.（邦訳）安藤韶一・蟹江幸博・丹羽敏雄訳，古典力学の数学的方法，岩波書店，1980.

[22] Arnold, V. I. and Avez, A., *Ergodic problems of classical mechanics*, Addison-Wesley, 1989.（邦訳）吉田耕作訳，古典力学系のエルゴード問題，吉岡書店，1976.

[23] Ballmann, W., *Lectures on spaces of nonpositive curvature*, Birkhäuser, 1995.

[24] Devaney, R. L., *An introduction to chaotic dynamical systems*, 2nd ed., Addison-Wesley, 1989.（邦訳）後藤憲一訳，カオス力学系入門(第2版)，共立出版，1990.

[25] Foguel, S. R., *The ergodic theory of Markov processes*, Van Nostrand Mathematical Studies **21**, Van Nostrand, 1969.

[26] Freidlin, M. I. and Wentzell, A. D., *Random perturbations of dynamical systems*, Fundamental Principles of Mathematical Science **260**, Springer, 1984.

[27] Furstenberg, H., *Recurrence in ergodic theory and combinatorial number theory*, M. B. Porter Lectures, Princeton Univ. Press, 1981.

[28] Gray, R. M., *Entropy and information theory*, Springer, 1990.

[29] Hao, Bai-Lin, *Elementary symbolic dynamics and chaos in dissipative systems*, World Scientific, 1989.

[30] Hopf, E., *Ergodentheorie*, Springer, 1937.

[31] 伊藤雄二・浜地敏弘, エルゴード理論とフォン・ノイマン環, 紀伊國屋書店, 1992.

[32] Kifer, Y., *Ergodic theory of random transformations*, Progress in Probability and Statistics **10**, Birkhäuser, 1986.

[33] Kifer, Y., *Random perturbations of dynamical systems*, Progress in Probability and Statistics **16**, Birkhäuser, 1988.

[34] Kurokawa, N. and Sunada, T.(eds.), *Zeta Functions in Geometry*, Advanced Studies in Pure Mathematics **21**, Kinokuniya, 1992.

[35] Lasota, A. and Mackey, M. C., *Chaos, fractals, and noise—Stochastic aspects of dynamics*, 2nd ed. Applied Mathematical Sciences **97**, Springer, 1994.

[36] Lind, D. and Marcus, B., *An introduction to symbolic dynamics and coding*, Cambridge Univ. Press, 1995.

[37] Liu, Pei-Dong and Qian, Min, *Smooth ergodic theory of random dynamical systems*, Lecture Notes in Mathematics **1606**, Springer, 1995.

[38] Mañé, R., *Ergodic theory and differentiable dynamics*, Springer, 1983.

[39] Moser, J., *Stable and random motions in dynamical systems—With special emphasis on celestial mechanics*, Annals of Mathematics Studies **77**, Princeton Univ. Press; Univ. of Tokyo Press, 1973.

[40] Ornstein, D. S., *Ergodic theory, randomness, and dynamical systems*, Yale Mathematical Monographs **5**, Yale Univ. Press, 1974.

[41] Pollicott, M., *Lectures on ergodic theory and Pesin theory on compact manifolds*, London Mathematical Society Lecture Note Series **180**, Cambridge Univ. Press, 1993.

[42] Robinson, C., *Dynamical systems—Stability, symbolic dynamics, and chaos*, Studies in Advanced Mathematics, CRC Press, 1995.

[43] Ruelle, D., *Elements of differentiable dynamics and bifurcation theory*, Academic Press, 1989.

[44] Ruelle, D., *Dynamical zeta functions for piecewise monotone maps of the interval*, American Mathematical Society, 1991.

[45] Ruelle, D., *Chance and chaos*, Princeton Univ. Press, 1991.（邦訳）青木薫訳，偶然とカオス，岩波書店，1993.

[46] Schweiger, F., *Ergodic theory of fibred systems and metric number theory*, Oxford Science Publications, The Clarendon Press, Oxford Univ. Press, 1995.

[47] Sinai, Ya. G., *Topics in ergodic theory*, Princeton Mathematical Series **44**, Princeton Univ. Press, 1994.

[48] Smorodinsky, M., *Ergodic theory, entropy*, Lecture Notes in Mathematics **214**, Springer, 1971.

[49] 宇敷重広，フラクタルの世界，日本評論社，1987.

[50] Wiggins, S., *Global bifurcations and chaos—Analytical methods*, Applied Mathematical Sciences **73**, Springer, 1988.

[51] Wiggins, S., *Introduction to applied nonlinear dynamical systems and chaos*, Texts in Applied Mathematics **2**, Springer, 1990.（邦訳）丹羽敏雄監訳，非線形の力学系とカオス(上，下)，シュプリンガー東京，1992.

参考書

測度論的力学系あるいは，**エルゴード理論**の一般論についての，進んだ内容に興味がある読者には，次の 1〜7 を勧めたい．1 は，古典的だが，読みやすく書かれているし，容易に入手できる．2 も初心者に手頃だろう．3 と 4 は，興味深く書かれており，ある程度数学の知識があって読むか，気楽に読むには楽しいが，初心者がきちんと読むためには行間を埋めることで苦労するだろう．5, 6, 7 は，丹念に読む読者には，安心して取り組めるだろう．6 は，表題通り，いろいろなエルゴード定理をきちんと証明付きで示してあり，エルゴード定理を利用するのには便利である．その他，参考文献の[18], [22]も手頃である．

1. Halmos, P. R., *Lectures on ergodic theory*, Publications of the Mathematical Society of Japan **3**, The Mathematical Society of Japan, 1956.
2. Walters, P., *Ergodic theory—introductory lectures*, Lecture Notes in Mathematics **458**, Springer, 1975.
3. Sinai, Ya. G., *Introduction to ergodic theory*, translated by V. Scheffer, Mathematical Notes **18**, Princeton Univ. Press, 1976.
4. Cornfeld, I. P., Fomin, S. V. and Sinai, Ya. G., *Ergodic theory*, Grundlehren der Mathematischen Wissenschaften **245**, Springer, 1982.
5. Walters, P., *An introduction to ergodic theory*, Graduate Texts in Mathematics **79**, Springer, 1982.
6. Krengel, U., *Ergodic theorems*, Walter de Gruyter, 1985.
7. Petersen, K., *Ergodic theory*, Cambridge Studies in Advanced Mathematics **2**, Cambridge Univ. Press, 1989.

位相力学系に興味のある読者のためには，次の 8〜12 があげられる．8 は，空間構造とエントロピーの関係に頁を割いており，Bernoulli 系のエントロピーによる分類も簡明に示している．9 は，本書 § 1.1〜§ 3.3 の範囲を詳しく知るのによい．本書で強調しながら，主張を明確に述べていない一般の位相力学系にたいする位相的エントロピーと測度論的エントロピーの関係も詳しい．公理 A 系についても簡明に書かれている．10 は，本書の § 3.1 についてさらに学ぶのに便利であり，初心者も安心して読める．その内容をさらに充実し，**双曲型の位相力学系**という観点から書かれたのが 12 である．11 は，**再帰集合**を中心にすえて議論を展開し，双曲性・安定性・不変測度などを論じている．

8. Brown, J.R., *Ergodic theory and topological dynamics*, Pure and Applied Mathematics **70**, Academic Press, 1976.

9. Denker, M., Grillenberger, C. and Sigmund, K., *Ergodic theory on compact spaces*, Lecture Notes in Mathematics **527**, Springer, 1976.

10. 青木統夫・白岩謙一，力学系とエントロピー，共立出版，1985.

11. Akin, E., *The general topology of dynamical systems*, Graduate Studies in Mathematics **1**, American Mathematical Society, 1993.

12. Aoki, N. and Hiraide, K., *Topological theory of dynamical systems*, Recent advances, North-Holland Mathematical Library **52**, North-Holland, 1994.

撞球問題については，次の 3 冊をあげておく．13 は，参考文献[16]のエルゴード性の証明を特別な場合に詳述している．([7]は，[16]を含む場合を扱っており，本書の§4.5 を理解する参考になる．[11], [12]は，第 4 章の大半のもととなった論文である.) 14 は，撞球系を含む特異性をもつ双曲的な可微分力学系のエルゴード問題をどう扱えばよいかの一般論を展開している．初心者のためというより，撞球問題に興味をもって取り組みたいときに役立つだろう．15 は，凸曲線の内部での撞球系，したがって非双曲的な系を系統的に扱っている．こちらの方が初心者は取り組みやすい．次の 16 の中でもこのタイプの撞球問題が扱ってある．

13. Gallavoti, G., *Lectures on the billiard—Dynamical systems, theory and applications*, Lecture Notes in Physics **38**, 1975, 236–295.

14. Katok, A., Strelcyn, J.-M., Ledrappier, F. and Przytycki, F., *Invariant manifolds, entropy and billiards; smooth maps with singularities*, Lecture Notes in Mathematics **1222**, Springer, 1986.

15. Kozlov, V. V. and Treshchëv, D. V., *Billiards—A genetic introduction to the dynamics of systems with impacts*, Translations of Mathematical Monographs **89**, American Mathematical Society, 1991.

16〜23 は，古典力学本来の問題に関連したものである．微分方程式や幾何学的面から学ぶのによい．特に，16 は，1927 年初版の古典的名著であり，Poincaré の天体力学を継承したものである．他に，参考文献の[19]は，古典力学を現代数学で記述するのに参考となる．[21]も読み応えがある．

16. Birkhoff, G. D., *Dynamical systems*, American Mathematical Society Colloquium Publications **IX**, American Mathematical Society, 1966.

17. La Salle, J. and Lefschetz, S., *Stability by Liapunov direct method with applications*, Academic Press, 1961.（邦訳）山本稔訳，リヤプノフの方法による安定性理論，産業図書，1975.

18. 齋藤利弥，解析力学入門，至文堂，1964.

19. Hirsch, M. W. and Smale, S., *Differential equations, dynamical systems, and linear algebra*, Academic Press, 1974.（邦訳）田村一郎・水谷忠良・新井紀久子訳，力学系入門，岩波書店，1976.

20. 丹羽敏雄，力学系，紀伊國屋書店，1984.

21. 丹羽敏雄，微分方程式と力学系の理論入門，遊星社，1988.

22. 大森英樹，力学的な微分幾何，日本評論社，1989.

23. 大森英樹，一般力学系と場の幾何学，裳華房，1991.

力学系と**カオス**の関連を理解するために，日本語で読めるカオス理論の本を中心にあげてみた．24, 25 は，どちらかと言えば数学外から見たカオスの本としては，数学的なものである．26, 27 は，数学的にカオスを知るのに適している．参考文献[24], [51]にも豊富な話題が記されている．

24. 合原一幸編著，カオス——カオス理論の基礎と応用，サイエンス社，1990.

25. 長島弘幸・馬場良和，カオス入門，培風館，1992.

26. Collet, P. and Eckmann, J.-P., *Iterated maps on the interval as dynamical systems*, Progress in Physics **1**, Birkhäuser, 1980.（邦訳）森真訳，カオスの出現と消滅，遊星社，1993.

27. Jackson, E. A., *Perspectives of nonlinear dynamics 1, 2*, Cambridge Univ. Press, 1991.（邦訳）田中茂・丹羽敏雄・水谷正大・森真訳，非線形力学の展望I, II，共立出版，1994.

次にあげるものは，**離散的位相力学系**の理論を通して，カオスの研究に及ぶという立場の本である．いずれも，初心者が理解できるように工夫している．29 は，豊富なモデルと例題とサンプルプログラムを用いて理論の理解を促している．31 は，カオスに触れてはいるが，それより離散可微分力学系の入門書としてよくまとまっている．他に，参考文献にあげた[29], [50]などもある．

28. Martelli, M., *Discrete dynamical systems and chaos*, Pitman Monographs and Surveys in Pure and Applied Mathematics **62**, Longman, 1992.

29. Griffiths, H. B. and Oldknow, A., *Mathematics of models—continuous and discrete dynamical systems*, Ellis Horwood Series in Mathematics and its Applications: Statistics, Operational Research and Computational Mathematics, Ellis Horwood, 1993.

30. Holmgren, R. A., *A first course in discrete dynamical systems*, 2nd ed., University Text, Springer, 1996.

31. 青木統夫, 力学系・カオス, 共立出版, 1996.

次の本は, **統計力学の数学的な枠組み**を明確に書いてあり, 統計力学を数学として学ぶのにはよい. 力学系の本ではないが, [2], [14]などの背景を理解するのによい.

32. Ruelle, D., *Statistical mechanics—rigorous results*, Addison-Wesley, 1989.

33 は力学系の参考書ではなく, むしろ**確率過程**をランダムな流れと見るといった立場からの研究書である. すなわち, ランダム変数を固定すると, 時間に関しては微分不可能で, 時間を止めると変換としては可微分な流れを扱っている. ランダムな力学系・ランダムに摂動された力学系を扱った参考文献[25], [26], [32], [33], [37]等との対比もあるのであげておく.

33. Kunita, H., *Stochastic flows and stochastic differential equations*, Cambridge Univ. Press, 1990.

[第2部]

5 S^1 上の力学系

この章では多様体としての構造をもった1次元トーラス $\mathbb{T}^1$，すなわち円周 S^1 上の離散時間力学系を扱う．S^1 はコンパクトな多様体のうち有限集合に次いで簡単なものであるが，その上の力学系は豊富な内容を含んでおり，これだけで十分に理論の雰囲気を伝える対象である．最初に S^1 の同相写像に対して H. Poincaré [14]の導入した概念である回転数の定義を与え，次にこれを用いて S^1 の極小集合の力学系的構造を明らかにする．最後に写像の微分可能性と極小集合に関する A. Denjoy [15]の結果を述べる．

§5.1 回 転 数

$S^1 \approx \mathbb{T}^1 = \mathbb{R}/\mathbb{Z}$ の**回転**とは，$\alpha \in \mathbb{R}/\mathbb{Z}$ に対して，$R_\alpha\colon x \mapsto x+\alpha$ で定義される S^1 の同相写像を指す．回転 $R_\alpha\colon S^1 \to S^1$ の離散力学系としての性質は，α が有理数であるか否かによって大きく変化する．α が有理数，正確には $\alpha \in \mathbb{Q}/\mathbb{Z}$ であるとき，互いに素な整数 p, q を用いて $\alpha = \dfrac{p}{q}$ と表せば，すべての $x \in S^1$ は周期 q をもつ周期点である．一方 α が無理数のとき，任意の $x \in S^1$ の正の軌道 $\{R_\alpha^n(x);\ n=0,1,2,\cdots\}$ は S^1 で稠密であり，また $R_\alpha\colon S^1 \to S^1$ は通常の Lebesgue 測度に関してエルゴード的である(§1.1)．ただし，一般に写像 $\varphi\colon X \to X$ に対して φ^n, $n>0$, は φ の n 回

の**繰り返し**(iteration)，すなわち n 回の合成 $\overbrace{\varphi\circ\cdots\circ\varphi}^{n}\colon x\mapsto\overbrace{\varphi(\cdots(\varphi(x))\cdots)}^{n}$ を表し，φ が同相写像で逆写像 $\varphi^{-1}\colon X\to X$ をもつ場合には，φ^{-n}, $n>0$, は φ^{-1} の n 回の繰り返しを表す．また以降は φ^n による x の像を $\varphi^n x$ ではなく，$\varphi^n(x)$ と書くこととする．

この節の目的は S^1 上の可逆な離散力学系，すなわち同相写像 $\varphi\colon S^1\to S^1$ に対して回転数 $\rho(\varphi)$ を定義し，これを利用して力学系としての φ の性質を調べることである．ただし $S^1\approx\mathbb{T}^1=\mathbb{R}/\mathbb{Z}$ には自然な向きを入れておき，同相写像 $\varphi\colon S^1\to S^1$ としてはこの向きを保つものだけを考える．

(a)　持ち上げと回転数

向きを保つ同相写像 $\varphi\colon S^1\to S^1$ に対して，以下で回転数 $\rho(\varphi)$ を定義する．そのためには写像の持ち上げの概念が必要となる．I を区間，$\psi\colon I\to S^1$ を連続写像とする．このとき $\widetilde{\psi}\colon I\to\mathbb{R}$ が ψ の**持ち上げ**(lift)であるとは，$\widetilde{\psi}$ が連続であって，かつ $p\colon\mathbb{R}\to\mathbb{R}/\mathbb{Z}\approx S^1$ を自然な射影とするとき $p\circ\widetilde{\psi}=\psi$ が成立することをいう．また連続写像 $\varphi\colon S^1\to S^1$ に対して，$\varphi\circ p\colon\mathbb{R}\to S^1$ の持ち上げ $\widetilde{\varphi}\colon\mathbb{R}\to\mathbb{R}$ を φ の**持ち上げ**ともいう．

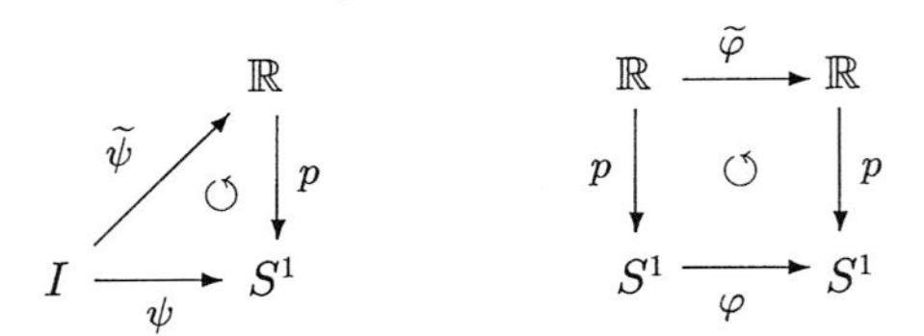

直観的には $\varphi\colon S^1\to S^1$ の持ち上げ $\widetilde{\varphi}\colon\mathbb{R}\to\mathbb{R}$ は次のように与えられる．S^1 を閉区間 $[0,1]$ の両端を同一視した空間 $[0,1]/\sim$ とみなして φ のグラフを正方形 $[0,1]\times[0,1]$ の部分集合と考える．この正方形を平面 $\mathbb{R}^2$ 内で (n,m), $n,m\in\mathbb{Z}$ だけ平行移動したものは全平面 $\mathbb{R}^2$ を埋め尽くす．このとき φ の"グラフ"は正方形の境界を越えても隣の正方形内の"グラフ"とつながり途中でとぎれることはない．こうして得られたグラフの和集合の一つの連結成分をグラフとする写像が $\varphi\colon S^1\to S^1$ の持ち上げ $\widetilde{\varphi}\colon\mathbb{R}\to\mathbb{R}$ である(図5.1)．

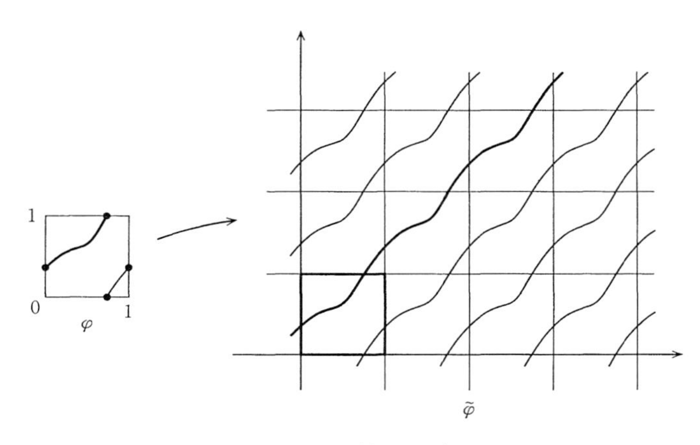

図 5.1　持ち上げ

命題 5.1　任意の連続写像 $\psi\colon I\to S^1$ に対して，その持ち上げ $\widetilde{\psi}\colon I\to\mathbb{R}$ が存在する．持ち上げ $\widetilde{\psi}$ は，1 点 $x_0\in I$ の行き先 $\widetilde{\psi}(x_0)\in p^{-1}(\psi(x_0))$ を決めれば一意的である．

［証明］　まず一意性から示す．二つの持ち上げ $\widetilde{\psi},\widetilde{\widetilde{\psi}}$ に対し，その差 $\widetilde{\widetilde{\psi}}-\widetilde{\psi}$ は，区間 I から整数の集合 $\mathbb{Z}$ への連続写像であるから，中間値の定理より一定値をとる．すなわち整数 k が存在して，任意の $x\in I$ について $\widetilde{\widetilde{\psi}}(x)=\widetilde{\psi}(x)+k$ が成立する．特に 1 点 x_0 の像が等しい二つの持ち上げは I 全体で一致する．逆に持ち上げ $\widetilde{\psi}(x)$ を整数分だけ平行移動してもまた持ち上げである．

次に存在を示す．各 $\alpha\in S^1$ の 1/4-近傍 $(\alpha-1/4,\alpha+1/4)$ の，射影 $p\colon\mathbb{R}\to S^1$ による逆像 $p^{-1}(\alpha-1/4,\alpha+1/4)$ は開区間 $(\widetilde{\alpha}-1/4,\widetilde{\alpha}+1/4)$, $\widetilde{\alpha}\in p^{-1}(\alpha)$ の直和である．したがって $\psi\colon I\to S^1$ の像が適当な $\alpha\in S^1$ の 1/4-近傍に含まれる場合には，逆像の成分の一つ $(\widetilde{\alpha}-1/4,\widetilde{\alpha}+1/4)$ を選んで持ち上げ $\widetilde{\psi}\colon I\to\mathbb{R}$ を構成することができる．I が必ずしも短くない閉区間の場合，I を，ψ による像が適当な点の 1/4-近傍に含まれるような有限個の部分区間に分割する．これは閉区間上の連続関数の一様連続性によって可能である．各々の部分区間上で定義された持ち上げを，平行移動を用いて連続になるようにつな

ぎ合わせればよい．最後にIが閉区間でない場合には，Iに含まれる閉区間の増大列$J_1\subset J_2\subset\cdots\subset J_n\subset\cdots$で$I=\bigcup J_n$を満たすものをとり，$J_1$上の持ち上げ$\widetilde{\psi|_{J_1}}: J_1\to\mathbb{R}$から$J_2, J_3, \cdots$と順に定義域を拡張していけば，$I=\bigcup J_n$上の持ち上げが得られる． ∎

特に$\varphi: S^1\to S^1$が向きを保つ同相写像であるとき，その持ち上げ$\widetilde{\varphi}: \mathbb{R}\to\mathbb{R}$は狭義単調増加であり，$\varphi$が全単射であることから$\widetilde{x}$が1だけ増加するとき，$\widetilde{\varphi}(\widetilde{x})$もちょうど1だけ増加する．すなわち

$$\widetilde{\varphi}(\widetilde{x}+1)=\widetilde{\varphi}(\widetilde{x})+1\,.$$

また一意性より，一つの持ち上げを$\widetilde{\varphi}$とするとき，任意の持ち上げは$\widetilde{\varphi}+k: \widetilde{x}\mapsto\widetilde{\varphi}(\widetilde{x})+k,\ k\in\mathbb{Z}$の形で表現できる．

さて$\varphi: S^1\to S^1$を向きを保つ同相写像とするとき，その**回転数**(rotation number) $\rho(\varphi)\in\mathbb{R}/\mathbb{Z}$を以下で定義する．まず$\widetilde{\varphi}: \mathbb{R}\to\mathbb{R}$を$\varphi$の持ち上げの一つとし，1点$\widetilde{x}\in\mathbb{R}$をとって

$$\widetilde{\rho}(\widetilde{\varphi})=\lim_{n\to\infty}\frac{\widetilde{\varphi}^n(\widetilde{x})-\widetilde{x}}{n}=\lim_{n\to\infty}\frac{\widetilde{\varphi}^n(\widetilde{x})}{n}$$

とおく．次に$\widetilde{\rho}(\widetilde{\varphi})\in\mathbb{R}$を用いて

$$\rho(\varphi)=\widetilde{\rho}(\widetilde{\varphi})\quad \mathrm{mod}\ \mathbb{Z}$$

と定義する．ただし$\mathrm{mod}\,\mathbb{Z}$は整数分の差を無視すること，すなわち実数を$\mathbb{R}/\mathbb{Z}$の元とみなすことを意味する．この定義の整合性をいうには，

（i）　$\widetilde{\rho}(\widetilde{\varphi})$の定義における極限が存在すること，

（ii）　$\widetilde{\rho}(\widetilde{\varphi})$が点$\widetilde{x}\in\mathbb{R}$のとり方によらないこと，

（iii）　$\mathbb{Z}$による法をとった$\rho(\varphi)$が持ち上げ$\widetilde{\varphi}$のとり方によらないこと

を確かめる必要がある．これを逆の順序で示していこう．まず(iii)について．$\widetilde{\widetilde{\varphi}}$を$\varphi$のもう一つの持ち上げとするとき，適当な整数$k$をとれば$\widetilde{\widetilde{\varphi}}(\widetilde{x})=\widetilde{\varphi}(\widetilde{x})+k$が成立する．$\varphi$は向きを保つ同相写像であるから$\widetilde{\varphi}(\widetilde{x}+1)=\widetilde{\varphi}(\widetilde{x})+1$, $\widetilde{\widetilde{\varphi}}(\widetilde{x}+1)=\widetilde{\widetilde{\varphi}}(\widetilde{x})+1$が成り立ち，これより$(\widetilde{\widetilde{\varphi}})^2(\widetilde{x})=\widetilde{\widetilde{\varphi}}(\widetilde{\varphi}(\widetilde{x})+k)=\widetilde{\widetilde{\varphi}}(\widetilde{\varphi}(\widetilde{x}))+k=(\widetilde{\varphi})^2(\widetilde{x})+2k$．同様にして，自然数$n$に対して$(\widetilde{\widetilde{\varphi}})^n(\widetilde{x})=(\widetilde{\varphi})^n(\widetilde{x})+nk$であり$\widetilde{\rho}(\widetilde{\widetilde{\varphi}})=\widetilde{\rho}(\widetilde{\varphi})+k$が成立する．よって$\widetilde{\rho}(\widetilde{\widetilde{\varphi}})=\widetilde{\rho}(\widetilde{\varphi})\ \mathrm{mod}\ \mathbb{Z}$．次に(ii)について．$\widetilde{\varphi}$の$n$回の繰り返し$\widetilde{\varphi}^n$も$\widetilde{\varphi}^n(\widetilde{x}+1)=\widetilde{\varphi}^n(\widetilde{x})+1$を満たす

から

$$\lim_{n\to\infty}\frac{\widetilde{\varphi}^n(\widetilde{x}+1)}{n}=\lim_{n\to\infty}\frac{\widetilde{\varphi}^n(\widetilde{x})+1}{n}=\lim_{n\to\infty}\frac{\widetilde{\varphi}^n(\widetilde{x})}{n}$$

であり，極限値は初期値 $\widetilde{x}$ を整数分平行移動しても変わらない．よって $|\widetilde{x}-\widetilde{y}|<1$ なる $\widetilde{x},\widetilde{y}\in\mathbb{R}$ について極限の一致をいえばよい．ここで $\widetilde{x}<\widetilde{y}<\widetilde{x}+1$ とすると，$\widetilde{\varphi}^n$ が狭義単調増加であることから $\widetilde{\varphi}^n(\widetilde{x})<\widetilde{\varphi}^n(\widetilde{y})<\widetilde{\varphi}^n(\widetilde{x}+1)=\widetilde{\varphi}^n(\widetilde{x})+1$．したがって $|(\widetilde{\varphi}^n(\widetilde{x})-\widetilde{x})-(\widetilde{\varphi}^n(\widetilde{y})-\widetilde{y})|\leqq|\widetilde{\varphi}^n(\widetilde{x})-\widetilde{\varphi}^n(\widetilde{y})|+|\widetilde{x}-\widetilde{y}|<2$ であるから

$$\lim_{n\to\infty}\frac{\widetilde{\varphi}^n(\widetilde{x})-\widetilde{x}}{n}=\lim_{n\to\infty}\frac{\widetilde{\varphi}^n(\widetilde{y})-\widetilde{y}}{n}.$$

最後に(i)について．持ち上げ $\widetilde{\varphi}$ と初期値 $\widetilde{x}$ を決め，$a_n=\widetilde{\varphi}^n(\widetilde{x})-\widetilde{x}$ とおく．このとき $a_{n+m}=\widetilde{\varphi}^{n+m}(\widetilde{x})-\widetilde{x}=(\widetilde{\varphi}^{n+m}(\widetilde{x})-\widetilde{\varphi}^m(\widetilde{x}))+(\widetilde{\varphi}^m(\widetilde{x})-\widetilde{x})$ である．第1項 $\widetilde{\varphi}^{n+m}(\widetilde{x})-\widetilde{\varphi}^m(\widetilde{x})$ は初期値 $\widetilde{\varphi}^m(\widetilde{x})$ に対する "a_n" に他ならないから，(ii)の証明から $\widetilde{\varphi}^{n+m}(\widetilde{x})-\widetilde{\varphi}^m(\widetilde{x})$ と a_n との差は2より小さい．すなわち $a_{n+m}\fallingdotseq a_n+a_m$ と書いたときの誤差は2未満．したがって $a_{nm}\fallingdotseq a_{(n-1)m}+a_m\fallingdotseq\cdots\fallingdotseq na_m$ の誤差は $2n$ 未満．同様に $a_{nm}=a_{mn}\fallingdotseq ma_n$ の誤差は $2m$ 未満であるから $|na_m-ma_n|<2(n+m)$．これより $\left|\dfrac{a_m}{m}-\dfrac{a_n}{n}\right|<2\left(\dfrac{1}{m}+\dfrac{1}{n}\right)$ を得る．したがって数列 $\dfrac{a_n}{n}=\dfrac{\widetilde{\varphi}^n(\widetilde{x})-\widetilde{x}}{n}$ は Cauchy 列であり，収束極限をもつ．

以上の定義が示すように，回転数 $\rho(\varphi)$ は同相写像 φ による移動量の時間平均であり，これが軌道のとり方によらないのである．特に回転 R_α，$\alpha\in\mathbb{R}/\mathbb{Z}$，の回転数は α と一致する．実際，$p\colon\mathbb{R}\to\mathbb{R}/\mathbb{Z}$ を射影として実数 $\widetilde{\alpha}\in\mathbb{R}$ を $p(\widetilde{\alpha})=\alpha$ を満たすようにとれば，平行移動 $T_{\widetilde{\alpha}}\colon\widetilde{x}\mapsto\widetilde{x}+\widetilde{\alpha}$ が R_α の持ち上げとなることから $\rho(R_\alpha)=\widetilde{\rho}(T_{\widetilde{\alpha}})=\widetilde{\alpha}=\alpha \bmod \mathbb{Z}$．

(b) 回転数の性質

前項で定義した回転数の性質をいくつか述べる．二つの向きを保つ同相写像 $\varphi,\psi\colon S^1\to S^1$ が**位相共役**であるとは，同相写像 $h\colon S^1\to S^1$ であって $\psi\circ h=h\circ\varphi$，すなわち $\psi=h\circ\varphi\circ h^{-1}$ を満足するものが存在するときをいい

(§1.6(a))，このような h を**共役写像**(conjugacy map)と呼ぶ．

$$\begin{array}{ccc} S^1 & \xrightarrow{\ \varphi\ } & S^1 \\ {\scriptstyle h}\downarrow & \circlearrowleft & \downarrow{\scriptstyle h} \\ S^1 & \xrightarrow[\ \psi\ ]{} & S^1 \end{array}$$

ここで $\circlearrowleft$ は，図式が**可換**(commutative)であること，すなわち $h\circ\varphi=\psi\circ h$ が成立することを表す記号である．このとき $\psi^2=\psi\circ\psi=h\circ\varphi\circ h^{-1}\circ h\circ\varphi\circ h^{-1}=h\circ\varphi^2\circ h^{-1}$．同様に任意の n に対して $\psi^n=h\circ\varphi^n\circ h^{-1}$ が成り立つから，座標変換 h によって φ と ψ との力学系的性質は完全に対応する．一方，回転数は同相写像の漸近的挙動によって定義されているから，これが位相共役によって不変，すなわち S^1 上の離散力学系の不変量であることを期待するのは自然であろう．

定理 5.2　同相写像 $\varphi,\psi\colon S^1\to S^1$ が位相共役ならば，共役写像 h が S^1 の向きを保つか否かに従って $\rho(\psi)=\rho(\varphi)$ あるいは $\rho(\psi)=-\rho(\varphi)$ が成り立つ．

［証明］　$\widetilde{\varphi},\widetilde{h}$ をそれぞれ φ,h の持ち上げとするとき，$\widetilde{\psi}=\widetilde{h}\circ\widetilde{\varphi}\circ\widetilde{h}^{-1}$ は ψ の持ち上げの一つとなっている．もし h が S^1 の向きを保つなら，$\widetilde{h}(\widetilde{x}+1)=\widetilde{h}(\widetilde{x})+1$ より $|\widetilde{h}(\widetilde{x})-\widetilde{x}|$ は有界で，したがって $|\widetilde{x}-\widetilde{h}^{-1}(\widetilde{x})|$ も有界．よって $\widetilde{\psi}^n(\widetilde{x})=(\widetilde{h}\circ\widetilde{\varphi}\circ\widetilde{h}^{-1})^n(\widetilde{x})=\widetilde{h}(\widetilde{\varphi}^n(\widetilde{h}^{-1}(\widetilde{x})))$ に注意すれば

$$\lim_{n\to\infty}\frac{\widetilde{\psi}^n(\widetilde{x})}{n}=\lim_{n\to\infty}\frac{\widetilde{h}(\widetilde{\varphi}^n(\widetilde{h}^{-1}(\widetilde{x})))}{n}=\lim_{n\to\infty}\frac{\widetilde{\varphi}^n(\widetilde{h}^{-1}(\widetilde{x}))}{n}.$$

これより $\rho(\psi)=\rho(\varphi)$ を得る．h が S^1 の向きを逆にする場合，$\overline{h}(x)=-h(x)$ とおけば，$\overline{h}$ は S^1 の向きを保つ同相写像であるから，$\overline{h}$ による共役によって回転数は不変．したがって座標変換 $x\mapsto -x$ で回転数がどのように変わるかを調べればよい．向きを保つ同相写像 $\varphi,\psi\colon S^1\to S^1$ が $\psi(x)=-\varphi(-x)$ を満たすとき，φ,ψ の持ち上げ $\widetilde{\varphi},\widetilde{\psi}$ として $\widetilde{\psi}(\widetilde{x})=-\widetilde{\varphi}(-\widetilde{x})$ を満たすものが存在する．したがって

$$\widetilde{\rho}(\widetilde{\psi})=\lim_{n\to\infty}\frac{\widetilde{\psi}^n(\widetilde{x})}{n}=\lim_{n\to\infty}-\frac{\widetilde{\varphi}^n(-\widetilde{x})}{n}=-\widetilde{\rho}(\widetilde{\varphi}).$$

∎

次に回転数の値が周期点の存在と関係することを述べる.

定理 5.3 向きを保つ同相写像 $\varphi\colon S^1\to S^1$ の回転数について以下が成り立つ.

(i) $\rho(\varphi^m)=m\rho(\varphi)$.

(ii) $\rho(\varphi)=\dfrac{p}{q}$ が成立するのは φ が周期 q の周期点をもつとき, そのときに限る. ただし p,q は互いに素な整数で $q\geqq 1$ とする. 特に φ が固定点をもつことと $\rho(\varphi)=0$ とは同値である.

[証明] (i) $\widetilde{\varphi}$ を φ の持ち上げとするとき, $(\widetilde{\varphi})^m$ は φ^m の持ち上げであり, かつ

$$\widetilde{\rho}(\widetilde{\varphi}^m)=\lim_{n\to\infty}\frac{\widetilde{\varphi}^{nm}(\widetilde{x})}{n}=m\lim_{n\to\infty}\frac{\widetilde{\varphi}^{nm}(\widetilde{x})}{nm}=m\widetilde{\rho}(\widetilde{\varphi}).$$

よって $\rho(\varphi^m)=m\rho(\varphi)$ が成り立つ.

(ii) まず $\varphi\colon S^1\to S^1$ が固定点をもつことと $\rho(\varphi)=0$ が同値であることを示す. φ が固定点 $x\in S^1$ をもつとき, 自然な射影 $\mathbb{R}\to S^1$ による像が x となる点 $\widetilde{x}\in\mathbb{R}$ に対して, $\widetilde{\varphi}(\widetilde{x})=\widetilde{x}$ を満たす φ の持ち上げ $\widetilde{\varphi}$ が存在する. 持ち上げ $\widetilde{\varphi}$ について

$$\widetilde{\rho}(\widetilde{\varphi})=\lim_{n\to\infty}\frac{\widetilde{\varphi}^n(\widetilde{x})-\widetilde{x}}{n}=0$$

が成り立つから $\rho(\varphi)=0$ である. ここで $\widetilde{x}<\widetilde{y}<\widetilde{x}+1$ なる $\widetilde{y}\in\mathbb{R}$ について, もし $\widetilde{y}<\widetilde{\varphi}(\widetilde{y})$ ならば $\widetilde{y}<\widetilde{\varphi}(\widetilde{y})<\cdots<\widetilde{\varphi}^n(\widetilde{y})<\widetilde{\varphi}^n(\widetilde{x}+1)=\widetilde{x}+1<\widetilde{y}+1$, またもし $\widetilde{y}>\widetilde{\varphi}(\widetilde{y})$ ならば $\widetilde{y}>\widetilde{\varphi}(\widetilde{y})>\cdots>\widetilde{\varphi}^n(\widetilde{y})>\widetilde{\varphi}(\widetilde{x})=\widetilde{x}>\widetilde{y}-1$. したがって φ は固定点以外の周期点をもたない.

逆に φ が固定点をもたないと仮定しよう. このとき φ の持ち上げ $\widetilde{\varphi}$ で, 任意の $\widetilde{x}\in\mathbb{R}$ について $0<\widetilde{\varphi}(\widetilde{x})-\widetilde{x}<1$ を満たすものが存在する. $\widetilde{\varphi}$ は周期 1 の周期関数であるから, $\delta>0$ を選んで $\delta\leqq\widetilde{\varphi}(\widetilde{x})-\widetilde{x}\leqq 1-\delta$ が成立するようにできる. そうすると $\widetilde{\varphi}^n(\widetilde{x})-\widetilde{x}=(\widetilde{\varphi}^n(\widetilde{x})-\widetilde{\varphi}^{n-1}(\widetilde{x}))+\cdots+(\widetilde{\varphi}^2(\widetilde{x})-\widetilde{\varphi}(\widetilde{x}))+(\widetilde{\varphi}(\widetilde{x})-\widetilde{x})\geqq n\delta$ より $\widetilde{\rho}(\widetilde{\varphi})\geqq\delta$. 同様に $\widetilde{\rho}(\widetilde{\varphi})\leqq 1-\delta$ も成り立つから $\rho(\varphi)\neq 0$ である.

次に $\rho(\varphi)$ が一般の有理数の場合．互いに素な p,q を用いて $\rho(\varphi)=\dfrac{p}{q}$ とおけば，$\rho(\varphi^q)=q\rho(\varphi)=0$ より $\varphi^q(x)=x$ なる周期点 $x\in S^1$ が存在する．このの x の周期 q' が q より真に小さければ，$q'\rho(\varphi)=\rho(\varphi^{q'})=0$ より $\dfrac{p}{q}=\dfrac{p'}{q'}$ なる p' が存在するから，p,q が互いに素であることに反する．よって x の周期はちょうど q である．逆に φ が周期 q の周期点 $x\in S^1$ をもつならば x は φ^q の固定点であるから $q\rho(\varphi)=\rho(\varphi^q)=0$. よって q を割り切る q' および q' と素な p' が存在して $\rho(\varphi)=\dfrac{p'}{q'}$ と書ける．もし $q'<q$ ならば $\varphi^{q'}$ は固定点および固定点でない周期点を同時にもつことになり，$\rho(\varphi)=0$ の場合の議論に反する．したがって $q'=q$ であり，いいかえれば $\rho(\varphi)$ は q と素な p を用いて $\rho(\varphi)=\dfrac{p}{q}$ と表される． ∎

最後に回転数 $\rho(\varphi)$ が，離散力学系 φ に関して連続的に変化することを示す．そのために S^1 の向きを保つ同相写像全体のなす空間に位相を入れる必要がある．まず S^1 上の距離を $d(x,y)=\inf\limits_{p(\tilde{x})=x,\ p(\tilde{y})=y}|\tilde{x}-\tilde{y}|$ で定める．次に S^1 から自分自身への同相写像の全体を $\mathrm{Homeo}(S^1)$，向きを保つ同相写像の全体を $\mathrm{Homeo}_+(S^1)$ とおき，同相写像 $\varphi,\psi\colon S^1\to S^1$ に対して

$$d_0(\varphi,\psi)=\sup_{x\in S^1}d(\varphi(x),\psi(x))+\sup_{x\in S^1}d(\varphi^{-1}(x),\psi^{-1}(x))$$

と定義すると，この d_0 は $\mathrm{Homeo}(S^1)$ 上の距離となっている．d_0 の定義における第2項は，距離 d_0 に関して $\mathrm{Homeo}(S^1)$ が完備となるためにつけ加えたものであり，この項を落としても $\mathrm{Homeo}(S^1)$ に定める位相は変わらない．

命題 5.4　同相写像の合成をとる対応

$$\mathrm{Homeo}(S^1)\times\mathrm{Homeo}(S^1)\to\mathrm{Homeo}(S^1),\quad(\varphi,\psi)\mapsto\varphi\circ\psi$$

および逆写像をとる対応

$$\mathrm{Homeo}(S^1)\to\mathrm{Homeo}(S^1),\quad\varphi\mapsto\varphi^{-1}$$

は，距離 d_0 に関して連続である．

［証明］　$\varphi,\psi\colon S^1\to S^1$ を同相写像，$\varepsilon>0$ を任意の正数とする．φ は一様連続であるから，$0<\delta<\varepsilon$ を選んで，$y,y'\in S^1$, $d(y,y')<\delta$ のとき $d(\varphi(y),\varphi(y'))<\varepsilon$ が成り立つようにできる．このとき同相写像 $\overline{\varphi},\overline{\psi}\colon S^1\to S^1$ を

$d_0(\varphi, \overline{\varphi}) < \varepsilon$, $d_0(\psi, \overline{\psi}) < \delta$ を満たすようにとれば，各 $x \in S^1$ に対して $d(\psi(x), \overline{\psi}(x)) < \delta$ であるから，

$$\begin{aligned} d(\varphi \circ \psi(x), \overline{\varphi} \circ \overline{\psi}(x)) &\leqq d(\varphi(\psi(x)), \varphi(\overline{\psi}(x))) + d(\varphi(\overline{\psi}(x)), \overline{\varphi}(\overline{\psi}(x))) \\ &< \varepsilon + \varepsilon = 2\varepsilon. \end{aligned}$$

同様に $d(\psi^{-1} \circ \varphi^{-1}(x), \overline{\psi}^{-1} \circ \overline{\varphi}^{-1}(x)) < 2\varepsilon$ でもあるから，結局 $d_0(\varphi \circ \psi, \overline{\varphi} \circ \overline{\psi}) < 4\varepsilon$ が成り立つ．すなわち写像の合成はこの位相に関して連続である．逆写像をとる対応は定義によって等長で，したがって連続である． ∎

定理 5.5 向きを保つ同相写像に回転数を対応させる写像

$$\rho\colon \operatorname{Homeo}_+(S^1) \to \mathbb{R}/\mathbb{Z}$$

は距離 d_0 に関して連続である．

［証明］ 実数空間 $\mathbb{R}$ の同相写像 $\widetilde{\varphi}\colon \mathbb{R} \to \mathbb{R}$ で $\widetilde{\varphi}(\widetilde{x}+1) = \widetilde{\varphi}(\widetilde{x})+1$ を満たすものの全体を $\operatorname{PerHomeo}(\mathbb{R})$ とおく．$\operatorname{PerHomeo}(\mathbb{R})$ には整数の全体 $\mathbb{Z}$ が，平行移動 $\widetilde{\varphi} \mapsto \widetilde{\varphi}+n$，$(\widetilde{\varphi}+n)(\widetilde{x}) = \widetilde{\varphi}(\widetilde{x})+n$，によって作用しており，持ち上げの存在(命題 5.1)は，集合として $\operatorname{Homeo}_+(S^1) \cong \operatorname{PerHomeo}(\mathbb{R})/\mathbb{Z}$ が成り立つことを意味する．さらに $\operatorname{PerHomeo}(\mathbb{R})$ の距離 d_0 を

$$d_0(\widetilde{\varphi}, \widetilde{\psi}) = \sup_{\widetilde{x} \in \mathbb{R}} d(\widetilde{\varphi}(\widetilde{x}), \widetilde{\psi}(\widetilde{x})) + \sup_{\widetilde{x} \in \mathbb{R}} d(\widetilde{\varphi}^{-1}(\widetilde{x}), \widetilde{\psi}^{-1}(\widetilde{x}))$$

で定義すれば $\operatorname{Homeo}_+(S^1) \cong \operatorname{PerHomeo}(\mathbb{R})/\mathbb{Z}$ は位相空間としての同型をも与える．したがって回転数の定義に用いた写像 $\widetilde{\rho}\colon \operatorname{PerHomeo}(\mathbb{R}) \to \mathbb{R}$ が連続であることをいえば十分である．そのために，有理数 $\dfrac{p}{q}$ に対して $A_{p/q} = \{\widetilde{\varphi} \in \operatorname{PerHomeo}(\mathbb{R});\ \widetilde{\rho}(\widetilde{\varphi}) < p/q\}$ で与えられる $\operatorname{PerHomeo}(\mathbb{R})$ の部分集合を考える．条件 $\widetilde{\varphi} \in A_{p/q}$ は $\widetilde{\rho}(\widetilde{\varphi}^q) < p$ と書き換えられる．定理 5.3 の証明より，これは任意の $\widetilde{x} \in \mathbb{R}$ に対して $\widetilde{\varphi}^q(\widetilde{x}) < \widetilde{x}+p$ が成立することと同値である．一方 $\widetilde{\varphi}$ は周期関数であるから，最後の条件は，適当な $\delta > 0$ が存在して，任意の $\widetilde{x} \in \mathbb{R}$ に対して $\widetilde{\varphi}^q(\widetilde{x}) \leqq \widetilde{x}+p-\delta$ が成り立つこととも同値である．よって $\operatorname{PerHomeo}(\mathbb{R})$ の位相に関して q 回の繰り返しをとる写像 $\widetilde{\varphi} \mapsto \widetilde{\varphi}^q$ が連続であることから(命題 5.4 参照)，これを満たす $\widetilde{\varphi}$ の全体 $A_{p/q}$ は開集合をなす．同様に部分集合 $B_{p/q} = \{\widetilde{\varphi} \in \operatorname{PerHomeo}(\mathbb{R});\ \widetilde{\rho}(\widetilde{\varphi}) > p/q\}$ も開集合であるから，有理数を端点とする開区間 $(p'/q', p/q)$ の $\widetilde{\rho}$ による逆像 $\widetilde{\rho}^{-1}(p'/q', p/q) =$

$B_{p'/q'} \cap A_{p/q}$ も開集合である．このような開区間全体が $\mathbb{R}$ の位相を生成しているから，写像 $\widetilde{\rho}$: PerHomeo($\mathbb{R}$) $\to \mathbb{R}$ は連続である． ∎

例 5.6　複素2次行列 $A=\begin{pmatrix} a & b \\ c & d \end{pmatrix}$ は1次分数変換 $\varphi_A\colon z \mapsto \dfrac{az+b}{cz+d}$ としてRiemann 球面 $\mathbb{C}\cup\{\infty\}$ に作用する．もし行列 A の各成分 a, b, c, d が実数であれば，φ_A は実軸 $\mathbb{R}\cup\{\infty\}\subset\mathbb{C}\cup\{\infty\}$ を保つ．実軸 $\mathbb{R}\cup\{\infty\}$ は S^1 と同相であるから，φ_A を S^1 の同相写像とみなすことができる．特に実2次特殊線形群 $SL_2(\mathbb{R})=\{A;\ \det A=1\}$ は S^1 に作用していると考えてよい．このとき写像 $\varphi_A\colon S^1\to S^1$, $A\in SL_2(\mathbb{R})$，の回転数 $\rho(\varphi_A)$ を求めよう．行列 A が実固有値 λ をもつ場合，これに対応する固有ベクトルを (u,v) とおけば，実軸上の点 $x=\dfrac{u}{v}$ の φ_A による像は

$$\frac{a(u/v)+b}{c(u/v)+d}=\frac{au+bv}{cu+dv}=\frac{\lambda u}{\lambda v}=x.$$

したがって φ_A は固定点をもち $\rho(\varphi_A)=0$. 行列 A の固有値が虚数である場合，その固有値は実数 θ を用いて $e^{\pm\theta\sqrt{-1}}$ と表され，適当な実行列 P を用いて A を

$$A=P^{-1}\begin{pmatrix} \cos\theta & -\sin\theta \\ \sin\theta & \cos\theta \end{pmatrix}P$$

と書くことができる．P に対応する1次分数変換 φ_P は実軸 $\mathbb{R}\cup\{\infty\}$ を保つから，$\mathbb{R}\cup\{\infty\}\approx S^1$ の座標変換と見なすことができ，変換 φ_P を共役写像として φ_A は $\dfrac{\theta}{2\pi}$-回転 $R_{\theta/2\pi}$ と位相共役である．これより φ_A の回転数は $\det P>0$, $\det P<0$ に従って $\rho(\varphi_A)=\dfrac{\theta}{2\pi}$ あるいは $\rho(\varphi_A)=-\dfrac{\theta}{2\pi}$ で与えられる．

例えば，行列

$$A=\begin{pmatrix} 1 & a \\ 0 & 1 \end{pmatrix},\quad B=\begin{pmatrix} 1 & 0 \\ -a & 1 \end{pmatrix},\quad -2<a<2$$

に対応する1次分数変換 φ_A, φ_B はそれぞれ $\infty, 0$ を固定点とするから回転数は0である．一方で A と B との積 $AB=\begin{pmatrix} 1-a^2 & a \\ -a & 1 \end{pmatrix}$ は回転行列

$$\begin{pmatrix} \cos\theta & -\sin\theta \\ \sin\theta & \cos\theta \end{pmatrix}, \quad \theta = 2\,\mathrm{Arcsin}(a/2)$$

と共役であり，AB に対応する φ_{AB} の回転数は $\mathrm{Arcsin}(a/2)/\pi$ で与えられる．特に $\rho\colon \mathrm{Homeo}_+(S^1) \to \mathbb{R}/\mathbb{Z}$ は群の準同型写像ではない．　□

写像 $\rho\colon \mathrm{Homeo}_+(S^1) \to \mathbb{R}/\mathbb{Z}$ は，見方を変えれば，同相写像 $\varphi\colon S^1 \to S^1$ に力学系的性質の近い回転 $R_{\rho(\varphi)}$ を対応させる写像と考えることができる．定理5.5は ρ が連続であることを述べたものであるが，ρ はさらにホモトピー同値写像でもある．すなわち回転 R_α を $\alpha \in \mathbb{R}/\mathbb{Z}$ と同一視することによって $\mathbb{R}/\mathbb{Z}$ を $\mathrm{Homeo}_+(S^1)$ の部分空間と見なしたとき，連続的に $\mathrm{Homeo}_+(S^1)$ を $\mathbb{R}/\mathbb{Z}$ に変形することが可能である(ホモトピー同値の正確な定義については，佐藤肇『位相幾何』§1.2を参照されたい)．証明は以下の通り．

向きを保つ同相写像 $\varphi\colon S^1 \to S^1$ に対し，$\widetilde{\varphi}\colon \mathbb{R} \to \mathbb{R}$ をその持ち上げとし，$\widetilde{\alpha} = \widetilde{\rho}(\widetilde{\varphi})$ とおく．また $T_{\widetilde{\alpha}}\colon \mathbb{R} \to \mathbb{R}$ で平行移動 $\widetilde{x} \mapsto \widetilde{x} + \widetilde{\alpha}$ を表す．このときパラメーター $0 \leqq t \leqq 1$ をもつ写像の族 $\widetilde{\varphi}_t\colon \mathbb{R} \to \mathbb{R}$, $\widetilde{x} \mapsto t\widetilde{\varphi}(\widetilde{x}) + (1-t)T_{\widetilde{\alpha}}(\widetilde{x})$ は，$\widetilde{\varphi}_t(\widetilde{x}+1) = \widetilde{\varphi}_t(\widetilde{x}) + 1$ を満たすから，族 $\varphi_t\colon S^1 \to S^1$ を定義する．$\widetilde{\varphi}, T_{\widetilde{\alpha}}$ がともに単調増加であることから各 φ_t は同相写像である．また異なる持ち上げ $\widetilde{\widetilde{\varphi}} = \widetilde{\varphi} + k$, $k \in \mathbb{Z}$ について $\widetilde{\rho}(\widetilde{\widetilde{\varphi}}) = \widetilde{\rho}(\widetilde{\varphi}) + k$ が成り立つことから φ_t, $0 \leqq t \leqq 1$, は持ち上げ $\widetilde{\varphi}$ のとり方によらない．最後に $\varphi_0 = R_{\rho(\varphi)}$, $\varphi_1 = \varphi$ に注意すれば，写像 $r_t\colon \mathrm{Homeo}_+(S^1) \to \mathrm{Homeo}_+(S^1)$, $\varphi \mapsto \varphi_t$ が $r_0 = \rho$, $r_1 = \mathrm{id}$ を満たし，したがって $\mathrm{Homeo}_+(S^1)$ から $\mathbb{R}/\mathbb{Z} = \rho(\mathrm{Homeo}_+(S^1))$ への連続的変形を与えることがわかる．

§5.2　一 般 論

回転数は S^1 の同相写像の力学系的性質を記述するための道具であるが，そのためには，コンパクト距離空間上の力学系の一般論が必要となる．この節では第1部で触れることのできなかったものについて簡単に述べる．

(a) 軌　道

コンパクト距離空間 X を**相空間**(phase space)とする離散力学系，すなわち同相写像 $\varphi\colon X\to X$ を考える．点 $x\in X$ に対して，$\{\cdots,\varphi^{-n}(x),\cdots,x,\varphi(x),\varphi^2(x),\cdots,\varphi^n(x),\cdots\}$ を x の**軌道**(orbit, trajectory)，$\{x,\varphi(x),\cdots,\varphi^n(x),\cdots\}$ を x の**正の(半)軌道**(forward orbit, positive semi-trajectory)と呼び，これらの性質を調べるのが力学系理論の主な目的である．

さて点 $x\in X$ に対し，その漸近挙動を表す X の部分集合として，x の **ω-極限集合**(ω-limit set)を

$$\omega(x)=\{z\in X;\ 適当な部分列\{n_i\},\ n_i\to\infty に対して \varphi^{n_i}(x)\to z\}$$

で定義する．いいかえれば $\omega(x)$ は x の正の軌道 $\{x,\varphi(x),\cdots,\varphi^n(x),\cdots\}$ の "集積点" の全体であるが，このとき集積点は部分集合としてではなく点列として考えていることに注意する．特に x が周期点である場合には $\omega(x)$ は x の軌道と一致する．

命題 5.7　コンパクト空間上の同相写像 $\varphi\colon X\to X$ に対し，ω-極限集合 $\omega(x)$ は φ-不変な空でない閉集合である．

［証明］　$y\notin\omega(x)$ は，y の適当な近傍 U をとれば $\varphi^n(x)\in U$ なる n が有限個に限ることと同値である．このような U の内部の点は再び $\omega(x)$ の補集合に属するから，$\omega(x)$ は閉集合である．次に $\varphi^{n_i}(x)\to z$ のとき，φ および φ^{-1} の連続性より $\varphi^{n_i+1}(x)=\varphi(\varphi^{n_i}(x))\to\varphi(z)$，$\varphi^{n_i-1}(x)=\varphi^{-1}(\varphi^{n_i}(x))\to\varphi^{-1}(z)$ が成り立つから $\varphi(\omega(x))\subset\omega(x)$ かつ $\varphi^{-1}(\omega(x))\subset\omega(x)$．すなわち $\omega(x)$ は φ-不変である．最後に X がコンパクトであることから，点列 $\{\varphi^n(x)\}_{n=1,2,\cdots}$ は収束部分列をもつ．よって $\omega(x)$ は空集合ではない． ∎

S^1 の回転 $R_\alpha\colon S^1\to S^1$ について，α が有理数 $\alpha=\dfrac{p}{q}$ のとき，$x\in S^1$ の正の軌道は有限集合

$$\left\{x,\ x+\frac{p}{q},\ x+\frac{2p}{q},\ \cdots,\ x+\frac{(q-1)p}{q}\right\}$$

であるから，x の ω-極限集合もこの集合と等しい．一方 α が無理数のとき，任意の $x\in S^1$ の正の軌道は S^1 で稠密であったから $\omega(x)=S^1$ である(§1.1

(b)系 1.2).

点 x の ω-極限集合 $\omega(x)$ は，x の時間発展の極限を表す部分集合であるから，条件 $x\in\omega(x)$ は，点 x が強い再帰性をもつことを意味する．これに比べれば測度論的力学系に対する Poincaré の再帰定理(§2.2(a))の保証する再帰性はもう少し弱い．この弱い再帰性に対応する位相力学系の概念である非遊走性について述べよう．点 $x\in X$ が同相写像 $\varphi\colon X\to X$ の**遊走点**(wandering point)であるとは，適当な x の近傍 U をとれば，任意の $n\geqq 1$ に対して $U\cap\varphi^n(U)=\varnothing$ が成立することをいう．このとき異なる整数 n, m に対して $\varphi^n(U)\cap\varphi^m(U)=\varnothing$ が成り立つことは容易に確かめられるであろう．すなわち遊走点の近傍を見る限り φ は**散逸的**(dispersive)であり，この中には力学系として興味のある現象は発生しない．遊走点でない点を**非遊走点**(non-wandering point)という．すなわち $x\in X$ が φ の非遊走点とは，x の任意の近傍 U に対して適当な $n\geqq 1$ をとれば $U\cap\varphi^n(U)\neq\varnothing$ が成り立つことである(図 5.2)．非遊走点の全体を**非遊走集合**(non-wandering set)とよび，φ の非遊走集合を $\Omega(\varphi)$ で表す．同相写像 φ の力学系としての本質的な挙動は $\Omega(\varphi)$ で観測されると考えてよい．

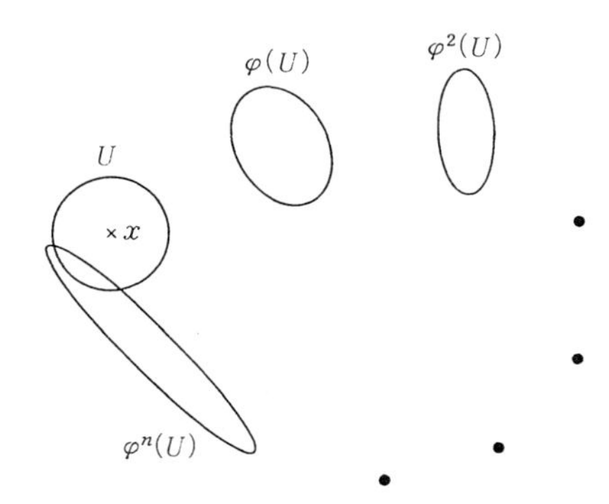

図 5.2　非遊走点

命題 5.8　コンパクト空間上の同相写像 $\varphi\colon X\to X$ に対し，非遊走集合 $\Omega(\varphi)$ は φ-不変な空でない閉集合である．

[証明]　定義から遊走集合 $X\setminus\Omega(\varphi)$ は開集合で，かつ φ-不変であるから，

非遊走集合 $\Omega(\varphi)$ は φ-不変な閉集合である．空でないことを示すために，任意に点 $x \in X$ をとり，さらにその ω-極限集合 $\omega(x)$ から任意に1点 z を選ぶ．z の任意の近傍 U に対し，$\omega(x)$ の定義より $\varphi^n(x) \in U$ なる n が無限個存在する．そのような整数 n, m, $n < m$ に対して $\varphi^{m-n}(U) \ni \varphi^{m-n}(\varphi^n(x)) = \varphi^m(x)$ より $U \cap \varphi^{m-n}(U) \neq \varnothing$ であるから z は非遊走点である．すなわち非遊走集合 $\Omega(\varphi)$ は任意の点の ω-極限集合を部分集合として含む．命題5.7より各 ω-極限集合は空ではなかったから，非遊走集合も空ではない． ∎

(b)　極小集合

一般に力学系 $\varphi\colon X \to X$ が与えられたとき，相空間 X の部分集合 M が φ の**極小集合**(minimal set)であるとは，M が φ-不変な空でない閉部分集合であって，しかもこの性質をもつ M の部分集合が M 自身に限ることをいう．相空間自体が極小集合であるような力学系を**極小**(minimal)と呼ぶ．定義からわかるように極小集合あるいは極小力学系は，位相力学系を分解して研究する際の最小単位となるべき対象である．次の定理は相空間がコンパクトである場合には，つねにこのような部分集合が存在することを保証する．証明には選択公理と同等なZornの補題が必要である．Zornの補題についてはシリーズ「現代数学への入門」『現代数学の流れ1』§2.1を参照されたい．

定理5.9　コンパクト空間 X の離散力学系 $\varphi\colon X \to X$ は極小集合をもつ．

[証明]　X の空でない φ-不変閉部分集合の全体を $\mathfrak{I}$ とおく．この $\mathfrak{I}$ は包含関係に関して順序集合をなす．まず $\mathfrak{I}$ は X を含むから空集合ではない．次に $\mathfrak{A}$ を $\mathfrak{I}$ の全順序部分集合とする．$\mathfrak{A}$ から有限個の $A_i \in \mathfrak{A}$ をとれば，包含関係について最小元 A_{i_0} が存在するから $\bigcap A_i = A_{i_0} \neq \varnothing$．したがって X がコンパクトであることから，有限交叉性によって $A_0 = \bigcap_{A \in \mathfrak{A}} A \neq \varnothing$．$A_0$ が φ-不変な閉集合であることは容易にわかるから，A_0 は $\mathfrak{I}$ の順序に関して $\mathfrak{A}$ の下限を与えている．$\mathfrak{I}$ の任意の全順序部分集合が下限をもつから，Zornの補題より $\mathfrak{I}$ は極小元をもつ．この極小元が求める極小集合である． ∎

S^1 の回転 $R_\alpha\colon S^1 \to S^1$ について，α が有理数 $\alpha = \dfrac{p}{q}$ のとき，任意の $x \in S^1$ の正の軌道

$$\left\{x,\ x+\frac{p}{q},\ x+\frac{2p}{q},\ \cdots,\ x+\frac{(q-1)p}{q}\right\}$$

はそれ自体が極小集合である．α が無理数のとき，任意の $x\in S^1$ の正の軌道は S^1 で稠密であるから，極小集合は S^1 のみである．

空間 X が与えられたとき，この上に極小な離散力学系 $\varphi\colon X\to X$ が存在するか否かは，大変興味ある問題である．これに関して，X が連結な閉多様体である場合，極小力学系が存在するためには X の Euler 数についての条件 $\chi(X)=0$ が必要であること，逆に X が自由な S^1 の作用をもつ場合には極小な可微分同相写像が存在することが知られている（Fuller [16], Fathi–Herman [17]）．ただし**閉多様体**(closed manifold)とは，コンパクトで境界をもたない多様体をさす．

命題 5.10　X を連結な多様体とする．X 上の力学系 $\varphi\colon X\to X$ の極小集合 M の内部が空でなければ，M は全空間 X と一致する．

［証明］　極小集合 M の内部が空でなければ，境界 $\dot{M}$ は M の真部分集合でしかも閉集合．φ は M を保つ同相写像であるから $\dot{M}$ をも保つ．すなわち $\dot{M}$ は φ-不変な閉集合である．したがって M が極小であることから $\dot{M}=\varnothing$．これは M が開かつ閉であることを示しており，X の連結性より $M=X$ が従う．∎

力学系が位相可遷性をもつ，あるいは**位相推移的**(topologically transitive)とは適当な点の軌道が相空間で稠密であるときをいい，推移的でない力学系を**非推移的**(intransitive)という．また力学系が極小であるのは，すべての点の軌道が相空間で稠密であることと同値である．

系 5.11　同相写像 $\varphi\colon S^1\to S^1$ の極小集合は次のいずれかである．

（i）　有限集合，

（ii）　S^1 全体，

（iii）　完全かつ完全不連結な集合．

ただし空間 M が**完全**(perfect)とはその各点が M の集積点となること，**完全不連結**(totally disconnected)とは各点の連結成分が 1 点のみよりなることをいう．S^1 の完全かつ完全不連結な部分集合は，いわゆる Cantor 集合と同相となる．

［証明］ $M\subset S^1$ を $\varphi\colon S^1\to S^1$ の極小集合とし，(i)あるいは(ii)のいずれでもないと仮定する．M の集積点の全体を M^b とおく．M は有限集合ではないから，S^1 のコンパクト性より $M^b\neq\varnothing$．M^b は M の閉部分集合でかつ φ-不変であるから，M の極小性より $M^b=M$，すなわち M は完全である．次に $x,y\in M$ を異なる2点とする．このとき M が内点を含まないことから，x から y へ至る弧および y から x へ至る弧は，それぞれ M に属さない点 z,z' を含む(図5.3)．したがって x と y とは異なる連結成分に属するから，結局 M の各点の連結成分は1点のみよりなる． ∎

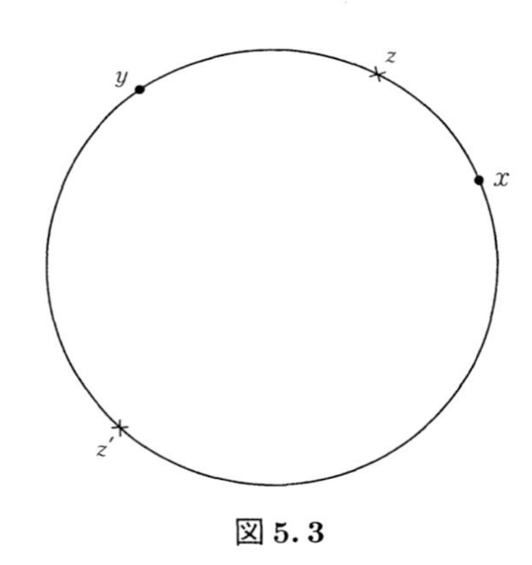

図 5.3

(c) 不変測度

この項ではコンパクト距離空間上の同相写像がつねに不変測度をもつことを示す．そのためには次の Riesz–Markov–角谷の定理が必要である．

X をコンパクト距離空間，$C(X)$ を X 上の実数値連続関数全体のなす線形空間とする．$C(X)$ は一様ノルム

$$\|f\|=\sup_{x\in X}|f(x)|$$

によって Banach 空間の構造をもつ．第1部では記号 $|||\ |||$ を用いたが，以降は一様ノルムに関しても記号 $\|\ \|$ を用いる．

定理 5.12 (Riesz–Markov–角谷) 一様ノルムに関する $C(X)$ 上の連続線形汎関数 $\mu\colon C(X)\to\mathbb{R}$ の全体 $C(X)'$ は自然に X 上の符号つき測度と一致する. □

ここで**符号つき測度**(signed measure, Radon measure)とは, X の位相的 Borel 集合の全体 $\mathcal{B}(X)$ 上定義された実数値関数 $\mu\colon\mathcal{B}(X)\to\mathbb{R}$ で, 可算直和 $\bigsqcup A_i$ に対して $\mu(\bigsqcup A_i)=\sum\mu(A_i)$ を満たすものをいう. ただし $\bigsqcup A_i$ は互いに素, すなわち $A_i\cap A_j=\varnothing$ なる可算部分集合族 $\{A_i\}$ の和集合 $\bigcup A_i$ を表す記号であり, また右辺 $\sum\mu(A_i)$ は絶対収束を表す. 定理 5.12 および次の命題 5.13 は小谷眞一『測度と確率』§4.2 の定理 4.10, 定理 4.18 と同じものである. 詳しくはそちらを参照されたい. 定理 5.12 を認めた上で, **正規測度**(normal measure), いいかえれば $\mu(X)=1$ および任意の可測集合 A に対して $\mu(A)\geqq 0$ を満たす測度 μ の全体を $\mathfrak{M}$ とおく. この $\mathfrak{M}$ は, $C(X)'$ の部分集合と見たときには条件

(i) $\mu(1)=1$,

(ii) $f\geqq 0$ ならば $\mu(f)\geqq 0$

を満たす μ の全体と一致する.

さて符号つき測度全体のなす空間 $C(X)'$ に $C(X)$ の元による**評価写像**(evaluation map)を用いて位相を入れる. すなわち各 $f\in C(X)$ に対して $\mathrm{ev}_f\colon C(X)'\to\mathbb{R}$ を $\mu\mapsto\mu(f)$ によって定め, $C(X)'$ の位相として, すべての評価写像 ev_f が連続となるような最小の位相を採用するのである. いいかえれば $C(X)'$ の列 $\{\mu_n\}$ が μ_∞ に収束するのは, 任意の $f\in C(X)$ に対して数列 $\{\mu(f)\}$ が $\mu_\infty(f)$ に収束するときである. この位相を $C(X)'$ の**汎弱位相**(weak * topology) と呼ぶ.

命題 5.13 正規測度の全体 $\mathfrak{M}$ は汎弱位相に関してコンパクトである.

[証明] ここでは $\mathfrak{M}$ が点列コンパクトであることの証明を述べる. まず X がコンパクトであることから, 連続関数全体の空間 $C(X)$ が可分であることが従う. 例えば小谷眞一『測度と確率』§1.5 を参照されたい. これを認めて, $D=\{f_i\}$ を $C(X)$ の可算な稠密部分集合とする. まず f_1 に対して, 各 $x\in X$ について $-\|f_1\|\leqq f_1(x)\leqq\|f_1\|$ であることから, 条件(i), (ii)より

$-\|f_1\| \leqq \langle \mu_n, f_1 \rangle \leqq \|f_1\|$ が従う．よって $\{\mu_n\}$ の適当な部分列 $\{\mu_{1m}\}$ を選び，数列 $\{\langle \mu_{1m}, f_1 \rangle\}$ が収束するようにできる．次に $f_2 \in D$ と $\{\mu_{1m}\}$ に対して同様に $\{\langle \mu_{1m}, f_2 \rangle\}$ を考えれば，$\{\mu_{1m}\}$ の部分列 $\{\mu_{2m}\}$ であって，数列 $\langle \mu_{2m}, f_2 \rangle$ が収束するものを構成できる．このとき $\{\mu_{2m}\}$ は $\{\mu_{1m}\}$ の部分列であるから，数列 $\langle \mu_{2m}, f_1 \rangle$ もまた収束している．この議論を繰り返して，各 f_k に対して $\{\langle \mu_{km}, f_k \rangle\}$ が収束するように部分列 $\{\mu_{km}\}$ をとる．ここで対角線上にある列 $\{\mu_{\ell\ell}\}$ を改めて $\{\mu_\ell\}$ と書き，これが求める部分列であることを以下で証明する．

まず列 $\{\mu_\ell\}$ の $\ell \geqq k$ の部分は $\{\mu_{km}\}$ の部分列であるから，数列 $\langle \mu_\ell, f_k \rangle$, $\ell = 1, 2, \cdots$ は収束する．次に任意の $f \in C(X)$ および任意の $\varepsilon > 0$ に対し，D が $C(X)$ で稠密であったことから，$\|f - f_i\| < \varepsilon$ を満たす $f_i \in D$ が存在する．数列 $\langle \mu_\ell, f_i \rangle$ が収束することから，十分大きい N をとれば，$\ell, \ell' > N$ のとき $|\langle \mu_\ell, f_i \rangle - \langle \mu_{\ell'}, f_i \rangle| < \varepsilon$ が成り立つ．ここで μ_ℓ は正規測度であったから $|\langle \mu_\ell, f \rangle - \langle \mu_\ell, f_i \rangle| \leqq \|f - f_i\| < \varepsilon$．これは $\mu_{\ell'}$ についても正しいから，結局 $|\langle \mu_\ell, f \rangle - \langle \mu_{\ell'}, f \rangle| < 3\varepsilon$ が成り立つ．したがって任意の $f \in C(X)$ に対して $\langle \mu_\ell, f \rangle$ は Cauchy 列であって収束する．各 $f \in C(X)$ に対して極限 $\lim \langle \mu_\ell, f \rangle$ を対応させる写像 $C(X) \to \mathbb{R}$ を μ_∞ と書くとき，この μ_∞ が連続な線形汎関数であり，$\mathfrak{M}$ に属することをいえば証明が終わる．μ_∞ の線形性は，各 μ_ℓ および極限をとる操作が線形であることから従う．また各 μ_ℓ が条件(i), (ii)を満たすことから，極限 $\mu_\infty \colon C(X) \to \mathbb{R}$ もこれらの条件を満足する．したがってあとは μ_∞ の連続性さえ示せばよい．任意の $\varepsilon > 0$ に対し，$\|f - g\| < \varepsilon$ を満たす関数 $f, g \in C(X)$ をとれば，$-\varepsilon < f(x) - g(x) < \varepsilon$ より $-\varepsilon = \mu_\infty(-\varepsilon) \leqq \mu_\infty(f) - \mu_\infty(g) \leqq \mu_\infty(\varepsilon) = \varepsilon$ が成り立つ．これは写像 $\mu_\infty \colon C(X) \to \mathbb{R}$ が連続であることを示している． ∎

以上の準備の下で，この項の目標である次の定理を証明しよう．

定理 5.14 (Bogolyubov–Krylov)　X をコンパクト距離空間とするとき，任意の連続写像 $\varphi \colon X \to X$ は不変測度をもつ．

[証明]　連続写像 $\varphi \colon X \to X$ は X 上の測度 μ に対して新たな測度 $\varphi_*\mu$, $\varphi_*\mu(A) = \mu(\varphi^{-1}(A))$, を対応させる．これを φ による μ の像(image)と呼

ぶ．測度を X 上の連続関数全体の空間 $C(X)$ 上の連続線形汎関数と見なしたときには，これは φ による**引き戻し**(pull back) $\varphi^*: C(X) \to C(X)$, $f \mapsto \varphi^* f = f \circ \varphi$ の双対作用素に他ならない．このとき μ が φ の不変測度であるという条件は $\varphi_* \mu = \mu$ と表される．さて ν を X の任意の正規測度とし，この ν から

$$\nu_m = \frac{1}{m}(\nu + \varphi_* \nu + \cdots + \varphi_*^{m-1} \nu)$$

によって定義される測度の列 $\{\nu_m\}$ を考える．ν_m は ν が点 x での Dirac 測度 δ_x の場合には経験分布である(§1.6(c))．各 ν_m は正規測度であるから，命題 5.13 によって，列 $\{\nu_m\}$ は収束部分列 $\{\nu_{m'}\}$ をもつ．その極限を ν_∞ とおく．ここで

$$\varphi_* \nu_{m'} - \nu_{m'} = \frac{1}{m'} \sum_{k=0}^{m'-1} \varphi_*^{k+1} \nu - \frac{1}{m'} \sum_{k=0}^{m'-1} \varphi_*^k \nu = \frac{1}{m'} (\varphi_*^{m'} \nu - \nu)$$

より，任意の $f \in C(X)$ に対して

$$|\langle \varphi_* \nu_{m'} - \nu_{m'}, f \rangle| \leqq \frac{1}{m'} |\langle \varphi_*^{m'} \nu - \nu, f \rangle| \leqq \frac{2}{m'} \|f\|.$$

この式で $m' \to \infty$ の極限をとれば $\varphi_* \nu_\infty = \nu_\infty$．すなわち ν_∞ が求める不変測度の一つを与えている．∎

§5.3　S^1 の同相写像の力学系的構造

S^1 の同相写像の極小集合は

(i)　有限集合,

(ii)　S^1 全体,

(iii)　完全かつ完全不連結な集合

のいずれかであったから(§5.2(b)系 5.11)，これを用いて同相写像を分類する．

(a)　回転数が有理数の同相写像

向きを保つ同相写像 $\varphi\colon S^1 \to S^1$ の回転数 $\rho(\varphi)$ が有理数であったとしよう．このとき定理5.3より，同相写像 φ は周期点をもつ．

まず φ が固定点をもつ場合．φ の固定点の一つを x_0 とし，x_0 で S^1 を“開”けば，φ は区間 $I=[x_0, x_0+1]$ から自分自身への同相写像と見なすことができる(図5.4)．このとき $\varphi\colon I \to I$ の固定点の全体 $\mathrm{Fix}(\varphi)$ は I の閉集合であるから，その補集合は有限個あるいは可算個の開区間の非交叉和として表される．すなわち $I\backslash\mathrm{Fix}(\varphi)=\bigsqcup(x_i, y_i)$．この各開区間の端点 x_i, y_i は φ の固定点であり，φ は (x_i, y_i) の内部には固定点をもたない．したがって中間値の定理より，1点 $z_0 \in (x_i, y_i)$ が $\varphi(z_0)<z_0$ を満たせば，他のすべての $z\in(x_i, y_i)$ も $\varphi(z)<z$ を満たす．特に $\cdots<\varphi^n(z)<\cdots<\varphi(z)<z$ であるから各 z は φ の遊走点である．また極限 $\lim_{n\to\infty}\varphi^n(z)$ が存在することから，z の ω-極限集合は一つの固定点となる．$\varphi(z_0)>z_0$ の場合も同様である．

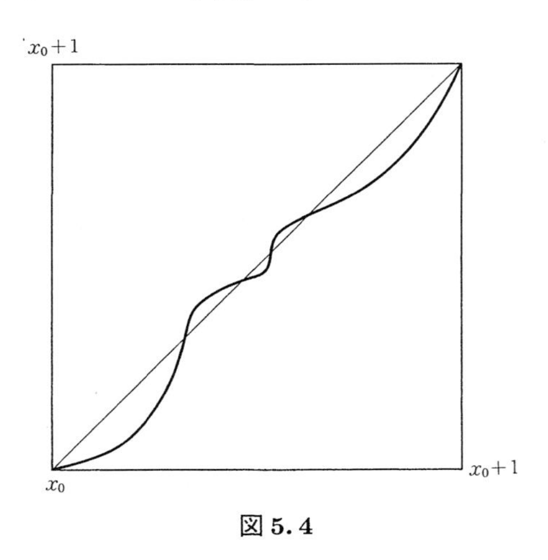

図5.4

次に φ が周期 q の周期点をもつ場合．x_0 を φ の周期点の一つとする．φ の回転数を q と素な p, $0<p<q$, を用いて $\rho(\varphi)=\dfrac{p}{q}$ と表せば，x_0 の φ による軌道上の点の S^1 上の配置は，回転 $R_{p/q}$ による配置と一致する．

すなわち軌道$\{x_0, \varphi(x_0), \cdots, \varphi^{q-1}(x_0)\}$の元に，$S^1$の向きの定める順序に従って$x_0, x_1, \cdots, x_{q-1}$と番号をふれば，$\varphi(x_0) = x_p$である．また$x_1$は$pp' \equiv 1 \bmod q$を満たす$p'$によって$\varphi^{p'}(x_0)$と与えられることがわかる．区間$I = [x_0, x_1]$，$\varphi(I), \cdots, \varphi^{q-1}(I)$は$S^1$の分割を与えるが，区間の$S^1$上の配置も$x_0$の軌道の配置と等しい(図5.5)．したがって$\varphi$の力学系的構造は回転数$\rho(\varphi)$と写像$\psi = \varphi^q\colon I \to I$によって決定される．一方$\psi$は区間の同相写像であるから，$\varphi$が固定点をもつ場合の議論がそのまま適用できる．よってφの周期点の全体$\mathrm{Per}(\varphi)$は閉部分集合で，任意の点のω-極限集合はそれぞれ一つの周期軌道である．以上をまとめると次の定理を得る．

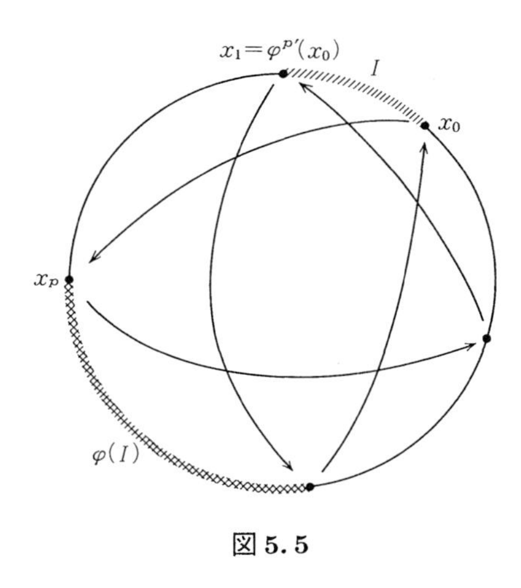

図5.5

定理5.15　向きを保つ同相写像$\varphi\colon S^1 \to S^1$の回転数$\rho(\varphi)$が有理数であれば，非遊走集合$\Omega(\varphi)$は$\varphi$の周期点の全体$\mathrm{Per}(\varphi)$と一致し，各点$x \in S^1$の$\omega$-極限集合は一つの周期軌道と一致する．特に$\varphi$の極小集合は周期軌道に限る． □

(b)　回転数が無理数で推移的な同相写像

次に回転数$\rho(\varphi)$が無理数であるような同相写像$\varphi\colon S^1 \to S^1$を扱う．この場合，定理5.3(§5.1(b))によって，φの極小集合は有限集合ではあり得ない．よって系5.11より極小集合はS^1全体か，あるいは完全かつ完全不連結な部分集合のいずれかである．この項ではS^1自身が極小となる場合を扱う．このとき力学系φは位相推移的であった．

同相写像$\varphi\colon S^1\to S^1$が自分自身を極小集合にもつと仮定する．定理5.14(§5.2(c))によってφは不変測度をもつから，その一つをμとおく．μは正規化されている，すなわち$\mu(S^1)=1$としてよい．測度μを用いてS^1に新たに座標を導入しよう．まず測度μはアトムをもたない，すなわち任意の$x\in S^1$に対して，xのみよりなる集合$\{x\}$の測度$\mu(\{x\})$は0である(§2.1(b))．実際，μがアトムをもてば，適当な$\delta>0$に対して$\mu(\{x\})\geqq\delta$を満たす$x\in S^1$が存在する．一方全測度$\mu(S^1)$が1であることから，このようなxは高々有限個である．これを$x_1,\cdots,x_N$とおくと，μがφ-不変であったから集合$\{x_1,\cdots,x_N\}$もφ-不変となり，特に各x_iはφの周期点となる．これは$\rho(\varphi)$が無理数であることに反する．次に測度μの**台**を

$$\mathrm{supp}(\mu)=\{x\in S^1;\ x\text{の任意の近傍}U\text{に対して}\mu(U)>0\}$$

によって定める．台$\mathrm{supp}(\mu)$は閉集合であり，μが不変測度であることからφ-不変部分集合である．したがって$\mathrm{supp}(\mu)=S^1$が成り立つ．

さて$0\in S^1$を基点と考えて，写像$h\colon S^1\to S^1\approx\mathbb{R}/\mathbb{Z}$を$x\mapsto\mu[0,x]=\int_0^x d\mu$で定義する．ただし区間$[0,x]$は$S^1$の向きにとる．このとき$\mu$がアトムをもたないことから写像$h$は連続であり，また$\mathrm{supp}(\mu)$が$S^1$に一致するから$h$は1対1となる．そうすると$S^1$がコンパクトなHausdorff空間であることからhは同相写像である．このhによって力学系φがどのように変換されるかを調べよう．

$$r=h(\varphi(0))=\int_0^{\varphi(0)}d\mu=\mu[0,\varphi(0)]$$

とおくと，$x\in S^1$に対し

$$h(\varphi(x))-h(\varphi(0))=\int_{\varphi(0)}^{\varphi(x)}d\mu=\int_0^x d\mu=h(x)\,.$$

したがって$h(\varphi(x))=h(x)+h(\varphi(0))=h(x)+r$．すなわち$\varphi$を$h$で変換した力学系$h\circ\varphi\circ h^{-1}\colon S^1\to S^1$は$r$-回転$R_r$に他ならない．よって$\varphi$は回転$R_r$

と位相共役であるが，回転数は位相共役で不変であったから $r=\rho(R_r)=\rho(\varphi)$ が成り立つ．以上で S^1 を極小集合とする同相写像の構造が決定された．次の項で S^1 の同相写像が位相推移的であれば，その極小集合は S^1 全体となることを示すから，結局次の定理が得られる．

定理 5.16　向きを保つ同相写像 $\varphi\colon S^1\to S^1$ が位相推移的であれば，φ の回転数 $\rho(\varphi)$ は無理数で，φ は $\rho(\varphi)$-回転と位相共役である．　□

(c)　回転数が無理数で非推移的な同相写像

同相写像 $\varphi\colon S^1\to S^1$ の回転数 $\rho(\varphi)$ が無理数で，かつ S^1 が極小集合とならない場合を考える．このとき極小集合の一つを M とすると，これは完全かつ完全不連結な集合であり，その補集合は，可算個の閉区間 I_i の内部の非交叉和として表される．すなわち $S^1\backslash M=\bigsqcup \operatorname{Int} I_i$．ここでは M を極小集合の一つとしたが，$\rho(\varphi)$ が無理数の場合には，次の命題によって極小集合は唯一つである．

命題 5.17　φ の非遊走集合 $\Omega(\varphi)$ は M に一致する．これより任意の $x\in S^1$ に対し $\omega(x)=\Omega(\varphi)$ であり，特に φ の極小集合は $\Omega(\varphi)$ のみである．

［証明］　M の点の ω-極限集合は M に一致するから，M は非遊走集合の部分集合である．したがって $\Omega(\varphi)\subset M$ をいえばよい．これが成り立たないとすれば，$z\in\Omega(\varphi)$ であって M に含まれないものが存在する．この z は $S^1\backslash M$ の連結成分である $\operatorname{Int} I_i$ のどれかに含まれる(図 5.6)．$\operatorname{Int} I_i$ は開集合

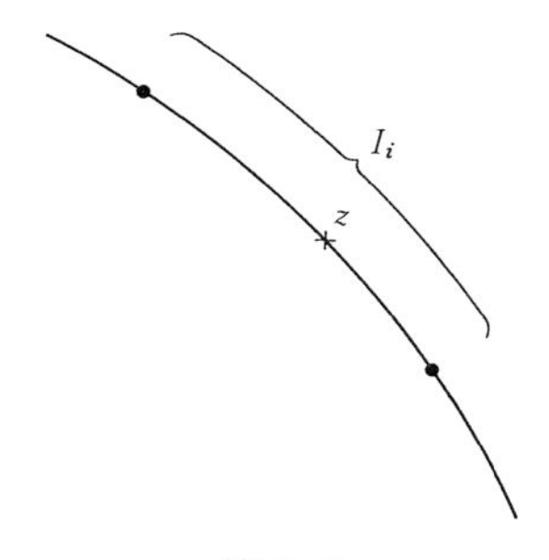

図 5.6

であるから，非遊走点の定義によって適当な m をとれば $\varphi^m(\operatorname{Int} I_i)\cap\operatorname{Int} I_i\neq\varnothing$．そうすると M が φ-不変であることから $\varphi^m(\operatorname{Int} I_i)=\operatorname{Int} I_i$ が成り立つ．このとき I_i の端点は φ^m で固定され，したがって φ の周期点となる．これは $\rho(\varphi)$ が無理数であることに反するから $\Omega(\varphi)\subset M$ が成立する． ∎

命題5.17によって，極小集合が S^1 と一致しなければ位相推移的でないことが導かれた．この場合も位相推移的な場合と同じく，不変測度 μ を用いて力学系 $\varphi\colon S^1\to S^1$ の解析を進めよう．Poincaréの再帰定理(§2.2(a))によって μ の台 $\operatorname{supp}(\mu)$ は非遊走集合 $\Omega(\varphi)$ に含まれるが，$\Omega(\varphi)$ 自身が極小であったから $\operatorname{supp}(\mu)=\Omega(\varphi)$ が成立する．位相推移的な場合と同じく写像 $h\colon S^1\to S^1\approx\mathbb{R}/\mathbb{Z}$ を $h(x)=\mu[0,x]=\int_0^x d\mu$ で定義すると，μ がアトムをもたないから h は連続となる．しかし $\operatorname{supp}(\mu)=\Omega(\varphi)\subsetneqq S^1$ より h は1対1ではなく，ちょうど $\Omega(\varphi)$ の補集合の連結成分の閉包である各閉区間 I_i をそれぞれ1点につぶす写像になっている．すなわち S^1 の同値関係を，適当な I_i が存在して $x,y\in I_i$ となるときに $x\sim y$ と定義し，この関係による商空間を $S^1/\!\sim$，商写像を $q\colon S^1\to S^1/\!\sim$ とおけば，h は商空間からの同相写像 $\overline{h}\colon S^1/\!\sim\;\to S^1$ を導く．

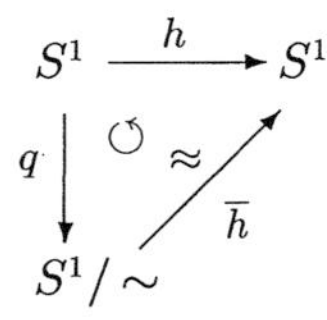

さらに推移的な場合と同じく $r=h(\varphi(0))$ とおけば，任意の $x\in S^1$ に対し

$$h(\varphi(x))=h(x)+r$$

が成立する．よって次の可換図式を得る．

$$\begin{array}{ccc} S^1 & \xrightarrow{\ \varphi\ } & S^1 \\ {\scriptstyle h}\downarrow & \circlearrowleft & \downarrow{\scriptstyle h} \\ S^1 & \xrightarrow[R_r]{} & S^1 \end{array}$$

一般に連続写像 $\psi\colon S^1\to S^1$ に対して，ψ の持ち上げの一つを $\widetilde{\psi}\colon\mathbb{R}\to\mathbb{R}$ と

すれば，適当な自然数kが存在して$\widetilde{\psi}(\widetilde{x}+1)=\widetilde{\psi}(\widetilde{x})+k$が任意の$\widetilde{x}\in\mathbb{R}$について成り立ち，しかもこの$k$は持ち上げ$\widetilde{\psi}$のとり方によらない．この自然数$k$を連続写像$\psi\colon S^1\to S^1$の**写像度**(degree)と呼び，$\deg(\psi)$で表す．同相写像の写像度は$\pm1$であり，特に向きを保つ同相写像の写像度は1である(§5.1(a))．一般の閉多様体の間の写像の写像度に関しては森田茂之『微分形式の幾何学』§3.5(d)を参照されたい．

さて上の図式における連続写像$h\colon S^1\to S^1$は1対1ではないが，構成から，その持ち上げを$\widetilde{h}\colon\mathbb{R}\to\mathbb{R}$と書くとき$\widetilde{h}(\widetilde{x}+1)=\widetilde{h}(\widetilde{x})+1$が成り立つ．いいかえれば$h$は写像度1をもつ．このように二つの同相写像$\varphi,\psi\colon S^1\to S^1$に対して写像度1の連続写像$h$が存在して$h\circ\varphi=\psi\circ h$が成り立つとき，$\varphi$は$\psi$に**半共役**(semi-conjugate)であるといい，hを**半共役写像**(semi-conjugacy map)と呼ぶ．写像度1の写像はつねに全射であるから，φがψに半共役であれば，力学系的性質に関してはφよりψの方が簡単であるといえる．また回転数が位相共役によって不変であることを述べた定理5.2(§5.1(b))の証明において本質的に用いたのは，共役写像の連続性とその写像度が1であるという事実のみであるから，回転数は半共役に関しても不変である．したがってφと半共役であるような回転R_rの回転数rは$\rho(\varphi)$と等しい．以上をまとめて次の定理を得る．

定理5.18　向きを保つ同相写像$\varphi\colon S^1\to S^1$の回転数$\rho(\varphi)$が無理数で，かつφが非推移的であれば，φの非遊走集合$\Omega(\varphi)$は唯一つの極小集合と一致し，$S^1\backslash\Omega(\varphi)$の各連結成分の閉包を1点につぶす写像によって$\varphi$は$\rho(\varphi)$-回転と半共役となる．　□

(d)　エルゴード性への補足

位相力学系，すなわちコンパクト距離空間上の力学系$\varphi\colon X\to X$が最初に与えられた場合には，研究の手段として不変測度を考えることがしばしば有効である．この場合φの性質をよく反映する不変測度を取り出すことが肝要であろう．測度論的な力学系は，最終的にはエルゴード的な系に分解されるのであるから，位相力学系に対しても，その意味からいえばエルゴード的な不変測度を取り扱うのが妥当である.

さてコンパクト距離空間 X 上の正規測度の全体 $\mathfrak{M}$ は汎弱位相に関して $C(X)'$ のコンパクトな部分集合をなすのであった(§5.2(c)命題5.13). そのうち φ で不変な測度の全体を $\mathfrak{M}_\varphi$ と表す. 不変測度の1次結合がまた不変となることから, $\mathfrak{M}_\varphi$ は $C(X)'$ の凸部分集合をなす. ここで $\mu\in\mathfrak{M}_\varphi$ が $\mathfrak{M}_\varphi$ の**端点**(extremal point)であるとは, $\mu=t\mu_0+(1-t)\mu_1$, $\mu_0,\mu_1\in\mathfrak{M}_\varphi$, $0<t<1$, と表されるならば $\mu_0=\mu_1=\mu$ が成り立つときをいう. もし $\mu\in\mathfrak{M}_\varphi$ が端点でない, すなわち $\mu_0\neq\mu_1\in\mathfrak{M}$ を用いて $\mu=t\mu_0+(1-t)\mu_1$, $0<t<1$, と表現できるならば, 正規測度 μ_0 は μ に関して絶対連続であり, かつ μ とは異なる. よって測度 μ に関して φ はエルゴード的ではない. 逆に φ が μ に関してエルゴード的でないとすれば, 相空間 X を不変部分集合の非交叉和 $A\sqcup B$ と表すことができる. ここで $\lambda=\mu(A)$ とし, μ の A への制限の $1/\lambda$ 倍を μ_0, μ の B への制限の $1/(1-\lambda)$ 倍を μ_1 と書けば, μ_0,μ_1 はともに φ-不変な正規測度で $\mu=\lambda\mu_0+(1-\lambda)\mu_1$ が成り立つ. すなわち μ は $\mathfrak{M}_\varphi$ の端点ではない. したがって次が得られた.

命題5.19　$\varphi\colon X\to X$ の不変測度の全体を $\mathfrak{M}_\varphi\subset C(X)'$ とするとき, $\mu\in\mathfrak{M}_\varphi$ に関して φ がエルゴード的となるのは μ が $\mathfrak{M}_\varphi$ の端点であるとき, そのときに限る. □

この命題からコンパクト距離空間上の同相写像に関しては, これをエルゴード的とする不変測度が必ず存在することがわかる. 証明は省略する. また φ の不変な正規測度が唯一つであるならば, この測度に関して φ は自動的にエルゴード的となる. このとき φ は**一意エルゴード的**(uniquely ergodic)であるという. これに加えて相空間 X が極小であるとき, φ を**狭義エルゴード的**(strictly ergodic)と呼ぶ.

定理5.20　回転 $R_\alpha\colon S^1\to S^1$ は α が無理数のとき狭義エルゴード的である.

[証明]　μ を S^1 の標準的な Lebesgue 測度, ν を任意の R_α-不変な正規測度とする. 定理5.16の証明と同様, 不変測度 ν を用いて位相共役写像 $h\colon S^1\to S^1$ を $h(0)=0$, $h(x)=\nu[0,x]$ で定義すれば, $\psi=h\circ R_\alpha\circ h^{-1}$ は回

転であり，その回転数は α と一致する．すなわち h は回転 R_α の自分自身への共役写像である．よって $h(0)=0$ より，h は 0 の軌道 $\{0,\alpha,2\alpha,\cdots\}$ の上では恒等写像である．一方この軌道は S^1 で稠密であるから h は S^1 上で恒等写像と一致する．したがって $\nu[0,x]=h(x)=x$ であるから不変測度 ν は Lebesgue 測度 μ と等しい． ∎

この定理は一様分布定理(§1.1(b))を用いて証明することもできる．

系 5.21　向きを保つ同相写像 $\varphi\colon S^1\to S^1$ が位相推移的ならば狭義エルゴード的である．

［証明］　位相推移的な同相写像が無理数回転と位相共役であること，および狭義エルゴード性が位相共役によって不変であることによる． ∎

系 5.22　向きを保つ同相写像 $\varphi\colon S^1\to S^1$ の回転数 $\rho(\varphi)$ が無理数でかつ φ が非推移的とする．このとき φ は一意エルゴード的である．また φ の非遊走集合 $\Omega(\varphi)$ への制限 $\varphi|_{\Omega(\varphi)}\colon\Omega(\varphi)\to\Omega(\varphi)$ は狭義エルゴード的である．

［証明］　$\Omega(\varphi)$ は φ の唯一つの極小集合であり，半共役写像 $h\colon S^1\to S^1$ を $\Omega(\varphi)$ へ制限したものは，可算個の点，すなわち $S^1\backslash\Omega(\varphi)$ の各連結成分である開区間の端点の集合を除いては 1 対 1 である．しかも $\Omega(\varphi)$ 上の不変測度はすべてアトムをもたないから，不変測度を考える立場からは $\varphi|_{\Omega(\varphi)}$ と回転 $R_{\rho(\varphi)}$ には差がない．したがって $\Omega(\varphi)$ が極小集合であったことから，$\varphi|_{\Omega(\varphi)}$ は狭義エルゴード的である．また φ の任意の不変測度は $\Omega(\varphi)$ 上に台をもつから，φ 自身は一意エルゴード的である． ∎

§5.4　Denjoy の定理

この節では，微分可能な力学系 $\varphi\colon S^1\to S^1$ であって，回転数が無理数でかつ非推移的なものが存在するかについて述べる．

(a)　Denjoy の定理

この項では次の定理を証明する．ここで述べる証明は E. R. van Kampen によるものである．

定理 5.23（Denjoy の定理）　回転数が無理数であるような力学系 $\varphi\colon S^1 \to S^1$ が C^1 級可微分同相写像であり，かつ導関数 φ' が有界変動であるならば，φ は位相推移的で，したがって回転 $R_{\rho(\varphi)}$ と位相共役である．ただし φ' は S^1 の通常の座標関数による φ の微分を表す．　□

ここで，区間 $[a,b]$ 上定義された実数値関数 $f\colon [a,b] \to \mathbb{R}$ が**有界変動**(bounded variation)であるとは，定数 C が存在して，区間 $[a,b]$ の任意の分割 $a_0 = a < a_1 < \cdots < a_n = b$ に対して

$$|f(a_1)-f(a_0)|+|f(a_2)-f(a_1)|+\cdots+|f(a_n)-f(a_{n-1})| < C$$

が存在するときをいう．特に関数 f が連続的微分可能ならば，導関数 f' の $[a,b]$ での最大値を M とおくとき，$\sum_{i=0}^{n-1}|f(a_{i+1})-f(a_i)| \leqq M\sum_{i=0}^{n-1}|a_{i+1}-a_i| \leqq M(b-a)$ が成立する．したがって f は有界変動である．S^1 上の関数に対しても有界変動性を同様に定義する．このとき S^1 上の連続的微分可能な関数は有界変動である．

補題 5.24　$\varphi\colon S^1 \to S^1$ を回転数が無理数であるような同相写像，$x_0 \in S^1$ を任意の点とし，$x_n = \varphi^n(x_0)$ とおく．このときいくらでも大きい n で，次のいずれかが成立するものが存在する．部分区間 $[x_0, x_n], [x_{-1}, x_{n-1}], \cdots, [x_{-n}, x_0]$ がどの二つも端点を除いて共通部分をもたない，あるいは部分区間 $[x_n, x_0]$, $[x_{n-1}, x_{-1}], \cdots, [x_0, x_{-n}]$ がどの二つも端点を除いて共通部分をもたない．

［証明］　この主張は S^1 上での x_0 の軌道の配置だけに関係するもので，一方 φ は回転 R_α, $\alpha = \rho(\varphi)$, と半共役であったから，回転 R_α に関してこれを示せば十分である．このとき x_n と x_{-n} とは x_0 について対称な位置にある．また x_0 の正の軌道 $\{x_0, x_1, \cdots, x_n, \cdots\}$ は S^1 で稠密であるから，いくらでも大きい n で，x_n が $x_1, \cdots, x_{n-1}$ のどれよりも x_0 に近いという条件を満たすものが存在する．このような n については対称性より x_n, x_{-n} が $x_{\pm1}, x_{\pm2}, \cdots, x_{\pm n}$ の中で一番 x_0 に近い．x_0, x_n, x_{-n} の配置は図 5.7 のいずれかである．

ここでは図 5.7(a)の場合を扱う．区間 $[x_0, x_n]$ を考えれば，x_n が $x_{\pm1}, x_{\pm2}, \cdots, x_{\pm n}$ の中で一番 x_0 に近いことから，区間 $[x_0, x_n]$ の内部には x_{-1}, x_{n-1} は含まれない．ここで $[x_{-1}, x_{n-1}] = R_\alpha[x_0, x_n]$ であって R_α が区間の長さを変えないことから $[x_0, x_n]$ と $[x_{-1}, x_{n-1}]$ とは共通部分をもたない．同様にして $[x_0, x_n]$

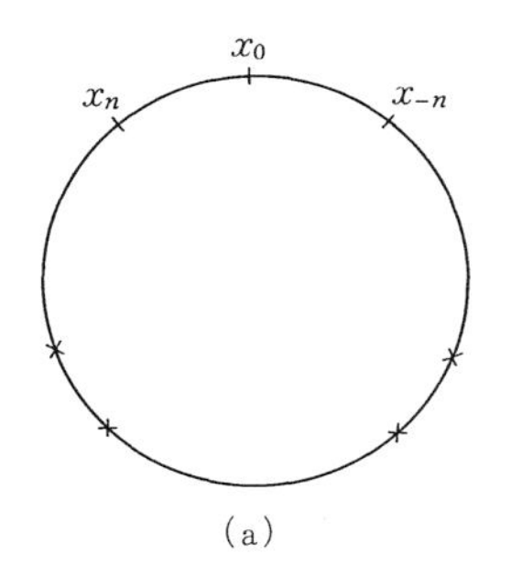

(a)

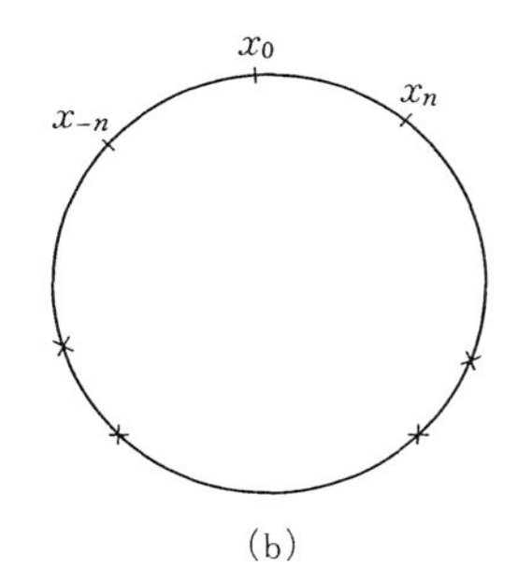

(b)

図 5.7

と $[x_{-2}, x_{n-2}]$，……，$[x_0, x_n]$ と $[x_{-n}, x_0]$ はそれぞれ共通部分をもたない(ただし最後の場合だけは端点 x_0 を共有している)．次に $[x_0, x_n] \cap [x_{-1}, x_{n-1}] = \varnothing$ の両辺の R_α に関する逆像をとれば $[x_{-1}, x_{n-1}]$ と $[x_{-2}, x_{n-2}]$ が共通部分をもたないこと，同様に $[x_{-1}, x_{n-1}]$ と $[x_{-3}, x_{n-3}]$，……，$[x_{-1}, x_{n-1}]$ と $[x_{-n}, x_0]$ はそれぞれ共通部分をもたないことがわかる．これを繰り返して補題の主張を得る． ∎

［定理 5.23 の証明］ 背理法による．定理の仮定を満たす写像 φ の非遊走集合 $\Omega(\varphi)$ が S^1 全体と異なると仮定する．遊走集合 $S^1 \backslash \Omega(\varphi)$ を，可算個の閉区間 I_λ の内部 $\mathrm{Int}\, I_\lambda$ の非交叉和 $\bigsqcup \mathrm{Int}\, I_\lambda$ として表す．この区間 I_λ のうちの一つを選んで I_0 とし，さらに $I_n = \varphi^n(I_0)$, $n = \cdots, -1, 0, 1, \cdots$ とおく．以降はここに現れる I_n 以外は考えない．区間 I_n の長さを ℓ_n と書くとき $\sum_{n=-\infty}^{\infty} \ell_n < \infty$ が成り立つ．

さて 1 点 $x_0 \in \mathrm{Int}\, I_0$ をとり，$x_n = \varphi^n(x_0)$ とおく．$\varphi' > 0$ で φ' が有界変動であることから関数 $f(x) = \log \varphi'(x)$ も有界変動である．この $f(x)$ の変動を上からおさえる定数を C とすれば，補題 5.24 より，いくらでも大きい n で

$$|f(x_n) - f(x_0)| + |f(x_{n-1}) - f(x_{-1})| + \cdots + |f(x_0) - f(x_{-n})| < C$$

を満たすものが存在する．このとき

$$\left| \sum_{i=0}^{n} f(x_i) - \sum_{i=0}^{n} f(x_{-i}) \right| < C$$

が成り立つ．ここで

$$\sum_{i=0}^{n} f(x_i) = \log \prod_{i=0}^{n} \varphi'(x_i) = \log \prod_{i=0}^{n} \varphi'(\varphi^i(x_0)) = \log(\varphi^{n+1})'(x_0),$$

同様に

$$\sum_{i=0}^{n} f(x_{-i}) = \log \prod_{i=0}^{n} \varphi'(x_{-i}) = -\log \prod_{i=0}^{n} (\varphi^{-1})'(\varphi^{-i}(x_0)) = -\log(\varphi^{-(n+1)})'(x_0)$$

であるから

$$|\log((\varphi^{n+1})'(x_0) \cdot (\varphi^{-(n+1)})'(x_0))| < C.$$

したがって

$$(\varphi^{n+1})'(x_0) \cdot (\varphi^{-(n+1)})'(x_0) > e^{-C}$$

となるから，相加平均と相乗平均の不等式より

$$(\varphi^{n+1})'(x_0) + (\varphi^{-(n+1)})'(x_0) > \overline{C}$$

が成立する．ただし $\overline{C} = 2e^{-C/2}$ である．最後の不等式の両辺を x_0 について I_0 上積分すれば $\ell_{n+1} + \ell_{-(n+1)} > \overline{C}\ell_0$ を得るが，これは級数 $\sum_{n=-\infty}^{\infty} \ell_n$ が収束することに矛盾する．したがって φ は位相推移的である．∎

Denjoy の定理は，回転数が無理数であるような C^∞ 級の可微分同相写像が回転と位相共役であることを示すものであるが，共役写像の微分可能性に関しては何も述べていない．しかし共役写像の微分可能性，すなわち二つの力学系が微分可能な座標変換によって共役となるか否かは，力学系を解析する上で重要な問題である．S^1 上の推移的力学系が可微分写像によって回転と共役となるかという問題に関しては，一般には可微分共役写像が存在しないことを V. I. Arnol'd [18]が示した．後に M.-R. Herman [19]は C^∞ 級共役写像が存在するための，回転数 $\rho(\varphi)$ に関する十分条件を与えることに成功した．それによれば十分たくさんの無理数 $\alpha \in \mathbb{R}/\mathbb{Z}$ に対して，$\rho(\varphi) = \alpha$ を満たす C^∞ 級可微分同相写像は，つねに C^∞ 級可微分同相写像によって回転と共役となる．

(b)　Denjoy の反例

前項で述べた Denjoy の定理において，導関数 φ' が有界変動であるという条件は外せない．その反例となるのが次に述べる，いわゆる **Denjoy 可微分**

同相写像(Denjoy diffeomorphism)である．

定理 5.25 任意の $\alpha \notin \mathbb{Q}/\mathbb{Z}$ に対して，C^1 級可微分同相写像 $\varphi\colon S^1 \to S^1$ であって $\rho(\varphi)=\alpha$ を満たし，かつ非推移的なものが存在する．

［証明］ 基本的アイデアは α-回転の一つの軌道上の各点に開区間を差し込んで新しい写像を構成しようというものである．数列 $\{\ell_n\}_{n=\cdots,-1,0,1,2,\cdots}$ を，$\ell=\sum_{n=-\infty}^{\infty}\ell_n$ が収束し，かつ $\ell_n\to\pm\infty$ のとき $\dfrac{\ell_{n+1}}{\ell_n}\to 1$ が成り立つようにとる．たとえば $\ell_n=\dfrac{1}{n^2+1}$ とすればよい．次に $0<\delta_n<\ell_n/2, \ell_{n+1}/2$ を，$n\to\pm\infty$ のとき $\dfrac{\ell_{n+1}-2\delta_n}{\ell_n-2\delta_n}\to 1$ を満たすようにとる．$\ell_n=\dfrac{1}{n^2+1}$ の場合には $\delta_n=\ell_n/10$ とすればよい．さて写像 $g_n\colon [0,\ell_n]\to[0,\ell_{n+1}]$ を，微分が存在して連続となるよう，図 5.8 の折れ線を繋ぎ目 $t=\delta_n, \ell_n-\delta_n$ の小さい近傍で修正して得られるグラフで定められる写像とする．このとき $n\to\pm\infty$ に対して $g_n'\to 1$ が成り立つ．

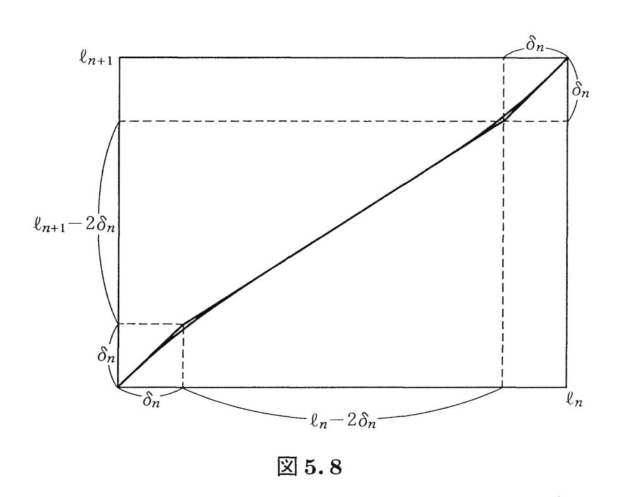

図 5.8

さて $R_\alpha\colon S^1\to S^1$ を α-回転，$\{n\alpha\}$ を R_α による 0 の軌道とし，各点 $n\alpha$ に長さ ℓ_n の区間を差し込む．具体的には $X=[0,1+\ell]/\sim$，ただし $0\sim 1+\ell$ とおき，写像 $\iota\colon S^1\approx[0,1]/\sim\to X$ を $\iota(t)=t+\sum_{0\leqq n\alpha<t}\ell_n$ で定義する．ι は連続写像ではないが狭義単調増加，すなわち $t<t'$ のとき $\iota(t)<\iota(t')$ を満たし，

また左連続，すなわち $t_k \to t_\infty - 0$ のとき $\iota(t_k) \to \iota(t_\infty) - 0$ を満たす．任意の $x \in X$ は

$$x = \iota(t) + s, \quad 0 \leqq t < 1,\ 0 \leqq s < \ell_n$$

の形に一意的に書くことができる．ただし n は $t = n\alpha$ を満たす整数とし，t がこのような値以外のときには $s = 0$ とする．この表現に現れる t を $p(x)$ と書けば，$p\colon X \to S^1$ は連続写像で，具体的には $p(x) = \sup\{t \in [0,1];\ \iota(t) \leqq x\}$ で与えられる．この表示を用いて写像 $\varphi\colon X \to X$ を

$$\varphi(\iota(t) + s) = \iota(t + \alpha) + g_n(s)$$

で定義する．φ が求める写像であることを以下で証明しよう．ただし n はやはり $t = n\alpha$ を満たす整数であり，t がこのような値以外のときには $s = g_n(s) = 0$ とする．

まず φ の連続性について．S^1 の点列 $\{x_k\}$ が左から x_∞ に収束すると仮定し，$x_k = \iota(t_k) + s_k$，$x_\infty = \iota(t_\infty) + s_\infty$ とおく．$s_\infty > 0$ のとき，十分大きい k について $t_k = t_\infty$ であるから，$t_\infty = n\alpha$ なる n を用いて $\varphi(x_k) = \iota(t_\infty + \alpha) + g_n(s_k)$ と表され，$s_k \to s_\infty - 0$ より $\varphi(x_k) \to \varphi(x_\infty)$ となる．$s_\infty = 0$ のとき，$t_k \to t_\infty - 0$ より，$t_k \leqq n\alpha < t_\infty$ に差し込まれる区間の長さ ℓ_n は，$k \to \infty$ のときいくらでも小さくなる．したがって $s_k \to 0$ であるから，ι の左連続性より $\varphi(x_k) \to \varphi(x_\infty)$ が従う．点列 $\{x_k\}$ が右から x_∞ に収束する場合の証明は，むしろ易しいのでここでは省略する．さて $\varphi\colon X \to X$ の連続性が得られたが，一方で φ は定義より全単射であり，X が Hausdorff かつコンパクトであることから同相写像となる．

最後に導関数 φ' が存在して連続なることをいえばよい．X の点 $x = \iota(t) + s$ を考える．この点が差し込んだ区間の内部にある，すなわち $0 < s < \ell_n$，$t = n\alpha$ ならば，x の近傍で φ は C^1 級の g_n と平行移動を除いて一致しているからやはり C^1 級である．問題はそれ以外の場合である．x がこのような区間の下端，すなわち $s = 0$，$t = n\alpha$ であるときを考えよう．$x' \in X$ が右から x に近づくならば，$x' = \iota(t) + s'$，$0 < s' < s$ としてよい．s' が十分 0 に近ければ $g_n(s) = s$ であるから $\dfrac{\varphi(x') - \varphi(x)}{x' - x} = \dfrac{s' - 0}{s' - 0} = 1$ である．一方 x' が左から x に近づく場合，$\varphi\colon x = \iota(t) \mapsto y = \iota(t + \alpha)$，$\varphi\colon x' = \iota(t') + s' \mapsto y' = \iota(t' + \alpha) +$

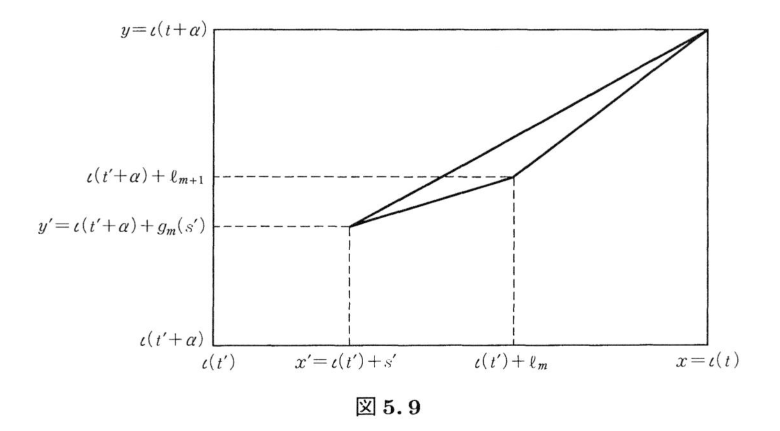

図 5.9

$g_m(s')$ とおくとき，知りたいのは比 $\dfrac{y'-y}{x'-x}=\dfrac{y-y'}{x-x'}$ の値である．この値は図 5.9 の折れ線の二つの傾きの間にあるから，これらの値を評価する．

前半部分の傾き

$$\frac{(\iota(t'+\alpha)+\ell_{m+1})-y'}{(\iota(t')+\ell_m)-x'}$$

は平均値の定理により適当な ξ, $0<\xi<\ell_m$ を用いて $g'_m(\xi)$ と表されるから，$x'\to x$ のとき $m\to\pm\infty$ より，その値は 1 に近づく．後半部分の傾き

$$\frac{y-(\iota(t'+\alpha)+\ell_{m+1})}{x-(\iota(t')+\ell_m)}$$

は分母が

$$\iota(t)-(\iota(t')+\ell_m)=t-t'+\sum_{t'<n\alpha<t}\ell_n$$

で，分子が

$$\begin{aligned}\iota(t+\alpha)-(\iota(t'+\alpha)+\ell_{m+1}) &= (t+\alpha)-(t'+\alpha)+\sum_{t'+\alpha<n\alpha<t+\alpha}\ell_n \\ &= t-t'+\sum_{t'<n\alpha<t}\ell_{n+1}\end{aligned}$$

で与えられる．よって $n\to\pm\infty$ のとき $\dfrac{\ell_{n+1}}{\ell_n}\to 1$ より，やはり $x'\to x$ のと

き値は1に近づく．したがってφはこのxで微分可能であり，かつ$\varphi'(x)=1$を満たす．その他のxに対しても，x'が右からxに近づく場合には分点$\iota(t')$を考えることによって，同様に$\varphi'(x)=1$が証明できる．これよりφはXの各点で微分可能であり，もう一度，$n\to\pm\infty$のとき$\dfrac{\ell_{n+1}}{\ell_n}\to 1$であることを用いることによって，導関数$\varphi'$が連続であることが従う． ∎

Denjoyの定理の証明にはφ'および$(\varphi^{-1})'$が有界変動であることが使われている．実際，$(\varphi^{-1})'$の存在を仮定しなければ，C^∞級の同相写像であっても$\rho(\varphi)\notin\mathbb{Q}/\mathbb{Z}$で非推移的な$\varphi$が存在することが知られている．

《要約》

5.1　S^1上の向きを保つ同相写像に対して，各点の平均的な移動量として回転数を定義する．回転数は位相共役で不変である．また回転数が有理数であることと，S^1上の同相写像が周期点をもつことは同値となる．

5.2　離散力学系に対して，点の漸近挙動を表す部分集合としてω-極限集合を，弱い意味での回帰性をもつ点の集合として非遊走集合を，また分解不可能な最小の不変閉集合として極小集合を定義する．またコンパクト距離空間上の力学系はつねに不変測度をもつ．

5.3　回転数が有理数であるようなS^1の同相写像の極小集合は有限集合に限る．回転数が無理数で位相推移的な同相写像は回転と位相共役となる．また回転数が無理数で非推移的な場合，極小集合はCantor集合であり，無理数回転と半共役となる．

5.4　S^1のC^2級可微分同相写像の回転数が無理数ならば，その写像は位相推移的である．しかしC^1級可微分同相写像については反例が存在する．

演習問題

5.1　同相写像$\varphi\colon S^1\to S^1$の位相的エントロピー(§3.1(a))はつねに0となることを示せ．

5.2　向きを逆にする同相写像 $\varphi\colon S^1 \to S^1$ に対して以下を示せ.

(1) φ は固定点をちょうど二つもつ.

(2) φ の固定点以外の周期点が存在すれば，その周期は2である.

5.3　S^1 を $\mathbb{R}/2\mathbb{Z}$，すなわち閉区間 $[-1,1]$ の両端を同一視した空間と見なし，パラメーター a, b，$0<a<2$，$-1\leqq b\leqq 1$ をもつ同相写像 $\varphi_{a,b}$ を

$$\varphi_{a,b}(t)=\begin{cases}(2-a)\left(t+\dfrac{1}{2}\right)+b & -1\leqq t\leqq -1/2\\ at+b & -1/2\leqq t\leqq 1/2\\ (2-a)\left(t-\dfrac{1}{2}\right)+b & 1/2\leqq t\leqq 1\end{cases}$$

で定義する．このとき $\varphi_{a,b}$ の回転数が0および $\dfrac{1}{2}$ であるような対 (a,b) の範囲を図示せよ.

5.4　コンパクト距離空間の同相写像 $\varphi\colon X\to X$ について，φ の位相的エントロピー $h_{\mathrm{top}}(\varphi)$ は，μ が φ-不変なすべての正規測度を動くときの測度論的エントロピー $h(\mu,\varphi)$ の上限 $\sup\limits_{\mu} h(\mu,\varphi)$ と一致することが知られている(§3.2(c), [20]). これを利用して，φ の非遊走集合 $\Omega(\varphi)$ への制限 $\varphi|_{\Omega(\varphi)}$ が φ と同じ位相的エントロピーをもつことを示せ.

5.5　一意エルゴード性と一様分布定理とは同値である．すなわちコンパクト距離空間上の連続写像 $\varphi\colon X\to X$ に対し，これが一意エルゴード的であることと，X 上の任意の連続関数 f に対して定数 $c(f)$ が存在して，時間平均 $\dfrac{1}{N}\sum\limits_{n=0}^{N-1} f(\varphi^n(x))$ が $N\to\infty$ のとき各点 $x\in X$ で $c(f)$ に収束することとは同値となる．これを証明せよ．条件で与えた定数 $c(f)$ は f に関して線形であり，写像 $C(X)\to\mathbb{R}$，$f\mapsto c(f)$ が φ の一意な不変測度を与える.

5.6　$\varphi\colon S^1\to S^1$ を§5.4(b)で構成した Denjoy 可微分同相写像とする．このとき φ の非遊走集合 $\Omega(\varphi)$ への制限は，適当な，ただし有限型でないサブシフトと位相共役となることを示せ.

6 構造安定性と分岐

前章では S^1 上の一つの同相写像が生成する力学系について論じたが，この章では S^1 上の可微分力学系全体の空間を考え，その中で個々の力学系が摂動に関してどのような振る舞いをするかについて考察する．主な目標は構造安定性に関する Peixoto の定理と分岐に関する Sotomayor の定理である．

§6.1 S^1 の構造安定な力学系

力学系に対する**構造安定性**(structural stability)は 1937 年に，2 次元閉円板上の実解析的ベクトル場に対して A. A. Andronov と L. S. Pontryagin によって提唱された概念である．それまで考えられてきた安定性の概念は，個々の軌道についてのものであり，力学系全体のなす空間における系の安定性を考えることはまったく新しい試みであった．この後研究が盛んとなる，いわゆるカオス的な力学系においては，個々の軌道は当然安定性をもたないが，系自体がこの構造安定性をもつことは珍しくはない．

(a) 構造安定性

力学系の構造安定性を述べる前に，通常の解の**安定性**(stability)を，常微分方程式を例にとって説明しておこう．詳しくは[22], [23]を参照されたい．

簡単のため Euclid 空間 $\mathbb{R}^n$ 上定義された**自励系**(autonomous system)，す

なわち右辺に独立変数を含まない正規形の微分方程式

$$\frac{dx}{dt} = f(x)$$

を考えよう．この微分方程式の，初期条件 x_0 のもとでの解 $\varphi(t;x_0)=\varphi_t(x_0)$ が，各 $x_0 \in \mathbb{R}^n$ に対しすべての t で一意的に存在するならば，この写像の族 $\{\varphi_t\}_{t\in\mathbb{R}}$ は連続時間の力学系をなす(第1章)．点 x_0 が方程式の右辺 $f(x)$ の零点であるならば，すべての t について $\varphi_t(x_0)=x_0$ が成り立ち，この x_0 はいわゆる**定常解**(stationary solution)と呼ばれる．定常解 x_0 が(Lyapunov の意味で)**安定**(stable)とは，x_0 の任意の近傍 U に対し，適当な x_0 の近傍 V が存在して，初期条件 $x\in V$ をもつ解 $\varphi_t(x)$ が $t\geqq 0$ に対してつねに U に留まることをいう．さらに適当な近傍 W が存在して，各 $x\in W$ に対して $t\to\infty$ のとき $\varphi_t(x)\to x_0$ となるならば，x_0 は**漸近安定**(asymptotically stable)であるという．

定数係数線形方程式 $\dfrac{dx}{dt}=Ax$ については，一般解が $x(t)=\exp(tA)\,x(0)$ で与えられる．したがって零解が漸近安定となるための必要十分条件は，係数行列 A のすべての固有値の実部が負となることである．同様に零解が安定となるための条件も A の固有値で記述できるが，これはもう少し複雑である．

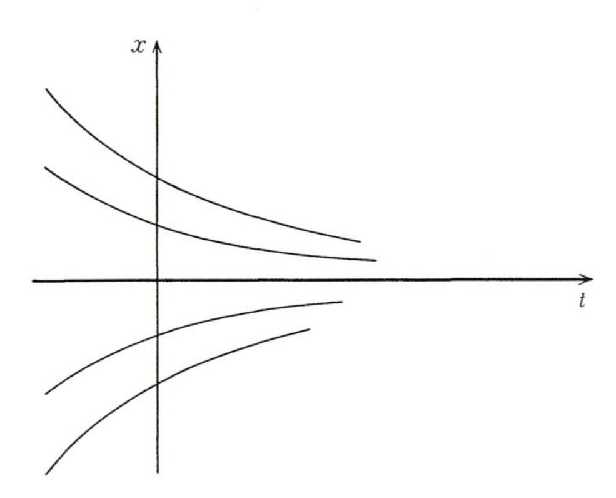

図 6.1　線形方程式の解の安定性

線形でない方程式の定常解 x_0 に関しても，x_0 での**線形化方程式**(linearized equation)

$$\frac{d}{dt}(x-x_0) = \left(\frac{\partial f}{\partial x}(x_0)\right)(x-x_0)$$

の係数行列 $\dfrac{\partial f}{\partial x}(x_0)$ のすべての固有値の実部が負であれば，x_0 が漸近安定となることが知られている．後にこれに対応する離散力学系の結果である Hartman の定理を述べる(§8.3(a))．

以上が定常解の安定性であるが，Andronov と Pontryagin はこれに対して系自体の安定性を考察した．正確な定義は後回しにして，その概略を説明しよう．2次元閉円板 D^2 上の実解析的ベクトル場 X であって，境界 ∂D^2 に**横断的**(transverse)，すなわち各点 $p \in \partial D^2$ で $X(p)$ が0でなく，∂D^2 に接してもいないものの全体を $\mathfrak{X}_0$ とおく．各ベクトル場 $X \in \mathfrak{X}_0$ は D^2 上の微分方程式を定めるから，その解曲線の全体は D^2 上に幾何構造を定義する．これを力学系の**相図**(phase portrait)と呼ぶ(図6.2)．ベクトル場の摂動によって，相図が同相の意味で変わらないとき，もとのベクトル場は**構造安定**(structurally stable)であるという．すなわち $X \in \mathfrak{X}_0$ が構造安定とは，X に十分近い $X' \in \mathfrak{X}_0$ に対して，同相写像 $h\colon D^2 \to D^2$ で，X の各軌道を X' の各軌道に向きも込めて写すものが存在することである．この定義のもとで

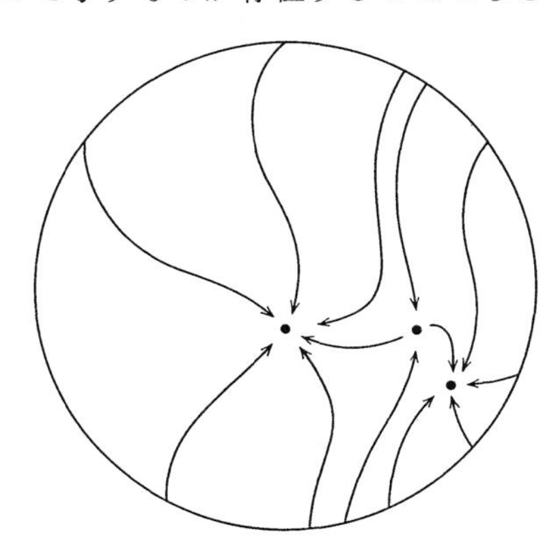

図6.2　相図

Andronov と Pontryagin の得た結果は次のとおり．

定理 6.1　$X \in \mathfrak{X}_0$ が構造安定であるためには，以下の三条件を満たすことが必要十分である．

(i)　X の各零点での線形化方程式の係数行列の固有値の実部は 0 でない．

(ii)　もし周期軌道が存在すれば，その軌道に対応する Poincaré 写像の微分は 1 でない(§1.3(a)参照，図 6.3)．

(iii)　サドル–コネクションが存在しない．　□

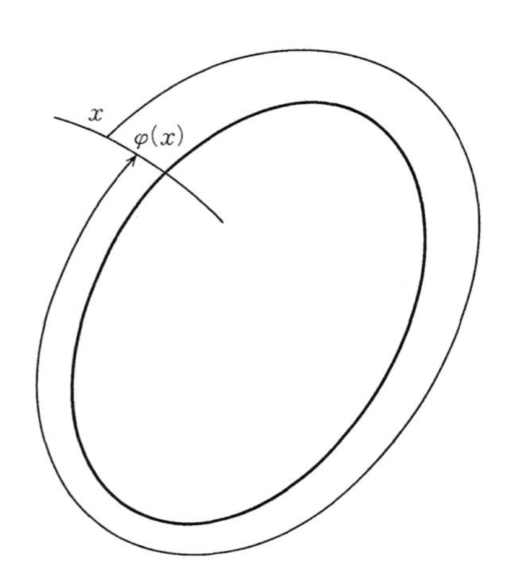

図 6.3　Poincaré 写像

ただし**サドル**(saddle)とは，X の零点であって，そこでの線形化方程式の係数行列が正負二つの固有値をもつものをいい，**サドル–コネクション**(saddle connection)とは二つのサドルを結ぶ軌道を指す(図 6.4)．

定理 6.1 は，後に M. M. Peixoto によって一般の 2 次元多様体上の C^1 級ベクトル場に対して拡張された．この節の目的は，Peixoto の定理に対応する S^1 上の離散力学系の結果を述べることにある．

(b)　可微分同相写像の空間

構造安定性を論ずる際には，対象として可微分な力学系を考える必要があ

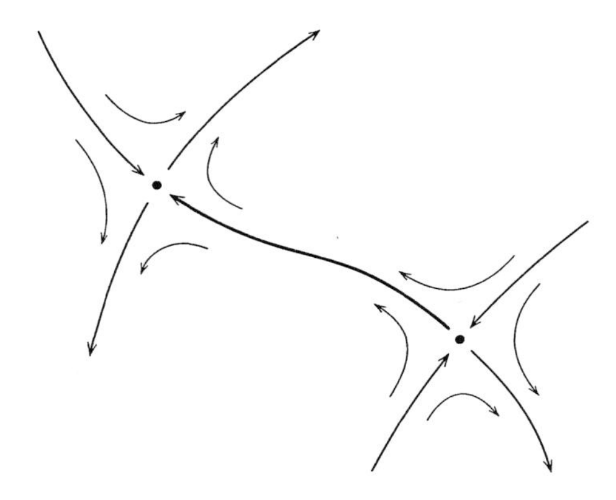

図 6.4 サドル–コネクション

る．これは連続写像，あるいは同相写像全体の空間に入る位相が弱く，その位相のもとでは構造安定性の要求が強すぎて，これを満たす自明でない力学系が存在しないことによる．また離散力学系においては，相図の同値は位相共役で与えられることに注意しよう．

まず S^1 から自分自身への C^r 級可微分同相写像の全体を $\mathrm{Diff}^r(S^1)$，そのうち向きを保つ写像の全体を $\mathrm{Diff}^r_+(S^1)$ とおく．$\mathrm{Diff}^0(S^1)=\mathrm{Homeo}(S^1)$ 上にはすでに距離 d_0 が定義されていた(§5.1(b))．この d_0 を利用して $\mathrm{Diff}^1(S^1)$ 上の距離 d_1 を

$$d_1(\varphi,\psi)=d_0(\varphi,\psi)+\sup_{x\in S^1}|\varphi'(x)-\psi'(x)|+\sup_{x\in S^1}|(\varphi^{-1})'(x)-(\psi^{-1})'(x)|$$

で定める．φ' は S^1 の通常の座標関数による φ の微分であり，$(\varphi^{-1})', \psi', (\psi^{-1})'$ も同様である．定義式の第 3 項は d_0 の場合と同じく，距離を完備とするために加えたものであり，位相だけを問題とするのであれば不要である．$r\geqq 2$ に対する $\mathrm{Diff}^r(S^1)$ 上の距離 d_r は

$$d_r(\varphi,\psi)=d_1(\varphi,\psi)+\sum_{k=2}^{r}\sup_{x\in S^1}|\varphi^{(k)}(x)-\psi^{(k)}(x)|$$

で定義される．ここで $\varphi^{(k)}, \psi^{(k)}$ はそれぞれ φ, ψ の k 階導関数を表す．最後に $\mathrm{Diff}^\infty(S^1)$ 上の距離 d_∞ は，$d_r'(\varphi,\psi)=\min\{1, d_r(\varphi,\psi)\}$ を用いて

$$d_\infty(\varphi,\psi)=\sum_{r=0}^{\infty}\frac{1}{2^r}d_r{}'(\varphi,\psi)$$

によって定義される．これらの距離 d_r，$0\leqq r\leqq\infty$，によって定義される $\mathrm{Diff}^r(S^1)$ の位相を **C^r 位相**(C^r topology)と呼ぶ．$0\leqq r\leqq r'\leqq\infty$ のとき，$\mathrm{Diff}^{r'}(S^1)$ は $\mathrm{Diff}^r(S^1)$ の部分集合であり，距離 $d_{r'},d_r$ に関して包含写像 $\mathrm{Diff}^{r'}(S^1)\hookrightarrow\mathrm{Diff}^r(S^1)$ は連続である．また $\mathrm{Homeo}(S^1)$ の場合と同じく，写像の合成 $\mathrm{Diff}^r(S^1)\times\mathrm{Diff}^r(S^1)\to\mathrm{Diff}^r(S^1)$，$(\varphi,\psi)\mapsto\varphi\circ\psi$ および逆写像をとる対応 $\mathrm{Diff}^r(S^1)\to\mathrm{Diff}^r(S^1)$，$\varphi\mapsto\varphi^{-1}$ は各 r について連続である．

この定義のもとで C^r 級可微分同相写像 $\varphi\colon S^1\to S^1$ が **C^r 構造安定**であるとは，$\varphi\in\mathrm{Diff}^r(S^1)$ の適当な近傍 $\mathcal{U}$ をとれば，すべての $\psi\in\mathcal{U}$ が φ と位相共役になること，すなわち摂動によって位相同型の意味で相図が変化しないことをいう．一般の可微分閉多様体 M の C^r 級自己可微分同相写像の全体 $\mathrm{Diff}^r(M)$，$0\leqq r\leqq\infty$ に対しても，M 上の Riemann 計量を用いて C^r 位相が定義できる．この位相は Riemann 計量のとり方にはよらず，微分構造のみで定まる．多様体 M 上の可微分離散力学系 $\varphi\colon M\to M$ の構造安定性は，C^r 位相を用いて S^1 の場合と同様に定義される．

(c)　局所的な安定性

$\varphi\colon\mathbb{R}\to\mathbb{R}$ を $\varphi(x_0)=x_0$ を満たす局所 C^r 可微分同相写像とする．正確には φ は x_0 の $\mathbb{R}$ における適当な近傍から $\mathbb{R}$ への写像であるが，厳密な表現は無駄な記号を必要とし，かえって混乱を招くであろうからこのように表した．x_0 は φ の固定点であるが，もし $\varphi'(x_0)\neq\pm1$ が成り立つならば，x_0 を**双曲的**あるいは**双曲型**と呼ぶ．1次元の双曲的固定点は $|\varphi'(x_0)|<1$ を満たす**沈点**(sink)と，$|\varphi'(x_0)|>1$ を満たす**源点**(source)とに分類できる．x_0 が沈点であれば x_0 に近い x は $n\to\infty$ のとき $\varphi^n(x)\to x_0$ を満たし，x_0 が源点であれば $\varphi^{-n}(x)\to x_0$ を満たす．

一般に力学系 $\varphi\colon X\to X$ が与えられたとき，φ-不変な閉部分集合 $A\subset X$ に対してその近傍 U が存在して，任意の $x\in U$ が $n\to\infty$ のとき $\varphi^n(x)\to A$ を満たすならば A を φ の**アトラクタ**(attractor)と呼び，このような U のう

ち最大のものを A の**吸引領域**(basin)という．通常アトラクタとしては位相推移的なものだけを考える．ここで述べた沈点はもっとも単純なアトラクタである．また逆写像 φ^{-1} のアトラクタ，すなわち適当な近傍 $A\subset U$ が存在して，任意の $x\in U$ が $n\to\infty$ のとき $\varphi^{-n}(x)\to A$ を満たすような φ-不変閉部分集合 A を**リペラ**(repeller)と呼ぶ．源点はもっとも単純なリペラである．

さて局所可微分同相写像 $\varphi\colon \mathbb{R}\to\mathbb{R}$, $\varphi(0)=0$, が 0 で**局所 C^r 構造安定**(locally C^r structurally stable)とは，$x_0\in\mathbb{R}$ のコンパクトな近傍 V と，φ の $\mathrm{Diff}^r(V,\mathbb{R})$ での近傍 $\mathcal{U}$ が存在して，任意の $\psi\in\mathcal{U}$ に対し，x_0 の近傍 V_ψ であって，$\varphi|_V$ と $\psi|_{V_\psi}$ とが位相共役となるものがとれるときをいう．

$$\begin{array}{ccc} V & \xrightarrow{\ \varphi\ } & \varphi(V) \\ h\big\downarrow\approx & \circlearrowleft & \big\downarrow h \\ V_\psi & \xrightarrow[\ \psi\ ]{} & \psi(V_\psi) \end{array}$$

ここで $\mathrm{Diff}^r(V,\mathbb{R})$ には，$\mathrm{Diff}^r(S^1)$ と同じように距離 d_r を定義し，この距離による位相を入れておく．

定理 6.2 (Hartman の定理)　局所可微分同相写像 $\varphi\colon \mathbb{R}\to\mathbb{R}$, $\varphi(0)=0$, が 0 で局所構造安定であるための必要十分条件は，0 が φ の双曲的固定点であること．

［証明］　まず $\varphi'(0)\neq\pm1$ ならば局所構造安定であることをいう．簡単のため $0<\varphi'(0)<1$ の場合に証明する．$\delta>0$ を小さくとって，閉区間 $[-\delta,\delta]$ 上 $\eta\leqq\varphi'(x)\leqq1-\eta$, $\eta>0$ が成り立つようにできる．この η に対して，今度は φ の近傍 $\mathcal{U}$ を小さくとって，各 $\psi\in\mathcal{U}$ が $[-\delta,\delta]$ 上 $\eta/2\leqq\psi'(x)\leqq1-\eta/2$ を満たし，かつ $\psi(\delta)>0$, $\psi(-\delta)<0$ をも満たすようにする(図 6.5)．このとき中間値の定理より，$\psi(x_0)=x_0$ を満たす $x_0\in(-\delta,\delta)$ が存在する．一方で $\psi'\leqq 1-\eta/2$ より，このような x_0 は唯一つであり，かつ ψ の沈点である．

さて写像 $h\colon [-\delta,\delta]\to[-\delta,\delta]$ を次のように構成する．まず $I_0=[\varphi(\delta),\delta]$ とし，$I_n=\varphi^n(I_0)$, $n=1,2,\cdots$ とおくと，φ の固定点は 0 のみであるから，半開区間 $(0,\delta]$ は $I_0,I_1,\cdots$ の和集合であって，しかも内部は共通部分をもたな

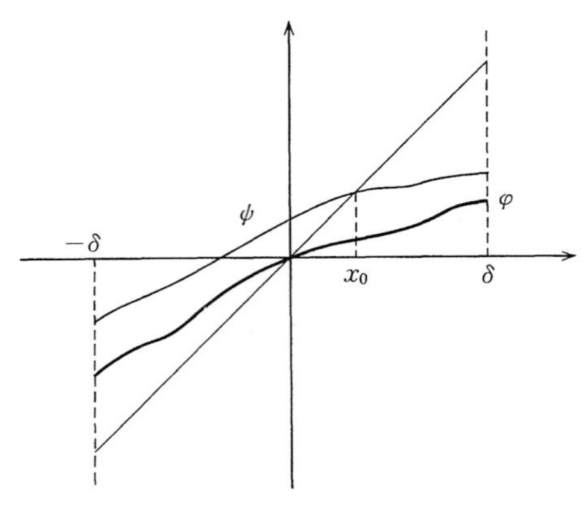

図 6.5

い．次に $J_0=[\psi(\delta),\delta]$ とし，同じく $J_n=\psi^n(J_0)$, $n=1,2,\cdots$ とおくと，同じく $(x_0,\delta]=\bigcup J_n$ が成り立つ．さて I_0 から J_0 への向きを保つ同相写像を一つとり，これを $h\colon I_0\to J_0$ とおく．次に I_n の元 z_n が，適当な $z\in I_0$ を用いて $z=\varphi^n(z)$ と書けることから，これを利用して $h\colon I_n\to J_n$ を $h(z_n)=\psi^n(z)$ と定義する（図 6.6）．この h は各 I_n 上連続で 1 対 1 であるから $(0,\delta]$ 上でも連続かつ 1 対 1 である．またその定義から，任意の $z\in(0,\delta]$ に対して $h\circ\varphi(z)=\psi\circ h(z)$ が成立する．半開区間 $[-\delta,0)$ についても，同様に $I_0{}'=[-\delta,\varphi(-\delta)]$, $J_0{}'=[-\delta,\psi(-\delta)]$ とし，$I_n{}'=\varphi^n(I_0{}')$, $J_n{}'=\psi^n(J_0{}')$, $n=1,2,\cdots$ とおくと，任意の同相写像 $h\colon I_0{}'\to J_0{}'$ を拡張する形で $h\colon[-\delta,0)\to[-\delta,x_0)$

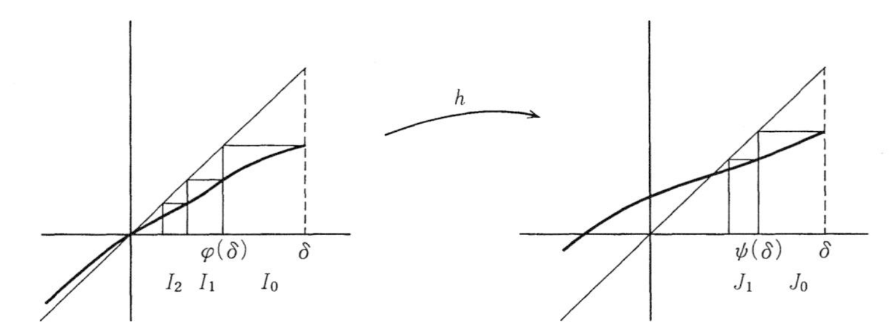

図 6.6

が定義できる．あとは $h(0)=x_0$ とおけば $h\colon [-\delta,\delta]\to[-\delta,\delta]$ が得られるが，この h が次の図式を可換とすることは明らかであろう．

$$\begin{array}{ccc} [-\delta,\delta] & \xrightarrow{\varphi} & [-\delta,\delta] \\ h\downarrow & \circlearrowleft & \downarrow h \\ [-\delta,\delta] & \xrightarrow[\psi]{} & [-\delta,\delta] \end{array}$$

最後に h が同相写像となっていることをいえばよい．構成から h は 0 以外では連続で，また x を含む I_n あるいは $I_n{}'$ の添字 n は，$x\to 0$ に対していくらでも大きくなるから，$h(x)\in J_n\cup J_n{}'$ は x_0 に収束する．したがって h は定義域で連続かつ 1 対 1 であり，逆写像 h^{-1} も同様の理由で連続であるから同相写像となる．

逆を証明するために 1 次元の場合の Sard の定理を用意する．区間 I 上の C^1 級関数 $f\colon I\to\mathbb{R}$ に対し，$p\in I$ が f の**正則点**(regular point)とは $f'(p)\neq 0$ であること，**臨界点**(critical point)とは $f'(p)=0$ であることをいう．点 $q\in\mathbb{R}$ の f による逆像 $f^{-1}(q)$ に含まれるすべての点が正則点であるとき q を**正則値**(regular value)，$f^{-1}(q)$ が臨界点を含むとき q を**臨界値**(critical value)と呼ぶ．また $\mathbb{R}$ の部分集合 A が **Lebesgue 測度 0** であるとは，任意の $\varepsilon>0$ に対して，長さの総和が ε 以下であるような区間の可算和で A を覆うことができることをいう．

補題 6.3 (Sard の定理)　区間 I 上の C^1 級関数 $f\colon I\to\mathbb{R}$ の臨界値の全体は $\mathbb{R}$ の Lebesgue 測度 0 の部分集合である．

[証明]　$C\subset I$ を f の臨界点の全体とし，また一般に区間 J の長さを $\ell(J)$ と書く．まず I が閉区間である場合を扱う．δ を正の数とする．各臨界点 p に対して p を含む開区間 J_p で，任意の $x\in J_p$ が $|f'(x)|<\delta$ を満たすものが存在する．C は I の閉部分集合であるからコンパクトで，したがってこのような開区間のうちの有限個の J_{p_i}, $i=1,\cdots,N$ で C を覆うことができる．この有限和 $\bigcup J_{p_i}$ を改めて区間の非交叉和として $\bigsqcup J_j$ と表す．このとき各 J_j 上 $|f'|<\delta$ より $\ell(f(J_j))\leqq\delta\cdot\ell(J_j)$ であるから，$f(C)\subset\bigcup f(J_j)$ は長さの総和が $\delta\cdot\ell(I)$

以下の区間の有限和で覆われる．δ は任意であったから $f(C)$ は Lebesgue 測度 0 である．一般の区間 I の場合，これを増大閉区間列 $I_1 \subset \cdots \subset I_m \subset \cdots$ の和として表す．任意の $\varepsilon > 0$ に対し，閉区間の場合の議論から $f(I_1 \cap C)$ を長さの総和が $\varepsilon/2$ 以下の区間の有限和で覆うことができる．同様に $f(I_2 \cap C)$ を長さの総和が $\varepsilon/4$ 以下の区間の有限和で覆うことができる．これを繰り返せば $f(C)$ を覆う区間の可算族で，長さの総和が $\varepsilon/2+\varepsilon/4+\cdots=\varepsilon$ 以下であるものの存在がわかる．よってこの場合も $f(C)$ は Lebesgue 測度 0 である．∎

定理 6.2 の証明を続けよう．φ が局所構造安定であると仮定する．φ の摂動として $\varphi_a = \varphi + a\colon \mathbb{R} \to \mathbb{R}$, $x \mapsto \varphi(x)+a$ を考える．このとき x が φ_a の固定点であることは $x-\varphi(x)=a$ と同値である．さて a が関数 $x \mapsto x-\varphi(x)$ の正則値，すなわち $x-\varphi(x)=a$ なる任意の x において $(x-\varphi(x))' = 1-\varphi'(x) \neq 0$ を満たすならば，逆関数の定理によってこのような x の全体 $\mathrm{Fix}(\varphi_a)$ は離散的となる．Sard の定理より臨界値の全体は Lebesgue 測度 0 であるから，いくらでも小さい正則値 a が存在する．小さい a に対しては φ_a は φ と局所的に位相共役であったから，特に 0 は φ の孤立固定点である．V を 0 以外の φ の固定点を含まないような 0 の近傍とし，ξ をグラフが図 6.7 で与えられるような関数，いわゆるこぶ関数(bump function)とする(森田茂之『微分形式の幾何学』§1.3 参照)．

この ξ を用いた φ の新たな摂動 $\varphi_s(x) = \varphi(x) + s\,\xi(x)\cdot x$ を考える．$\varphi_s(0)$

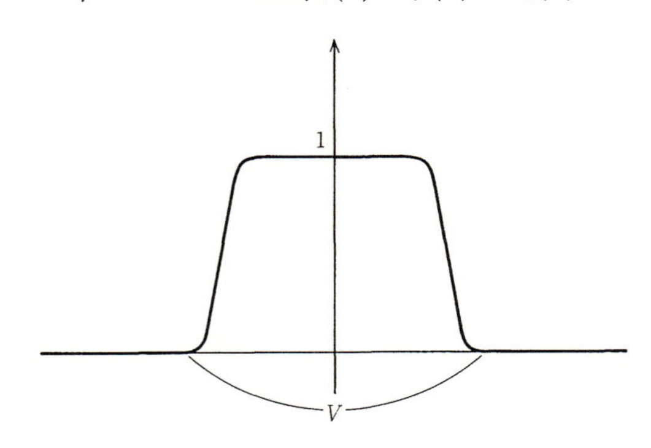

図 6.7　こぶ関数

$=\varphi(0)+s\xi(0)\cdot 0=0$ より 0 は φ_s の固定点で，そこでの微係数は $(\varphi_s)'(0)=\varphi'(0)+s$ で与えられる．ここでもし $\varphi'(0)=1$ であれば，$s>0$ のとき $(\varphi_s)'(0)>1$，$s<0$ のとき $(\varphi_s)'(0)<1$ となって，0 の近くでの φ_s の漸近挙動が s の値によって変化する．これは φ の局所構造安定性に反する．したがって $\varphi'(0)\neq 1$．同様にして $\varphi'(0)\neq -1$ を示すこともできる． ∎

定理 6.2 に関して二三の補足を述べる．まず証明中で，$\varphi'(0)\neq\pm 1$ を満たす φ とそれに近い ψ に対して局所共役写像 h を構成したが，この h は ψ が φ に近ければ，いくらでも恒等写像 id に近くとることができる．これを φ は**強い意味で**局所構造安定であるという．強い意味での構造安定性も同様に定義される．次にほとんどの場合は共役写像として可微分写像をとることができないことに注意しよう．そのためには φ と ψ の固定点での微係数が一致する必要がある(演習問題 6.1)．最後に写像空間を $\mathrm{Homeo}(V;\mathbb{R})$ にとった場合，任意の $\varphi\in\mathrm{Homeo}(V;\mathbb{R})$, $\varphi(0)=0$, に対して，その摂動 $\overline{\varphi}$ で 0 を沈点あるいは源点とするものが存在する(図 6.8)．これは $\mathrm{Homeo}(V;\mathbb{R})$ の位相が弱すぎることに起因する．同様の理由によって多様体 M 上の力学系の構造安定性を論ずる場合にも，空間としては $\mathrm{Diff}^r(M)$, $r\geqq 1$ を，位相としては C^r 位相を考える．

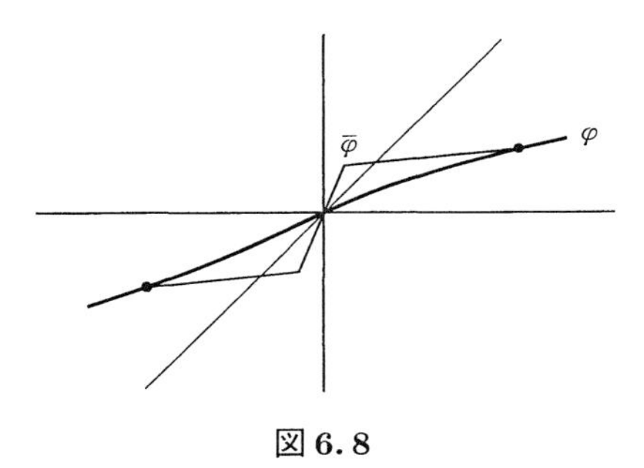

図 6.8

(d) Morse–Smale 可微分同相写像

離散力学系 $\varphi\colon S^1\to S^1$ が **Morse–Smale 可微分同相写像**(Morse-Smale diffeomorphism)あるいは **Morse–Smale 系**(Morse-Smale system)である

とは，φ が可微分同相写像であり，かつ

（i） $\mathrm{Per}(\varphi)\neq\varnothing$,

（ii） $\mathrm{Per}(\varphi)$ のすべての元は双曲的，すなわち $x\in\mathrm{Per}(\varphi)$ の周期を n とおくとき $(\varphi^n)'(x)\neq\pm1$

を満たすときをいう．定義から φ が Morse–Smale であることと，その自明でない繰り返し φ^k, $k\neq0$, が Morse–Smale であることとは同値である．

このような写像の力学系的構造はどのようになっているのであろうか．$\varphi\colon S^1\to S^1$ を向きを保つ Morse–Smale 可微分同相写像，その回転数を $\rho(\varphi)=\dfrac{p}{q}$，$p,q$ は互いに素，とおく．φ の周期点の一つを x_0 とし，x_0 から S^1 の向きに進むとき，最初に出会う x_0 の軌道の元を x_1 とすれば，φ の力学系的構造は回転数 $\dfrac{p}{q}$ と区間 $I=[x_0,x_1]$ 上の同相写像 $\psi=\varphi^q\colon I\to I$ によって決定される(§5.3(a))．ψ の固定点，すなわち φ の周期点は双曲的であるから，各点は孤立しており，特に $\mathrm{Per}(\varphi)$ は有限集合である．

命題 6.4　区間 I から自分自身の上への向きを保つ可微分同相写像 $\psi\colon I\to I$ の固定点がすべて双曲的であるならば，ψ の位相共役類は I 上の ψ の沈点と源点の配置によって完全に決定される．

［証明］　まず双曲的固定点が孤立していることから $\mathrm{Fix}(\psi)$ は有限集合である．次に ψ の沈点と源点が I 上交互に並んでいることに注意する(図6.9)．これは ψ の任意の二つの源点 x_1,x_2，$x_1<x_2$ に対し，これらに十分近

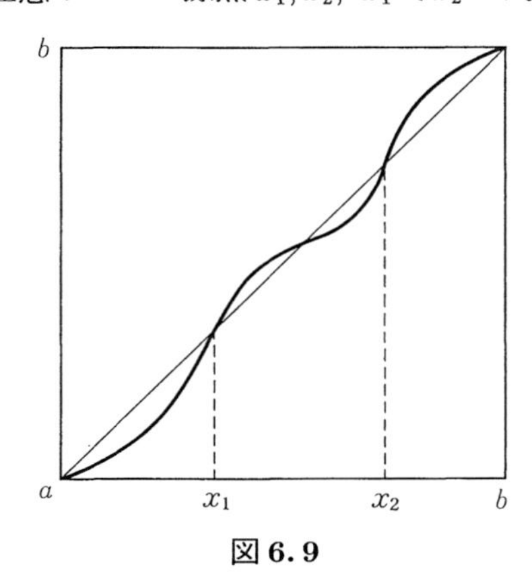

図 6.9

い x_1', x_2'，$x_1 < x_1' < x_2' < x_2$ をとれば，部分区間 $J = [x_1', x_2']$ が $\psi(J) \subset J$ を満たし，中間値の定理より J に ψ の固定点が存在することによる．

さて $\psi, \overline{\psi}\colon I \to I$ が位相共役であれば，ψ および $\overline{\psi}$ に関する沈点と源点の配置が等しいことは明らかであるから，逆を証明しよう．簡単のため $I = [a, b]$ の端点 a は ψ および $\overline{\psi}$ の沈点であるとし，隣接する ψ の源点を x_1，$\overline{\psi}$ の源点を x_1' とおく．このとき Hartman の定理の証明と同様に，任意の $a < \alpha < x_1$，$a < \alpha' < x_1'$ に対して，同相写像 $h\colon [a, \alpha] \to [a, \alpha']$ で，写像が定義できる範囲で $h \circ \psi = \overline{\psi} \circ h$ を満たすものが構成でき，さらにこの性質を保ったまま $h\colon [a, x_1] \to [a, x_1']$ に拡張することができる．次に x_1 に隣接する ψ の沈点を $y_1 \neq a$，x_1' に隣接する $\overline{\psi}$ の沈点を $y_1' \neq a$ とおけば，同じ議論を ψ^{-1} および $\overline{\psi}^{-1}$ に用いることによって，h を x_1 を越えて y_1 まで，すなわち $h\colon [a, y_1] \to [a, y_1']$ に拡張することができる．これを繰り返せば求める共役写像が得られる．∎

Morse–Smale 可微分同相写像 $\varphi\colon S^1 \to S^1$ から導かれる $\psi = \varphi^q\colon [x_0, x_1] \to [x_0, x_1]$ に関しては，必要ならば端点をとりかえることによって，x_0, x_1 は沈点，源点のどちらとすることもできるから，沈点と源点の配置はそれらの個数で決まる．すなわち S^1 上の Morse–Smale 系は，その回転数と周期軌道の個数によって位相共役類が完全に決定される(図6.10)．

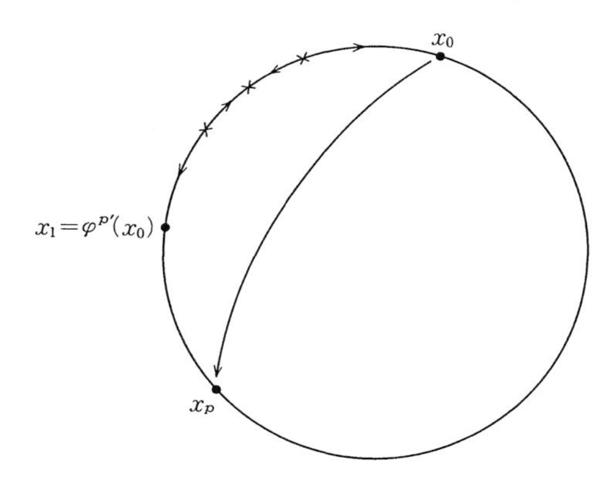

図6.10　Morse–Smale 系

さて $\varphi \in \mathrm{Diff}^r(S^1)$ を Morse–Smale 可微分同相写像，その回転数を $\rho(\varphi)=\dfrac{p}{q}$ とおく．φ の q 回の繰り返し φ^q およびその固定点 $x_1, \cdots, x_n$ に対して Hartman の定理を用いれば，各 x_i の開近傍 U_i および φ の $\mathrm{Diff}^r(S^1)$ における近傍 $\mathcal{U}$ が存在して，任意の $\overline{\varphi} \in \mathcal{U}$ の q 回の繰り返し $\overline{\varphi}^q$ は各 U_i に一つずつ双曲的固定点をもつとしてよい．さらにコンパクトな部分集合 $S^1 \backslash \bigcup U_i$ 上 φ^q が固定点をもたないことから，必要ならば $\mathcal{U}$ を小さくとりなおすことによって，$\sup_{x \in S^1 \backslash \bigcup U_i} d(\overline{\varphi}^q(x), x) > 0$，すなわち $\overline{\varphi}^q \in \mathcal{U}$ が $S^1 \backslash \bigcup U_i$ に固定点をもたないようにできる．また回転数の連続性(§5.1(b)定理5.5)より $\rho(\overline{\varphi})=\rho(\varphi)$ も成り立つとしてよい．以上より任意の $\overline{\varphi} \in \mathcal{U}$ は Morse–Smale 可微分同相写像で，しかも φ と等しい回転数および等しい数の周期軌道をもつ．したがって $\overline{\varphi}$ は φ と位相共役である．以上で S^1 上の Morse–Smale 可微分同相写像は構造安定であり，かつその全体は $\mathrm{Diff}^r(S^1)$，$r \geqq 1$，の開集合をなすことがわかった．また $\overline{\varphi}$ が C^r 位相で φ に近ければ，共役写像 h を id に近くとることができるから，Morse–Smale 可微分同相写像は強い意味の構造安定性をもつ．これは一般次元の多様体上の Morse–Smale 可微分同相写像に対しても成立する事実であるが，S^1 上ではこの逆が成立する．

定理 6.5 (Peixoto)　Morse–Smale 可微分同相写像全体は $\mathrm{Diff}^r(S^1)$，$r \geqq 1$，の中で稠密な開集合をなす．

[証明]　開集合をなすことはすでに示したから，稠密であることをいえばよい．任意の可微分同相写像 $\varphi_0 : S^1 \to S^1$ を Morse–Smale 系で近似することを考える．まず φ_0 に近い φ_1 で周期点をもつものの存在をいう．φ_0 の極小集合を M とおく．もし M が有限集合であれば φ_0 自身が周期点をもつ．そうでないとき，1点 $x_0 \in M$ および任意の $\varepsilon > 0$ に対して，$\varphi_0^n(x_0)$ が x_0 の ε-近傍 $(x_0-\varepsilon, x_0+\varepsilon)$ に属するような $n>0$ が存在する．簡単のため $\varphi_0^n(x_0) \in (x_0-\varepsilon, x_0]$ と仮定しよう．いいかえれば $\widetilde{x}_0 \in \mathbb{R}$ を標準的射影 $p : \mathbb{R} \to S^1$ に対して $p(\widetilde{x}_0)=x_0$ を満たす点，$\widetilde{\varphi}_0$ を φ_0 の持ち上げの一つとするとき，整数 m が存在して $\widetilde{x}_0+m-\varepsilon \leqq \widetilde{\varphi}_0^n(\widetilde{x}_0) < \widetilde{x}_0+m$ となることを仮定する．いま R_η を η-回転とすれば，合成写像 $R_\eta \circ \varphi_0$ は η が小さければ C^r 位相で φ_0 に近い．

またその持ち上げ $\widetilde{R}_\eta \circ \widetilde{\varphi}_0$, $\widetilde{R}_\eta \colon \widetilde{x} \mapsto \widetilde{x}+\eta$ は, $\widetilde{R}_\eta, \widetilde{\varphi}_0$ が単調であることから, $\eta>0$ のとき $\widetilde{\varphi}_0^n(\widetilde{x}_0)+\eta = (\widetilde{R}_\eta \circ \widetilde{\varphi}_0)(\widetilde{\varphi}_0^{n-1}(\widetilde{x}_0)) \leqq (\widetilde{R}_\eta \circ \widetilde{\varphi}_0)^2(\widetilde{\varphi}_0^{n-2}(\widetilde{x}_0)) \leqq \cdots \leqq (\widetilde{R}_\eta \circ \widetilde{\varphi}_0)^n(\widetilde{x}_0)$ を満足する. $\eta=0$ のとき $(\widetilde{R}_0 \circ \widetilde{\varphi}_0)^n(\widetilde{x}_0) = \widetilde{\varphi}_0^n(\widetilde{x}_0)$, $\eta=\varepsilon$ のとき $(\widetilde{R}_\varepsilon \circ \widetilde{\varphi}_0)^n(\widetilde{x}_0) \geqq \widetilde{\varphi}_0^n(\widetilde{x}_0)+\varepsilon$ であるから, 中間値の定理より, $0<\eta<\varepsilon$ で $(\widetilde{R}_\eta \circ \widetilde{\varphi}_0)^n(\widetilde{x}_0) = \widetilde{x}_0+m$ を満たす η が存在する(図6.11). この η に対応する $\varphi_1 = R_\eta \circ \varphi_0$ は x_0 を周期点にもつ.

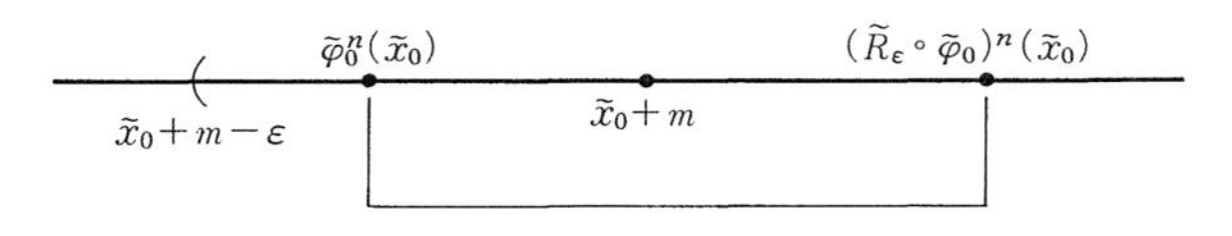

図6.11

この φ_1 が向きを保ち, かつ固定点をもつと仮定して, Morse–Smale 可微分同相写像で近似できることを証明する. 固定点ではなく周期点をもつ場合には多少の工夫が必要であるが, 本質的には同じである. さて x_0 を φ_1 の固定点の一つとし, Hartman の定理の証明と同じように $\varphi_{1,s}(x) = \varphi_1(x) + s\xi(x-x_0)\cdot(x-x_0)$ で与えられる φ_1 の摂動 $\varphi_{1,s}$ を考える. ただし ξ はこぶ関数である. この $\varphi_{1,s}$ はすべて x_0 を固定点とし, しかも x_0 における $\varphi_{1,s}$ の微係数は $(\varphi_{1,s})'(x_0) = (\varphi_1)'(x_0)+s$ を満たすから, いくらでも小さい s で x_0 を双曲的固定点とするものが存在する. このような $\varphi_{1,s}$ を改めて φ_2 とおく. 次に φ_2 の摂動 $\varphi_{2,a} = \varphi_2 + a \colon S^1 \to S^1$, $x \mapsto \varphi_2(x)+a$, 正確には R_a を回転として $\varphi_{2,a} = R_a \circ \varphi_2$ を考える. $f(x) = \varphi_2(x) - x$ とおけば, $\varphi_{2,a}$ の固定点は方程式 $f(x) = -a$ の解であり, φ_2 が向きを保つことから, 固定点 x が双曲的であるという条件は $f'(x) \neq 0$ と同値である. したがって $\varphi_{2,a}$ のすべての固定点が双曲的であるのは, $-a$ が関数 f の正則値であるとき, そのときに限る. 一方 Sard の定理は定義域が S^1 の場合でもそのまま成り立つから, いくらでも小さい a で $-a$ が f の正則値となるものが存在する. よって φ_2 に近い $\varphi_3 = \varphi_{2,a}$ ですべての固定点が双曲的であるようなものが存在する. φ_2 が少なくとも一つ双曲的固定点をもつことから, 摂動した φ_3 も固定点をもつ. したがってこの φ_3 は Morse–Smale 可微分同相写像である. ∎

定理 6.6（Peixoto）　C^r 級可微分同相写像 $\varphi\colon S^1\to S^1$, $r\geqq 1$, が C^r 構造安定であるのは，φ が Morse–Smale 系であるとき，そのときに限る．

［証明］　構造安定な可微分同相写像が Morse–Smale に限ることをいえばよい．C^r 可微分同相写像 $\varphi\colon S^1\to S^1$ が構造安定であるとする．Morse–Smale 系が $\mathrm{Diff}^r(S^1)$ で稠密であることから，φ の近くに Morse–Smale 可微分同相写像が存在するから，φ の構造安定性より $\mathrm{Per}(\varphi)$ は空ではなく，かつ有限集合である．もし φ が双曲的でない周期点をもてば，その周期点 x_0 を他から分離する開集合 U 上での φ の摂動 $\varphi_s(x)=\varphi(x)+s\,\xi(x-x_0)\cdot(x-x_0)$ によって x_0 の近くでの φ_s の漸近挙動が s の値によって変化する．他の周期点の近くでは φ_s の漸近挙動は変わらないから，これは φ の構造安定性に反する．したがって $\mathrm{Per}(\varphi)$ はすべて双曲的であり，φ は Morse–Smale 可微分同相写像である．∎

§6.2　分　　岐

パラメーター μ をもつ力学系の族 $\{\varphi_\mu\}$ を考えよう．簡単のため μ は1次元を動くものとする．パラメーター μ が増加あるいは減少して値 μ_0 を通過するとき，その前後で φ_μ の相空間における相図が変化するならば，この族 $\{\varphi_\mu\}$ は $\mu=\mu_0$ で**分岐する**(bifurcate)といい，値 μ_0 を**分岐点**(bifurcation point)あるいは**分岐値**と呼ぶ(図6.12)．

以下で S^1 の向きを保つ可微分写像を例にとって分岐を論ずるが，この場合には次に述べるサドル–ノード分岐が基本的である．

(a)　サドル–ノード分岐

原点0の近くで

$$\varphi_\varepsilon(x)=\varepsilon+x+x^2$$

によって与えられる局所同相写像の族 $\{\varphi_\varepsilon\}$ を考える(図6.13)．

パラメーター ε が $\varepsilon<0$ を満たすとき，φ_ε の固定点は $x=\pm\sqrt{-\varepsilon}$ の二つで，各々における微係数は $\varphi'(\pm\sqrt{-\varepsilon})=2x+1|_{x=\pm\sqrt{-\varepsilon}}=1\pm 2\sqrt{-\varepsilon}$ で与え

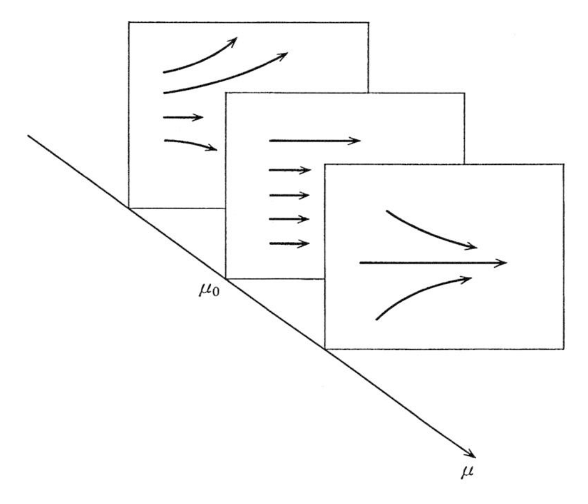

図 6.12　分岐

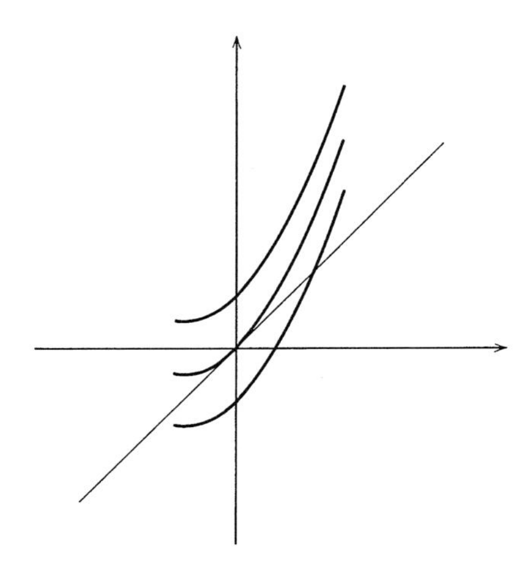

図 6.13

られる．したがって固定点はいずれも双曲的であり，$-\sqrt{-\varepsilon}$ は沈点，$\sqrt{-\varepsilon}$ は源点である．パラメーター ε が値0をとるとき，φ_ε の固定点は $x=0$ のみであり，固定点における1階および2階の微係数は $\varphi'(0)=1$，$\varphi''(0)=2\neq 0$ を満たす．このような固定点を**放物型**(parabolic)と呼ぶ．ここで $\varphi''(0)>0$ が成り立つことから，0に近い x については，$x<0$ のとき $\varphi^n(x)\to 0$，$n\to\infty$ が，$x>0$ のとき $\varphi^{-n}(x)\to 0$，$n\to\infty$ が成立する．パラメーター ε が $\varepsilon>0$ を満たすとき，φ_ε は固定点をもたず，0の近傍では φ_ε は点を単に右に移動させる写像となっている．すなわちパラメーター ε の変化に伴って，沈点と源点とが近づき，分岐値 $\varepsilon=0$ で一つの固定点に退化し，以降では固定点が消滅する．相空間とパラメーター空間の積空間 $\mathbb{R}\times\mathbb{R}=\mathbb{R}^2$ を考えれば，φ_ε の固定点の全体 $\{(x,\varepsilon);\ \varphi_\varepsilon(x)=x\}$ は放物線 $\varepsilon=-x^2$ で与えられ，分岐値 $\varepsilon=0$ は相空間 $\mathbb{R}\times\{\varepsilon\}$ がこの放物線に接するような ε の値となっている(図6.14)．この分岐を**サドル–ノード分岐**(saddle-node bifurcation)と呼ぶ．

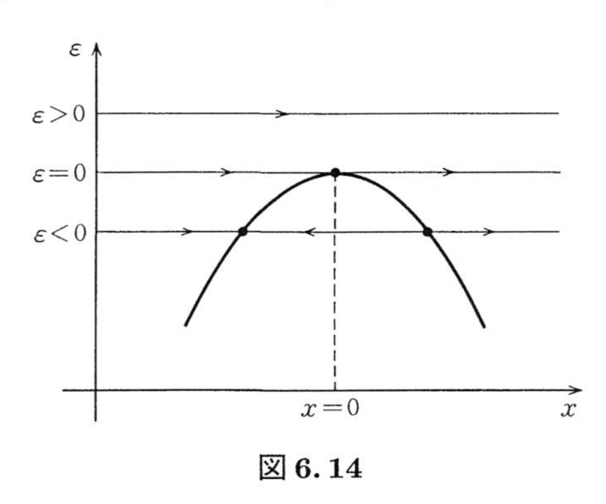

図 6.14

多様体上の可微分同相写像の二つの分岐，正確には1径数族 $\{\varphi_\mu\}_{\alpha\leqq\mu\leqq\beta}$，$\{\psi_\nu\}_{\alpha'\leqq\nu\leqq\beta'}$ が与えられたとき，これらが**位相共役**であるとは，

（i）　パラメーターの変換を与える向きを保つ同相写像 $\tau\colon[\alpha,\beta]\to[\alpha',\beta']$ および

（ii）　パラメーター μ に連続的に依存する φ_μ と $\psi_{\tau(\mu)}$ との共役写像の族

$$h_\mu\colon M\to M$$

が存在するときをいう．局所同相写像の分岐の位相共役も同様に定義される．

$$\begin{array}{ccc} M & \xrightarrow{\varphi_\mu} & M \\ {\scriptstyle h_\mu}\downarrow & \circlearrowleft & \downarrow{\scriptstyle h_\mu} \\ M & \xrightarrow[\psi_{\tau(\mu)}]{} & M \end{array}$$

定理 6.7　1次元パラメーター ε をもつ局所可微分同相写像の族 $\varphi_\varepsilon\colon \mathbb{R}\to\mathbb{R}$ が，$\varepsilon_1<\varepsilon_2$ に対して

（i）　φ_{ε_1} は固定点 $x_1<x_2$ をもち，x_1 は沈点，x_2 は源点である，

（ii）　φ_{ε_2} は固定点をもたず，点を単に右に移す，

（iii）　$\dfrac{\partial\varphi}{\partial\varepsilon}>0$ かつ $(\varphi_\varepsilon)''>0$,

を満たすならば，族 $\{\varphi_\varepsilon\}$ の $\varepsilon_1<\varepsilon<\varepsilon_2$ における分岐値は唯一つで，その分岐はサドル–ノード分岐と位相共役である．ただし $\dfrac{\partial\varphi}{\partial\varepsilon}$ は φ を2変数関数 $\varphi\colon \mathbb{R}\times\mathbb{R}\to\mathbb{R}$ とみなしたときの ε についての偏微分を表す．

［証明］　問題は写像 φ_ε の固定点であるから，方程式 $\varphi_\varepsilon(x)-x=0$ を解く．左辺の ε に関する偏微分が $\dfrac{\partial}{\partial\varepsilon}(\varphi_\varepsilon(x)-x)=\dfrac{\partial\varphi}{\partial\varepsilon}>0$ を満たすことから，この方程式を ε に関して解くことができる．この解を $\varepsilon(x)$ と書き，もとの方程式に代入して今度は x に関して微分すれば，

$$\frac{\partial\varphi}{\partial\varepsilon}\frac{d\varepsilon}{dx}+\frac{d\varphi_\varepsilon}{dx}-1=0\,.$$

これより $(\varphi_\varepsilon)'\lesseqqgtr 1$ に従って $\dfrac{d\varepsilon(x)}{dx}\gtreqqless 0$ であることがわかる．もう一度 x について微分すると

$$\frac{\partial^2\varphi}{\partial\varepsilon^2}\left(\frac{d\varepsilon}{dx}\right)^2+\frac{\partial\varphi}{\partial\varepsilon}\frac{d^2\varepsilon}{dx^2}+\frac{\partial^2\varphi}{\partial\varepsilon\partial x}\frac{d\varepsilon}{dx}+\frac{\partial^2\varphi}{\partial x^2}=0\,.$$

条件 $\dfrac{\partial^2\varphi}{\partial x^2}=(\varphi_\varepsilon)''>0$ より，特に $\varepsilon(x)$ の臨界点，すなわち $\dfrac{d\varepsilon}{dx}=0$ を満たす点においては $\dfrac{d^2\varepsilon}{dx^2}<0$．したがって $\varepsilon(x)$ の臨界点は極大点である．以上より $\varepsilon=\varepsilon(x)$ のグラフは $(x_1,\varepsilon_1),(x_2,\varepsilon_1)$ を通り，臨界値としては極大値のみをとる．次に方程式 $(\varphi_\varepsilon)'(x)-1=0$ を解く．左辺の x についての偏微分が

$$\frac{\partial}{\partial x}\left(\frac{\partial\varphi_\varepsilon}{\partial x}-1\right)=\frac{\partial^2\varphi}{\partial x^2}>0$$

を満たすから，$(\varphi_\varepsilon)'(x)=1$ を x について $x=x(\varepsilon)$ と解くことができる．この $x=x(\varepsilon)$ のグラフの左側で $\dfrac{d\varepsilon(x)}{dx}>0$，右側で $\dfrac{d\varepsilon(x)}{dx}<0$ が成り立つから，二つの関数 $\varepsilon=\varepsilon(x)$，$x=x(\varepsilon)$ のグラフの交点を (x_0,ε_0) とおけば，$\varepsilon=\varepsilon(x)$ は $x=x_0$ で極大値 ε_0 をとり，したがって族 $\{\varphi_\varepsilon\}$ は $\varepsilon=\varepsilon_0$ で分岐する(図6.15)．

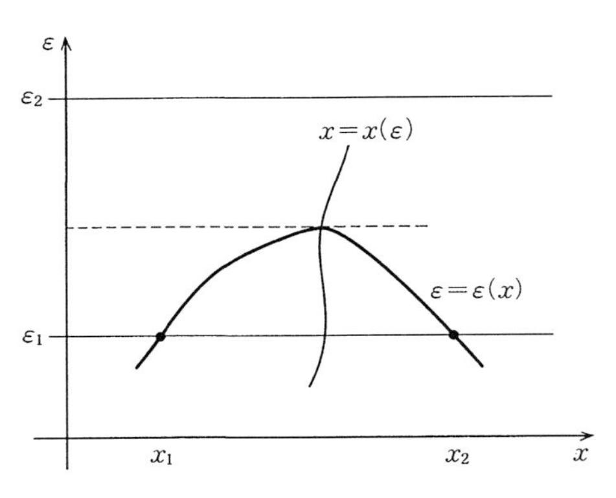

図6.15

さて関数 $\varphi_\varepsilon(x)$ の，$x=x(\varepsilon)$ における Taylor 展開を $\varphi_\varepsilon(x)=a_0(\varepsilon)+(x-x(\varepsilon))+a_2(\varepsilon)(x-x(\varepsilon))^2+o(x-x(\varepsilon))^2$ と書けば，$(\varphi_\varepsilon)''>0$ より $a_2(\varepsilon)>0$ であるから，$y=a_2(\varepsilon)(x-x(\varepsilon))$ を新たな座標として採用することができる．座標 y に関する φ_ε の表現は

$$
\begin{aligned}
y \mapsto a_2(\varepsilon)\left((a_0(\varepsilon)-x(\varepsilon))+\frac{y}{a_2(\varepsilon)}+a_2\left(\frac{y}{a_2(\varepsilon)}\right)^2+o(y^2)\right) \\
= a_2(\varepsilon)(a_0(\varepsilon)-x(\varepsilon))+y+y^2+o(y^2)
\end{aligned}
$$

で与えられる．ここで $\eta=a_2(\varepsilon)(a_0(\varepsilon)-x(\varepsilon))$ とおくと，$x(\varepsilon_0)=x_0$，したがって $a_0(\varepsilon_0)=x_0$ より

$$
\left.\frac{d\eta}{d\varepsilon}\right|_{\varepsilon=\varepsilon_0}=a_2(\varepsilon_0)\left.\frac{d(a_0(\varepsilon)-x(\varepsilon))}{d\varepsilon}\right|_{\varepsilon=\varepsilon_0}.
$$

また

$$
\left.\frac{\partial\varphi}{\partial\varepsilon}\right|_{x=x(\varepsilon)}=\frac{d(a_0(\varepsilon)-x(\varepsilon))}{d\varepsilon}
$$

より，条件 $\dfrac{\partial\varphi}{\partial\varepsilon}>0$ が $\dfrac{d(a_0(\varepsilon)-x(\varepsilon))}{d\varepsilon}>0$ を導く．以上より $\dfrac{d\eta}{d\varepsilon}>0$ が成り立つから，族のパラメーターを ε から η にとりかえることができる．このとき写像族は座標 y とパラメーター η のもとで $y\mapsto\eta+y+y^2+o(y^2)$ と表される．

最後に標準的なサドル–ノード分岐 $\psi_\varepsilon\colon x\mapsto\varepsilon+x+x^2$ とこの分岐 $\varphi_\eta\colon y\mapsto\eta+y+y^2+o(y^2)$ とが位相共役であることを示す必要があるが，これについては概略を述べるに留める．最初に $\varepsilon,\eta>0$ なる範囲のパラメーターについて，相空間の基点 $-a,a$ を用いて共役写像を構成する．まず $\dfrac{\partial\psi}{\partial\varepsilon}>0$ より，各 x および n に対し $\psi_\varepsilon^n(x)$ は ε に関して単調増加．よって十分大きい n に対し，$\psi_\varepsilon^n(-a)=a$ を満たす ε が唯一つ存在するから，これを ε_n とおく．ε_n は $\varepsilon_n>\varepsilon_{n+1}>\cdots>0$ を満たす．族 $\{\varphi_\eta\}$ について η_n を同様に定め，パラメーターの変換 τ を，各 n について $\tau(\varepsilon_n)=\eta_n$ を満たすようにとる．この変換のもとで，アファイン写像 $h_\varepsilon\colon[-a,\psi_\varepsilon(-a)]\to[-a,\varphi_{\tau(\varepsilon)}(-a)]$ を ψ_ε と $\varphi_{\tau(\varepsilon)}$ との共役写像となるように拡張する．具体的には Hartman の定理(§6.1(c)定理 6.2)の証明と同じく，$x\in[\psi^k(-a),\psi^{k+1}(-a)]$ に対して $h_\varepsilon(x)=\varphi_{\tau(\varepsilon)}^k(\psi^{-k}(x))$ とおけばよい(図 6.16)．

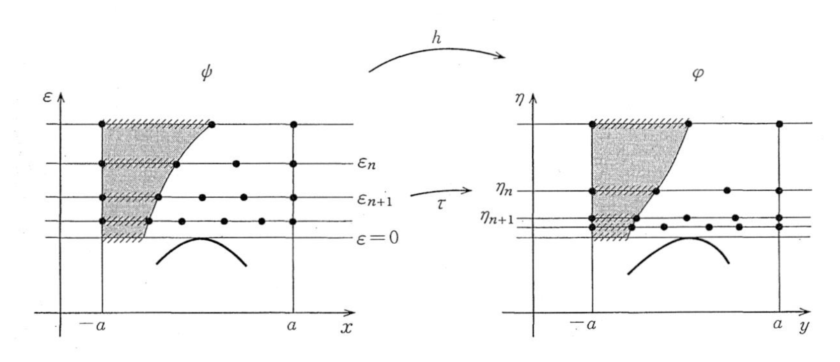

図 6.16

このように構成した h_ε は $\varepsilon\to+0$ なる極限をとるとき $\mathbb{R}$ の局所同相写像に一様に収束する．$x>0$ なる範囲での収束については議論が必要であるが，こ

こでは割愛する．これを認めれば，極限 $h_0=\lim_{\varepsilon\to+0}h_\varepsilon$ が ψ_0 と φ_0 との共役写像となることは容易にわかる．あとは $\varepsilon,\eta<0$ なる範囲のパラメーターについて，ε について連続となるように共役写像 h_ε を定義すればよい．この範囲ではパラメーターの対応は $\eta=\tau(\varepsilon)=\varepsilon$ で与える．まず $h_0|_{[-a,\psi_0(-a)]}\colon[-a,\psi_0(-a)]\to[-a,\varphi_0(-a)]$，$h_0|_{[a,\psi_0(a)]}\colon[a,\psi_0(a)]\to[a,\varphi_0(a)]$ を，ε に関して連続な同相写像の族 $[-a,\psi_\varepsilon(-a)]\to[-a,\varphi_\varepsilon(-a)]$，$[a,\psi_\varepsilon(a)]\to[a,\varphi_\varepsilon(a)]$ に拡張する．さらに $[\varphi_\varepsilon(0),0]\to[\psi_\varepsilon(0),0]$ をアファイン写像とすれば，この三つの区間の同相写像を ψ_ε と φ_ε との局所共役写像 $h_\varepsilon\colon\mathbb{R}\to\mathbb{R}$ に拡張することができる．∎

定理6.7の条件を満たす族 $\{\varphi_\mu\}$ の分岐を一般に**サドル–ノード分岐**と呼ぶ．パラメーターの向きが逆，すなわち固定点のない状態から放物型固定点が現れ，それが沈点と源点に分化する分岐，沈点と源点であるような周期点が放物型周期点に退化し，消滅する分岐などもサドル–ノード分岐と呼ぶ．また相空間の次元が高い場合も対応する分岐をサドル–ノードと呼ぶが，これはもう少し複雑である．

(b)　分岐の安定性

多様体上の可微分同相写像の1径数族 $\varphi_\mu\colon M\to M$ が**(構造)安定**であるとは，$\{\varphi_\mu\}$ に十分近い族がすべて $\{\varphi_\mu\}$ に位相共役であるときをいう．局所可微分同相写像の族に関しても同様に安定性を定義すれば，定理6.7からただちに次が得られる．

定理 6.8　サドル–ノード分岐は安定である．□

後に述べるように(定理6.10)，1次元の向きを保つ局所可微分同相写像の安定な分岐はサドル–ノード分岐に限る．それ以外の分岐として，例えば

$$\varphi_\varepsilon(x)=(1-\varepsilon)x+x^3$$

で与えられる写像の族を考えよう．φ_ε の固定点は $\varepsilon\leqq0$ のときは $x=0$ のみで，$\varepsilon>0$ に対しては $x=0,\pm\sqrt{\varepsilon}$ の三つである．各固定点での φ_ε の微係数は $\varphi_\varepsilon'(0)=1-\varepsilon$，$\varphi_\varepsilon'(\pm\sqrt{\varepsilon})=1+2\varepsilon$．したがって φ_ε の $\varepsilon<0$ での源点 $x=0$ は，$\varepsilon>0$ では一つの沈点 $x=0$ と二つの源点 $x=\pm\sqrt{\varepsilon}$ に分化する．これはサドル–ノード分岐ではない．次に族 φ_ε の摂動として，$a>0$ に対して $\psi_\varepsilon(x)=$

$\varphi_\varepsilon(x)+a$ で与えられる族 ψ_ε を考える．ψ_ε の固定点は $\varepsilon<2a^{2/3}$ に対しては唯一つで，$\varepsilon=2a^{2/3}$ のとき二つ，$\varepsilon>2a^{2/3}$ のとき三つである．ψ_ε，$\varepsilon<2a^{2/3}$ の唯一の固定点 p_ε は源点であり，$\varepsilon\geqq 2a^{2/3}$ に対しても，p_ε は源点であることを保ったまま，連続的に位置を変える．この固定点 p_ε とは独立に，分岐値 $\varepsilon=2a^{2/3}$ においてサドル–ノード分岐が生じている．すなわち φ_ε はサドル–ノード分岐をもつ族によって近似できる．

さて，M を n 次元の閉多様体とするとき，M から自分自身への C^r 級，$1\leqq r\leqq\infty$，の可微分同相写像全体のなす空間 $\mathrm{Diff}^r(M)$ には，M 上の Riemann 計量を利用して C^r 位相を入れることができる．$\mathrm{Diff}^r(M)$ にはさらに，M からその接バンドル TM への C^r 級の切断全体のなす Banach 空間 $\Gamma^r(TM)$ をモデルとする C^∞ 級 Banach 多様体の構造が入る．ただし $r=\infty$ の場合には，$\Gamma^\infty(TM)$ が Banach 空間の構造をもたず Fréchet 空間であることから，$\mathrm{Diff}^\infty(M)$ は Fréchet 多様体となる．これを認めれば，M の可微分同相写像の 1 径数族 $\{\varphi_\mu\}$ は可微分構造をもった空間 $\mathrm{Diff}^r(M)$ の中の道(path)と考えることができる．

これを $\mathbb{R}$ の向きを保つ局所可微分同相写像のサドル–ノード分岐の場合に，少し詳しく調べてみよう．簡単のため 0 を含む閉区間 $I\subset\mathbb{R}$ を一つ決め，$r\geqq 2$ に対し，I から $\mathbb{R}$ への向きを保つ C^r 級の埋め込み全体の空間 $\mathrm{Diff}^r_+(I,\mathbb{R})$ を考える．これは I 上の C^r 級関数全体のなす Banach 空間の開部分集合である．さて $\mathcal{P}\subset\mathrm{Diff}^r_+(I,\mathbb{R})$ によって，向きを保つ埋め込み $\varphi\colon I\to\mathbb{R}$ であって

(i)　φ は I に唯一つの固定点 x_0 をもつ，

(ii)　固定点 x_0 は I の内部 $\mathrm{Int}\, I$ に属す，

(iii)　x_0 は放物型固定点，すなわち $\varphi'(x_0)=1$ かつ $\varphi''(x_0)\neq 0$,

を満たすものの全体を表す．この $\mathcal{P}$ が $\mathrm{Diff}^r_+(I,\mathbb{R})$ の余次元 1 の “部分多様体” となっていることを以下で説明する．

写像 $L\colon \mathrm{Diff}^r_+(I,\mathbb{R})\times\mathbb{R}\to\mathbb{R}$ を $L(\varphi,x)=\varphi'(x)$ で定義すれば，これは自然な可微分構造に関して C^{r-1} 級の関数であり，第 2 変数 x に関する L の偏微

分 $\dfrac{\partial L}{\partial x}$ の (φ, x) における値は $\varphi''(x)$ で与えられる．ここで $\varphi_0 \in \mathcal{P}$ に対し，その固定点を x_0 とおくと，L の (φ_0, x_0) での値は $L(\varphi_0, x_0) = \varphi_0'(x_0) = 1$ であり，$\dfrac{\partial L}{\partial x}(\varphi_0, x_0) = \varphi_0''(x_0) \neq 0$ より，陰関数定理によって方程式 $L(\varphi, x) = 1$ を (φ_0, x_0) の近傍で $x = x(\varphi)$ と解くことができる．すなわち (φ_0, x_0) の近くで $L^{-1}(1) = \{(\varphi, x);\, x = x(\varphi)\}$ が成り立つ．次に関数 $F\colon \mathrm{Diff}^r_+(I, \mathbb{R}) \times \mathbb{R} \to \mathbb{R}$ を $F(\varphi, x) = \varphi(x) - x$ で定義すれば，$F(\varphi_0, x_0) = \varphi_0(x_0) - x_0 = 0$ で，族 $\varphi_\varepsilon(x) = \varphi_0(x) + \varepsilon$ に対して $F(\varphi_\varepsilon, x_0) = \varphi_0(x_0) - x_0 + \varepsilon = \varepsilon$ が成り立つことから $\dfrac{\partial F}{\partial \varphi}(\varphi_0, x_0) \neq 0$. したがって方程式 $F(\varphi, x) = 0$ は (φ_0, x_0) の近傍で φ について解くことができる．これより共通部分 $L^{-1}(1) \cap F^{-1}(0)$ は $L^{-1}(1)$ の余次元 1 の部分多様体となる．$L^{-1}(1)$ は局所的に $x = x(\varphi)$ と表されていたから，第 1 射影 $\mathrm{pr}\colon \mathrm{Diff}^r_+(I, \mathbb{R}) \times \mathbb{R} \to \mathrm{Diff}^r_+(I, \mathbb{R})$ の $L^{-1}(1)$ への制限 $\mathrm{pr}|_{L^{-1}(1)}\colon L^{-1}(1) \to \mathrm{Diff}^r(I, \mathbb{R})$ は局所可微分同相写像で，特に $\mathcal{M} = \mathrm{pr}(L^{-1}(1) \cap F^{-1}(0))$ は φ_0 の近傍で $\mathrm{Diff}^r(I, \mathbb{R})$ の余次元 1 の部分多様体をなす(図 6.17)．像 $\mathcal{M}$ から元 φ をとれば，点 $x = x(\varphi)$ は $\varphi(x) = x$ および $\varphi'(x) = 1$ を満足する．ここで φ が φ_0 に十分近ければ $\varphi''(x) \neq 0$ より，x は放物型固定点．また構成より φ が φ_0 に近ければ，x は x_0 に近い φ の唯一つ

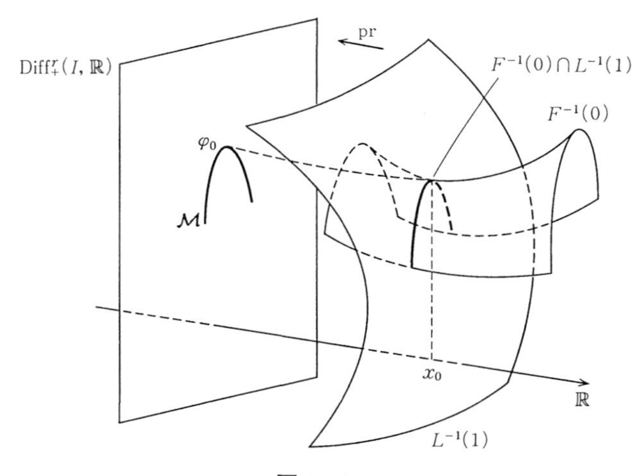

図 6.17

の固定点で，しかも φ は他に固定点をもたないとしてよい．したがって φ_0 の近傍では $\mathcal{M}\subset\mathcal{P}$ であり，特に $\mathcal{P}$ は $\mathrm{Diff}^r_+(I,\mathbb{R})$ の余次元 1 の部分多様体の構造をもつ．一方で $\varphi_0\in\mathcal{P}$ は任意であったから，これは $\mathcal{P}$ 自身が $\mathrm{Diff}^r_+(I,\mathbb{R})$ の余次元 1 の部分多様体であることを示している．

定理 6.7 の条件を満たす $\mathrm{Diff}^r_+(I,\mathbb{R})$ の族 $\{\varphi_\varepsilon\}$ はこの部分多様体 $\mathcal{P}$ を横切る道で，条件 $(\varphi_\varepsilon)''>0$ より交わりは横断的である．したがって空間内での道の $\mathcal{P}$ に対する相対的な位置は摂動によって変わらない(図 6.18)．これに加えて放物型固定点が摂動に関して良い性質をもつことからサドル–ノード分岐の安定性が導かれる．しかしここで述べた安定性の概念は実際には強すぎて，系が複雑になった場合には，その系から安定に分岐する道は存在しない．

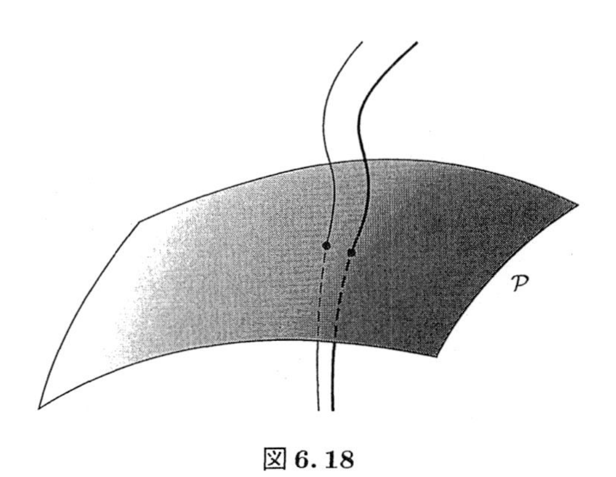

図 6.18

(c)　準 Morse–Smale 可微分同相写像と Sotomayor の定理

サドル–ノード分岐の例でもわかるように，相図の変化をもたらす分岐を扱うには，Morse–Smale 可微分同相写像のみではなく退化した可微分同相写像を考える必要がある．ただしパラメーターが 1 次元の分岐で安定なものだけを対象とするのであれば，退化の次数も 1 で十分である．以下，S^1 の場合にそのような可微分同相写像を定義し，安定な 1 次元分岐を決定しよう．

S^1 の向きを保つ可微分同相写像 $\varphi\colon S^1\to S^1$ が**準 Morse–Smale 可微分同**

相写像(quasi Morse-Smale diffeomorphism)とは，φ が

(i)　$\mathrm{Per}(\varphi) \neq \varnothing$,

(ii)　周期軌道は一つを除いて双曲的,

(iii)　例外の周期軌道は放物型,

を満たすときをいう.

S^1 の向きを保つ可微分同相写像の空間 $\mathrm{Diff}^r_+(S^1)$ は，各元 $\varphi \in \mathrm{Diff}^r_+(S^1)$ の持ち上げ $\tilde{\varphi}\colon \mathbb{R} \to \mathbb{R}$ を考えることによって，自然に Banach 多様体の構造をもつことがわかる．またこの構造のもとで次が成立する.

命題 6.9　$\alpha \in \mathbb{Q}/\mathbb{Z}$ に対し，準 Morse–Smale 可微分同相写像 $\varphi\colon S^1 \to S^1$ で $\rho(\varphi) = \alpha$ を満たすものの全体 Q_α は $\mathrm{Diff}^r_+(S^1)$, $r \geqq 2$, の余次元 1 の部分多様体をなす.

［証明］　$\alpha = 0$ の場合を扱う．$\varphi_0 \in Q_0$ をとり，x_0 を φ_0 の放物型固定点とする．x_0 の近くに唯一つの放物型固定点をもつような $\varphi\colon S^1 \to S^1$ の全体は，局所可微分同相写像の場合と同様の議論によって $\mathrm{Diff}^r_+(S^1)$ の余次元 1 の部分多様体 $\mathcal{P}$ をなすことがわかる．ここで φ_0 の x_0 以外の固定点はすべて双曲的で，また φ_0 の小さい摂動によって x_0 の近く以外に新たな固定点が生じることはないから，φ_0 の近くでは $Q_0 = \mathcal{P}$ が成り立つ.　∎

この命題が回転数を与えて定式化してあるのは，例えば φ_0 が唯一つの固定点をもつ場合，これに近い φ で固定点をもたないものが存在し，したがって固定点をもたない準 Morse–Smale 可微分同相写像で φ_0 に近いものが存在するからである．準 Morse–Smale 可微分同相写像の全体 $Q = \bigcup_{\alpha \in \mathbb{Q}/\mathbb{Z}} Q_\alpha$ は $\mathrm{Diff}^r_+(S^1)$ の正則な部分多様体ではなく，はめ込まれた部分多様体である(森田茂之『微分形式の幾何学』§1.2(d), [8]参照).

さて可微分同相写像の空間 $\mathrm{Diff}^r(M)$ の道 $\{\varphi_\mu\}$, $\varphi_\mu\colon M \to M$, が**単純**(simple)とは，$\{\varphi_\mu\}$ が安定でかつ分岐点を有限個しか含まないことをいう.

定理 6.10 (Sotomayor)　$\mathrm{Diff}^r_+(S^1)$, $r \geqq 2$, の単純な道は回転数の等しい二つの Morse–Smale 可微分同相写像をつなぐサドル–ノード分岐の有限個の合成に限る.

［証明］ 分岐点を一つだけ含む族について議論すればよい．このような族を $\{\varphi_\mu\}$，分岐点を $\mu=0$ とおく．まず安定性の条件より，パラメーターの $\mu=0$ 以外の値に対応する写像は構造安定で，したがって Morse–Smale 可微分同相写像である．次に分岐が1回だけしか起こらないことから，回転数 $\rho(\varphi_\mu)$ は $\mu=0$ の前後で変化しない．よって簡単のため $\rho(\varphi_\mu)=0$ として話を進める．

まず φ_0 の双曲的でない固定点は唯一つであることをいう．もし φ_0 が二つ双曲的でない固定点をもったとすると，道 $\{\varphi_\mu\}$ の摂動で，これら二つの固定点の分岐時刻が異なるものが存在する(図6.19)．これは安定性の仮定に反するから，双曲的でない固定点は唯一つである．

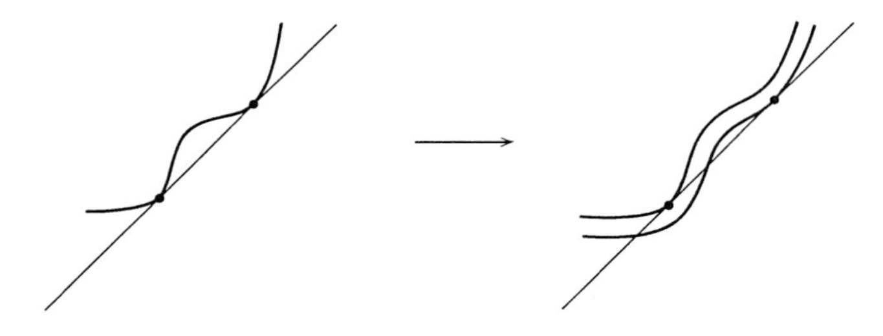

図 6.19

さらにこの固定点は放物型である．そうでないと仮定する．固定点 x_0 のまわりで $\varphi_0(x)=x+a_3(x-x_0)^3+o(x-x_0)^3$，$a_3\neq0$ と表されたとしよう．このとき $\{\varphi_\mu\}$ の摂動として $\psi_\mu(x)=\varphi_\mu(x)+\varepsilon(x-x_0)^2\xi(x-x_0)$ を考える．ここで ξ はこぶ関数である(§6.1(c)，図6.7)．そうすると $\psi_0(x)=x+\varepsilon(x-x_0)^2+o(x-x_0)^2$ より ψ_0 は Morse–Smale ではないから ψ_μ は $\mu=0$ で分岐し，したがって ψ_0 は φ_0 と位相共役となる．しかし φ_0 の双曲的でない固定点0は位相的な沈点あるいは源点であるが，一方 ψ_0 の双曲的でない固定点0は放物型であり，矛盾が生じる．x_0 の近くでの φ_0 の展開が $\varphi_0(x)=x+a_4(x-x_0)^4+o(x-x_0)^4$，$a_4\neq0$ で与えられる場合，$\psi_\mu(x)=\varphi_\mu(x)+\varepsilon(x-x_0)^2\xi(x-x_0)$ なる摂動を考えれば，同じく $\mu=0$ が $\{\psi_\mu\}$ の唯一つの分岐点となる．しかしこの場合 $\varepsilon\cdot a_4<0$ ならば ψ_0 は x_0 の近くに三つの固定点をもつから φ_0 と位相

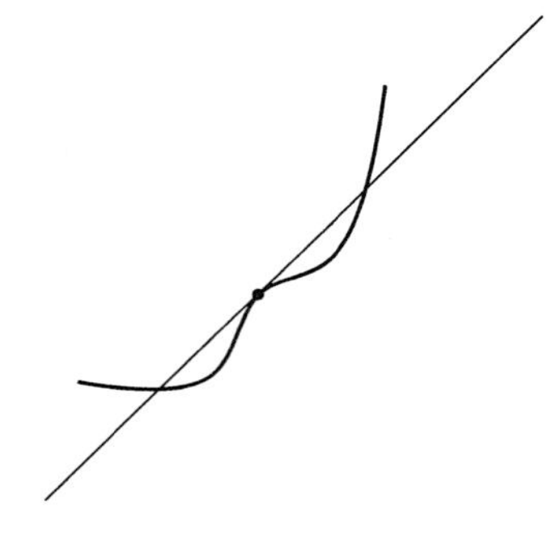

図 6.20

共役ではあり得ず，やはり矛盾が生じる(図 6.20)．したがって φ_0 の双曲的でない固定点は放物型である．

以上より分岐値における写像 φ_0 は，固定点をもつ準 Morse–Smale 可微分同相写像のなす部分多様体 Q_0 に属するが，道 $\{\varphi_\mu\}$ が $\mu=0$ で Q_0 に横断的でなければ，適当な摂動をとって交わりの数を増やすことができる．したがってこの交わりは横断的であり，分岐はサドル–ノード分岐である． ∎

S^1 の向きを逆にする同相写像の 1 径数族においてはサドル–ノード分岐以外の安定な分岐として周期倍分岐があるので，定理 6.10 は向きを逆にする写像を含む $\mathrm{Diff}^r(S^1)$ においては正しくない．周期倍分岐は次の §6.3 で扱う．

§6.3　区間力学系の分岐

この節では 2 次関数の族 $\varphi_\mu\colon [-1,1]\to[-1,1]$,

$$\varphi_\mu(x) = \mu(1-x^2)-1, \quad 0 \leqq \mu \leqq 2$$

を例にとって，区間力学系の分岐を考える．この系は離散化する前の微分方程式

$$\frac{dx}{dt} = x(1-x)$$

の名前を借りて**ロジスティック力学系**(logistic system)とも呼ばれる．向きを保つ同相写像の場合には安定な分岐はサドル–ノード分岐のみであったが，

連続写像の族に関しては，この他に周期倍分岐も安定な分岐となる．

(a)　Sharkovskii の定理

2次関数族の分岐を考える準備として，§3.5(a)で触れた Sharkovskii の定理を述べる．

定理 6.11 (Sharkovskii の定理)　自然数の全体 $\mathbb{N}$ の順序 $\succ$ を次で定義する．

$$
\begin{aligned}
& 3 \succ 5 \succ 7 \succ \cdots \succ 2n+1 \succ \cdots \\
\succ\ & 2\cdot 3 \succ 2\cdot 5 \succ \cdots \succ 2(2n+1) \succ \cdots \\
\succ\ & 4\cdot 3 \succ 4\cdot 5 \succ \cdots \succ 4(2n+1) \succ \cdots \\
& \vdots \\
\succ\ & \cdots \succ 2^k \succ \cdots \succ 8 \succ 4 \succ 2 \succ 1
\end{aligned}
$$

このとき閉区間 I から自分自身への連続写像 $\varphi\colon I \to I$ が周期 n の周期点をもてば，$n \succ m$ なる任意の m に対して周期 m の周期点をもつ．　□

順序 $\succ$ を **Sharkovskii 順序**と呼ぶ．Sharkovskii 順序はまず奇数を大きさの順に並べ，次に奇数の2倍を大きさの順に並べる．これを奇数の4倍，8倍，… と続けて，最後に2のベキを大きさの逆順に並べたものである．3がこの順序に関して先頭にあることから，連続写像 $\varphi\colon I \to I$ が3周期点をもてば，φ は任意の周期の周期点をもつ(定理3.32)．以下で定理6.11の証明の概略を述べる．基本的な道具は§3.5(a)と同じく中間値の定理であり，これを効率よく用いるために**有向グラフ**(directed graph)を利用する．ここで扱う有向グラフは，有限個の頂点と，向きをもつ有限個の辺から構成された図形である．

写像 φ が n 周期点をもつとき，これを用いて有向グラフ Γ を以下のように定義する．n 周期点の軌道を $\{x_0, \cdots, x_{n-1}\}$，$x_0 < \cdots < x_{n-1}$ とし，グラフ Γ に，部分区間 $I_i = [x_i, x_{i+1}]$，$i = 0, \cdots, n-2$ に対応する頂点をおく．簡単のため，頂点も同じ記号 I_i で表す．次に部分区間 I_i の φ による像 $\varphi(I_i)$ が I_j を含むとき，頂点 I_i から I_j へ向かう辺をおき，これを $I_i \to I_j$ で表す．図6.21は，3周期点をもつ写像 φ の一つの例と，その有向グラフである．

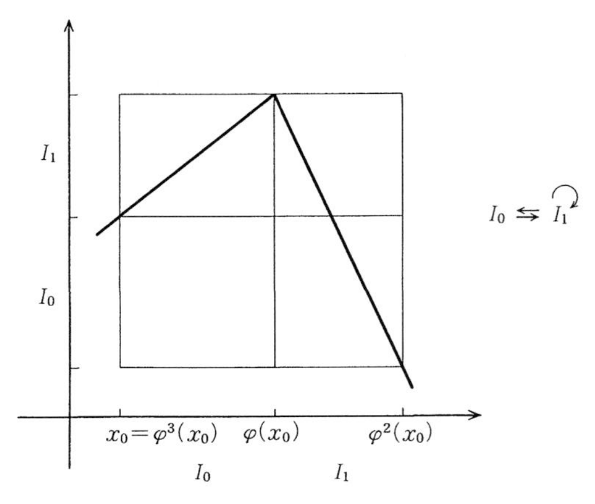

図 6.21　3 周期点と対応する有向グラフ

さて有向グラフ Γ の**道**とは，頂点の列 $I_{i_0} \to I_{i_1} \to \cdots \to I_{i_k}$ で，各 $I_{i_\ell} \to I_{i_{\ell+1}}$ が Γ の辺であるものを指す．道に含まれる辺の重複を込めた個数 k を道の**長さ**という．また始点 I_{i_0} と終点 I_{i_k} が一致する道を**閉道**と呼ぶ．§3.5 補題 3.30 で，部分区間 $J_0, J_1 \subset I$ が $\varphi(J_0) \supset J_1$ を満たせば，J_0 の部分区間 J_0' で $\varphi(J_0') = J_1$ を満たすものが存在することを述べた．これを繰り返し用いれば，Γ の道 $I_{i_0} \to I_{i_1} \to \cdots \to I_{i_k}$ に対して，始点 I_{i_0} の部分区間 J で，$\varphi^\ell(J) \subset I_{i_\ell}$，$\ell = 0, \cdots, k-1$ および $\varphi^k(J) = I_{i_k}$ を満たすものをとることができる．特にこの道が閉道であった場合，$\varphi^k(J) = I_{i_0} \supset J$ であるから，中間値の定理より φ^k は J に固定点をもつ(補題 3.30)．与えられた閉道が，短い閉道の繰り返しとなっていないとき，この固定点は φ の周期 k の周期点となる．厳密にはこれが区間の端点，すなわち最初にとった周期点と一致するか否かについての議論が必要であるが，ここでは割愛する(補題 3.31 参照)．以上より，φ の周期 k の周期点を見つけるためには，有向グラフ Γ の長さ k の閉道を調べればよい．

まず φ が 2 のベキを周期とする周期点をもつときを扱う．

補題 6.12　連続写像 $\varphi\colon I \to I$ が 4 周期点をもてば 2 周期点をもつ．

［証明］　4 周期点の軌道の配置は図 6.22 の四つと，その向きを逆にした

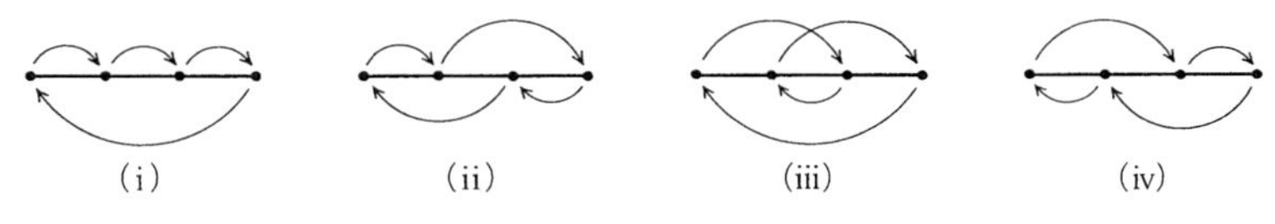

図 6.22　4 周期点の分類

ものに分類される．各々について，φ が各部分区間上でアファイン，すなわち 1 次式で表現されている場合の φ のグラフと，対応する有向グラフ Γ は図 6.23 のようになる．区分的にアファインでない場合にも，Γ の辺がこれより少なくなることはない．いずれの場合も Γ は長さ 2 の閉道で，長さ 1 の閉道の繰り返しではないものを含むから，φ は周期 2 の周期点をもつ．∎

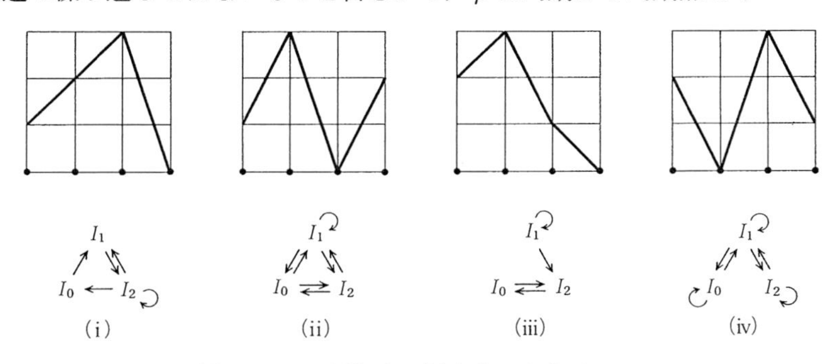

図 6.23　4 周期点に対応する有向グラフ

補題 6.12 の証明において，場合(iii)以外はすべて Γ が長さ 3 の閉道を含む．したがってこのとき φ は 3 周期点をもつから，定理 3.32 よりすべての周期の周期点をもつ．一方，場合(iii)の Γ の含む閉道は，本質的に $I_1 \to I_1$ と $I_0 \to I_2 \to I_0$ の二つだけである．したがってこの場合，特に φ を区分的にアファインにとれば，φ は最初に仮定された 4 周期点以外の周期点としては，2 周期点，固定点のみをもつ．

次に φ が奇数周期の周期点をもつときを扱う．

補題 6.13　連続写像 $\varphi\colon I \to I$ が 1 より大きい奇数 p を周期とする周期点をもてば，φ は p より大きい任意の整数および $6=2\cdot3$ を周期とする周期点をもつ．

［証明］　証明には奇数pの大きさに関する帰納法を用いる．φが3周期点をもつ場合は，定理3.32によって任意の周期の周期点をもつことが示されている．pより小さい奇数に対しては補題が証明されたものとし，$\varphi: I\to I$がp周期点をもち，かつpより小さい奇数を周期とする周期点をもたないと仮定する．この仮定のもとで有向グラフΓを決定しよう．補題6.12と同様，φの各部分区間への制限がアファインであると仮定して差し支えない．

まずΓの任意の頂点I_iおよびI_jに対して，I_iを始点，I_jを終点とする道が存在することをいう．もしそうでなければ，適当なI_iをとるとき，I_iから到達できない頂点が存在する．逆にI_iから到達できる頂点の全体を考え，その部分区間としての和集合を$X\subset I$とおけば，これはφで不変な部分集合である．一方で両端の部分区間は，その外側の端点が周期点であることから，必ずどの部分区間からも到達可能である．すなわちI_iから到達できない部分区間は“内側”にあり，Xは連結ではない．Xのすべての連結成分はもとの周期点の軌道の少なくとも一つを含むから，写像φはXの各連結成分を順に入れ換える．すなわちXの連結成分の個数をq, $2\leqq q<p$とし，Xの連結成分である区間の一つをJとすれば，$\varphi^q(J)=J$および$\varphi^\ell(J)\cap J=\varnothing$, $\ell=1,\cdots,q-1$が成り立つ．もしqが偶数であれば，Jが周期pの周期点を含むことに反する．もしqが奇数であれば，$\varphi^q|_J: J\to J$が固定点をもつことから(補題3.30)，φは周期qの周期点をJにもつ．これはφがpより小さい奇数を周期とする周期点をもたないという仮定に反する．したがってΓの各頂点から任意の頂点への道が存在する．

さて補題3.30より$\varphi: I\to I$は固定点をもつ．これはΓの一つの頂点I_iに対して$I_i\to I_i$なる道が存在することを意味する．一方で任意のI_j, $j\neq i$に対してI_iからI_jへの道，I_jからI_iへの道があるから，I_iからいったん他の頂点を通り，もう一度I_iに戻る閉道が存在する．Γの頂点の個数は$p-1$であったから，閉道の長さも高々$p-1$にとることができる．このような閉道で長さが$p-1$より小さいものがあれば，その閉道，あるいはその閉道に$I_i\to I_i$を加えた閉道のいずれかは長さが奇数でpより小さい．これはφがpより小さい周期の周期点をもたないという仮定に反する．したがって閉道の長さ

は $p-1$ であり，これはすべての頂点を通過する．区間の番号をつけかえて，この閉道を $I_0 \to I_1 \to \cdots \to I_{p-1} \to I_0$ とおく．同じ理由によって“近道” $I_i \to I_j$, $j \geqq i+2$ はないから，$I_i \to I_j$, $i<j$ なる Γ の辺は $I_i \to I_{i+1}$ のみである．特に I_0 を始点とする辺は $I_0 \to I_0$ と $I_0 \to I_1$ の二つだけで，このとき φ による I_0 の像が $I_0 \cup I_1$ と一致するから，I_0 と I_1 は隣り合っている．$I_0 \cup I_1$ の内部にある p 周期点の軌道，すなわち I_0 と I_1 が共有する端点を x_0 とおけば，I_0, I_1 の配置と，φ による x_0 の軌道は，向きを除いて図 6.24 のようになる．

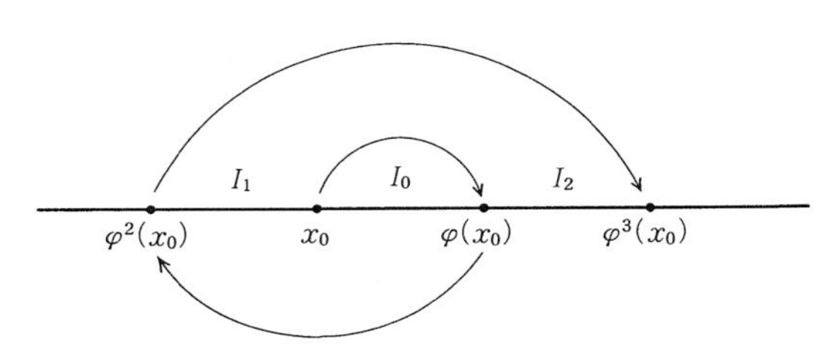

図 6.24

$\varphi(I_1)$ の一方の頂点は $\varphi(x_0)$ であるから，$\varphi(I_1)$ が I_1 を含むならば I_0 をも含む．そうすると p より小さい奇数の周期の周期点が生ずるから $I_1 \not\to I_1$．したがって I_1 を始点とする Γ の辺は $I_1 \to I_2$ のみで，I_0, I_1, I_2 の配置は図 6.24 の通りである．この議論を I_{p-3} まで繰り返せば，周期軌道の配置が完全に決まり，Γ の辺が $I_0 \to I_0$, $I_0 \to I_1$, $\cdots$, $I_{p-3} \to I_{p-2}$, および $I_{p-2} \to I_0$, $I_{p-2} \to I_2$, $\cdots$, $I_{p-2} \to I_{p-3}$ で与えられることがわかる(図 6.25)．

この有向グラフ Γ には長さ 6 の閉道 $I_{p-2} \to I_{p-5} \to I_{p-4} \to I_{p-3} \to I_{p-2} \to$

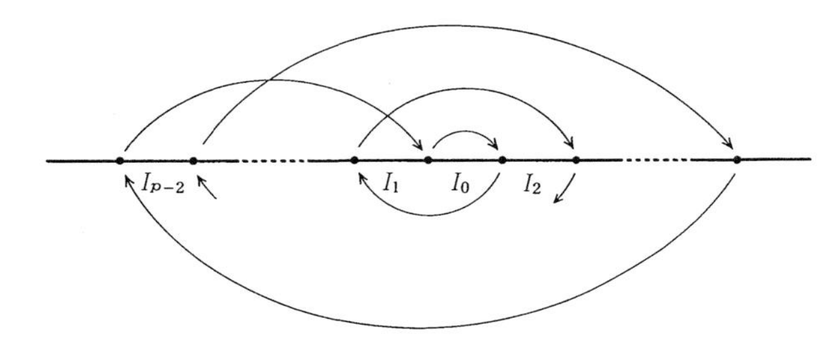

図 6.25

$I_{p-3}\to I_{p-2}$，および p より大きい任意の m に対して長さ m の閉道 $I_0\to\cdots\to I_{p-2}\to I_0\to I_0\to\cdots\to I_0$ が存在する．これは φ が周期6および p より大きい任意の周期の周期点をもつことを導く． ∎

［定理6.11の証明］　まず φ が2のベキ 2^k, $k\geqq 3$ の周期の周期点をもつと仮定しよう．このとき $\varphi^{2^k/4}$ は4周期点をもつから，補題6.12によって2周期点をもつ．この2周期点は $\varphi^{2^k/2}$ の固定点で，$\varphi^{2^k/4}$ の固定点ではないから，φ の周期 $2^k/2=2^{k-1}$ の周期点である．以上より帰納的に，φ が 2^k 周期点をもてば，周期 $2^{k-1},\cdots,2,1$ の周期点をもつことが示された．次に φ が奇数 p の周期の周期点をもつとする．このとき補題6.13によって φ は p より大きい任意の奇数を周期とする周期点をもつ．また φ が6周期点をもつことから φ^2 は3周期点をもち，定理3.32より任意の周期の周期点をもつ．これは φ がすべての偶数を周期とする周期点をもつことを示している．最後に φ が $p\geqq 3$ を奇数として 2^kp の周期の周期点をもつ場合には，先の議論を φ^{2^k} に適用すればよい． ∎

区間力学系 φ が2のベキ以外の周期の周期点をもつことと，φ の位相的エントロピーが正となることは同値である(Misiurewicz [27])．このとき Sharkovskii の定理より，適当な繰り返し φ^{2^k} は3周期点をもつ．したがって Li–Yorke の定理(§3.5(b)定理3.34)より，φ はスクランブル集合をもち，カオス的に振る舞う．

(b)　2次関数族と周期倍分岐

2次関数 $\varphi_\mu(x)=\mu(1-x^2)-1$ が，μ の増加に伴って系として複雑になることは，そのグラフから容易に想像できる(図6.26)．Sharkovskii の定理(定理6.11)より，これは φ_μ の周期点の周期の種類が増加することを意味する．実際，φ_μ の位相的エントロピー $h_{\mathrm{top}}(\varphi_\mu)$ が，μ について単調に増大することが知られている(Milnor–Thurston [28])．

たとえば $0\leqq\mu<\dfrac{1}{2}$ のとき，$|\varphi'(x)|=|2\mu x|\leqq 2\mu<1$ より φ_μ は縮小写像であり，任意の $x\in[-1,1]$ の軌道はただ一つの固定点 $x=-1$ に収束する．特に $h_{\mathrm{top}}(\varphi_\mu)=0$ である．一方 $\mu=2$ に対する φ_2 は二つの部分区間 $I_0=$

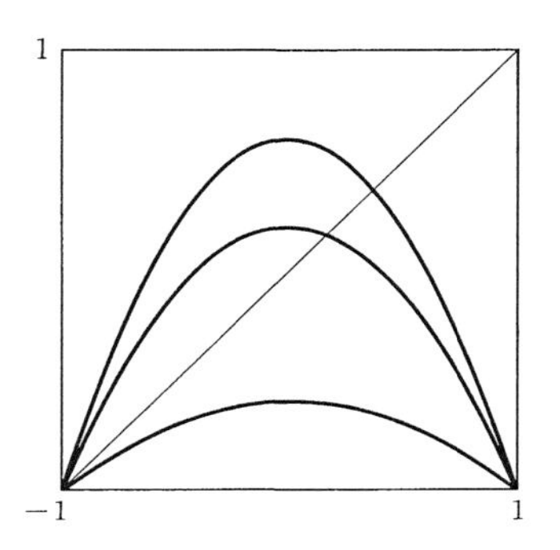

図 6.26　2 次関数の族

$[-1,0]$, $I_1=[0,1]$ による Markov 分割をもつ．このとき $\varphi_2(I_0)=\varphi_2(I_1)=[-1,1]$ より，対応する有向グラフは

$$I_0 \rightleftarrows I_1$$

で与えられる．したがって φ_2 は，閉道 $I_0\to I_0\to I_1\to I_0$ に対応する 3 周期点をもつ．またエントロピーは $h_{\mathrm{top}}(\varphi_2)=\log 2$ で与えられる(§3.1(a)例 3.10, 第 7 章演習問題 7.3 参照)．しかし以降は，位相的エントロピーの値が 0 であるような μ の範囲で，2 ベキの周期をもつ周期点の変化を調べよう．

最初にどのようにして 2 周期点が現われるかについて述べる．$\varphi_\mu\colon[-1,1]\to[-1,1]$ の固定点は，2 次方程式 $\mu(1-x^2)-1=x$ の根 $x_0=-1$, $x_1=1-\dfrac{1}{\mu}$ のうち，区間 $[-1,1]$ に属するものである．条件 $x_1\in[-1,1]$ は $\mu\geqq\dfrac{1}{2}$ で与えられるから，$0\leqq\mu\leqq\mu_0=\dfrac{1}{2}$ のとき，φ_μ は唯一つの固定点 x_0 をもつ．固定点 x_0 での φ_μ の微係数は $\varphi'_\mu(-1)=-2\mu x|_{x=-1}=2\mu$ であり，$0\leqq\mu<\mu_0$ のとき x_0 は沈点である．このとき $[-1,1]$ の任意の点 x は，$n\to\infty$ に対して $\varphi^n_\mu(x)\to-1$ を満たす．特に x_0 は φ_μ の唯一のアトラクタである．分岐点 $\mu=\mu_0$ においては $x_0=-1$ は 2 次方程式の重根であり，固定点としては放物型となる．このときもやはり，すべての点 $x\in[-1,1]$ が，$n\to\infty$ のとき $\varphi^n_\mu(x)\to-1$ を満たす．μ が μ_0 より大きくなれば，$x_1=1-\dfrac{1}{\mu}$ が $[-1,1]$ に入るから，φ_μ の固定点は x_0,x_1 の 2 点となる．各々での φ_μ の微係数は

$$\varphi'_\mu(x_0) = 2\mu$$
$$\varphi'_\mu(x_1) = 2-2\mu$$

である．したがって $\mu > \mu_0$ のとき，x_0 は源点となる．もう一方の固定点 x_1 は，$-1 < 2-2\mu < 1$ を解いた範囲 $\mu_0 < \mu < \mu_1 = \dfrac{3}{2}$ において沈点である．この範囲では $x = \pm 1$ 以外のすべての点が $n \to \infty$ に対して $\varphi^n_\mu(x) \to x_1$ を満たし，x_1 が唯一のアトラクタである．

次に，さらに μ が増加して $\mu_1 = \dfrac{3}{2}$ を通過するときの分岐を調べる．このとき x_1 における φ_μ の微係数は -1 を越えて小さくなるから，固定点 x_1 は安定から不安定に転ずる．しかし μ が μ_1 に近ければ，ほとんどの軌道が x_1 の近くに“収束”する状況は急には変わらない．これは x_1 の近くに，x_1 に代わるアトラクタが生じることを意味する．結論からいえば，x_1 の近くに安定な2周期点が現われ，その周期軌道が x_1 に代わってほとんどの点の ω-極限集合となる．これを確かめるために，φ_μ の2周期点の満たすべき方程式を求めよう．$\varphi^2_\mu(x) = \mu(1-(\mu(1-x^2)-1)^2)-1$ より

$$\varphi^2_\mu(x) - x = (\mu^2x^2 - \mu x - (\mu^2-\mu-1))(\varphi_\mu(x)-x)$$

が成り立つ．したがって φ_μ の2周期点は2次方程式 $\mu^2x^2 - \mu x - (\mu^2-\mu-1) = 0$ の根として与えられる．この方程式の判別式は $\mu^2 + 4\mu^2(\mu^2-\mu-1) = \mu^2(2\mu+1)(2\mu-3)$ であり，実根条件は $\mu \geqq \mu_1 = \dfrac{3}{2}$ となる．すなわち μ が μ_1 を通過すれば2周期点が現われる．2周期点 $x_2, \overline{x}_2$ はこの2次方程式の根

$$\frac{1 \pm \sqrt{4\mu^2-4\mu-3}}{2\mu}$$

であるから，φ^2_μ の周期点における微係数は $(\varphi^2_\mu)'(x_2) = \varphi'_\mu(x_2)\varphi'_\mu(\overline{x}_2) = (-2\mu x_2)(-2\mu\overline{x}_2) = -4(\mu^2-\mu-1)$ となる．これより $(\varphi^2_\mu)'(x_2)$ は $\mu = \mu_1$ のとき値1をとり，μ の増加に伴って単調に減少するから，$\mu > \mu_1$ が μ_1 に近ければ2周期点 $x_2, \overline{x}_2$ は安定である．以上より，$\mu = \mu_1$ における φ_μ の分岐は，固定点の微係数が -1 を通過することによって，安定な固定点が不安定な固定点と安定な2周期点に分かれるものである．これを**周期倍分岐**(period doubling bifurcation)と呼ぶ．また自然数 p に対し，写像 φ の p 回の繰り返

し φ^p がこのような分岐を起こし，φ の安定な p 周期点が不安定な p 周期点と安定な $2p$ 周期点に分かれる分岐も同じく周期倍分岐と呼ぶ．固定点が周期倍分岐を起こすための一般的な条件は次の定理で与えられる．

定理 6.14　0 を固定点とする局所可微分同相写像の族 $\varphi_\varepsilon: \mathbb{R} \to \mathbb{R}$ が，

（i）　$\varphi'_{\varepsilon_0}(0) = -1$

（ii）　$\left.\dfrac{d}{d\varepsilon}\varphi'_\varepsilon(0)\right|_{\varepsilon=\varepsilon_0} < 0$

（iii）　$(\varphi^2_{\varepsilon_0})'''(0) < 0$

を満たすならば，$\varepsilon=\varepsilon_0$ で固定点 0 は周期倍分岐を起こす．また周期倍分岐は安定である．すなわち周期倍分岐はすべて局所的に位相共役であり，かつ周期倍分岐を含む族の摂動はやはり周期倍分岐を含む．

［証明］　見通しをよくするために $x=0$ のまわりで $\varphi_\varepsilon(x)$ を

$$\varphi_\varepsilon(x) = a_1x + a_2x^2 + a_3x^3 + o(x^3)$$

と展開する．各係数 a_1, a_2, a_3 は ε の関数である．まず 2 周期点を見つけることが問題である．これは $\varphi^2_\varepsilon(x) - x = 0$ を解くことに相当するが，固定点 $x=0$ もこの方程式の解であるから，これを除外するために $\Psi(x,\varepsilon) = \dfrac{\varphi^2_\varepsilon(x)-x}{x}$ とおいて $\Psi(x,\varepsilon)=0$ の解を考える．

$$\begin{aligned}\varphi^2_\varepsilon(x) &= a_1(a_1x + a_2x^2 + a_3x^3) + a_2(a_1x + a_2x^2 + a_3x^3)^2 \\ &\quad + a_3(a_1x + a_2x^2 + a_3x^3)^3 + o(x^3) \\ &= a_1^2x + (a_1 + a_1^2)a_2x^2 + (a_1a_3 + 2a_1a_2^2 + a_1^3a_3)x^3 + o(x^3)\end{aligned}$$

より

$$\Psi(x,\varepsilon) = (a_1^2 - 1) + (a_1 + a_1^2)a_2x + (a_1a_3 + 2a_1a_2^2 + a_1^3a_3)x^2 + o(x^2)$$

である．ただし $x=0$ に対しては $\Psi(0,\varepsilon) = (a_1^2-1)$ を Ψ の定義とする．さて $a_1(\varepsilon_0) = \varphi'_{\varepsilon_0}(0) = -1$ より $\Psi(0,\varepsilon_0) = 0$ であり，また条件(ii)が $\dfrac{da_1}{d\varepsilon}(\varepsilon_0) < 0$ を意味することから $\dfrac{\partial\Psi}{\partial\varepsilon}(0,\varepsilon_0) = 2a_1(\varepsilon_0)\dfrac{d}{d\varepsilon}(\varepsilon_0) > 0$．したがって陰関数の定理より方程式 $\Psi(x,\varepsilon)=0$ を $x=0$, $\varepsilon=\varepsilon_0$ の近くで ε に関して解くことができる．この解を $\varepsilon=\varepsilon(x)$ とおく．x は $\varphi^2_{\varepsilon(x)}$ の固定点である．一方 $\varepsilon \neq \varepsilon_0$ に対して $x \neq 0$ であり，φ_ε が $x=0$ 以外の固定点を $x=0$ の近くにもたないことか

ら，x は $\varphi_{\varepsilon(x)}$ の2周期点である．

次に関数 $\varepsilon=\varepsilon(x)$ の $x=0$ の近くでの挙動を調べる．$\Psi(x,\varepsilon(x))=0$ を x に関して1回および2回微分すれば

$$\frac{\partial\Psi}{\partial\varepsilon}\frac{d\varepsilon}{dx}+\frac{\partial\Psi}{\partial x}=0$$

$$\frac{\partial^2\Psi}{\partial\varepsilon^2}\left(\frac{d\varepsilon}{dx}\right)^2+\frac{\partial^2\Psi}{\partial\varepsilon\partial x}\frac{d\varepsilon}{dx}+\frac{\partial\Psi}{\partial\varepsilon}\frac{d^2\varepsilon}{dx^2}+\frac{\partial^2\Psi}{\partial x^2}=0\,.$$

ここで $\dfrac{\partial\Psi}{\partial x}(0,\varepsilon)=(a_1+a_1^2)a_2$ および $a_1(\varepsilon_0)=-1$ より $\dfrac{\partial\Psi}{\partial x}(0,\varepsilon_0)=0$ であるから，先の式に $x=0$, $\varepsilon=\varepsilon(0)=\varepsilon_0$ を代入すれば $\dfrac{\partial\Psi}{\partial x}(0,\varepsilon_0)=0$，したがって $\dfrac{d\varepsilon}{dx}(0)=0$ を得る．次に条件(iii)が $\dfrac{\partial^2\Psi}{\partial x^2}(0,\varepsilon_0)<0$ を意味することから，$\dfrac{\partial\Psi}{\partial\varepsilon}(0,\varepsilon_0)>0$, $\dfrac{d\varepsilon}{dx}(0)=0$ を後の式に代入して $\dfrac{d^2\varepsilon}{dx^2}(0)>0$ を得る．すなわち $\varepsilon=\varepsilon(x)$ は $x=0$ で極小値 ε_0 をとる(図6.27)．

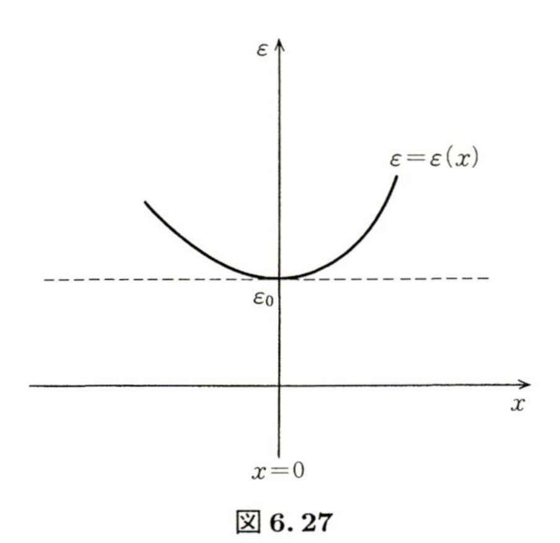

図6.27

さて固定点 $x=0$ は，$\varepsilon<\varepsilon_0$ に対しては $\varphi_\varepsilon'(0)>-1$ より安定，$\varepsilon>\varepsilon_0$ に対しては $\varphi_\varepsilon'(0)<-1$ より不安定である．一方で $\varphi_\varepsilon^2(x)-x=x\Psi(x,\varepsilon)$ の符号が，$\varepsilon=\varepsilon(x)$ および $x=0$ を横切るたびに変化することから，φ_ε, $\varepsilon>0$, の2周期点は安定であり，$x=0$ の近くの軌道は漸近的にこの2周期点に収束することがわかる．すなわち φ_ε の $\varepsilon=\varepsilon_0$ での分岐は周期倍分岐である．

次に族 φ_ε の摂動 $\overline{\varphi}_\varepsilon$ が与えられたとしよう．φ_ε の固定点集合 $x=0$ は $\varphi_\varepsilon(x)-x=0$ の解集合であり，この方程式の左辺は $\dfrac{\partial(\varphi_\varepsilon(x)-x)}{\partial x}(0,\varepsilon_0)=-1\neq 0$ を満たす．したがって摂動 $\overline{\varphi}_\varepsilon$ に関しても $\overline{\varphi}_\varepsilon(x)-x=0$ を $x=0$, $\varepsilon=\varepsilon_0$ の近くで x に関して解くことが可能である．これを $x=\overline{x}(\varepsilon)$ と書く．条件(ii)は摂動に関して安定であるから，$\dfrac{d}{d\varepsilon}\overline{\varphi}_\varepsilon{}'(\overline{x}(\varepsilon))<0$ が成り立つ．このとき(i)より，摂動を小さくとれば，ε が動くときの $\overline{\varphi}_\varepsilon{}'(\overline{x}(\varepsilon))$ の値の範囲は -1 を含むとしてよい．すなわち適当なパラメーター $\overline{\varepsilon}_0$ の固定点 $\overline{x}_0$ が $\overline{\varphi}_{\overline{\varepsilon}_0}{}'(\overline{x}_0)=-1$ を満たす．もう一つの条件(iii)も摂動に関して安定であるから，摂動 $\overline{\varphi}_\varepsilon$ は，適当な座標変換のもとで定理の条件を満たす．したがって $\overline{\varphi}_\varepsilon$ の分岐は周期倍分岐である．また族 φ_ε と摂動 $\overline{\varphi}_\varepsilon$ との間の共役写像を具体的に構成することは難しくない(§6.1(d)命題6.4，§6.2(a)定理6.7参照)． ■

話を2次関数族 $\varphi_\mu(x)=\mu(1-x^2)-1$ に戻して，パラメーター μ がさらに $\mu_1=\dfrac{3}{2}$ を越えて大きくなるときの分岐を調べよう．2周期点 $x_2, \overline{x}_2$ における φ_μ^2 の微係数は $(\varphi_\mu^2)'(x_2)=-4(\mu^2-\mu-1)$ で与えられたから，これは $\mu>\mu_1$ に関して単調減少で，$\mu_2=\dfrac{1+\sqrt{6}}{2}$ のとき値 -1 を通過する．したがって定理6.14を φ_μ^2 に適用すれば，安定な2周期点 $x_2, \overline{x}_2$ が，$\mu=\mu_2$ で不安定に転じ，新たに安定な4周期点が生じることがわかる．このように生じた4周期点も，やはり適当なパラメーターの値 μ_3 で不安定に転じ，安定な8周期点が生じる．パラメーターを横軸に，周期点の位置を縦軸にとってこれを表せば図6.28のようになる．このように周期倍分岐を次々と繰り返す分岐

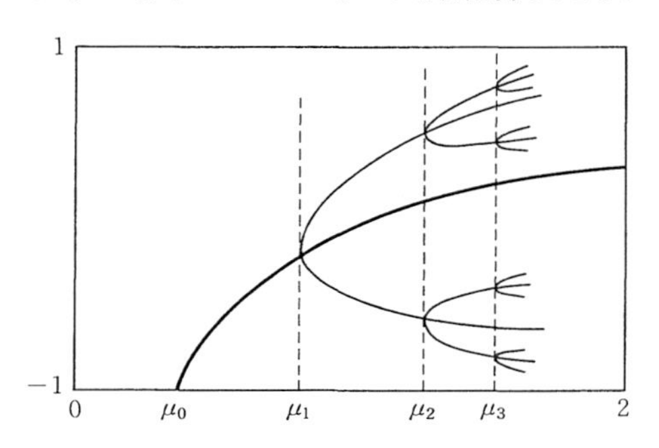

図6.28　熊手型分岐

を，そのグラフの形から**熊手型分岐**(pitch-fork bifurcation)と呼ぶ．2^k 周期点が安定から不安定に転じて 2^{k+1} 周期点が生じる分岐値を μ_{k+1} とおけば，$k\to\infty$ に関して μ_k は適当な値 μ_∞ に収束する．この値 μ_∞ に対応する2次関数 φ_{μ_∞} はすべての2のベキを周期とする周期点をもつが，それ以外の周期点はもたない．$\mu>\mu_\infty$ に対しては φ_μ は2ベキ以外を周期とする周期点をもち，初期値への鋭敏な依存が観測されるようになる．

(c) Feigenbaum 定数

先の項で，2次関数族の 2^k 周期点が周期倍分岐を起こす分岐値を μ_{k+1} とし，$\mu_k\to\mu_\infty$ とおいた．μ_∞ の値はもちろんパラメーターのとりかえによって変化する．一方隣り合う分岐値の差の比の極限 $\delta=\lim_{k\to\infty}\dfrac{\mu_k-\mu_{k-1}}{\mu_{k+1}-\mu_k}$ を考えれば，これはパラメーターのとりかたにはよらない．数値的には $\delta=4.66920\cdots$ で与えられるが，M. J. Feigenbaum [29]は分岐の族をとりかえても δ が変化しないことを発見した．この値を **Feigenbaum 定数**(Feigenbaum constant)と呼ぶ．δ の値が一定であることに対する厳密な証明はまだ得られていないが，どういう理由でこのような現象が生じると考えられているかについて簡単な説明を試みよう．詳しい議論は本書の程度を越えるので，興味ある読者は[6]を参照されたい．

関数空間 $\mathcal{L}$ を，写像 $\varphi\colon[-1,1]\to[-1,1]$ であって

(i) $\varphi(\pm1)=-1$,

(ii) $\varphi(-x)=\varphi(x)$，すなわちグラフが $x=0$ に関して対称,

(iii) $x\lesseqgtr 0$ にしたがって $\varphi'(0)\gtreqless 0$

を満たすものの全体，また $\mathcal{L}$ の部分空間 $\overline{\mathcal{L}}$ を，$0<x_0<1$ なる固定点 x_0 をもつような $\varphi\in\mathcal{L}$ の全体とする．ここでの関数空間 $\mathcal{L}$ の設定は正確なものではない．例えば，話を簡単にするために(ii)で写像を "左右対称" なものに限ったが，これは実際には不要な条件である．またあえて写像の微分可能性については触れなかった．厳密な議論においては，これをどのように設定するかが問題となる．

さて，サドル–ノード分岐が固定点の微係数が1である場合に生じる分岐

であったのと同じく，周期倍分岐は固定点の微係数が -1 である場合に生じる分岐である．一方で $\overline{\mathcal{L}}$ の元 φ で，固定点 x_0，$-1<x_0<1$ での微分係数が -1 であるものの全体 L_0 は，無限次元多様体 $\overline{\mathcal{L}}$ の余次元 1 の部分多様体をなす．したがって§6.2(a)での議論とまったく同様にして，L_0 と横断的に交わる道が x_0 での周期倍分岐を与える族であることがわかる．2 周期点での周期倍分岐は，同じく 2 周期点における微係数が -1 という条件で記述される部分多様体 L_1 における分岐である．同様に 2^k 周期点における微係数が -1 という条件で記述される部分多様体を L_k とおけば，熊手型分岐は，写像空間 $\overline{\mathcal{L}}$ 内の道 $\{\psi_\mu\}$ が部分多様体の列 $L_0, L_1, \cdots$ と次々と交わる分岐であって，列 $L_0, L_1, \cdots$ の極限 L_∞ が，すべての 2 のベキを周期とする周期点をもち，それ以外の周期点をもたない関数の全体である(図 6.29)．

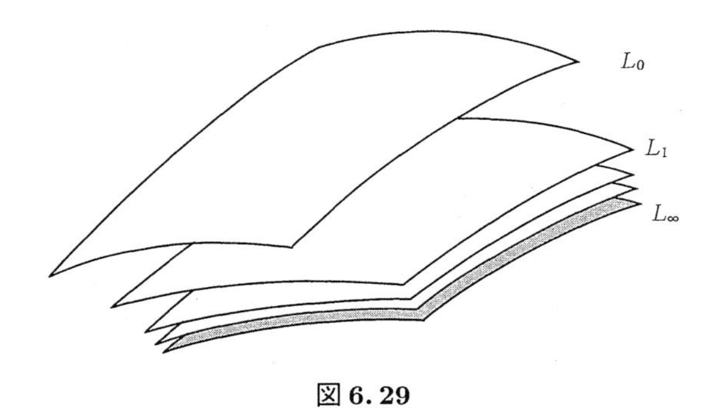

図 6.29

これらの部分多様体の関係を明らかにするために，繰り込みの概念を定義する．写像 $\varphi\in\overline{\mathcal{L}}$ に対して，その繰り返し φ^2 のグラフは図 6.30 のようになる．このグラフから φ の固定点を x_0 として，$[-x_0, x_0]\times[-x_0, x_0]$ の部分を切り取って 180° 回転すれば，これはやはり $\mathcal{L}$ に属する関数のグラフと見なすことができる．この対応を $\mathcal{R}\colon \varphi\mapsto\mathcal{R}(\varphi)$ と書き，**繰り込み**(renormalization)と呼ぶ．正確には，定義域を $[-x_0, x_0]$ から $[-1, 1]$ に変換した

$$\mathcal{R}(\varphi)(t) = -\frac{\varphi^2(-x_0 t)}{x_0}$$

が繰り込みの定義である．また，すべての $\varphi\in\overline{\mathcal{L}}$ に対して，写像 $\mathcal{R}(\varphi)$ の値

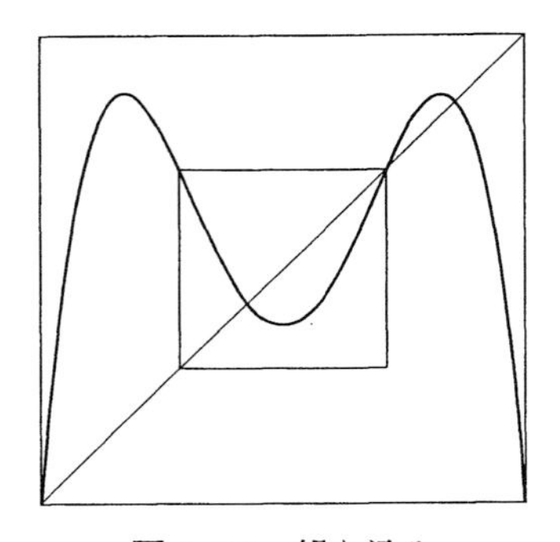

図 6.30　繰り込み

域が $[-1,1]$ に含まれるわけではないから，厳密には $\mathcal{R}$ の定義域は $\overline{\mathcal{L}}$ とは一致しないが，以下ではこれを無視する．繰り込み $\mathcal{R}$ の本質は，φ をその繰り返し φ^2 に対応させることにあるから，部分多様体 L_1 の $\mathcal{R}$ による像は L_0 と一致する．逆にいえば部分多様体 L_1 は，L_0 の繰り込み $\mathcal{R}$ による逆像として与えられるのであって，同じく $L_2, L_3, \cdots$ は，それぞれ L_0 の $\mathcal{R}^2, \mathcal{R}^3, \cdots$ による逆像である．したがってその極限である部分多様体 L_∞ は繰り込み $\mathcal{R}$ によって不変な部分集合である．

さて Feigenbaum 定数が関数族 $\{\psi_\mu\}$ のとりかたによらないことは，以下の(i), (ii), (iii)が成立するためであると考えられている．

（i）　繰り込み $\mathcal{R}$ によって不変な関数 φ_0 が存在する．

（ii）　この関数 φ_0 は $\mathcal{R}$ の双曲的な固定点であり，その不安定多様体 $W^u(\varphi_0)$ の次元は 1.

（iii）　十分大きい k に対して L_k は $W^u(\varphi_0)$ と横断的に交わる．

無限次元 Banach 多様体上の変換 $\mathcal{R}\colon \overline{\mathcal{L}} \to \mathcal{L}$ の固定点 φ_0 が**双曲型**とは，φ_0 における $\overline{\mathcal{L}}$ の接空間を B とおくとき，φ_0 における $\mathcal{R}$ の微分 $D_0\mathcal{R}\colon B \to B$ が伸長写像と縮小写像の直和として表されるときをいう．すなわち $D_0\mathcal{R}$ で不変な部分空間 $E^s, E^u \subset B$ による分解 $B = E^s \oplus E^u$ が存在し，かつ作用素ノルムの意味で $\|D_0\mathcal{R}|_{E^s}\|, \|D_0\mathcal{R}^{-1}|_{E^u}\| < 1$ が成り立つことである．無限次元の場合にも，安定多様体 $W^s(\varphi_0)$ および不安定多様体 $W^u(\varphi_0)$ であって，各々の φ_0 における接空間が E^s, E^u に一致するものの存在が知られている(§8.3

(a)定理 8.5 参照).

上記(i), (ii), (iii)を仮定して話を進めよう．このとき $L_k=\mathcal{R}^k(L_0)$ より，その極限である L_∞ は φ_0 の安定多様体 $W^s(\varphi_0)$ と一致する．微分 $D_0\mathcal{R}$ の伸長空間 E^u は 1 次元である．その固有値を ν とおけば，不安定多様体 $W^u(\varphi_0)$ 上への繰り込み $\mathcal{R}$ の制限は，可微分写像によって線形写像 $\mathbb{R}\to\mathbb{R}$, $x\mapsto \nu x$ と共役である(§8.3(a)定理 8.5 参照)．したがってこの共役写像によって $W^u(\varphi_0)$ に座標を入れ，固定点の周期倍分岐を与える部分多様体 L_0 と $W^u(\varphi_0)$ の交点の座標を x_0 とおけば，部分多様体 L_k と $W^u(\varphi_0)$ との交点の座標は $x_k=\nu^{-k}x_0$ で与えられる．さて $L_\infty=W^s(\varphi_0)$ に横断的な族 $\{\psi_\mu\}$ が与えられたとし，その像を $\ell\subset\overline{\mathcal{L}}$, 繰り返し $\mathcal{R}^n$ による ℓ の像を ℓ' とおく．μ は ℓ 上の座標と考えることができる．また ℓ' 上には新たな座標 μ' をおく．ℓ' と L_k, $k=0,1,\cdots,\infty$ との交点の座標を μ'_k とすれば，$\mathcal{R}^{-n}(L_k)=L_{k+n}$ より，$\mathcal{R}^{-n}$ は μ'_k を μ_{k+n} に，μ'_∞ を μ_∞ に写す(図 6.31)．したがって 1 次元写像 $\mathcal{R}^{-n}\colon \ell'\to\ell$ の μ'_∞ における微分係数を a とおけば $\mu_{k+n}-\mu_\infty=a(\mu'_k-\mu'_\infty)+o(k)$ となる．これより

$$\frac{\mu_{k+n}-\mu_{k+n-1}}{\mu_{k+n+1}-\mu_{k+n}}=\frac{\mu'_k-\mu'_{k-1}}{\mu'_{k+1}-\mu'_k}+o(k)$$

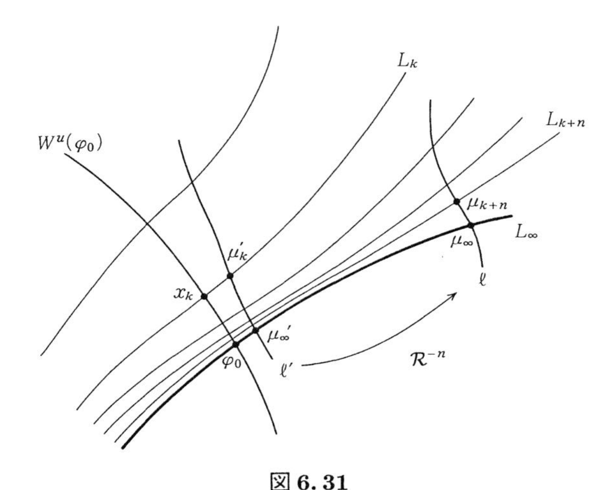

図 6.31

である．一方で $n\to\infty$ のとき ℓ' は $W^u(\varphi_0)$ に収束するから，同様に

$$\frac{\mu'_k-\mu'_{k-1}}{\mu'_{k+1}-\mu'_k}=\frac{x_k-x_{k-1}}{x_{k+1}-x_k}+o(n)=\nu+o(n)$$

が成立する．正確には λ-補題と呼ばれる命題が必要である．有限次元の λ-補題については[5]を参照されたい．以上より $\delta=\lim_{k\to\infty}\dfrac{\mu_k-\mu_{k-1}}{\mu_{k+1}-\mu_k}=\nu$ であり，δ の値は族 $\{\psi_\mu\}$ のとりかたによらない．

《要約》

6.1　力学系が構造安定であるとは，小さい摂動によって力学系の相図が同相の意味で変わらないことをいう．S^1 上の可微分同相写像が構造安定となるのは，それが Morse–Smale 系であるとき，そのときに限る．Morse–Smale 系とは，周期点をもち，かつすべての周期点が双曲的である可微分写像である．構造安定な系の全体は，S^1 上の可微分力学系の空間において開かつ稠密な部分集合をなす．

6.2　力学系の族が与えられたとき，相図が同相の意味で変化するようなパラメーターの値を分岐値，このような現象を分岐と呼ぶ．1 次元の相空間におけるもっとも基本的な分岐は，固定点のないところから沈点と源点が同時に生じるサドル–ノード分岐であり，これは安定である．逆に S^1 上の向きを保つ可微分同相写像の安定な分岐はサドル–ノード分岐に限る．

6.3　区間力学系の複雑さは，Sharkovskii 順序 $3\succ5\succ\cdots\succ2\cdot3\succ2\cdot5\succ\cdots\succ4\succ2\succ1$ について，どの数字以降を周期とする周期点をもつかと対応している．特に末尾 $2\succ1$ に対応して，向きを逆にする安定な固定点が不安定に転じ，安定な 2 周期点を生じる分岐を周期倍分岐と呼ぶ．周期倍分岐は安定である．区間力学系の族が，固定点，2 周期点，4 周期点において次々と周期倍分岐を繰り返すとき，これを熊手型分岐と呼ぶ．熊手型分岐においては，分岐値の階差数列の隣り合う値の比は，族によらない一定値 4.66920… に近づくことが観測されている．この値を Feigenbaum 定数と呼ぶ．

演習問題

6.1 0を固定点とする局所可微分同相写像 $\varphi, \psi\colon \mathbb{R}\to\mathbb{R}$ が Lipschitz 同相写像 h によって位相共役ならば，φ と ψ の0での微係数 $\varphi'(0), \psi'(0)$ は一致することを示せ．ただし h が **Lipschitz 同相写像**(Lipschitz homeomorphism)とは，h および逆写像 h^{-1} がともに Lipschitz 連続であることをいう．特に可微分同相写像は Lipschitz 同相写像である．

6.2 0を双曲型固定点とする局所可微分同相写像 $\varphi\colon \mathbb{R}\to\mathbb{R}$ は局所的に位相安定であることを示せ．いいかえれば φ に C^0 位相で十分近い局所同相写像 $\psi\colon \mathbb{R}\to\mathbb{R}$ は φ と局所半共役，すなわち0の近傍で定義された連続写像 $h\colon V\to\mathbb{R}$ で，その像 $h(V)$ が0の近傍となり，かつ $h\circ\psi=\varphi\circ h$ を満たすものが存在する．

6.3 Morse–Smale 可微分同相写像は擬軌道追跡性(§1.6(a)定義1.14)をもつことを示せ．

6.4 回転数の等しい S^1 上の二つの Morse–Smale 可微分同相写像に対して，これらをつなぐ単純な道が存在することを示せ(定理6.10の逆)．

6.5 $S^1=[0,2\pi]/\sim$ と見なしたとき，$\varphi_\mu(x)=x-\dfrac{1}{4}\sin x+\dfrac{1}{4}\mu\sin 2x$，$0\leqq\mu<1$ で与えられる可微分同相写像の族の分岐を調べよ．

6.6 閉区間の連続写像 $\varphi\colon I\to I$ が3周期点をもてば，φ に C^0 位相で近い $\psi\colon I\to I$ は5周期点をもつことを示せ．この事実は任意の $n\succ m$ について成立する．

7 拡大写像と Anosov 可微分同相写像

第5章，第6章で扱った S^1 の可微分同相写像では，構造安定性をもつ系においては，個々の軌道のほとんどが安定であった．しかしこれは1次元の同相写像の特殊事情によるものであり，高次元の同相写像，あるいは1次元においても1対1でない連続写像を扱う場合には必ずしも正しくない．すなわち個々の軌道は不安定であっても，系自身としては安定な力学系が多く存在する．この章ではその例として S^1 の拡大写像および $\mathbb{T}^2$ の Anosov 可微分同相写像を扱う．安定性の証明には写像および相空間の幾何的構造を用いる．また，この二つはいずれも Markov 分割をもち，記号力学系として表現することによって性質を調べることができる．

§7.1 拡大写像

S^1 上の拡大写像は，いわゆるカオス的な振舞いをする力学系の中でも，定義が簡明で，かつ構造の解析がやさしい写像である．その拡大写像について，持ち上げが擬軌道追跡性をもつことを述べ，これを用いてホモトピー類の中での位相安定性および構造安定性を証明する．また Markov 分割を用いて不変測度の空間を決定する．

(a)　拡大写像と擬軌道追跡性

可微分写像$\varphi\colon S^1\to S^1$が**拡大写像**(expanding map)であるとは，定数$c>0$, $\lambda>1$が存在して，任意の$x\in S^1$および任意の自然数nに対して$|(\varphi^n)'(x)|\geqq c\lambda^n$が成り立つときをいう．ただし$(\varphi^n)'$は$\varphi$の$n$回の繰り返し$\varphi^n$の，標準的な座標関数に関する微分を表す．この条件は十分大きいNをとれば，任意のxに対して$(\varphi^N)'(x)>1$が成り立つことと同値である．典型例としてr-進変換$R_{(r)}\colon x\mapsto rx$, $|r|\geqq 2$がある(§1.1(c))．拡大写像は拡大的写像(expansive map，§3.1(a)定義3.7)とは異なる概念であるから注意すること．

定義からわかるように拡大写像φによる力学系においては，初期値xのわずかな差が時間の経過とともに軌道の大きなずれとなって現われる．これを拡大写像の軌道は**初期値に鋭敏に依存する**(sensitive dependence)という．同相写像との対比でいえば，以下のようになる．力学系$\varphi\colon S^1\to S^1$に対して，初期値x_0を開集合$U\subset S^1$から選ぶ．これは初期値のある程度の位置を把握することを意味する．このとき軌道上の"n時間後"の点$\varphi^n(x_0)$は$\varphi^n(U)$に属する．φがMorse–Smale系のとき，ほとんどの初期値x_0についてUを小さくとれば，$\varphi^n(U)$自身がいずれかの周期点に収束する．φが無理数の回転数をもつ同相写像の場合，$\varphi^n(U)$の場所はnによって変化するが，Uを小さくとれば，$\varphi^n(U)$の大きさはnによらずに一様に小さくできる．これに対してφが拡大写像の場合は，nが大きくなれば$\varphi^n(U)$自体が大きくなり，ついにはS^1全体と一致する．したがって初期値に関する条件$x_0\in U$は，ある程度以上のnについて$\varphi^n(x_0)$の位置に関する情報を含んでいない．これが初期値への鋭敏な依存の意味するところであり，系がカオス的と呼ばれるための条件の一つである(§3.5(b))．個々の軌道はこのように不安定であるにもかかわらず，系自身としては拡大写像は構造安定性をもつ．この事実は大変興味深い．

拡大写像の安定性を示すために，持ち上げを利用する．

命題7.1　$\varphi\colon S^1\to S^1$が拡大写像，すなわち定数$c>0$, $\lambda>1$が存在して

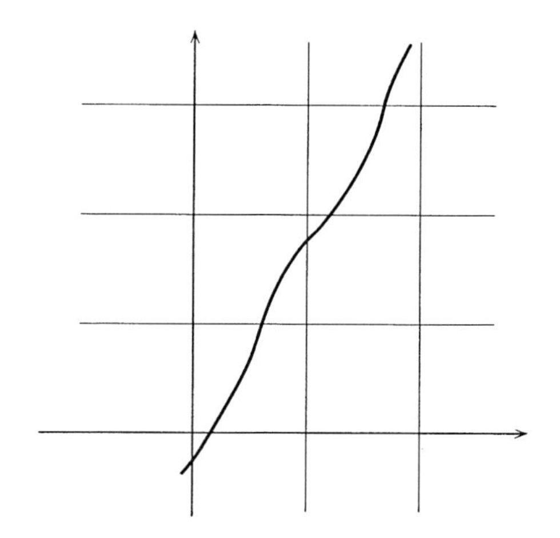

図 7.1　拡大写像の持ち上げ

$|(\varphi^n)'(x)| \geqq c\lambda^n$ を満たすならば，持ち上げ $\widetilde{\varphi}\colon \mathbb{R} \to \mathbb{R}$ は可微分同相写像であり，かつ $|\widetilde{\varphi}^n(\widetilde{x}) - \widetilde{\varphi}^n(\widetilde{y})| \geqq c\lambda^n |\widetilde{x} - \widetilde{y}|$ が成り立つ．

［証明］　$\widetilde{\varphi}'(\widetilde{x}) = \varphi'(p(\widetilde{x})) \neq 0$ より $\widetilde{\varphi}'(\widetilde{x})$ の符号は常に正あるいは常に負．したがって $\widetilde{\varphi}$ は単調関数である．よって $\widetilde{x}, \widetilde{y} \in \mathbb{R}$ に対して $|\widetilde{\varphi}^n(\widetilde{x}) - \widetilde{\varphi}^n(\widetilde{y})| = \left| \int_{\widetilde{y}}^{\widetilde{x}} |(\widetilde{\varphi}^n)'(t)| dt \right| \geqq c\lambda^n |\widetilde{x} - \widetilde{y}|$．また $n=1$ の場合の式 $|\widetilde{\varphi}(\widetilde{x}) - \widetilde{\varphi}(\widetilde{y})| \geqq c\lambda |\widetilde{x} - \widetilde{y}|$ において $|\widetilde{x} - \widetilde{y}| \to \infty$ とすれば $|\widetilde{\varphi}(\widetilde{x}) - \widetilde{\varphi}(\widetilde{y})| \to \infty$ を得るから，中間値の定理より $\widetilde{\varphi}$ は全射である．これと $\widetilde{\varphi}' \neq 0$ とをあわせれば $\widetilde{\varphi}$ が可微分同相写像であることが従う． ∎

距離空間 (M, d) から自分自身への写像 $\psi\colon M \to M$ に対して，点列 $\{x_0, x_1, \cdots, x_n, \cdots\}$ が ψ の**擬軌道**であるとは，適当な $\delta > 0$ が存在して $d(\psi(x_n), x_{n+1}) < \delta$ が成立するときをいい，$x \in M$ が擬軌道 $\{x_n\}$ を**追跡**するとは，適当な $\varepsilon > 0$ が存在して $d(\psi^n(x), x_n) < \varepsilon$ がすべての n について成り立つことをいう（§1.6，図 7.2）．

拡大写像 $\varphi\colon S^1 \to S^1$ の持ち上げ $\widetilde{\varphi}\colon \mathbb{R} \to \mathbb{R}$ は次の意味での**擬軌道追跡性**をもつ．ただし，ここでの擬軌道追跡性の定義は§1.6(a)における本来の定義 "$\varepsilon > 0$ に対し $\delta > 0$ が存在して，任意の δ-擬軌道に対し，これを ε-追跡する

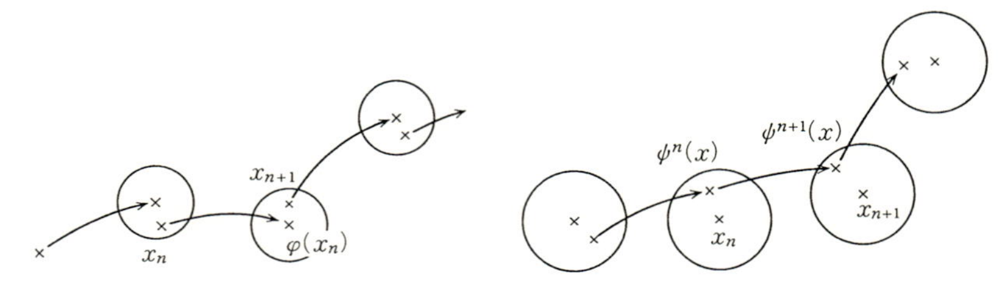

図 7.2　擬軌道と追跡

点が存在する" とは異なっているので注意すること．

命題 7.2　拡大写像 $\varphi\colon S^1\to S^1$ の持ち上げ $\tilde{\varphi}\colon \mathbb{R}\to\mathbb{R}$ の擬軌道は唯一つの点 $x\in\mathbb{R}$ で追跡される．

［証明］　簡単のため拡大写像の定義における c を 1 以上と仮定する．このとき各 $x\in S^1$ に対して $|\tilde{\varphi}'(x)|\geqq\lambda>1$ が成り立つ．$c<1$ の場合も本質的な違いはない．$\{x_n\}$ を δ-擬軌道とし，$\varepsilon=\dfrac{\delta}{\lambda-1}$ とおく．$\lambda\varepsilon-\delta=\varepsilon$ より，閉区間 $[x_{n+1}-\varepsilon, x_{n+1}+\varepsilon]$ は $\tilde{\varphi}([x_n-\varepsilon, x_n+\varepsilon])$ に含まれる(図 7.3)．よって閉区間の列 $[x_0-\varepsilon, x_0+\varepsilon]$, $\tilde{\varphi}^{-1}([x_1-\varepsilon, x_1+\varepsilon])$, $\cdots$, $\tilde{\varphi}^{-n}([x_n-\varepsilon, x_n+\varepsilon])$, $\cdots$ は減少列で，その共通部分 $\bigcap_n \tilde{\varphi}^{-n}([x_n-\varepsilon, x_n+\varepsilon])$ は空ではない．共通部分に属する点 x は任意の n について $\tilde{\varphi}^n(x)\in[x_n-\varepsilon, x_n+\varepsilon]$ を満たし，したがって $\{x_n\}_{n=0,1,\cdots}$ を追跡する．追跡する点の一意性は不等式 $|\tilde{\varphi}^n(x)-\tilde{\varphi}^n(x')|\geqq\lambda^n|x-x'|$ による．実際には ε のとり方から，$\tilde{\varphi}$ は §1.6 の意味での擬軌道追跡性ももつ．∎

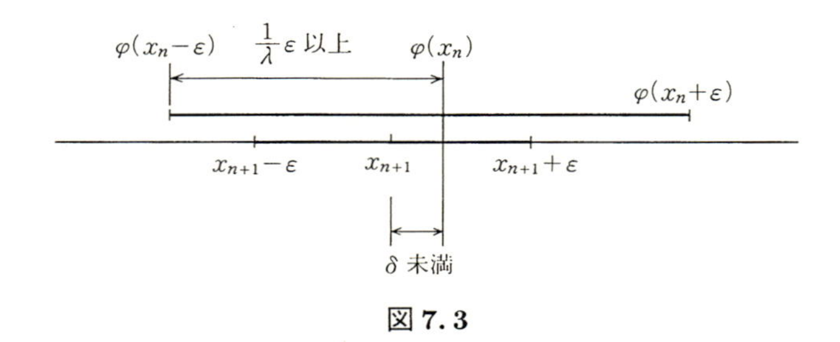

図 7.3

(b)　ホモトピー

定義域と値域を共有する二つの連続写像 $\varphi, \psi\colon X\to Y$ がホモトピック

(homotopic)とは，φ が ψ へ連続的に変形できるときをいう．いいかえれば連続写像 $\Phi\colon X\times[0,1]\to Y$ であって $\Phi(x,0)=\varphi(x)$, $\Phi(x,1)=\psi(x)$ を満足するものが存在することである．この Φ，あるいは $\varphi_s(x)=\Phi(x,s)$ で定義される写像族 $\{\varphi_s\}_{0\leqq s\leqq 1}$，$\varphi_s\colon X\to Y$ を φ と ψ をつなぐ**ホモトピー**(homotopy)と呼ぶ(図7.4)．二つの写像がホモトピックであるという関係は同値関係である．詳しくは佐藤肇『位相幾何』§1.2を参照されたい．

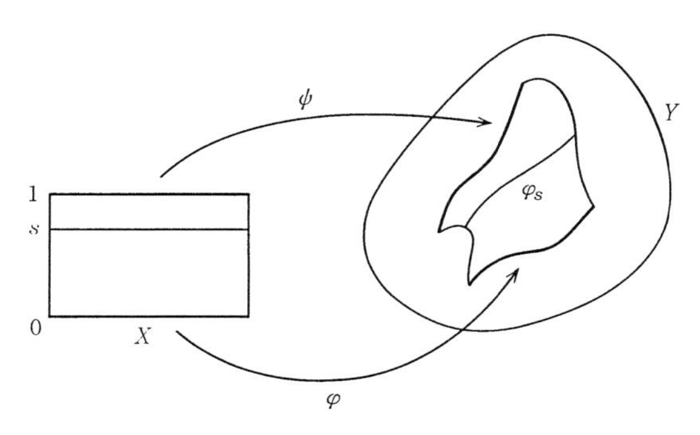

図7.4　ホモトピー

この項でホモトピーの概念を扱う背景には，一つの写像に十分近い写像がもとの写像にホモトピックであるという事実がある．ホモトピックであるような写像との比較は，摂動との比較を含むのである．証明は値域が S^1 の場合に与えるが，一般にコンパクトな多様体の場合にもこれは正しい．多様体に Riemann 計量による距離を定めれば，各点が凸な近傍をもつことによる([8]参照)．

命題7.3　空間 X から S^1 への写像 $\varphi,\psi\colon X\to S^1$ が $\sup_{x\in X} d(\varphi(x),\psi(x))<1/2$ を満足すれば，φ と ψ はホモトピックである．

［証明］　各 $x\in X$ に対し，$d(\varphi(x),\psi(x))<1/2$ より $\varphi(x)$ と $\psi(x)$ とを結ぶ S^1 上の最短線 $\gamma_x\colon[0,1]\to S^1$, $t\mapsto(1-t)\varphi(x)+t\psi(x)$ が一意的に存在し，かつ x に連続的に依存する．写像 $X\times[0,1]\to S^1$ を，最短線 γ_x を用いて $(x,t)\mapsto\gamma_x(t)$ によって定義すれば，これが求めるホモトピーを与える．∎

S^1 から自分自身への写像の**ホモトピー類**(homotopy class)，すなわちホモトピーによる分類に関しては次が成り立つ．ただし deg は写像度を表す(§5.3(c))．

命題 7.4　二つの写像 $\varphi, \psi\colon S^1 \to S^1$ がホモトピックであるのは，$\deg(\varphi) = \deg(\psi)$ が成り立つとき，そのときに限る．　□

証明のために補題を一つ準備する．

補題 7.5　φ を位相空間 X から S^1 への連続写像，$\widetilde{\varphi}\colon X \to \mathbb{R}$ をその持ち上げとする．このとき φ の任意のホモトピー $\Phi\colon X \times [0,1] \to S^1$ に対し，その持ち上げ $\widetilde{\Phi}\colon X \times [0,1] \to \mathbb{R}$ で $\widetilde{\varphi}$ の拡張となるものが一意的に存在する．

［証明］　命題 5.1(§5.1(a))によって，各 $x \in X$ に対し，Φ の $\{x\} \times [0,1]$ への制限は $t=0$ のとき値 $\widetilde{\varphi}(x)$ をとる持ち上げを一意的にもつ．これを $\widetilde{\Phi}(x,t)$，$0 \leqq t \leqq 1$ とおく．題意を満たす持ち上げはこの $\widetilde{\Phi}\colon X \times [0,1] \to \mathbb{R}$ 以外ではあり得ないから，あとは $\widetilde{\Phi}$ が連続であることをいえばよい．

任意の $\varepsilon > 0$ をとる．点 $x_0 \in X$ の近傍 U を，任意の $x \in U$ に対して，$\widetilde{\Phi}(x,0)$ と $\widetilde{\Phi}(x_0,0)$ との $\mathbb{R}$ での距離が $|\widetilde{\Phi}(x,0) - \widetilde{\Phi}(x_0,0)| < \varepsilon/2$ を満たし，かつ $\Phi(x,t)$ と $\Phi(x_0,t)$ との S^1 での距離がすべての $0 \leqq t \leqq 1$ に対し $\varepsilon/2$ 未満であるようにできる．二つ目の条件は閉区間 $[0,1]$ がコンパクトであることによって保証される．このとき，$\mathbb{R}$ での距離 $|\widetilde{\Phi}(x,t) - \widetilde{\Phi}(x_0,t)|$ が t について連続であることから，$\varepsilon < 1/2$ ならば $|\widetilde{\Phi}(x,t) - \widetilde{\Phi}(x_0,t)| < \varepsilon/2$ がすべての $0 \leqq t \leqq 1$ について成り立つ．次に $t_0 \in [0,1]$ の近傍 V を，各 $t \in V$ に対して $|\widetilde{\Phi}(x_0,t) - \widetilde{\Phi}(x_0,t_0)| < \varepsilon/2$ が成り立つように選ぶ．そうすると任意の $(x,t) \in U \times V$ に対して，$|\widetilde{\Phi}(x,t) - \widetilde{\Phi}(x_0,t_0)| \leqq |\widetilde{\Phi}(x,t) - \widetilde{\Phi}(x_0,t)| + |\widetilde{\Phi}(x_0,t) - \widetilde{\Phi}(x_0,t_0)| < \varepsilon$ が成立する．これは写像 $\widetilde{\Phi}\colon X \times [0,1] \to \mathbb{R}$ が連続であることを示している．　■

補題 7.5 は，写像 $p\colon \mathbb{R} \to S^1$ を一般の被覆写像に置き換えても成立する．これを被覆写像は**ホモトピーを持ち上げる性質**(homotopy lifting property)をもつという([9])．

［命題 7.4 の証明］　φ と ψ がホモトピックであるとし，ホモトピーを $\Phi\colon S^1 \times [0,1] \to S^1$ とおく．このとき補題 7.5 によって Φ の持ち上げ $\widetilde{\Phi}\colon \mathbb{R} \times [0,1] \to \mathbb{R}$ が存在する．1 点 x を固定すると $\widetilde{\Phi}(x+1,s) - \widetilde{\Phi}(x,s)$ は s に関して連続で，一方で必ず整数値をとる．したがってすべての s についてその値は

一定である．これより $\deg(\varphi)=\widetilde{\Phi}(x+1,0)-\widetilde{\Phi}(x,0)=\widetilde{\Phi}(x+1,1)-\widetilde{\Phi}(x,1)=\deg(\psi)$.

逆に $\deg(\varphi)=\deg(\psi)=k$ であったとしよう．$\widetilde{\varphi},\widetilde{\psi}$ をそれぞれ φ,ψ の持ち上げとすれば，任意の $x\in\mathbb{R}$ に対して $\widetilde{\varphi}(x+1)=\widetilde{\varphi}(x)+k$, $\widetilde{\psi}(x+1)=\widetilde{\psi}(x)+k$ が成り立つ．$\widetilde{\varphi},\widetilde{\psi}$ を用いて $\widetilde{\Phi}(x,s)=(1-s)\widetilde{\varphi}(x)+s\widetilde{\psi}(x)$ と定義された写像 $\widetilde{\Phi}\colon \mathbb{R}\times[0,1]\to\mathbb{R}$ について，$\widetilde{\Phi}(x+1,s)-\widetilde{\Phi}(x,s)$ は常に一定値 k をとる．これより $\widetilde{\Phi}$ は自然に連続写像 $\Phi\colon S^1\times[0,1]\to S^1$ を定め，この Φ が φ と ψ とをつなぐホモトピーを与える． ∎

(c)　拡大写像の安定性

拡大写像はそのホモトピー類の中で力学系的構造が最も簡単な写像である．

定理 7.6 (Shub)　$\varphi\colon S^1\to S^1$ を拡大写像，$\psi\colon S^1\to S^1$ を φ とホモトピックな写像とする．このとき ψ は φ と半共役，すなわち写像度 1 の連続写像 $h\colon S^1\to S^1$ が存在して $h\circ\psi=\varphi\circ h$ を満たす．

$$
\begin{array}{ccc}
S^1 & \xrightarrow{\ \psi\ } & S^1 \\
{\scriptstyle h}\downarrow & \circlearrowleft & \downarrow{\scriptstyle h} \\
S^1 & \xrightarrow[\ \varphi\ ]{} & S^1
\end{array}
$$

[証明]　$\widetilde{\varphi},\widetilde{\psi}\colon\mathbb{R}\to\mathbb{R}$ をそれぞれ φ,ψ の持ち上げとする．φ と ψ とはホモトピックだから $x\mapsto\widetilde{\varphi}(x)-\widetilde{\psi}(x)$ は $\mathbb{R}$ 上の連続な周期関数である．したがって十分大きい δ をとれば $|\widetilde{\varphi}(x)-\widetilde{\psi}(x)|<\delta$ が任意の $x\in\mathbb{R}$ について成り立つ．このとき $|\widetilde{\varphi}(\widetilde{\psi}^n(x))-\widetilde{\psi}^{n+1}(x)|=|\widetilde{\varphi}(\widetilde{\psi}^n(x))-\widetilde{\psi}(\widetilde{\psi}^n(x))|<\delta$ より $\{\widetilde{\psi}^n(x)\}_{n=0,1,\cdots}$ は $\widetilde{\varphi}$ についての擬軌道である．よって命題 7.2 より，擬軌道 $\{\widetilde{\psi}^n(x)\}$ を追跡する $y\in\mathbb{R}$ が唯一つ定まる．この対応 $x\mapsto y$ を $\widetilde{h}\colon\mathbb{R}\to\mathbb{R}$ と書く．このとき $|\widetilde{\varphi}^n(\widetilde{\varphi}(y))-\widetilde{\psi}^n(\widetilde{\psi}(x))|=|\widetilde{\varphi}^{n+1}(y)-\widetilde{\psi}^{n+1}(x)|$, $n=0,1,\cdots$ は有界であるから，追跡する点の一意性より $\widetilde{h}(\widetilde{\psi}(x))=\widetilde{\varphi}(y)=\widetilde{\varphi}(\widetilde{h}(x))$ が成立する．すなわち $\widetilde{h}$ は $\widetilde{\varphi}$ と $\widetilde{\psi}$ との "半共役" を与える．

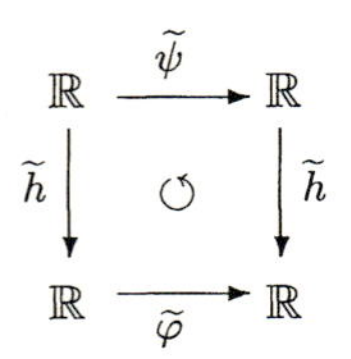

以下で $\widetilde{h}$ が，写像度1の連続写像 $h\colon S^1\to S^1$ を導くことを示す．まず $\widetilde{h}$ が $\widetilde{h}(x+1)=\widetilde{h}(x)+1$ を満たすことをいう．$\deg(\varphi)=\deg(\psi)=k$ とおくと，$\widetilde{\varphi}(x+1)=\widetilde{\varphi}(x)+k$，$\widetilde{\varphi}^2(x+1)=\widetilde{\varphi}(\widetilde{\varphi}(x)+k)=\widetilde{\varphi}^2(x)+k^2$，…，$\widetilde{\varphi}^n(x+1)=\widetilde{\varphi}^n(x)+k^n$，同様に $\widetilde{\psi}^n(x+1)=\widetilde{\psi}^n(x)+k^n$ が成り立つ．よって $\widetilde{h}(x)=y$ と仮定すれば，$y+1$ は $\{\widetilde{\psi}^n(x+1)\}$ を追跡する．したがって追跡する点の一意性より $\widetilde{h}(x+1)=\widetilde{h}(x)+1$ が成り立つ．

次に $\widetilde{h}\colon\mathbb{R}\to\mathbb{R}$ が連続であることをいう．$\widetilde{h}(x)$ は $\{\widetilde{\psi}^n(x)\}$ を追跡するから，適当な $\varepsilon>0$ に対して $\left|\widetilde{\varphi}^n(\widetilde{h}(x))-\widetilde{\psi}^n(x)\right|<\varepsilon$ が成り立つ．ここで $\widetilde{\varphi}^{-n}\colon\mathbb{R}\to\mathbb{R}$ は縮小写像で，縮小率は $c^{-1}\lambda^{-n}$ 以下であるから，$\left|\widetilde{h}(x)-\widetilde{\varphi}^{-n}(\widetilde{\psi}^n(x))\right|<\dfrac{\varepsilon}{c\lambda^n}$．任意の $\eta>0$ をとり，この η に対し n を $\dfrac{\varepsilon}{c\lambda^n}<\eta$ を満たすように選ぶ．さらに n に対し $\xi>0$ を，$|x-y|<\xi$ のとき $|\widetilde{\varphi}^{-n}(\widetilde{\psi}^n(x))-\widetilde{\varphi}^{-n}(\widetilde{\psi}^n(y))|<\eta$ が成り立つようにとる．そうすると $|x-y|<\xi$ のとき $|\widetilde{h}(x)-\widetilde{h}(y)|<|\widetilde{h}(x)-\widetilde{\varphi}^{-n}(\widetilde{\psi}^n(x))|+|\widetilde{\varphi}^{-n}(\widetilde{\psi}^n(x))-\widetilde{\varphi}^{-n}(\widetilde{\psi}^n(y))|+|\widetilde{\varphi}^{-n}(\widetilde{\psi}^n(y))-\widetilde{h}(y)|<3\eta$．これは $\widetilde{h}$ が連続であることを示している．

さて $\widetilde{h}\colon\mathbb{R}\to\mathbb{R}$ は連続で $\widetilde{h}(x+1)=\widetilde{h}(x)+1$ を満たすから，自然に写像度1の連続写像 $h\colon S^1\to S^1$ を定義する．また $\widetilde{h}\circ\widetilde{\psi}=\widetilde{\varphi}\circ\widetilde{h}$ よりこの h は $h\circ\psi=\varphi\circ h$ を満たし，したがって ψ から φ への半共役写像となっている．∎

持ち上げ $\widetilde{\varphi},\widetilde{\psi}$ を決めれば $\widetilde{h}\colon\mathbb{R}\to\mathbb{R}$ は一意的であったが，これは半共役写像 h が一意であることを意味しない．実際，拡大写像 φ から自分自身への半共役写像は一般には複数存在する．

命題 7.7　拡大写像 $\varphi\colon S^1\to S^1$ について，φ から自分自身への半共役写像は同相写像となり，その全体は写像の合成に関して有限群をなす．

［証明］　φ の固定点の全体を $\mathrm{Fix}(\varphi)$ とおくと，各 $x\in\mathrm{Fix}(\varphi)$ が双曲的であることから $\mathrm{Fix}(\varphi)$ は有限集合．任意の $x\in\mathrm{Fix}(\varphi)$ および射影による x の

逆像に属する点 $\widetilde{x}\in p^{-1}(x)$ に対し，$\widetilde{x}$ を固定点とするような φ の持ち上げ $\widetilde{\varphi}_{\widetilde{x}}\colon \mathbb{R}\to\mathbb{R}$ が存在する．同様に $y\in \mathrm{Fix}(\varphi)$ および $\widetilde{y}\in p^{-1}(y)$ に対し，$\widetilde{\varphi}_{\widetilde{y}}$ を $\widetilde{y}$ を固定点とする φ の持ち上げとする．定理 7.6 の証明から，$\widetilde{\varphi}_{\widetilde{x}}$ と $\widetilde{\varphi}_{\widetilde{y}}$ との半共役写像 $\widetilde{h}_{\widetilde{x},\widetilde{y}}\colon \mathbb{R}\to\mathbb{R}$ が一意に存在し，これは自然に φ と自分自身との半共役写像 $h_{x,y}\colon S^1\to S^1$, $h_{x,y}(x)=y$ を定める．写像 $h_{x,y}$ は $\widetilde{x}\in p^{-1}(x)$, $\widetilde{y}\in p^{-1}(y)$ のとりかたにはよらず，$x,y\in\mathrm{Fix}(\varphi)$ のみで決まる．したがって x を y に写す φ と自分自身との半共役写像 $h_{x,y}$ が一意的に存在する．一意性より $h_{y,z}\circ h_{x,y}=h_{x,z}$ および $h_{x,x}=\mathrm{id}$ が成り立ち，これより $h_{y,x}$ は $h_{x,y}$ の逆写像となっている．よって各 $h_{x,y}$ は同相写像で，その全体は $\mathrm{Homeo}_+(S^1)$ の部分群をなす．また $\mathrm{Fix}(\varphi)$ が有限集合であったから，この部分群は有限部分群である．∎

定理 7.8　二つの拡大写像 $\varphi,\psi\colon S^1\to S^1$ がホモトピックならば，φ と ψ とは位相共役である．

［証明］　定理 7.6 を φ および ψ に適用すると，φ と ψ の半共役写像 $h\colon S^1\to S^1$ および ψ と φ の半共役写像 $\overline{h}\colon S^1\to S^1$ が存在する．これらの合成 $\overline{h}\circ h$ は φ と自分自身との半共役写像であるから命題 7.7 によって同相写像．同じく $h\circ\overline{h}$ も同相写像であるから，h および $\overline{h}$ は同相写像で，したがって共役写像となる．∎

この定理より S^1 上の拡大写像は，位相的には r-進変換 $x\mapsto rx$, $|r|\geqq 2$ で尽くされることがわかる．特に拡大写像 φ の周期点の全体 $\mathrm{Per}(\varphi)$ は S^1 で稠密で，非遊走集合 $\Omega(\varphi)$ は S^1 全体と一致する．

さて S^1 から自分自身への C^r 級の写像全体のなす空間 $C^r(S^1)$ の距離 $\overline{d}_r$ を，$r=0$ のとき，S^1 上の距離 d をもちいて

$$\overline{d}_0(\varphi,\psi)=\sup_{x\in S^1} d(\varphi(x),\psi(x))$$

で，$r>0$ のときはこの $\overline{d}_0$ をもちいて

$$\overline{d}_r(\varphi,\psi)=\overline{d}_0(\varphi,\psi)+\sum_{k=1}^{r}\sup_{x\in S^1}|\varphi^{(k)}(x)-\psi^{(k)}(x)|$$

で定義する(§6.1(b)参照)．距離 $\overline{d}_r$, $r\geqq 1$, の定める位相を **C^r 位相**と呼ぶ

が，この位相のもとで拡大写像全体は開集合をなす．すなわち一つの拡大写像に対して，十分小さい近傍をとれば，その近傍に属する写像はすべて拡大写像である．一方で命題 7.3 によって小さい近傍に属する写像はすべてもとの拡大写像とホモトピックである．以上より拡大写像は構造安定である．さらに Hartman の定理(§6.1(c)定理 6.2)あるいは Peixoto の定理(§6.1(d)定理 6.6)の場合と同じく，定理 7.6 において ψ が φ に C^r 位相，$r \geqq 1$，で近ければ，半共役を与える写像 h を恒等写像 id に近くとることができる．したがって次の結果が得られた．

系 7.9　C^r 級拡大写像は強い意味で C^r 構造安定である．　□

(d)　Markov 分割と不変測度

この項では記号力学系を用いて拡大写像の不変測度の空間を決定する．2-進変換 $\varphi = R_{(2)}: x \mapsto 2x$ の場合に証明を与えるが，他の拡大写像でもまったく同様である．

まず $\varphi: S^1 \to S^1$ の Markov 分割を構成しよう．1点 $0 \in S^1$ の φ による逆像 $\varphi^{-1}(0) = \{0, 1/2\}$ によって S^1 を $I_0 = [0, 1/2]$ と $I_1 = [1/2, 1]$ とに分割する．これは拡大写像 $\varphi: S^1 \to S^1$ を被覆写像と見なしたとき，被覆変換の一つの基本領域と，被覆変換によるその像となっている．被覆写像と被覆変換については森田茂之『微分形式の幾何学』§1.5(d)を参照されたい．$x \in S^1$ を決めたとき，0,1 の列 $\boldsymbol{s}(x) = (s(x)_n)_{n=0,1,2,\cdots}$，すなわち 0,1 の片側無限列の全体 Σ^+ の元を

$$s(x)_n = \begin{cases} 0, & \varphi^n(x) \in I_0 \\ 1, & \varphi^n(x) \in I_1 \end{cases}$$

で定義し，これを $x \in S^1$ の**旅程**(itinerary)と呼ぶ．ただし $\varphi^n(x) = 0, 1/2$ の場合には，$s(x)_n$ は 0,1 のいずれでもよいので，各点 $x \in S^1$ に対して唯一つの $\boldsymbol{s}(x) \in \Sigma^+$ が定義されているわけではない．しかし $\boldsymbol{s}$ の “逆写像” は，以下で述べるように確定している．点 x の旅程が $\boldsymbol{s} = (s_n)_{n=0,1,2,\cdots}$ で与えられ

るとき，x は $\varphi^{-n}(I_{s_n})$ に属する．有限共通部分 $\bigcap_{n=0}^{k}\varphi^{-n}(I_{s_n})$ は S^1 上の長さ 2^{-k-1} の部分区間で，k に関する減少列をなす．したがって区間縮小法より共通部分 $\bigcap_{n=0}^{\infty}\varphi^{-n}(I_{s_n})$ は唯一つの点よりなる．すなわち x は旅程 $\boldsymbol{s}(x)$ によって決定される．この対応を $q\colon \Sigma^+\to S^1$ と書けば，q が $\boldsymbol{s}$ の "逆写像" であり，上の議論より q は Σ^+ の直積位相(§1.2)に関して連続である．具体的には q は $q(\boldsymbol{s})=\sum_{n=0}^{\infty}\dfrac{s_n}{2^{n+1}}$ で与えられる．逆にいえば 0,1 の列 $\boldsymbol{s}(x)$ は $0\leqq x\leqq 1$ の 2-進表記に他ならない．また φ による x の像 $\varphi(x)$ の旅程は，x の旅程から最初の項 $s(x)_0$ を除いたものに他ならないから，シフト $\sigma\colon \Sigma^+\to\Sigma^+$，$\boldsymbol{s}\mapsto\sigma(\boldsymbol{s})=(s_{n+1})_{n=0,1,2,\cdots}$ に関して $q\circ\sigma=\varphi\circ q$ が成立する．

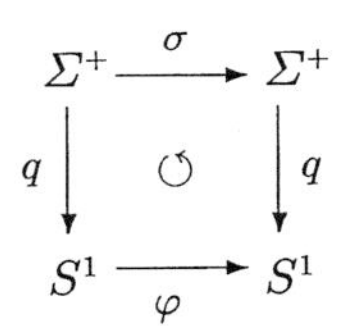

§5.3(c)の定義では，S^1 の半共役写像に対して写像度が 1 であることを要求した．しかし以降はこの条件を，単に上への写像であることで置き換える．これによって多様体でない相空間の力学系，異なる相空間の力学系について半共役の概念が拡張される．いいかえれば，二つの離散力学系 $\varphi\colon X\to X$，$\psi\colon Y\to Y$ に対し，上への連続写像 $h\colon X\to Y$ であって $h\circ\varphi=\psi\circ h$ を満たすものを φ から ψ への**半共役写像**，このような h が存在するとき，φ は ψ に**半共役**であるという．この定義のもとで，片側全シフト σ は $q\colon\Sigma^+\to S^1$ によって $\varphi\colon S^1\to S^1$ と半共役である．全シフトの力学系的性質(§1.2, §3.2)より次を得る．

命題 7.10　拡大写像 $\varphi\colon S^1\to S^1$ は位相推移的で，さらに位相混合性をもつ．また任意の $x\in S^1$ に関して $\bigcup_{n=0}^{\infty}\varphi^{-n}(x)$ は S^1 で稠密である．　□

さて半共役写像 $q\colon\Sigma^+\to S^1$ は 1 対 1 ではないが高々 2 対 1 である．また $q^{-1}(x)$ が 2 点よりなるのは，適当な n について $\varphi^n(x)=0$ が成り立つときに限る．このような x は可算集合であるから，0 に台をもつアトムを除いては，$\varphi\colon S^1\to S^1$ の不変測度と $\sigma\colon\Sigma^+\to\Sigma^+$ の不変測度とは 1 対 1 に対応する．以下で片側シフトの不変測度を決定し，拡大写像に応用する．

一般に連続写像 $\varphi\colon X\to X$ の周期 n の周期点 x に対し，$\delta_{\varphi^k(x)}$ を $\varphi^k(x)$ での Dirac 測度として

$$\delta_{\langle x\rangle}=\frac{1}{n}\sum_{k=0}^{n-1}\delta_{\varphi^k(x)}$$

で与えられる測度は φ の不変測度となる．一方全シフト $\sigma\colon\Sigma^+\to\Sigma^+$ に関しては，逆に任意の不変測度は，このような不変測度の線形和の極限として表現できる．いいかえれば σ-不変測度の全体は，符号つき測度全体の空間 $C(\Sigma^+)'$ のなかで，$\{\delta_{\langle x\rangle}\}_{x\in\mathrm{Per}(\sigma)}$ の凸閉包，すなわち凸包の閉包に一致する．これを証明しよう．

単語，すなわち $0,1$ の有限列 $\boldsymbol{\alpha}=\alpha_0\alpha_1\cdots\alpha_{n-1}$，$\alpha_k=0,1$ に対し，その長さ n を $\ell(\boldsymbol{\alpha})$ で表し，

$$[\boldsymbol{\alpha}]=\{\boldsymbol{s}\in\Sigma^+;\ s_0=\alpha_0,\ \cdots,\ s_{n-1}=\alpha_{n-1}\}$$
$$\boldsymbol{x}_{\boldsymbol{\alpha}}=\alpha_0\alpha_1\cdots\alpha_{n-1}\alpha_0\alpha_1\cdots\alpha_{n-1}\alpha_0\alpha_1\cdots$$

とおく．$[\boldsymbol{\alpha}]$ は柱状集合 ${}_0[\alpha_0,\cdots,\alpha_{n-1}]_{n-1}$ である(§1.2)．さて σ の不変測度 μ に対し，$\mu_n=\sum_{\ell(\boldsymbol{\alpha})=n}\mu[\boldsymbol{\alpha}]\delta_{\boldsymbol{\alpha}}$ とおくと，$n\to\infty$ に対して $\mu_n\to\mu$ が成立することを示す．ただし $\mu([\boldsymbol{\alpha}])$ を $\mu[\boldsymbol{\alpha}]$ と略記した．以下も同様である．

$\boldsymbol{\gamma}=\gamma_0\gamma_1\cdots\gamma_{n-1}$ を長さ n の単語とするとき，柱状集合 $[\gamma]$ の，周期点 $\boldsymbol{x}_{\boldsymbol{\alpha}}$，$\ell(\boldsymbol{\alpha})=n$ の軌道に台をもつ測度 $\delta_{\langle\boldsymbol{x}_{\boldsymbol{\alpha}}\rangle}$ による値は

$$\begin{aligned}\delta_{\langle\boldsymbol{x}_{\boldsymbol{\alpha}}\rangle}[\gamma]&=\frac{1}{n}(\delta_{\alpha_0\alpha_1\cdots\alpha_{n-1}\alpha_0\cdots}[\gamma]+\delta_{\alpha_1\alpha_2\cdots\alpha_{n-1}\alpha_0\alpha_1\cdots}[\gamma]+\cdots+\delta_{\alpha_{n-1}\alpha_0\cdots\alpha_{n-2}\alpha_{n-1}\cdots}[\gamma])\\&=\frac{1}{n}\sum 1\end{aligned}$$

で与えられる．ただし最後の $\sum$ は $\boldsymbol{\gamma}=\alpha_k\alpha_{k+1}\cdots\alpha_{n-1}\alpha_0\cdots\alpha_{k-1}$ を満たす k，$0\leqq k\leqq n-1$，についての和を表す．ここで条件 $\boldsymbol{\gamma}=\alpha_k\alpha_{k+1}\cdots\alpha_{n-1}\alpha_0\cdots\alpha_{k-1}$ は $\boldsymbol{\alpha}=\gamma_{n-k}\cdots\gamma_{n-1}\gamma_0\cdots\gamma_{n-k-1}$ と同値であるから

$$\mu_n[\gamma]=\frac{1}{n}(\mu[\gamma_0\gamma_1\cdots\gamma_{n-1}]+\mu[\gamma_1\gamma_2\cdots\gamma_{n-1}\gamma_0]+\cdots+\mu[\gamma_{n-1}\gamma_0\cdots\gamma_{n-2}]).$$

次に長さ m の単語 $\boldsymbol{\beta}=\beta_0\beta_1\cdots\beta_{m-1}$ を固定し，柱状集合 $[\boldsymbol{\beta}]$ の μ_{n+m} による測度 $\mu_{n+m}[\boldsymbol{\beta}]$ を考える．この集合のシフト σ^n による逆像 $\sigma^{-n}[\boldsymbol{\beta}]$ は $\bigcup_{\ell(\gamma)=n}[\gamma\boldsymbol{\beta}]$ と等しいから，各 $\delta_{\langle x_\alpha\rangle}$ が σ-不変であることより

$$\begin{aligned}\mu_{n+m}[\boldsymbol{\beta}] &= \sum_{\ell(\gamma)=n}\mu_{n+m}[\boldsymbol{\gamma\beta}]\\ &= \frac{1}{n+m}(\mu[\gamma_0\cdots\gamma_{n-1}\beta_0\cdots\beta_{m-1}]+\mu[\gamma_1\cdots\gamma_{n-1}\beta_0\cdots\beta_{m-1}\gamma_0]\\ &\qquad +\cdots+\mu[\beta_0\cdots\beta_{m-1}\gamma_0\cdots\gamma_{n-1}]+\mu[\beta_1\cdots\beta_{m-1}\gamma_0\cdots\gamma_{n-1}\beta_0]\\ &\qquad +\cdots+\mu[\beta_{m-1}\gamma_0\cdots\gamma_{n-1}\beta_0\cdots\beta_{m-2}]).\end{aligned}$$

ここで直和分割 $[\boldsymbol{\beta}]=\bigsqcup_{\ell(\gamma)=n}[\boldsymbol{\beta\gamma}]$ より $\mu[\boldsymbol{\beta}]=\sum_{\ell(\gamma)=n}\mu[\boldsymbol{\beta\gamma}]$ が，また μ が σ-不変であることから $\mu[\boldsymbol{\beta}]=\mu(\sigma^{-n}[\boldsymbol{\beta}])=\sum_{\ell(\gamma)=n}\mu[\gamma\boldsymbol{\beta}]$ がともに成り立つ．よって $\sum_{\ell(\gamma)=n}\mu[\gamma_0\cdots\gamma_{n-1}\boldsymbol{\beta}]=\sum_{\ell(\gamma)=n}\mu[\gamma_1\cdots\gamma_{n-1}\boldsymbol{\beta}\gamma_0]=\cdots=\sum_{\ell(\gamma)=n}\mu[\boldsymbol{\beta}\gamma_0\cdots\gamma_{n-1}]=\mu[\boldsymbol{\beta}]$.

これより残りの各項の総和を R と書けば

$$\mu_{n+m}[\boldsymbol{\beta}]=\frac{n+1}{n+m}\mu[\boldsymbol{\beta}]+\frac{1}{n+m}R$$

である．各 $[\beta_k\cdots\beta_{n-1}\boldsymbol{\gamma}\beta_0\cdots\beta_{k-1}]$ の μ による測度の $\ell(\boldsymbol{\gamma})=n$ に関する和は 0 と 1 の間にあるから，$0\leqq R\leqq m-1$. したがって $n\to\infty$ のとき $\mu_{n+m}[\boldsymbol{\beta}]\to\mu[\boldsymbol{\beta}]$ が成立する．一方 Σ^+ の Borel 集合族は柱状集合で生成されているから，汎弱位相に関して $\mu_n\to\mu$ であることが従う.

以上はアルファベット 2 文字の片側全シフトに関する議論であったが，任意の数のアルファベットをもつ片側あるいは両側有限型サブシフトに関しても，多少の変更のもとで適用することができる．すなわち

定理 7.11　有限型の両側サブシフト $\sigma_W\colon\Sigma_W\to\Sigma_W$ の不変測度の全体は，$C(\Sigma_W)'$ のなかで，$\{\delta_{\langle x\rangle}\}_{x\in\mathrm{Per}(\sigma_W)}$ の凸閉包に一致する．有限型片側サブシフトに関しても同様である. □

全シフト $\sigma\colon\Sigma\to\Sigma$ は周期軌道以外の極小集合ももつ(第 5 章演習問題 5.6

参照)．このような極小集合 M へのシフトの制限 $\sigma|_M$ は，定理 7.11 の結論は満たさないが，制限 $\sigma|_M$ の不変測度 μ を $\sigma\colon \Sigma\to\Sigma$ の不変測度と見なしたときには，M の外にある周期軌道上の測度の線形和で μ を近似することができる．

系 7.12　拡大写像 $\varphi\colon S^1\to S^1$ の不変測度の全体は，$C(S^1)'$ のなかで，$\{\delta_{\langle x\rangle}\}_{x\in\mathrm{Per}(\varphi)}$ の凸閉包に一致する．　□

拡大写像 $\varphi\colon S^1\to S^1$ に対して

$$\lim_{n\to\infty}\frac{1}{N_n(\varphi)}\sum_{x\in\mathrm{Fix}(\varphi^n)}\delta_{\langle x\rangle}=\lim_{n\to\infty}\frac{1}{N_n(\varphi)}\sum_{x\in\mathrm{Fix}(\varphi^n)}\delta_x$$

で与えられる不変測度を φ の **Bowen 測度**(Bowen measure)と呼ぶ．ただし $N_n(\varphi)$ は φ^n の固定点全体の集合 $\mathrm{Fix}(\varphi^n)$ の個数を表す．拡大写像に対しては，Bowen 測度は，測度論的エントロピーが位相的エントロピーと一致するような不変測度として特徴づけられる(第5章演習問題 5.4 参照)．r-進変換 $R_{(r)}\colon x\mapsto rx$ について，$x\in S^1$ が $R_{(r)}^n$ の固定点である条件が $r^nx-x\in\mathbb{Z}$，すなわち $x=\dfrac{k}{r^n-1}$，$k=0,1,\cdots,r^n-1$ で与えられる．したがってこの場合 $\mathrm{Fix}(R_{(r)}^n)$ は S^1 上均等分布しており，Bowen 測度は通常の Lebesgue 測度と等しい．しかし一般の拡大写像の場合，Bowen 測度は Lebesgue 測度に関して絶対連続ですらない．

例 7.13　$0<p,q<1$，$p+q=1$ に対し，$\varphi_{p,q}\colon S^1\to S^1$ を

$$\varphi_{p,q}(x)=\begin{cases}\dfrac{1}{p}x, & 0\leqq x\leqq p\\[2mm] \dfrac{1}{q}x+\dfrac{q-1}{q}, & p\leqq x\leqq 1\end{cases}$$

で定める(図 7.5)．$\varphi_{p,q}$ は $x=0,p$ で微分可能ではないので，厳密な意味では拡大写像ではないが，拡大写像のもつ力学系的性質をすべてもっている．

さて長さが ℓ の部分区間 $I\subset(0,1)$ の $\varphi_{p,q}$ による逆像は，長さが $p\ell$ と $q\ell$ の二つの部分区間の非交叉和となるから，$\varphi_{p,q}$ は Lebesgue 測度を保つ．$\varphi_{p,q}$ と片側シフト $\sigma\colon \Sigma^+\to\Sigma^+$ との半共役写像 $h\colon \Sigma^+\to[0,1]$ は Markov 分割 $S^1=$

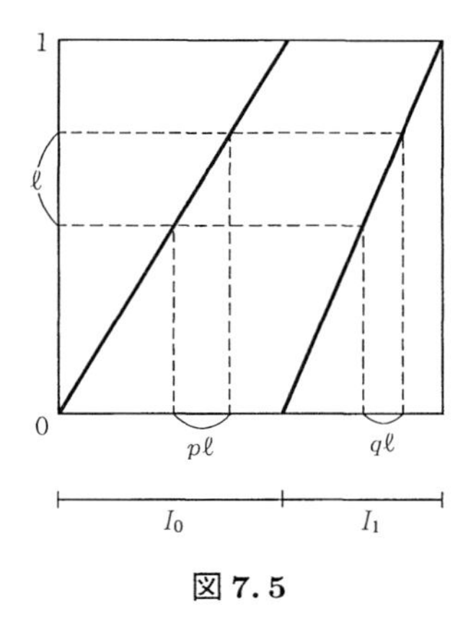

図 7.5

$I_0 \cup I_1$, $I_0 = [0, p]$, $I_1 = [p, 1]$ によって与えられるが，h によって Lebesgue 測度と対応する Σ^+ の σ-不変測度 μ は $\mu[\alpha_0\alpha_1\cdots\alpha_{n-1}] = p_{\alpha_0}p_{\alpha_1}\cdots p_{\alpha_{n-1}}$，$p_0 = p$, $p_1 = q$ を満たす．これは $B(p, q)$-Bernoulli 測度である(§2.4 参照)．この測度は，長さ n の単語 $\boldsymbol{\alpha} = \alpha_0\alpha_1\cdots\alpha_{n-1}$ に対応する周期軌道 $\boldsymbol{x}_{\boldsymbol{\alpha}} = \alpha_0\alpha_1\cdots\alpha_{n-1}\alpha_0\cdots$ 上の不変測度 $\delta_{\langle \boldsymbol{x}_{\boldsymbol{\alpha}} \rangle}$ に μ で重みをつけた和

$$\sum_{\ell(\boldsymbol{\alpha}) = n} \mu[\boldsymbol{\alpha}]\delta_{\langle \boldsymbol{x}_{\boldsymbol{\alpha}} \rangle}$$

の $n \to \infty$ に関する極限となっている．

Bernoulli 測度 $B(p, q)$ に関してシフト σ はエルゴード的であるから，§5.3 (d)命題 5.19 によって，その他の不変測度が $B(p, q)$ に関して絶対連続となることはない．したがって $\varphi_{p,q}$ に戻って考えれば，Bowen 測度は Lebesgue 測度に関して絶対連続ではない(演習問題 7.4 参照)． □

一般の拡大写像についても，これを区間力学系と見なすことができるから，Lasota–Yorke の定理(§2.5(b)定理 2.33)によって，Lebesgue 測度に関して絶対連続な不変測度が存在する．拡大写像の場合には位相推移的であることからこのような不変測度は定数倍を除いて一意的．r-進変換 $R_{(r)}$ の場合にはこれが Bowen 測度と一致するのである．

§7.2　双曲型トーラス自己同型

$\mathbb{T}^2$ の Lie 群としての自己同型写像のうち，対応する行列が双曲型，いいかえれば絶対値が1の固有値をもたないものは Anosov 可微分同相写像の典型例であり，力学系理論において特に重要な対象である．双曲型自己同型が Markov 分割をもつことはすでに §1.5(d), §3.3(a), (b)で述べた．この節では J. M. Franks [30] に従って，対応する行列の固有ベクトルを用いて普遍被覆空間 $\mathbb{R}^2$ に積構造を入れ，擬軌道追跡性を用いて双曲型自己同型写像の位相安定性を示す．これは次節での構造安定性の議論への準備でもある．

(a)　トーラスの連続写像とその持ち上げ

自然な写像 $p\colon \mathbb{R}^2 \to \mathbb{T}^2$ はホモトピーを持ち上げる性質をもつ．証明は §5.1(a)命題 5.1，§7.1(b)補題 7.5 と同様であるから省略する．

補題 7.14　ψ を位相空間 X から $\mathbb{T}^2$ への連続写像，$\widetilde{\psi}\colon X \to \mathbb{R}^2$ をその持ち上げとする．このとき ψ の任意のホモトピー $\Psi\colon X\times[0,1] \to \mathbb{T}^2$ に対し，その持ち上げ $\widetilde{\Psi}\colon X\times[0,1] \to \mathbb{R}^2$ で，$\widetilde{\psi}$ の拡張となるものが一意的に存在する．　□

区間からの連続写像 $\psi\colon I \to \mathbb{T}^2$ は，1点からの写像のホモトピーと見なすことができる．したがって持ち上げ $\widetilde{\psi}\colon I \to \mathbb{R}^2$ が存在し，1点 $t_0 \in I$ の行き先 $\widetilde{\psi}(x_0) \in p^{-1}(\psi(t_0))$ を決めれば一意的である．さて連続写像 $\varphi\colon \mathbb{T}^2 \to \mathbb{T}^2$ に対し，その**持ち上げ** $\widetilde{\varphi}\colon \mathbb{R}^2 \to \mathbb{R}^2$

$$\begin{array}{ccc} \mathbb{R}^2 & \xrightarrow{\widetilde{\varphi}} & \mathbb{R}^2 \\ {\scriptstyle p}\downarrow & \circlearrowleft & \downarrow{\scriptstyle p} \\ \mathbb{T}^2 & \xrightarrow[\varphi]{} & \mathbb{T}^2 \end{array}$$

を以下のように定義する．議論自体は S^1 から自分自身への連続写像の場合にすでに述べたものと本質的な違いはない(§5.1(a))．1点 $z_0 \in \mathbb{R}^2$ をとる．φ と射影 $p\colon \mathbb{R}^2 \to \mathbb{T}^2$ との合成 $\varphi\circ p\colon \mathbb{R}^2 \to \mathbb{T}^2$ による z_0 の像 $\varphi(p(z_0))$ の，p に

よる逆像の点を一つ決め，これを $\widetilde{\varphi}(z_0)$ とおく．任意の $z\in\mathbb{R}^2$ に対し，z_0 と z とを結ぶ道，すなわち連続写像 $\gamma\colon [0,1]\to\mathbb{R}^2$ で $\gamma(0)=z_0$，$\gamma(1)=z$ を満たすものが存在する．この γ と $\varphi\circ p$ との合成として与えられる道 $\varphi\circ p\circ\gamma\colon I\to\mathbb{T}^2$ を考え，その持ち上げ $\widetilde{\varphi\circ p\circ}\gamma\colon I\to\mathbb{R}^2$ の終点 $\widetilde{\varphi\circ p\circ}\gamma(1)$ によって $\widetilde{\varphi}(z)\in\mathbb{R}^2$ を定義する(図 7.6)．二つの道 $\gamma,\overline{\gamma}\colon [0,1]\to\mathbb{R}^2$，$\gamma(0)=\overline{\gamma}(0)=z_0$，$\gamma(1)=\overline{\gamma}(1)=z$ に対し，$\gamma_s(t)=(1-s)\gamma(t)+s\overline{\gamma}(t)$ が始点と終点を止めたままのホモトピーを与えることから，補題 7.14 によって $\widetilde{\varphi}(z)$ は道 γ のとりかたによらない．また z と z' とが近ければ，これらを結ぶ短い道が存在し，その持ち上げの分だけしか $\widetilde{\varphi}(z)$ と $\widetilde{\varphi}(z')$ は違わないから $\widetilde{\varphi}\colon \mathbb{R}^2\to\mathbb{R}^2$ は連続である．

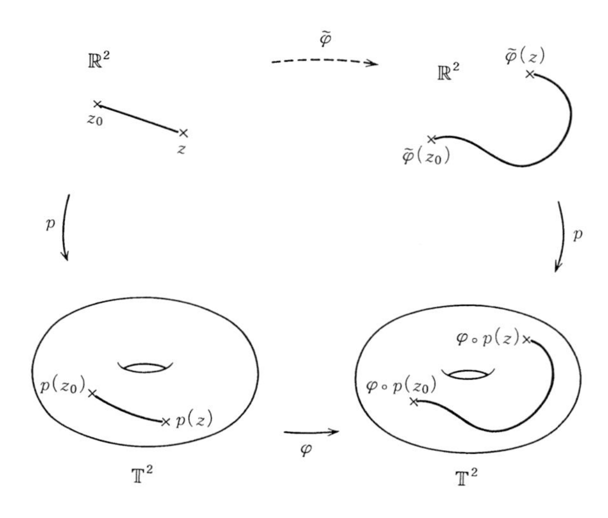

図 7.6　持ち上げ

次に持ち上げ $\widetilde{\varphi}$ を用いて整数係数の 2×2-行列を定義しよう．格子点 $(k,\ell)\in\mathbb{Z}^2$ に対し，$\gamma\colon [0,1]\to\mathbb{R}^2$, $t\mapsto z_0+(tk,t\ell)$ で定義される $\mathbb{R}^2$ の道を考える．ただし $+$ はベクトルの加法を表す．すなわち $z_0=(x_0,y_0)$ に対し $z_0+(tk,t\ell)=(x_0+tk,y_0+t\ell)$．この道 γ の始点と終点は $p\colon \mathbb{R}^2\to\mathbb{T}^2$ によって $\mathbb{T}^2$ の同じ点に射影される．したがって $\widetilde{\varphi}\circ\gamma$ の始点と終点も p によって $\mathbb{T}^2$ の同じ点に射影されるから，$\widetilde{\varphi}(z_0)$ と $\widetilde{\varphi}(z_0+(k,\ell))$ との差は $\mathbb{Z}^2$ に属する．ここで z_0 が

$\mathbb{R}^2$ を動くとき差 $\widetilde{\varphi}(z_0+(k,\ell))-\widetilde{\varphi}(z_0)$ は連続的に変化するが，一方で常に $\mathbb{Z}^2$ に属すから結局 z_0 のとりかたにはよらない．よって写像 $\mathbb{Z}^2\to\mathbb{Z}^2$，$(k,\ell)\mapsto\widetilde{\varphi}(z_0+(k,\ell))-\widetilde{\varphi}(z_0)$ が定義された．これを φ_* で表す．二つの持ち上げの差は平行移動で与えられるから，φ_* は持ち上げ $\widetilde{\varphi}$ のとりかたにはよらない．次に $z_1=z_0+(k,\ell)$，$z_2=z_1+(k',\ell')$ に対し，$t\mapsto z_0+(tk,t\ell)$，$0\leqq t\leqq 1$ と $t\mapsto z_1+(tk',t\ell')$，$0\leqq t\leqq 1$ とをつなぐ道が，$t\mapsto z_0+(t(k+k'),\ t(\ell+\ell'))$，$0\leqq t\leqq 1$ と，始点と終点を止めたままホモトピックであることから，$\varphi_*((k,\ell)+(k',\ell'))=\varphi_*(k,\ell)+\varphi_*(k',\ell')$ が成り立つ．したがって写像 $\varphi_*\colon\mathbb{Z}^2\to\mathbb{Z}^2$ は群の準同型写像であり，これを整数係数の 2×2-行列 A で表すことができる．逆にこのような行列 A をとるとき，線形写像 $L_A\colon\mathbb{R}^2\to\mathbb{R}^2$，$z\mapsto Az$ は格子 $\mathbb{Z}^2$ を $\mathbb{Z}^2$ に写すから，自然に連続写像 $\varphi_A\colon\mathbb{T}^2\to\mathbb{T}^2$ を導く．この φ_A が $(\varphi_A)_*=A$ を満たすことは明らかであろう．

さて S^1 から自分自身への写像のホモトピー類，すなわち連続変形による同値類は写像度によって決定したが(§7.1(b)命題7.4)，$\mathbb{T}^2$ の場合には上で定義した準同型写像 $\varphi_*\colon\mathbb{Z}^2\to\mathbb{Z}^2$ によって $\varphi\colon\mathbb{T}^2\to\mathbb{T}^2$ のホモトピー類が定まる．これを説明しよう．まず二つの $\varphi,\psi\colon\mathbb{T}^2\to\mathbb{T}^2$ に対して $\varphi_*=\psi_*$ が成立したと仮定する．それぞれの持ち上げを $\widetilde{\varphi},\widetilde{\psi}\colon\mathbb{R}^2\to\mathbb{R}^2$ とするとき，$\widetilde{\Phi}(z,t)=(1-t)\widetilde{\varphi}(z)+t\widetilde{\psi}(z)$ によって写像 $\widetilde{\Phi}\colon\mathbb{R}^2\times[0,1]\to\mathbb{R}^2$ を定義し，$\widetilde{\varphi}_t=\widetilde{\Phi}(\cdot,t)\colon\mathbb{R}^2\to\mathbb{R}^2$ とおく．$\varphi_*=\psi_*$ により各 t について $\widetilde{\varphi}_t$ は $\widetilde{\varphi}_t(z+(k,\ell))-\widetilde{\varphi}_t(z)=\varphi_*(k,\ell)\in\mathbb{Z}^2$ を満たすから，写像 $\varphi_t\colon\mathbb{T}^2\to\mathbb{T}^2$ を定める．この φ_t，$0\leqq t\leqq 1$ が φ と ψ とのホモトピーを与えることは明らかであろう．逆に $\varphi,\psi\colon\mathbb{T}^2\to\mathbb{T}^2$ がホモトピックであれば，φ_* の定義するときに用いた道 $\gamma\colon[0,1]\to\mathbb{R}^2$，$t\mapsto z+(tk,t\ell)$ について，$\varphi\circ p\circ\gamma$ と $\psi\circ p\circ\gamma$ は閉じた道であるという条件を保ったままホモトピックである．したがって $\varphi_*,\psi_*\colon\mathbb{Z}^2\to\mathbb{Z}^2$ は写像として等しい．以上より次が証明された．

命題 7.15　二つの写像 $\varphi,\psi\colon\mathbb{T}^2\to\mathbb{T}^2$ がホモトピックであるための必要十分条件は，それらが $\mathbb{Z}^2$ に誘導する準同型写像 $\varphi_*,\psi_*\colon\mathbb{Z}^2\to\mathbb{Z}^2$ が一致すること．　□

基本群あるいはホモロジー群について学んだ読者は，$\varphi\colon\mathbb{T}^2\to\mathbb{T}^2$ の定め

る写像 $\varphi_*\colon \mathbb{Z}^2 \to \mathbb{Z}^2$ が，$\mathbb{T}^2$ の基本群 $\pi_1(\mathbb{T}^2)$，あるいはこの場合は 1 次元ホモロジー群 $H_1(\mathbb{T}^2;\mathbb{Z}) \cong \pi_1(\mathbb{T}^2)$ に φ が誘導する準同型写像 $\varphi_*\colon H_1(\mathbb{T}^2;\mathbb{Z}) \to H_1(\mathbb{T}^2;\mathbb{Z})$ の自然な基底に関する表現であることが了解できるであろう．命題 7.15 は，$K(\pi,1)$ 空間，すなわち 2 次以上のすべてのホモトピー群が消えているような空間を値域とする連続写像のホモトピー類は，その写像が基本群に誘導する準同型写像によって定まるという事実を $\mathbb{T}^2$ の場合に述べたものである．基本群およびホモロジー群については佐藤肇『位相幾何』§3.2, §4.2 を参照されたい．

(b)　双曲型自己同型とその安定性

実数空間は加法 $\mathbb{R}\times\mathbb{R}\to\mathbb{R}$, $(x,y)\mapsto x+y$ によって Lie 群と見なすことができる．格子 $\mathbb{Z}\subset\mathbb{R}$ はこの演算に関して正規部分群をなすから，加法は $S^1 \cong \mathbb{R}/\mathbb{Z}$ にも Lie 群の構造を定める．同様に加法 $(x,y)+(x',y')=(x+x',y+y')$ によって，$\mathbb{R}^2$ および 2 次元トーラス $\mathbb{T}^2 \cong \mathbb{R}^2/\mathbb{Z}^2$ は Lie 群となる．さて**トーラス自己同型**(toral automorphism)とは $\mathbb{T}^2$ の Lie 群としての自己同型写像，すなわち可微分同相写像 $\varphi\colon \mathbb{T}^2\to\mathbb{T}^2$ であって $\varphi(z+z')=\varphi(z)+\varphi(z')$ を満たすものをいう．このような φ の持ち上げ $L=\widetilde{\varphi}\colon \mathbb{R}^2\to\mathbb{R}^2$ で，原点 0 を原点に写すものは加法を保つ可微分同相写像であるから，$\mathbb{R}^2$ の線形自己同型写像となり，実行列 $A=\begin{pmatrix} a & b \\ c & d \end{pmatrix}$ を用いて $L=L_A\colon z\mapsto Az$ と表すことができる．持ち上げ L_A は格子 $\mathbb{Z}^2\subset\mathbb{R}^2$ を保つから，行列 A の各成分は整数であり，一方で φ の逆写像 $\varphi^{-1}\colon \mathbb{T}^2\to\mathbb{T}^2$ の持ち上げが $L_{A^{-1}}\colon z\mapsto A^{-1}z$ で与えられることから，逆行列 A^{-1} もまた各成分は整数である．したがって A は $GL(2;\mathbb{Z})$ に属する，いいかえれば A の各成分は整数で行列式は $\det A=\pm1$ を満たす．逆に $GL(2;\mathbb{Z})$ に属する行列 A によって $z\mapsto Az$ で与えられる写像 $L_A\colon \mathbb{R}^2\to\mathbb{R}^2$ は $\mathbb{T}^2=\mathbb{R}^2/\mathbb{Z}^2$ の自己同型を導く．これを φ_A と書こう．行列 A が $|\mu|<1<|\lambda|$ を満たす固有値 μ,λ をもつとき A を**双曲的**といい，双曲的な行列の導く自己同型も同じく**双曲的**あるいは**双曲型**と呼ぶ．固有値は固有多項式 $t^2-(\mathrm{tr}\,A)t+(\det A)=0$, $\mathrm{tr}\,A=a+c$, $\det A=ad-bc=\pm1$ の根で

あるから，行列 $A\in GL(2;\mathbb{Z})$ が双曲的であるための条件は，$\det A=1$ の場合は $|\mathrm{tr}\,A|>2$，$\det A=-1$ の場合は $\mathrm{tr}\,A\neq 0$ で与えられる．§1.5で扱った $\begin{pmatrix}1&1\\1&0\end{pmatrix}$ は最も簡単な双曲的行列であるが，これはFibonacci数列や区間力学系の3周期点とも関係する重要な行列である(§1.2, §3.5(a))．

双曲型トーラス自己同型 $\varphi_A\colon\mathbb{T}^2\to\mathbb{T}^2$ は，局所的には $z_0+z\mapsto\varphi_A(z_0)+Az$ と表現される．A が絶対値が1より大きい固有値をもつことから，拡大写像の場合と同じく φ_A の軌道は初期値に鋭敏に依存し，系はカオス的である．$\det A=\pm 1$ で φ_A が標準的なLebesgue測度を保つことから，初期条件としての開集合 U と "n 時間後" の点の属する開集合 $\varphi_A^n(U)$ の面積は変わらないけれども，部分集合としての大きさ，いわゆる直径 $\mathrm{diam}\,\varphi_A^n(U)$ が大きくなるのである．φ_A が位相推移的で，さらに位相混合性をもつこと，自然な不変測度であるLebesgue測度に関してエルゴード的で，さらに強混合的であることなどは，Markov分割を用いて証明できる(§1.5)．また φ_A の周期点の全体は $\mathbb{T}^2$ で稠密で，特に非遊走集合 $\Omega(\varphi_A)$ は $\mathbb{T}^2$ 全体と一致する(演習問題7.5参照)．

以降は双曲型トーラス自己同型の安定性を扱う．A を双曲的な行列，$\varphi=\varphi_A$ を A の導くトーラス自己同型とする．条件より A の固有値 μ,λ は実数で，対応する固有ベクトル e_μ, e_λ も実ベクトルである．したがって $\mathbb{R}^2$ は μ,λ に属する固有空間の直和に分解され，写像 $L=L_A\colon\mathbb{R}^2\to\mathbb{R}^2$ はこの分解を保つ．この事実から双曲的線形写像が擬軌道追跡性をもつことが導かれる．ただし擬軌道は§7.1で扱った半軌道ではなく全軌道，すなわち点列 $\{\cdots,z_{-1},z_0,z_1,\cdots,z_n,\cdots\}$ で，適当な $\delta>0$ に対して $d(L(z_n),z_{n+1})<\delta$, $n=\cdots,-1,0,1,\cdots$，が成立するものをいう．

命題 7.16　双曲型線形写像 $L\colon\mathbb{R}^2\to\mathbb{R}^2$ の擬軌道に対し，これを追跡する唯一つの点 $z\in\mathbb{R}^2$ が存在する．

［証明］　双曲型線形写像 $L\colon\mathbb{R}^2\to\mathbb{R}^2$ の固有値を μ,λ, $|\mu|<1<|\lambda|$ とし，対応する固有ベクトル e_μ, e_λ によって $\mathbb{R}^2$ に座標 (u,v) を入れる．このとき L は $(u,v)\mapsto(\mu u,\lambda v)$ と表される．座標 (u,v) によって L の擬軌道 $\{z_n\}$ の各

点を $z_n=(u_n,v_n)$ と表現すれば，$\{u_n\}$ は写像 $u\mapsto \mu u$ の，$\{v_n\}$ は $v\mapsto \lambda v$ の，それぞれ擬軌道となっている．拡大写像の持ち上げが擬軌道追跡性をもつことから(§7.1(a)命題7.2)，第2成分の擬軌道の $n\geqq 0$ の部分 $\{v_n\}_{n=0,1,\cdots}$ を追跡する唯一つの $v\in\mathbb{R}$ が存在する．一方で $\{\lambda^{-n}v\}_{n=0,1,\cdots}$，$\{v_{-n}\}_{n=0,1,\cdots}$ はともに有界であるから，結局 v は全擬軌道 $\{v_n\}_{n=\cdots,-1,0,1,\cdots}$ を追跡する．同様に第1成分の擬軌道 $\{u_n\}_{n=\cdots,-1,0,1,\cdots}$ を追跡する $u\in\mathbb{R}$ が唯一つ存在するから，この二つを成分とする $z=(u,v)\in\mathbb{R}^2$ が擬軌道 $\{z_n\}_{n=\cdots,-1,0,1,\cdots}$ を追跡する唯一つの点である(図7.7)． ∎

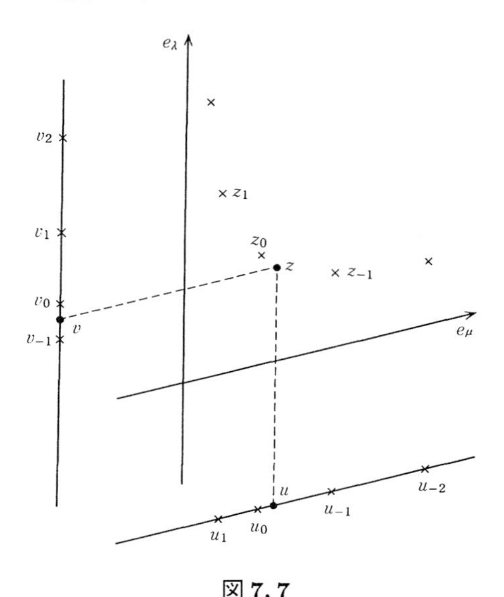

図 7.7

命題7.16を用いれば，拡大写像の場合と同様に(§7.1(c)定理7.6)，双曲的トーラス自己同型写像の位相安定性を証明することができる．

定理 7.17 (Franks)　$\varphi_A\colon \mathbb{T}^2\to\mathbb{T}^2$ を双曲的トーラス自己同型とするとき，φ_A とホモトピックな $\psi\colon \mathbb{T}^2\to\mathbb{T}^2$ は φ_A と半共役である．すなわち写像度1の連続写像 $h\colon \mathbb{T}^2\to\mathbb{T}^2$ が存在して $h\circ\psi=\varphi_A\circ h$ を満たす．

[証明]　φ_A と ψ をつなぐホモトピー Φ の持ち上げで，線形写像 $L=L_A\colon \mathbb{R}^2\to\mathbb{R}^2$ の拡張となるような $\widetilde{\Phi}\colon \mathbb{R}^2\times[0,1]\to\mathbb{R}^2$ が存在する．各 $z\in\mathbb{R}^2$

に対し，$\widetilde{\Phi}(z,t)$，$0 \leqq t \leqq 1$，は $\mathbb{T}^2$ の道 $\Phi(p(z),t)$，$0 \leqq t \leqq 1$ の持ち上げで，$\mathbb{T}^2$ はコンパクトであるからその両端点 $L(z)=\widetilde{\Phi}(z,0)$，$\widetilde{\psi}(z)=\widetilde{\Phi}(z,1)$ の距離は有界である．すなわち $\|L(z)-\widetilde{\psi}(z)\|<\delta$ が任意の $z\in\mathbb{R}^2$ について成り立つような $\delta>0$ が存在する．ただし $\|\ \|$ は $\mathbb{R}^2$ における Euclid の距離を表す．このとき $\|L(\widetilde{\psi}^n(z))-\widetilde{\psi}^{n+1}(z)\|=\|L(\widetilde{\psi}^n(z))-\widetilde{\psi}(\widetilde{\psi}^n(z))\|<\delta$ より $\{\widetilde{\psi}^n(z)\}_{n=\cdots,-1,0,1,\cdots}$ は L についての擬軌道である．よって命題 7.16 によって，擬軌道 $\{\widetilde{\psi}^n(z)\}$ を追跡する $w\in\mathbb{R}^2$ が唯一つ定まる．この対応 $z\mapsto w$ を $\widetilde{h}\colon \mathbb{R}^2\to\mathbb{R}^2$ と書く．このとき一意性より $\widetilde{h}(\widetilde{\psi}(z))=\widetilde{\varphi}(w)=\widetilde{\varphi}(\widetilde{h}(z))$ が成立する．

次に $\widetilde{h}$ が $\widetilde{h}(z+(k,\ell))=\widetilde{h}(z)+(k,\ell)$ を満たすことをいう．ただし $(k,\ell)\in\mathbb{Z}^2\subset\mathbb{R}^2$ である．L は線形であったから $L^n(z+(k,\ell))=L^n(z)+L^n(k,\ell)$，一方，$\widetilde{\psi}^n(z+(k,\ell))=\widetilde{\psi}^n(z)+(\psi^n)_*(k,\ell)=\widetilde{\psi}^n(z)+\psi_*^n(k,\ell)$ で，ψ が φ_A とホモトピックであることから $\psi_*=(\varphi_A)_*=L$．これより $\widetilde{h}(z)=w$，すなわち $w\in\mathbb{R}^2$ が $\{\widetilde{\psi}^n(z)\}$ を追跡すると仮定すれば，$w+(k,\ell)$ は $\{\widetilde{\psi}^n(z+(k,\ell))\}$ を追跡する．したがって一意性より $\widetilde{h}(z+(k,\ell))=\widetilde{h}(z)+(k,\ell)$ が成り立つ．よって $\widetilde{h}\colon\mathbb{R}^2\to\mathbb{R}^2$ は自然に写像 $h\colon\mathbb{T}^2\to\mathbb{T}^2$ を定めるが，この h が連続であること，また $h\circ\psi=\varphi\circ h$ を満たすことは定理 7.6 と同様に証明できる．最後に $h_*=\mathrm{id}$ より $h\colon\mathbb{T}^2\to\mathbb{T}^2$ は恒等写像とホモトピックで，特に写像度 1 をもつ．∎

一般に閉多様体 M から自分自身への同相写像あるいは連続写像 $\varphi\colon M\to M$ が**位相安定**(topologically stable)であるとは，φ に C^0 位相で十分近い写像 $\psi\colon M\to M$ が φ と半共役であるときをいう．Franks の定理(定理 7.17)より双曲型トーラス自己同型は位相安定である．

(c)　葉層構造

双曲型トーラス自己同型 φ_A の各安定集合が多様体の構造をもち，その全体が $\mathbb{T}^2$ 上の葉層構造を定めることを述べる．不安定集合に関しても同様である．

φ_A の持ち上げ $L=L_A$ の固有値を μ,λ，$|\mu|<1<|\lambda|$，対応する固有空間を $W^s(0)=\{ue_\mu\}_{u\in\mathbb{R}}$，$W^u(0)=\{ve_\lambda\}_{v\in\mathbb{R}}$ とおく．このとき $W^s(0)$ は $n\to\infty$ の

とき $L^n(\widetilde{w})\to 0$ を満たす $\widetilde{w}\in\mathbb{R}^2$ の全体，$W^u(0)$ は $n\to\infty$ のとき $L^{-n}(\widetilde{w})\to 0$ を満たす $\widetilde{w}\in\mathbb{R}^2$ の全体であるから，$W^s(\widetilde{z})=\widetilde{z}+W^s(0)=\{\widetilde{z}+ue_\mu;\ u\in\mathbb{R}\}$，$W^u(\widetilde{z})=\widetilde{z}+W^u(0)=\{\widetilde{z}+ve_\lambda;\ v\in\mathbb{R}\}$ は，それぞれ $n\to\infty$ のとき $d(L^n(\widetilde{w}), L^n(\widetilde{z}))\to 0$, $d(L^{-n}(\widetilde{w}), L^{-n}(\widetilde{z}))\to 0$ を満たす $\widetilde{w}\in\mathbb{R}^2$ の全体である．$W^s(\widetilde{z})$ を $\widetilde{z}\in\mathbb{R}^2$ の L に関する**安定多様体**(stable manifold)，$W^u(\widetilde{z})$ を**不安定多様体**(unstable manifold)と呼ぶ．正確にいえば $\widetilde{z}$ の安定集合 $W^s(\widetilde{z})$ および不安定集合 $W^u(\widetilde{z})$ が部分多様体の構造をもつとき，このように呼ぶのである．§1.5(b)では記号 $\Gamma^\pm$ を用いたが，ここでは幾何学の習慣に従った．さらにこの場合，安定多様体は傾き一定の直線であるから，その族は $\mathbb{R}^2$ の分割を与える．このように多様体が，次元の低い多様体の族に局所的に自明な方法で分割されているとき，分割を幾何的構造と考え，**葉層構造**(foliation, foliated structure)と呼ぶ．正確には以下のとおり．

m 次元多様体 M の，連結な k 次元部分多様体への分割 $M=\bigsqcup F_\nu$ が与えられたとする．各点 $p\in M$ の適当な近傍 U に対して U から $\mathbb{R}^m$ の中への同相写像 $h\colon U\to\mathbb{R}^m$ が存在し，部分多様体 F_ν と U との共通部分の各連結成分の h による像が，$c_{k+1}, c_{k+2}, \cdots, c_m$ を定数として $x_{k+1}=c_{k+1}$，$x_{k+2}=c_{k+2}$，$\cdots$，$x_m=c_m$ なる k 次元平面と一致するならば，分割 $M=\bigsqcup F_\nu$ を葉層構造と呼ぶ．またこのとき各部分多様体 F_ν をこの葉層構造の**葉**(leaf)という(図7.8)．葉層構造の葉は，一般にはめ込まれた部分多様体であり，正則

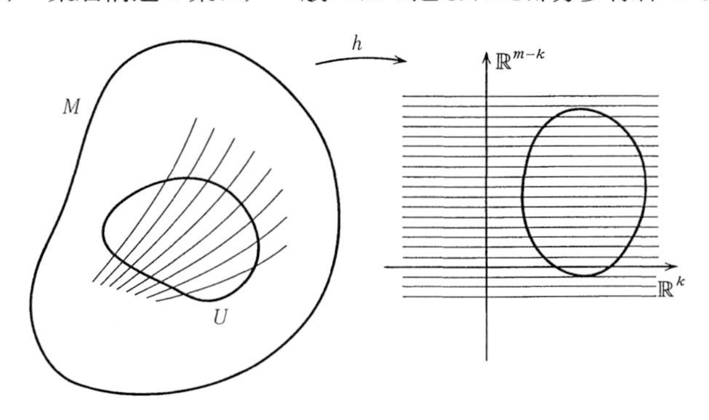

図 **7.8**　葉層構造

部分多様体であることは期待できないし，要求しない(森田茂之『微分形式の幾何学』§1.2(d)，[8])．葉層構造について詳しくは[31]を参照されたい．力学系理論においては安定多様体のなす**安定葉層**(stable foliation)および不安定多様体のなす**不安定葉層**(unstable foliation)が特に重要である．

以上は $\mathbb{R}^2$ の話であったが，$\mathbb{T}^2$ ではどうなっているであろうか．$p\colon \mathbb{R}^2 \to \mathbb{T}^2$ を射影とし，各 $z \in \mathbb{T}^2$ に対して $p(\tilde{z}) = z$ なる $\tilde{z} \in \mathbb{R}^2$ をとり，$W^s(z) = p(W^s(\tilde{z}))$ とおく．この $W^s(z)$ の定義は $\tilde{z}$ のとりかたによらない．次に

$$W^s(z) = \{w \in \mathbb{T}^2;\ n \to \infty \text{ のとき } d(\varphi_A^n(w), \varphi_A^n(z)) \to 0\}$$

を証明しよう．ここで d は $\mathbb{R}^2$ の Euclid の距離 $\|\ \|$ を用いて

$$d(z, z') = \inf_{p(\tilde{z}) = z,\ p(\tilde{z}') = z'} \|\tilde{z} - \tilde{z}'\|$$

によって定義される $\mathbb{T}^2$ 上の距離である．$w \in W^s(z)$ ならば適当な $\tilde{z}, \tilde{w} \in \mathbb{R}^2$，$p(\tilde{z}) = z$，$p(\tilde{w}) = w$ に対して $\tilde{w} \in W^s(\tilde{z})$ となるから，$\|L^n(\tilde{w}) - L^n(\tilde{z})\| \to 0$ より $d(\varphi_A^n(w), \varphi_A^n(z)) \to 0$．逆に $d(\varphi_A^n(w), \varphi_A^n(z)) \to 0$ と仮定する．$z \in \mathbb{T}^2$ を中心とし，ベクトル e_μ, e_λ に平行な辺をもつ平行四辺形で各辺の長さが 2δ であるものをとり，その内部を $U(z)$ とおく．同じく e_μ に平行な辺の長さが 2δ，e_λ に平行な辺の長さが $2|\lambda|\delta$ であるような平行四辺形の内部を $\widehat{U}(z)$ とおく(図7.9)．$\delta > 0$ を小さくとって $\widehat{U}(z)$ が $\mathbb{T}^2$ 上で自分自身と交わらないようにできる．このとき N を大きくとって，各 $n \geqq N$ について $\varphi_A^n(w) \in U(\varphi_A^n(z))$ が成り立つとしてよい．もし $\varphi_A^N(w) \notin W^s(\varphi_A^N(z))$ ならば，φ_A が e_λ 方向のベクトルを $|\lambda|$ 倍に拡大することから，適当な n に対して $\varphi_A^{N+n}(w) \in \widehat{U}(\varphi_A^{N+n}(z)) \setminus U(\varphi_A^{N+n}(z))$ が成り立つ．これは N のとりかたに反する．よって $\varphi_A^N(w) \in W^s(\varphi_A^N(z))$ であり，$w \in W^s(z)$ が従う(§1.5(b)命題1.11)．以上より $W^s(z) \subset \mathbb{T}^2$ は z の φ_A に関する安定多様体である．同じく $W^u(z) = p(W^u(\tilde{z}))$ は z の不安定多様体となる．安定多様体の族 $\{W^s(z)\}_{z \in \mathbb{T}^2}$ は，局所的には $\mathbb{R}^2$ の安定多様体の族 $\{W^s(\tilde{z})\}_{\tilde{z} \in \mathbb{R}^2}$ と同じであるから，$\mathbb{T}^2$ 上の葉層構造，すなわち安定葉層を与える．この葉層構造が写像 φ_A で不変であることは定義から明らかであろう．同じく不安定多様体の全体は φ_A-不変な不安定葉層をなす．ただし $\mathbb{T}^2$ 上の安定葉層および不安定葉層の場合，各

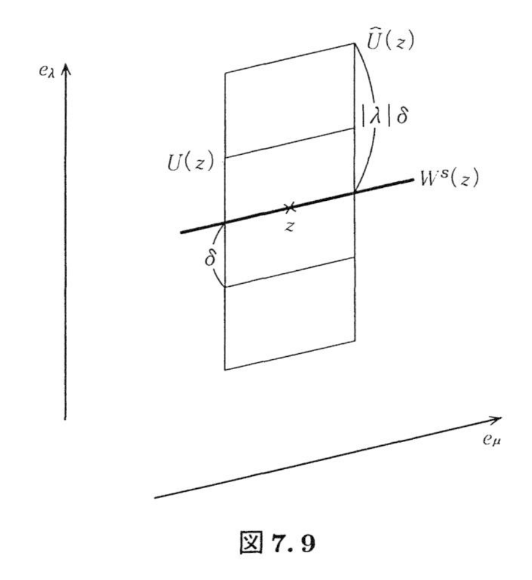

図 7.9

安定多様体および不安定多様体は，はめ込まれた部分多様体である．

§7.3　Anosov 可微分同相写像

Anosov 可微分同相写像を定義し，$\mathbb{T}^2$ 上の Anosov 可微分同相写像の分類と構造安定性の証明を与える．D. V. Anosov [32], [33] は負曲率多様体上の測地流を研究する際に，その流れの双曲性をとりだして ***U*-流れ**の概念を定義した．Anosov 可微分同相写像は，この U-流れを離散力学系に置き換えたものである．現在では連続力学系の U-流れも Anosov 流れと呼ばれている．

(a)　$\mathbb{T}^2$ の Anosov 可微分同相写像

写像 $\varphi\colon \mathbb{T}^2 \to \mathbb{T}^2$ が与えられたとき，(x,y) を $\mathbb{R}^2$ の標準的な座標とし，φ をこの座標によって局所的に 2 変数関数の組 (φ_1,φ_2) で表す．写像 φ が可微分であるとは，この関数 φ_1,φ_2 が x,y の関数として連続的偏微分可能であることをいい，Jacobi 行列

$$\begin{pmatrix} \dfrac{\partial\varphi_1}{\partial x} & \dfrac{\partial\varphi_1}{\partial y} \\ \dfrac{\partial\varphi_2}{\partial x} & \dfrac{\partial\varphi_2}{\partial y} \end{pmatrix}$$

によって与えられる写像 $D_z\varphi$ を φ の微分と呼ぶ．正確には各点 $z\in\mathbb{T}^2$ における $\mathbb{T}^2$ の接空間 $T_z\mathbb{T}^2$ を，射影 $p\colon \mathbb{R}^2\to\mathbb{T}^2$ の微分 $D_{\tilde{z}}p\colon T_{\tilde{z}}\mathbb{R}^2\to T_z\mathbb{T}^2$，$p(\tilde{z})=z$ によって同一視し，$T_{\tilde{z}}\mathbb{R}^2\cong\mathbb{R}^2$ の標準的な基底 $\dfrac{\partial}{\partial x},\dfrac{\partial}{\partial y}$ によって微分 $D_z\varphi\colon T_z\mathbb{T}^2\to T_{\varphi(z)}\mathbb{T}^2$ を表現したものが上の Jacobi 行列である(森田茂之『微分形式の幾何学』§1.3(e)参照)．

さて写像 $\varphi\colon\mathbb{T}^2\to\mathbb{T}^2$ が **Anosov 可微分同相写像**(Anosov diffeomorphism) あるいは **Anosov 系**(Anosov system)であるとは，

(i)　φ-不変な接空間の分解

$$T_z\mathbb{T}^2 = E^u_z\oplus E^s_z\,,$$

すなわち各点 $z\in\mathbb{T}^2$ における独立な1次元部分空間の対 E^u_z, E^s_z で $D_z\varphi(E^u_z)=E^u_{\varphi(z)}$，$D_z\varphi(E^s_z)=E^s_{\varphi(z)}$ を満たすもの，および

(ii)　定数 $c>0$，$\lambda>1$ であって，$n=0,1,2,\cdots$ に対して

$$\|D_z\varphi^n(v)\| \geqq c\lambda^n\|v\|,\quad v\in E^u_z$$
$$\|D_z\varphi^{-n}(v)\| \geqq c\lambda^n\|v\|,\quad v\in E^s_z$$

を満たすもの

が存在するときをいう．接空間のノルム $\|\ \|$ は $\mathbb{T}^2$ の標準的な Riemann 計量，すなわち射影による同一視 $T_z\mathbb{T}^2\cong T_{\tilde{z}}\mathbb{R}^2\cong\mathbb{R}^2$ によって $\mathbb{R}^2$ の内積 $(x,y)\cdot(x',y')=xx'+yy'$ から定義されるものを考えているが，条件(ii)は実際にはノルムのとりかたにはよらない．$\|\ \|'$ を新たなノルムとする．各接空間 $T_z\mathbb{T}^2$ は有限次元であるから，任意のノルムは同値であり，$c_1\|\ \|\leqq\|\ \|'\leqq c_2\|\ \|$ を満たす正の数 c_1,c_2 が存在する．具体的には

$$c_1=\inf_{v\in T_z\mathbb{T}^2,\ \|v\|=1}\|v\|',\quad c_2=\sup_{v\in T_z\mathbb{T}^2,\ \|v\|'=1}\|v\|$$

とおけばよい．ノルム $\|\ \|'$ が z に関して連続的であれば，c_1 は $\mathbb{T}^2$ 上の連続関数であり，$\mathbb{T}^2$ がコンパクトであるから最小値 $\bar{c}_1>0$ をとる．同様に c_2

の最大値を $\overline{c}_2>0$ とする．このとき $v\in E^u_z$ は，$\|D_z\varphi^n(v)\|'\geqq\overline{c}_1\|D_z\varphi^n(v)\|\geqq\overline{c}_1c\lambda^n\|v\|\geqq\dfrac{\overline{c}_1}{\overline{c}_2}c\lambda^n\|v\|'$ より $\|\ \|'$ に関しても条件(ii)を満たす．$v\in E^s_z$ についても同様である．

トーラス自己同型 $\varphi_A\colon\mathbb{T}^2\to\mathbb{T}^2$ の微分 $D_z\varphi_A\colon T_z\mathbb{T}^2\to T_z\mathbb{T}^2$ は，同一視 $T_z\mathbb{T}^2\cong T_{\tilde{z}}\mathbb{R}^2\cong\mathbb{R}^2$ のもとで，線形写像 $L_A\colon\mathbb{R}^2\to\mathbb{R}^2$，$v\mapsto Av$ によって与えられる．したがって A が双曲的ならば，固有値を $|\mu|<1<|\lambda|$，対応する固有ベクトルを e_μ,e_λ とするとき，分解 $T_z\mathbb{T}^2\cong\mathbb{R}e_\mu\oplus\mathbb{R}e_\lambda$ は定数 $1,|\lambda|$ に関して条件(ii)を満足する．すなわち双曲型トーラス自己同型は Anosov 可微分同相写像である．

補題 7.18 $\varphi\colon\mathbb{T}^2\to\mathbb{T}^2$ を Anosov 可微分同相写像とする．このとき φ によって定まる接空間の分解 $T_z\mathbb{T}^2=E^u_z\oplus E^s_z$ は z に関して連続的に変化する．

［証明］ 接ベクトル $v\in T_z\mathbb{T}^2$ が E^u_z に属するための条件は $\|D_z\varphi^n(v)\|\geqq c\lambda^n\|v\|$, $n=1,2,\cdots$ で与えられる．各 $D_z\varphi^n$ は連続であるから，有限個の n に対してこの条件を満たす v の全体は接バンドルの全空間 $T\mathbb{T}^2=\bigcup_z T_z\mathbb{T}^2$ の閉部分集合をなす．したがってその共通部分である $E^u=\bigcup_z E^u_z$ も $T\mathbb{T}^2$ の閉集合．これは部分ベクトル空間の族 E^u_z が z に関して連続であることを示している．E^s_z についても同様である． ∎

次に Anosov 可微分同相写像の全体が，$\mathrm{Diff}^r(\mathbb{T}^2)$ の中で開集合をなすことをいう．そのために $\mathbb{T}^2$ の C^r 級可微分同相写像の全体の空間 $\mathrm{Diff}^r(\mathbb{T}^2)$ に位相を定義する必要がある．$\mathbb{T}^2$ の距離 $d(z,z')=\inf_{p(\tilde{z})=z,\ p(\tilde{z}')=z'}\|\tilde{z}-\tilde{z}'\|$ によって，同相写像の空間 $\mathrm{Diff}^0(\mathbb{T}^2)=\mathrm{Homeo}(\mathbb{T}^2)$ の距離を

$$d_0(\varphi,\overline{\varphi})=\sup_{z\in\mathbb{T}^2}d(\varphi(z),\overline{\varphi}(z))+\sup_{z\in\mathbb{T}^2}d(\varphi^{-1}(z),\overline{\varphi}^{-1}(z))$$

で定める．次に C^1 の距離を導入するために，$\mathbb{R}^2$ の標準的な座標 (x,y) を用いて可微分同相写像 $\varphi\colon\mathbb{T}^2\to\mathbb{T}^2$ を 2 変数関数の組 (φ_1,φ_2) で，φ の逆写像 φ^{-1} を $(\varphi_1^{-1},\varphi_2^{-1})$ で表す．$\overline{\varphi}$ および $\overline{\varphi}^{-1}$ も同様に表し，φ と $\overline{\varphi}$ の C^1 の距離を

$$d_1(\varphi,\overline{\varphi})=d_0(\varphi,\overline{\varphi})+\sum_{i=1}^2\sup_{z\in\mathbb{T}^2}\left|\frac{\partial\varphi_i}{\partial x}-\frac{\partial\overline{\varphi}_i}{\partial x}\right|+\sum_{i=1}^2\sup_{z\in\mathbb{T}^2}\left|\frac{\partial\varphi_i}{\partial y}-\frac{\partial\overline{\varphi}_i}{\partial y}\right|$$

$$+\sum_{i=1}^{2}\sup_{z\in\mathbb{T}^2}\left|\frac{\partial\varphi_i^{-1}}{\partial x}-\frac{\partial\overline{\varphi}_i^{-1}}{\partial x}\right|+\sum_{i=1}^{2}\sup_{z\in\mathbb{T}^2}\left|\frac{\partial\varphi_i^{-1}}{\partial y}-\frac{\partial\overline{\varphi}_i^{-1}}{\partial y}\right|$$

で定義する．d_0 につけ加えた項は，φ と $\overline{\varphi}$ の微分を表す Jacobi 行列の各成分の差の絶対値の $\mathbb{T}^2$ 上の最大値の和，および逆写像に対する同様の和である．S^1 の場合と同じく（§6.1(b)），$r \geqq 2$ に対する $\mathrm{Diff}^r(\mathbb{T}^2)$ 上の距離 d_r を

$$d_r(\varphi,\overline{\varphi})=d_{r-1}(\varphi,\overline{\varphi})+\sum_{s=0}^{r}\sum_{i=1}^{2}\sup_{z\in\mathbb{T}^2}\left|\frac{\partial^r\varphi_i}{\partial x^s\partial y^{r-s}}(z)-\frac{\partial^r\overline{\varphi}_i}{\partial x^s\partial y^{r-s}}(z)\right|$$

で帰納的に，$\mathrm{Diff}^\infty(\mathbb{T}^2)$ 上の距離 d_∞ は $d_r{}'(\varphi,\overline{\varphi})=\min\{1,d_r(\varphi,\overline{\varphi})\}$ を用いて $d_\infty(\varphi,\overline{\varphi})=\sum_{r=0}^{\infty}\dfrac{1}{2^r}d_r{}'(\varphi,\overline{\varphi})$ で定義する．以上の距離 d_r によって $\mathrm{Diff}^r(\mathbb{T}^2)$ に定義される位相が $\boldsymbol{C^r}$ **位相**である．

定理 7.19　Anosov 可微分同相写像の全体は $\mathrm{Diff}^r(\mathbb{T}^2)$，$r\geqq 1$，の開部分集合をなす．

［証明］　$\varphi\colon \mathbb{T}^2\to\mathbb{T}^2$ を Anosov 可微分同相写像，$T_z\mathbb{T}^2=E_z^u\oplus E_z^s$ を対応する接空間の分解とする．この分解は $z\in\mathbb{T}^2$ に関して連続的であるから，z に連続的に依存する接ベクトル $e^s,e^u\in T_z\mathbb{T}^2$ であって $e^s\in E_z^s$，$e^u\in E_z^u$ を満たすものが存在する．厳密には e^s,e^u は符号 $\pm$ の曖昧さをもつが，以下の議論はそのまま成立する．また定数 c は簡単のため $c=1$ を満たすものとする．$c<1$ の場合にも本質的な違いはない．基底 e_z^s,e_z^u および $e_{\varphi(z)}^s,e_{\varphi(z)}^u$ を用いれば，微分 $D_z\varphi\colon T_z\mathbb{T}^2\to T_{\varphi(z)}\mathbb{T}^2$ を表現する行列は $\begin{pmatrix} a & 0\\ 0 & d\end{pmatrix}$ で与えられる．ここで a,d はそれぞれ $|a|\leqq\lambda^{-1}$，$|d|\geqq\lambda$ を満たす z の関数である．

接空間 $T_z\mathbb{T}^2$ の 0 以外のベクトルの方向の全体を P_z とおく．いいかえれば各点 $z\in\mathbb{T}^2$ の接空間において同値関係 $v\sim v'$，$v,v'\neq 0$ を，適当な $\kappa\neq 0$ が存在して $v=\kappa v'$ となることで定義し，射影直線 P_z を $\sim$ による商空間とする．すなわち $P_z=(T_z\mathbb{T}^2\setminus\{0\})/\sim$．$P_z$ には基底 e_z^s,e_z^u による射影座標が入る．ベクトル $\alpha e_z^s+\beta e_z^u$，$(\alpha,\beta)\neq(0,0)$ の類を $\dfrac{\alpha}{\beta}\in\mathbb{R}\cup\{\infty\}$ で表すのである．このとき $\pm e^u$ の座標は 0 であるから，$\varepsilon>0$ を選んで，$[-\varepsilon,\varepsilon]\subset P_z$ に対応する部分空間に属する任意のベクトル $v\in T_z\mathbb{T}^2$ が，適当な $\nu>1$ に対して $\|D_z\varphi(v)\|\geqq\nu\|v\|$ を満たすとしてよい．また微分 $D_z\varphi\colon T_z\mathbb{T}^2\to T_{\varphi(z)}\mathbb{T}^2$ は線形

写像で階数が 2 であるから，自然に $\varphi_*\colon P_z \to P_{\varphi(z)}$ を誘導する．射影座標を用いた表示は $\varphi_{*z}(t)=\dfrac{a}{d}t,\ t\in\mathbb{R}\cup\{\infty\}$ である．したがって $\varphi_{*z}(\pm\varepsilon)=\pm\dfrac{a}{d}\varepsilon$ であり，$\left|\dfrac{a}{d}\right|\leqq\lambda^{-2}<1$ より $\varphi_{*z}\colon P_z\to P_{\varphi(z)}$ は $\varphi_{*z}([-\varepsilon,\varepsilon])\subset[-\lambda^{-2}\varepsilon,\lambda^{-2}\varepsilon]$ を満たす．

さて φ に C^1 級で近い写像 $\psi\colon\mathbb{T}^2\to\mathbb{T}^2$ を考える．補題 7.18 によって E_z^u, E_z^s は z に連続的に依存するから，ψ の微分 $D\psi$ を表現する行列は $D\varphi$ を表現する行列に一様に近い．すなわち $D_z\psi$ を表現する行列を $\begin{pmatrix}\overline{a}&\overline{b}\\\overline{c}&\overline{d}\end{pmatrix}$ とおくとき $\overline{a}\fallingdotseq a,\ \overline{b}\fallingdotseq 0,\ \overline{c}\fallingdotseq 0,\ \overline{d}\fallingdotseq d$. $D_z\psi$ の誘導する写像 $\psi_{*z}\colon P_z\to P_{\psi(z)}$ は $\psi_{*z}(t)=\dfrac{\overline{a}t+\overline{b}}{\overline{c}t+\overline{d}}$ で与えられるから，ψ が φ に十分近ければ，$\psi_{*z}([-\varepsilon,\varepsilon])\subset[-\varepsilon,\varepsilon]$ であり，また射影座標に関する微分 $\psi'_{*z}(t)=\dfrac{\overline{a}\overline{d}-\overline{b}\overline{c}}{(\overline{c}t+\overline{d})^2}\fallingdotseq\dfrac{\overline{a}}{\overline{d}}$ は $-\varepsilon\leqq t\leqq\varepsilon$ の範囲において $|\psi'_{*z}(t)|\leqq\overline{\lambda}^{-2}\fallingdotseq\lambda^{-2}$ を満たす．$\overline{\lambda}>1$ ならば，P_z における閉区間の列 $[-\varepsilon,\varepsilon]$, $\psi_{*\psi^{-1}(z)}[-\varepsilon,\varepsilon]$, …, $\psi^n_{*\psi^{-n}(z)}[-\varepsilon,\varepsilon]$, … は縮小列で，その共通部分 $\bigcap_n\psi^n_{*\psi^{-n}(z)}[-\varepsilon,\varepsilon]$ は 1 点のみよりなる．これを $q_z\in P_z$ とおく．定義より $\varphi_{*z}(q_z)=q_{\varphi(z)}$ で，したがって q_z に対応する $T_z\mathbb{T}^2$ の部分空間 $\overline{E}_z^u$ は ψ-不変．また $q_z\in[-\varepsilon,\varepsilon]$ より，$v\in\overline{E}_z^u$ ならば $\|D_z\varphi(v)\|\geqq\nu\|v\|$ が成り立つから，ψ を φ に近くとれば，$\|D_z\psi(v)\|\geqq\overline{\nu}\|v\|$ が適当な $\overline{\nu}>1$ に対して成立する．同様に ψ-不変な部分空間の族 $\overline{E}_z^s$ であって，各ベクトル $v\in\overline{E}_z^s$ が $\|D_z\psi(v)\|\leqq\overline{\nu}^{-1}\|v\|$ を満たすものが存在することもわかる．したがって ψ は Anosov 可微分同相写像である．これは $\mathbb{T}^2$ 上の Anosov 可微分同相写像の全体が開集合をなすことを示している． ∎

(b)　葉層構造の存在

Anosov 可微分同相写像は，双曲的トーラス自己同型と同じく不変な安定葉層および不安定葉層をもつ．これを $\mathbb{T}^2$ の場合に証明しよう．$\varphi\colon\mathbb{T}^2\to\mathbb{T}^2$ を Anosov 可微分同相写像，$T_z\mathbb{T}^2=E_z^u\oplus E_z^s$ を対応する接空間の分解とする．基本的なアイデアは，どのような図形 $\Gamma\subset\mathbb{T}^2$ を与えても，その φ による順像の列 $\Gamma,\varphi(\Gamma),\varphi^2(\Gamma),\cdots$ はほとんどの点で徐々に E^u に接し，かつ $\mathbb{T}^2$ を埋め尽くすというものである(図 7.10).

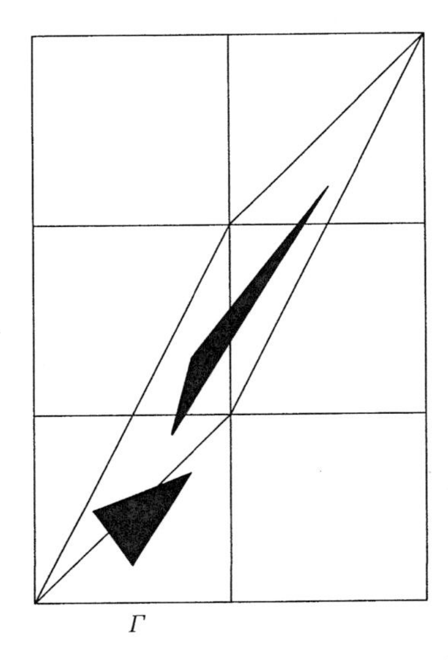

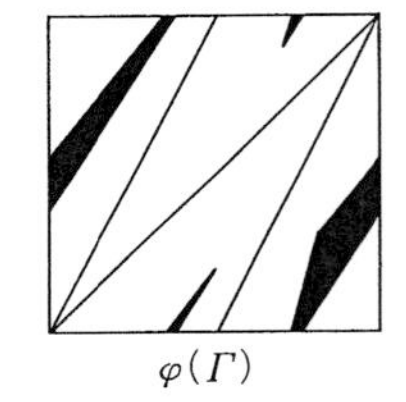

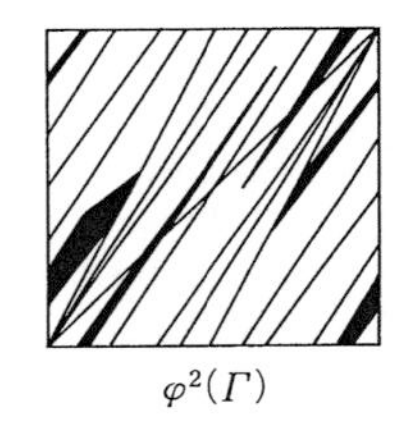

図 7.10

以下でこれを定式化し，証明を与える．分解 $T_z\mathbb{T}^2 = E_z^u \oplus E_z^s$ は $z \in \mathbb{T}^2$ に関して連続的であるから，z に連続的に依存する接ベクトル $e^u, e^s \in T_z\mathbb{T}^2$ で，$e^u \in E_z^u$，$e^s \in E_z^s$ を満たすものが存在する．厳密には e^u, e^s は符号 ± の曖昧さをもつが，以下ではこれは問題にならない．このような e^u, e^s は各接空間 $T_z\mathbb{T}^2$ において基底をなすから，$\{e^u, e^s\}$ が正規直交基底となるような Riemann 計量を $\mathbb{T}^2$ に定義することができる．φ はこの計量のもとで接ベクトルの長さに関する条件(ii)を満たすとしてよい．また簡単のため，定数 c を 1 として話を進める．すなわち $\lambda > 1$ が存在して，各 $v \in E_z^u$ に対して $\|D_z\varphi(v)\| \geqq \lambda\|v\|$，各 $v \in E_z^s$ に対して $\|D_z\varphi^{-1}(v)\| \geqq \lambda\|v\|$ が成り立つと仮定する．$c<1$ の場合には $c\lambda^n > 1$ となる自然数 n をとり，φ の n 回の繰り返し写像 φ^n についての結果をもとの φ に適用すればよい．さて各接空間 $T_z\mathbb{T}^2$ において，$\pm e^u$ との角が α 以内であるようなベクトルの全体のなす扇形を S_z とおく(図 7.11)．

角 α を小さくとれば，φ の微分 $D_z\varphi\colon T_z\mathbb{T}^2 \to T_{\varphi(z)}\mathbb{T}^2$ は

（1） $D_z\varphi(S_z) \subset S_{\varphi(z)}$,

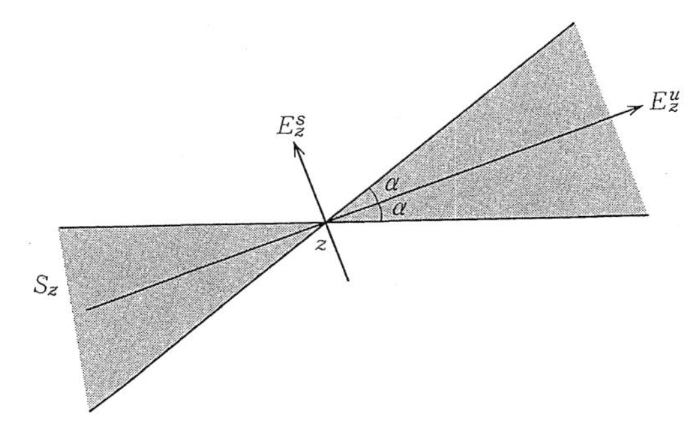

図 7.11

（2） 適当な $\overline{\lambda}>1$ が存在して，任意の $v\in S_z$ は $\|D_z\varphi(v)\|\geqq\overline{\lambda}\|v\|$ を満たす

ようにできる．同じく $T_z\mathbb{T}^2$ において，$\pm e^s$ との角が α 以内であるようなベクトルの全体のなす扇形を $\widehat{S}_z$ とおくと

（$\widehat{1}$） $D_z\varphi^{-1}(\widehat{S}_z)\subset\widehat{S}_{\varphi^{-1}(z)}$,

（$\widehat{2}$） 任意の $v\in\widehat{S}_z$ は $\|D_z\varphi^{-1}(v)\|\geqq\overline{\lambda}\|v\|$ を満たす

としてよい．

この状況のもとで各点 $z\in\mathbb{T}^2$ で E^u_z に接する部分多様体を探すのに**グラフ変換**(graph transformation)の方法を用いる．これは $z\in\mathbb{T}^2$ を通る部分多様体を E^u_z から E^s_z への関数のグラフと見なし，多様体の収束を関数の収束に置き換えて議論するというものである．a を正の数とする．$z\in\mathbb{T}^2$ に対して $U(z)$ を "E^u, E^s 座標" を用いて $U(z)=\{(t,s);\ -a\leqq t,s\leqq a\}$ で定義される近傍とする．また関数空間 $\mathcal{L}_z$ を，E^u_z の部分集合 $[-a,a]$ から E^s_z への連続関数 $f\colon[-a,a]\to E^s_z$ であって，条件

（i） $f(0)=0$,

（ii） グラフ $G(f)=\{(t,f(t));\ -a\leqq t\leqq a\}$ 上の各点 $w=(t,f(t))\in G(f)$ に対し，グラフ $G(f)$ は w における扇形 S_w に含まれる，

を満たすものの全体とする．$\mathcal{L}_z$ に属する関数 f のグラフ $G(f)$ は，自然な射影 $T_z\mathbb{T}^2\to\mathbb{T}^2$, $0\mapsto z$ によって $U(z)$ の部分集合と見なすことができる．(ii) は，$G(f)\subset U(z)\subset\mathbb{T}^2$ と見なしたとき，それがやはり自然な射影 $T_w\mathbb{T}^2\to$

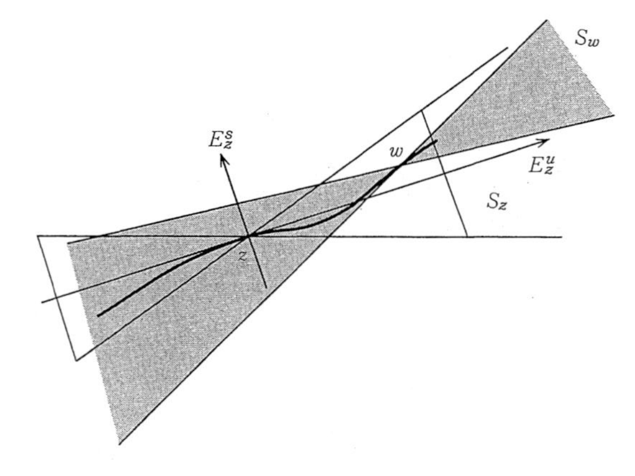

図 7.12

$\mathbb{T}^2$, $0 \mapsto w$ による扇形 S_w の像に含まれるという条件である(図 7.12).

分解 $T_z\mathbb{T}^2 = E_z^u \oplus E_z^s$ の連続性より，正の数 a を十分小さくとれば，各 $w = (t,s) \in S_z$, $-a \leqq t \leqq a$ において e_z^u が扇形 S_w に属するとしてよい．このとき定値関数 0 が $\mathcal{L}_z$ に属するから，各 $\mathcal{L}_z$ は空集合ではない．同じく a を小さくとって，各 $w = (t,s) \in S_z$, $-a \leqq t \leqq a$ において e_z^s が扇形 $\widehat{S}_w$ に属するようにできる．このとき $\widehat{S}_w$ と S_w の共通部分が 0 以外のベクトルを含まないことから，条件(ii)を満たす曲線 G は “E_z^u 座標” が一致するような 2 点を含むことができない．したがってこのような G は E_z^u から E_z^s への適当な関数のグラフとなる．

補題 7.20 関数空間 $\mathcal{L}_z$ は一様ノルム $\|f\| = \sup_{-a \leqq t \leqq a} |f(t)|$ に関して完備である．

［証明］ 関数空間 $\mathcal{L}_z$ は $[-a, a]$ から E_z^s への連続関数全体のなす空間の部分空間であり，連続関数全体はこの一様ノルムに関して完備である．一方条件(i)を満たす連続関数全体は一様ノルムに関して閉集合をなし，また各扇形 S_w が閉集合であることから条件(ii)を満たす連続関数全体も閉集合をなす．したがって $\mathcal{L}_z$ も $\| \ \|$ に関して完備である． ∎

さて $z\in\mathbb{T}^2$ に対して，φ の導く写像 $\varphi_*\colon \mathcal{L}_z\to\mathcal{L}_{\varphi(z)}$ を $G(\varphi_*(f))=\varphi(G(f))\cap U(\varphi(z))$ で定義する．すなわち $f\in\mathcal{L}_z$ の像 $\varphi_*(f)$ を，f のグラフ $G(f)$ の φ による像 $\varphi(G(f))$ が $\varphi_*(f)$ のグラフと一致することで定めるのである(図 7.13)．ここでも自然な射影 $T_z\mathbb{T}^2\to\mathbb{T}^2$, $T_{\varphi(z)}\mathbb{T}^2\to\mathbb{T}^2$ による同一視によって $T_z\mathbb{T}^2$ の部分集合と $T_{\varphi(z)}\mathbb{T}^2$ の部分集合を混同している．

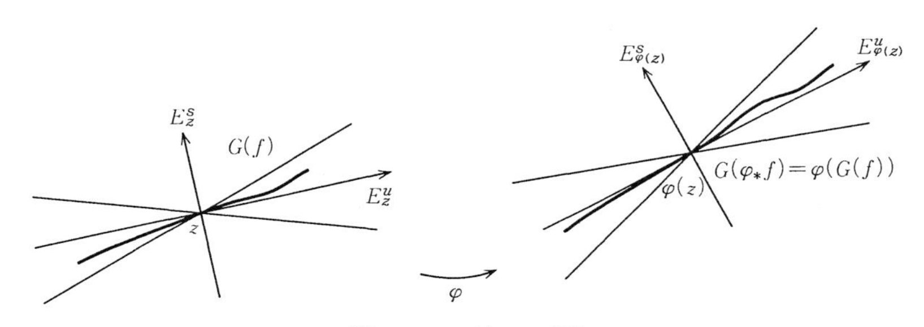

図 7.13　グラフ変換

まず定義の整合性を述べる必要がある．$f\in\mathcal{L}_z$ に対し，条件 $D_z\varphi(S_z)\subset S_{\varphi(z)}$ より，グラフ $G(f)$ の像 $\varphi(G(f))$ は，その各点 $w\in\varphi(G(f))$ における扇形 S_w に含まれる．したがって $\varphi(G(f))$ をグラフとするような関数 $\varphi_*(f)\colon [-a,a]\to E_{\varphi(z)}^s$ が存在し，この関数 $\varphi_*(f)$ は条件(ii)を満たす．像 $\varphi_*(f)$ の "$E_{\varphi(z)}^u$ 座標" が，定義域 $[-a,a]$ を含むことは扇形に関する条件(2)による．また定義域 $[-a,a]$ からはみ出す部分については無視して $\varphi_*(f)$ を定義している．$\varphi_*(f)$ が条件(ii)を満たすことは直ちにわかるから，定義の整合性が得られた．

補題 7.21　定数 M が存在して，任意の $f,g\in\mathcal{L}_z$ および任意の自然数 n に対して次の不等式が成り立つ．

$$\|\varphi_*^n(f)-\varphi_*^n(g)\|\leqq M\overline{\lambda}^{-n}\|f-g\|.$$

［証明］　$-a\leqq t\leqq a$ なる t を一つ決めて，$w_1=(t,\varphi_*^n(f(t)))$, $w_2=(t,\varphi_*^n(g(t)))$ とおく．表示は E_z^u, E_z^s に関する座標である．w_1 と w_2 を結ぶ，ベクトル e_z^s に平行な線分を c とおく．c の長さが $\|\varphi_*^n(f(t))-\varphi_*^n(g(t))\|$ を与えている．c 上の各点 w における E_w^s 方向の扇形 $\widehat{S}_w$ を考えると，c の w における接線は $\widehat{S}_w$ に属し，かつ変換 φ^{-1} が扇形 $\widehat{S}$ を保つことから，曲線 $\varphi^{-n}(c)$

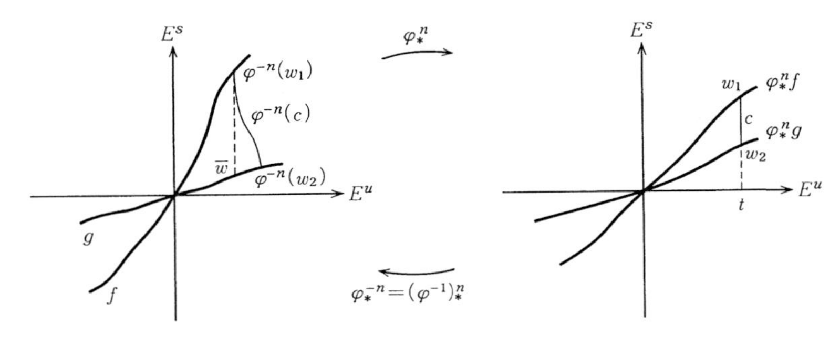

図 7.14

の $\varphi^{-n}(w)$ における接線も $\widehat{S}_{\varphi^{-n}(w)}$ に属する．したがって $\varphi^{-n}(c)$ の接線方向は $E^s_{\varphi^{-n}(w)}$ 方向と高々 α しかずれない(図 7.14)．よって

$$|\varphi^{-n}(w_1) \text{ と } \varphi^{-n}(w_2) \text{ との } E^s \text{ 座標の差}| \geqq \cos\alpha\ (\varphi^{-n}(c) \text{ の長さ})$$

$$|\varphi^{-n}(w_1) \text{ と } \varphi^{-n}(w_2) \text{ との } E^u \text{ 座標の差}| \leqq \sin\alpha\ (\varphi^{-n}(c) \text{ の長さ}).$$

ここで $\varphi^{-n}(w_1)$ と E^u_z 座標を共有する g のグラフ上の点を $\overline{w}$ とおく．$\overline{w}$ と $\varphi^{-n}(w_2)$ はともに g のグラフ上にあり，g のグラフの接線は E^u_z 方向とのずれが高々 α であるから

$$\begin{aligned}
&|\varphi^{-n}(w_2) \text{ と } \overline{w} \text{ との } E^s \text{ 座標の差}| \\
&\quad \leqq \tan\alpha\ |\varphi^{-n}(w_2) \text{ と } \overline{w} \text{ との } E^u \text{ 座標の差}| \\
&\quad = \tan\alpha\ |\varphi^{-n}(w_2) \text{ と } \varphi^{-n}(w_1) \text{ との } E^u \text{ 座標の差}| \\
&\quad \leqq \sin\alpha\tan\alpha\ (\varphi^{-n}(c) \text{ の長さ}).
\end{aligned}$$

よって

$$|\varphi^{-n}(w_1) \text{ と } \overline{w} \text{ との } E^s \text{ 座標の差}| \geqq (\cos\alpha - \sin\alpha\tan\alpha)(\varphi^{-n}(c) \text{ の長さ})$$

が成り立つ．この不等式の右辺の係数の逆数を M とおく．

さて c の接線は扇形 $\widehat{S}_{\varphi^n(z)}$ に属す．扇形に関する条件$(\widehat{2})$より $D\varphi^{-1}$ は $\widehat{S}$ に属すベクトルの長さを $\overline{\lambda}$ 倍以上に拡大するから

$$(\varphi^{-n}(c) \text{ の長さ}) \geqq \overline{\lambda}^n (c \text{ の長さ}).$$

以上をあわせて，$\varphi^{-n}(w_1)$ が f のグラフ上の点で，$\overline{w}$ がこれと E^u_z 座標の等しい g のグラフ上の点であることに注意すれば

$$\begin{aligned}|\varphi_*^n f(t)-\varphi_*^n g(t)| = (c\ の長さ) &\leqq \overline{\lambda}^{-n}(\varphi^{-n}(c)\ の長さ)\\ &\leqq M\overline{\lambda}^{-n}|\varphi^{-n}(w_1)\ と\ \overline{w}\ との\ E^s\ 座標の差|\\ &\leqq M\overline{\lambda}^{-n}\|f-g\|\end{aligned}$$

を得る．点 $-a \leqq t \leqq a$ は任意であったから，求める不等式が証明された．■

1点 $z\in\mathbb{T}^2$ を固定する．z の，φ の繰り返しによる逆像 $\varphi^{-n}(z)$ に対し，定値関数 $f_n=0\in\mathcal{L}_{\varphi^{-n}(z)}$ をとり，これから得られる $\mathcal{L}_z$ の関数列 $\{\varphi_*^n(f_n)\}_{n=1,2,\cdots}$ を考えよう．各 $m>n$ に対して $\varphi_*^{m-n}(f_m)$, $f_n\in\mathcal{L}_{\varphi^{-n}(z)}$ であり，この二つの関数のグラフが扇形 $S_{\varphi^{-n}(z)}$ に属することから $\|\varphi_*^{m-n}(f_m)-f_n\|\leqq 2a\tan\alpha$．したがって補題7.21から $\|\varphi_*^m(f_m)-\varphi_*^n(f_n)\|\leqq 2aM\overline{\lambda}^{-n}\tan\alpha$．よって関数列 $\{\varphi_*^n(f_n)\}$ は Cauchy 列であり，$\mathcal{L}_z$ の完備性(補題7.20)より収束極限をもつ．

この極限関数のグラフによって与えられる1次元部分多様体を L_z と書く．定義によって L_z の各元 w は $\varphi^{-n}(w)\in U(\varphi^{-n}(z))$ を満たす．また写像 φ^{-n} が扇形 S_z に属するベクトルの長さを $\overline{\lambda}^{-n}$ 倍以下にすることから，L_z は z の不安定集合 $W^u(z)=\{w;\ d(\varphi^{-n}(w),\varphi^{-n}(z))\to 0\}$ に含まれる．逆に $w\in U(z)$ が L_z に属していないとしよう．このとき w と E^u 座標の等しい L_z の元を $\overline{w}$ とおけば，$\varphi^{-n}(\overline{w})\in U(\varphi^{-n}(z))$ である一方で，$\overline{w}$ と w とを結ぶ線分の接線の E^s 方向成分が φ^{-n} によって $\overline{\lambda}^n$ 倍以上に拡大されるから，$\varphi^{-n}(w)$ は適当な n に対して $U(\varphi^{-n}(z))$ の外に出る．すなわち $L_z=\bigcap_{n=1,2,\cdots}\varphi^n(U(\varphi^{-n}(z)))$ であり，この L_z を z の**局所不安定集合**(local unstable set)あるいは**局所不安定多様体**(local unstable manifold)と呼ぶ．

不安定集合 $W^u(z)$ は，適当な $n>0$ に対して $\varphi^{-n}(w)\in L_z$ を満たす w の全体である．構成より $\varphi(L_{\varphi^{-1}(z)})\supset L_z$ であることに注意すれば，$W^u(z)=\bigcup_n\varphi^n(L_{\varphi^{-n}(z)})$ が成り立つ．1次元部分多様体 L_z は，扇形 S_z に含まれており，また扇形 S_z の角 2α は任意にとることができるから L_z の z での接空間 T_zL_z は E_z^u に一致する．以上より，不安定集合 $W^u(z)$ は z の近くでは部分多様体をなし，z での接空間は E_z^u に一致する．また，不安定集合 $W^u(z)$ はその定義より，任意の $w\in W^u(z)$ に対して $W^u(w)=W^u(z)$ を満たすから，

結局 $W^u(z)$ はそれ自身が1次元部分多様体であり，各点 $w \in W^u(z)$ において $T_wW^u(z) = E^u_w$ を満足する．したがって $\mathbb{T}^2$ の φ に関する不安定集合の族 $\{W^u(z)\}$ は $\mathbb{T}^2$ の分割を与えるが，その各元が1次元部分多様体であり，接空間 E^u_z が z に関して連続的に変化することから $\mathbb{T}^2$ の葉層構造を与える．安定多様体の族 $\{W^s(z)\}_z$ に関しても同様である．以上より次が得られた．

定理 7.22　Anosov 可微分同相写像 $\varphi\colon \mathbb{T}^2 \to \mathbb{T}^2$ の不安定多様体 $W^u(z)$ の族は不安定葉層構造 $\mathcal{F}^u$ を，安定多様体 $W^s(z)$ の族は安定葉層構造 $\mathcal{F}^s$ を定める． □

(c)　Anosov 可微分同相写像のホモトピー類

前項で存在が示された不安定葉層と安定葉層を用いて，トーラス $\mathbb{T}^2$ 上の Anosov 可微分同相写像のホモトピー類を決定する．

$\mathbb{T}^2$ 上の曲線 $\gamma\colon [0,1] \to \mathbb{T}^2$ が**閉曲線**(closed curve)とは $\gamma(0) = \gamma(1)$ を満たすときをいい，閉曲線が**単純**(simple)とは $0 \leqq t, t' < 1$, $t \neq t'$ に対して $\gamma(t) \neq \gamma(t')$ であるときをいう．可微分な γ に関してはさらに $\gamma'(0) = \gamma'(1)$ を要求する(図 7.15)．

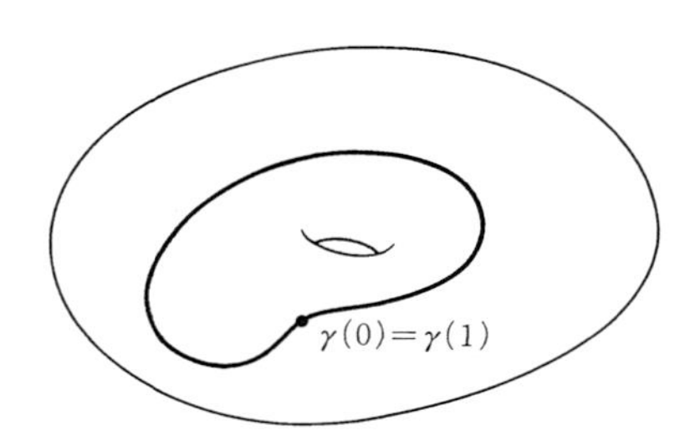

図 7.15　単純閉曲線

単純閉曲線 $\gamma\colon [0,1] \to \mathbb{T}^2$ に対し，その持ち上げを $\tilde{\gamma}\colon [0,1] \to \mathbb{R}^2$ とする．$\tilde{\gamma}$ の始点と終点の差は $\mathbb{Z}^2$ に属するが，特にこれらが一致する，すなわち持ち上げ $\tilde{\gamma}$ も閉曲線となる場合，もとの閉曲線 γ を**自明**(trivial)と呼ぶ．自明でないときには，$\tilde{\gamma}$ の終点と始点の差を，互いに素な n, m および正の整数 a を用いて $\tilde{\gamma}(1) - \tilde{\gamma}(0) = (an, am)$ と表すことができる．n, m が互いに素であ

ることから，$nn'+mm'=1$ を満足する整数 n', m' が存在する．このとき行列 $A=\begin{pmatrix} m & -n \\ n' & m' \end{pmatrix}$ に対応する同型写像 φ_A によって $\mathbb{T}^2$ の座標を変換すれば，φ_A の持ち上げが行列 A に対応する線形写像 L_A で与えられるから，持ち上げの終点 $\tilde{\gamma}(1)$ は $\tilde{\gamma}(0)+A\begin{pmatrix} an \\ am \end{pmatrix}=\tilde{\gamma}(0)+\begin{pmatrix} 0 \\ a \end{pmatrix}$ に変換される．もし $a>1$ であれば持ち上げによる像 $\tilde{\gamma}[0,1]$ と，それを y 方向に 1 だけずらした持ち上げの像 $\tilde{\gamma}[0,1]+(0,1)$ は $\mathbb{R}^2$ で必ず交わる(図 7.16)．これはもとの γ が単純であることに反するから，終点 $\tilde{\gamma}(1)$ は互いに素な n, m を用いて $\tilde{\gamma}(0)+(n,m)$ と表される．さらにこのような単純閉曲線を，同相写像あるいは可微分同相写像によって，標準的な閉曲線に写すことができる[34]．この事実を認めれば次を得る．

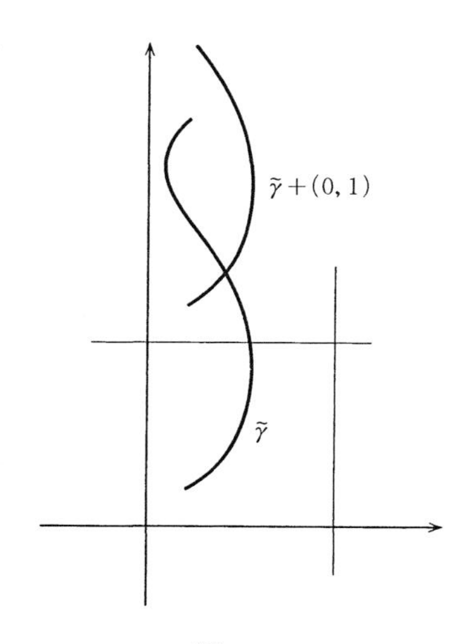

図 7.16

命題 7.23　自明でない単純閉曲線 $\gamma\colon [0,1]\to\mathbb{T}^2$ に対し，$\mathbb{T}^2$ の座標変換 $h\colon \mathbb{T}^2\to\mathbb{T}^2$ を選んで，γ を $h\circ\gamma(t)=(0,t)$ で与えられる閉曲線に写すことができる．さらに γ が可微分かつ各点 t において $\gamma'(t)\neq 0$ を満たすならば，h として可微分同相写像をとることができる．　□

葉層構造 $\mathcal{F}$ が与えられたとき，可微分な単純閉曲線 $\gamma\colon [0,1]\to\mathbb{T}^2$ が $\mathcal{F}$

に**横断的**，すなわち各点 $z=\gamma(t)$，$t\in[0,1]$ において接ベクトル $\gamma'(t)$ が z を通る $\mathcal{F}$ の葉 L の接空間 T_zL と1次独立なるとき，これを葉層構造 $\mathcal{F}$ に対する**切断**(section)と呼ぶ．γ: $[0,1]\to\mathbb{T}^2$ の像 $C=\gamma[0,1]$ を切断と呼ぶこともある．以下でAnosov可微分同相写像 φ: $\mathbb{T}^2\to\mathbb{T}^2$ の不安定葉層 $\mathcal{F}^u$ の切断を構成し，これを用いて $\mathcal{F}^u$ の性質を調べる．

補題7.24　任意の不安定多様体 $W^u(z)$ に対して，これと無限回交わる $\mathcal{F}^u$ の切断が存在する．

［証明］　不安定多様体 $W^u(z)$ は，その接ベクトルの長さが $D\varphi$ によって常に大きくなることから，コンパクトではあり得ない．したがって $W^u(z)$ の点列 $\{z_i\}$ であって，部分多様体としての位相では収束しないが，$\mathbb{T}^2$ の点列としては収束するものが存在する．これは不安定葉層をベクトル場，すなわち連続力学系と見なし，z の ω-極限集合を考えることに対応している．このような点列の極限を $\overline{z}$ とおく．$\overline{z}$ の不安定多様体 $W^u(\overline{z})$ もコンパクトではないから，その2点 $\overline{z}_1,\overline{z}_2$ で $W^u(\overline{z})$ 上では近くないが，$\mathbb{T}^2$ の点としては近いものをとることができる．このような $\overline{z}_1$, $\overline{z}_2$ を結ぶ $W^u(\overline{z})$ 上の曲線と $\mathcal{F}^u$ に横断的な曲線をつないだ単純閉曲線を $\overline{C}$ とおく．この閉曲線 $\overline{C}$ を少し摂動することによって $W^u(\overline{z})$ と交わる切断 C を構成することができる(図7.17)．切断 C は $W^u(\overline{z})$ と少なくとも1回は交わる．一方で $W^u(\overline{z})$ の任意の点に対して，これに収束する $W^u(z)$ の点列が存在するから，不安定多様体 $W^u(z)$ は切断 C と無限回交わる．　∎

補題7.24で構成した切断 C は，実際には任意の不安定多様体と無限回交わる．証明に際しては，平面上の単純閉曲線が閉円板と同相な領域を囲むことを主張するSchoenfliesの定理([7]参照)，および多様体のベクトル場の零点とEuler数に関するPoincaré–Hopfの定理(森田茂之『微分形式の幾何学』§6.2(f)定理6.31)を用いる．

補題7.25　不安定葉層構造 $\mathcal{F}^u$ の切断であって，任意の不安定多様体 $W^u(z)$ に対し，そのどちらの方向とも無限回交わるものが存在する．

［証明］　補題7.24で構成した切断 C は自明でない．もし C が自明であれば，持ち上げ $\widetilde{C}$ も $\mathbb{R}^2$ の単純閉曲線となる．Schoenfliesの定理によって平面

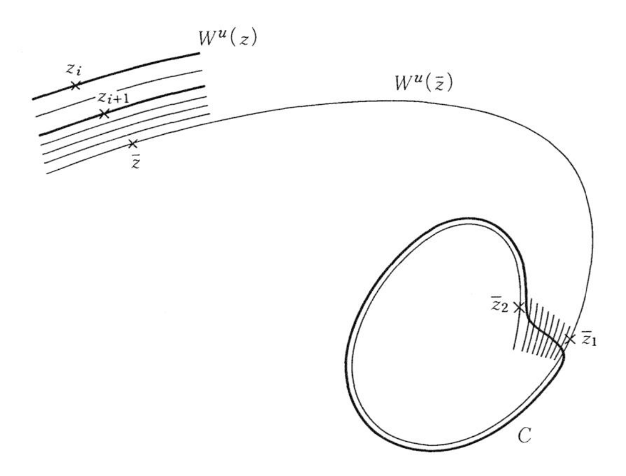

図 7.17 切断の構成

上の単純閉曲線は閉円板と同相な $\mathbb{R}^2$ の領域 D を囲む．さて $\mathbb{T}^2$ 上の葉層構造 $\mathcal{F}^u$ の射影 $p\colon \mathbb{R}^2 \to \mathbb{T}^2$ による**引き戻し**を $\widetilde{\mathcal{F}} = p^*\mathcal{F}^u$ とおく．これは $\mathcal{F}^u$ の各葉の持ち上げ全体からなる $\mathbb{R}^2$ の葉層構造と考えてよい．領域 $D \subset \mathbb{R}^2$ の境界 $\widetilde{C}$ は $\widetilde{\mathcal{F}}$ に横断的であるから，この D を二つ用意し，境界で張り合わせれば，閉じた曲面 M で葉層構造をもつものが得られる．閉曲面 M の Euler 数は Poincaré–Hopf の定理によって 0 である．一方 M はその構成方法から球面 S^2 と同相である．これは矛盾であるから C は自明ではない．

命題 7.23 を用いれば，適当な座標変換のもとで，C が $\mathbb{R}^2$ の直線 $x=0$ の射影であるとしてよい．さて $W^u(z)$ の持ち上げの一つ $W^u(\widetilde{z})$ を，直線 $x=0$ と交わるようにとる．$W^u(\widetilde{z})$ が $x=0$ と 2 回以上交わるとしよう．このとき図 7.18 で表される領域を D' とし，二つの D' から $W^u(\widetilde{z})$ の部分だけを張り合わせて得られる曲面を D'' とすれば，この D'' は円板と同相で，かつ境界に横断的な葉層構造をもつ．そうすると先と同じ議論によって矛盾が生じる．したがって直線 $x=0$ と $W^u(\widetilde{z})$ との交点は唯一つである．一方で $W^u(z)$ は C と無限回交わるから，持ち上げ $W^u(\widetilde{z})$ は直線 $x=1$ あるいは $x=-1$ のいずれかと交わる．前者であると仮定しよう．このとき $W^u(\widetilde{z})$ を $\mathbb{R}^2$ の y-軸方向に 1 だけ平行移動した持ち上げ $W^u(\widetilde{z}')$ と，もとの $W^u(\widetilde{z})$，二つの直線

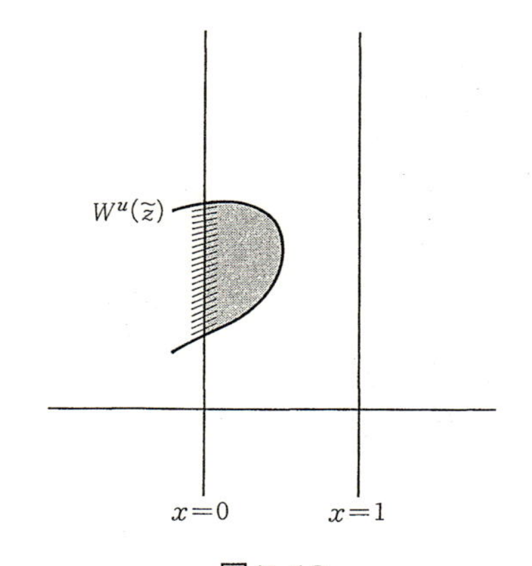

図 7.18

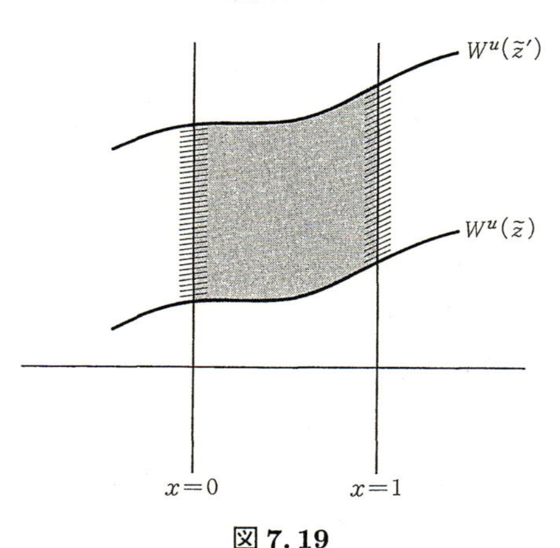

図 7.19

$x=0,1$ で囲まれる領域は被覆写像 $p\colon \mathbb{R}^2 \to \mathbb{T}^2$ の基本領域をなす(図 7.19).

$\widetilde{w}$ を直線 $x=0$ 上の点とし，$W^u(\widetilde{w})$ を $\widetilde{w}$ を通る $p(\widetilde{w})$ の不安定多様体の持ち上げとする．この $W^u(\widetilde{w})$ の $x>0$ の部分が直線 $x=1$ ともし交わらなければ，これは基本領域から外に出ることができない．したがってこの部分に補題 7.24 の議論を適用すれば，基本領域に含まれる切断の存在が導かれる．しかしこれは自明な切断であるから前半の議論から矛盾が生じる．よって $W^u(\widetilde{w})$ は $x=1$ と交わる．この交点を x-軸方向に -1 だけ平行移動した点を

$\widetilde{w}'$ とし，$\widetilde{w}'$ に同じ議論を適用すれば $W^u(\widetilde{w})$ は $x=2$ とも交わる．これを繰り返して $W^u(\widetilde{w})$ がすべての $x=n$, $n=2,3,\cdots$ と交わることがわかる．基本領域の内部の点 $\widetilde{w}$ を通る不安定多様体の持ち上げに関しても同様である．また直線 $x=1$ 上の点 $\widetilde{w}$ を通る不安定多様体 $W^u(\widetilde{w})$ の $x<1$ の部分を考えれば，結局任意の $W^u(\widetilde{w})$ がすべての $x=-n$, $n=0,1,2,\cdots$ と交わることもわかる． ∎

以上の準備のもとで，与えられた Anosov 可微分同相写像のホモトピー類を決定する．写像 $\varphi\colon \mathbb{T}^2\to\mathbb{T}^2$ のホモトピー類は，φ の誘導する準同型写像 $\varphi_*\colon \mathbb{Z}^2\to\mathbb{Z}^2$ によって決まるのであった(§7.2(a)命題 7.15)．

まず φ の不安定および安定葉層から準同型写像 φ_* の固有ベクトルが定まることをいう．C を補題 7.25 で得られた切断とし，証明中と同じく C は直線 $x=0$ の射影で与えられると仮定する．C 上の点 w に対し，不安定多様体 $W^u(w)$ の片側 "$x>0$" が最初に C と交わる点を $\overline{w}$ とおく．この対応を $\psi\colon C\to C$ と書けば，$W^u(w)$ のもう一方の片側 "$x<0$" も C と交わることから，ψ は逆写像をもち，したがって同相写像である．この $\psi\colon C\to C$ を C に対する $\mathcal{F}^u$ のホロノミー写像(holonomy map)と呼ぶ(図 7.20)．不安定葉層を連続力学系の軌道による相空間の分割と見なしたときには，ホロノミー写像 ψ は C に対する Poincaré 写像そのものである．C は直線 $x=n$, $n=\cdots,-1,0,1,\cdots$ の射影による像であったから，$\mathbb{R}^2$ では同様に直線 $x=0$ から $x=1$ へのホロノミーが定義される．これは $C\cong S^1$ と見なしたときの $\psi\colon C\to C$ の持ち上げ $\widetilde{\psi}$ に他ならない．よって直線 $x=0$ 上の点 $w=$

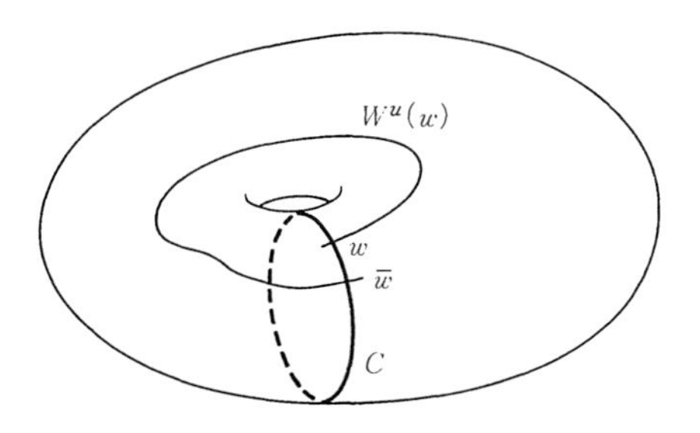

図 7.20 ホロノミー写像

$(0,y)$ を通る不安定多様体 $W^u(\widetilde{w})$ と直線 $x=n$ との交点 w_n の座標は座標 $(n,\widetilde{\psi}^n(y))$ で，w と w_n とを結ぶ線分の傾きは $\dfrac{\widetilde{\psi}^n(y)-y}{n}$ で与えられる．すなわち $W^u(\widetilde{w})$ 上の 2 点の漸近的な方向はホロノミー写像 ψ の持ち上げ $\widetilde{\psi}\colon \mathbb{R}\to\mathbb{R}$ の回転数 $\widetilde{\rho}(\widetilde{\psi})=\lim\limits_{n\to\infty}\dfrac{\widetilde{\psi}^n(y)-y}{n}$ によって $v=(1,\widetilde{\rho}(\widetilde{\psi}))$ で与えられるベクトルである(§5.1(a))．

このベクトル v が φ の導く写像 $\varphi_*\colon \mathbb{Z}^2\to\mathbb{Z}^2$ の固有ベクトルであり，固有値の絶対値が 1 より大きいことを証明する．方針は，平面 $\mathbb{R}^2$ を遠くから眺めれば，φ の持ち上げ $\widetilde{\varphi}\colon \mathbb{R}^2\to\mathbb{R}^2$ は線形変換 $\varphi_*\colon \mathbb{R}^2\to\mathbb{R}^2$ に見え，また不安定葉層 $\mathcal{F}^u$ は方向が $(1,\widetilde{\rho}(\widetilde{\psi}))$ で与えられる直線族に見えるから，この直線族は φ_* で不変であるというアイデアに基づく(図 7.21)．厳密な議論のために次を用意する．

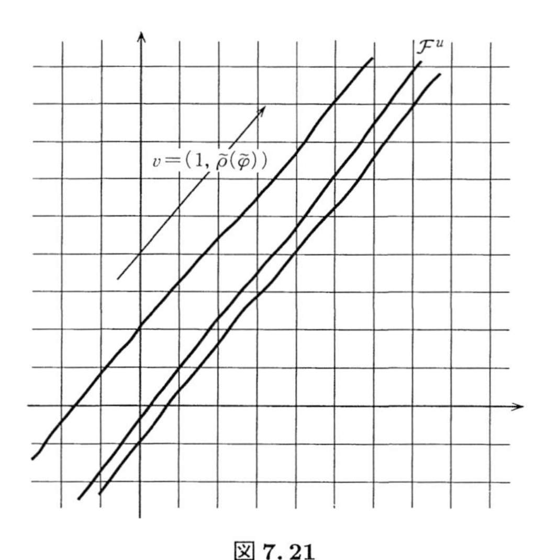

図 7.21

補題 7.26　2 点 $\widetilde{w},\widetilde{w}'\in\mathbb{R}^2$ が同じ不安定多様体 $W^u(\widetilde{z})$ に属しているとき，この $W^u(\widetilde{z})$ 上で計った $\widetilde{w},\widetilde{w}'$ の距離を $\widetilde{d}(\widetilde{w},\widetilde{w}')$，また $\mathbb{R}^2$ における Euclid の距離を $\|\widetilde{w}-\widetilde{w}'\|$ とおく．このとき定数 a,b が存在して $\|\widetilde{w}-\widetilde{w}'\|\leqq\widetilde{d}(\widetilde{w},\widetilde{w}')\leqq a\|\widetilde{w}-\widetilde{w}'\|+b$ が成立する．

［証明］　ホロノミー写像 $\psi\colon C\to C$ に対し，$w\in C$ と $\psi(w)$ との $W^u(w)$ 上の距離 $\widetilde{d}(w,\psi(w))$ は w に関して連続であるから，C 上で最大値 M をとる．よって $\mathbb{T}^2$ における不安定多様体 $W^u(z)$ 上の 2 点 w,w' の $W^u(z)$ 上の距離が，m を自然数として mM 以上であれば，この 2 点間の $W^u(z)$ の弧は C と少なくとも $m-1$ 回は交わる．したがって $W^u(z)$ の持ち上げ $W^u(\widetilde{z})$ 上に w,w' と対応する $\widetilde{w},\widetilde{w}'$ をとれば，この 2 点の x-座標は少なくとも $m-1$ 以上の差をもつ．したがって $\widetilde{d}(\widetilde{w},\widetilde{w}')\leqq M\|\widetilde{w}-\widetilde{w}'\|+2M$ が成り立つ．もう一つの不等式は明らかであろう．　■

さて任意の 2 点 $w,w'\in W^u(\widetilde{z})$ に対し，$\widetilde{z},w,w'$ によらない有限の誤差で差 $w'-w$ を近似するベクトル αv, $\alpha\in\mathbb{R}$ が存在する．よって $\widetilde{d}(w',w)\to\infty$ のとき $\dfrac{w'-w}{\|w'-w\|}\to\dfrac{v}{\|v\|}$ が成り立つ．また $\widetilde{\varphi}$ による像 $\widetilde{\varphi}(w),\widetilde{\varphi}(w')$ も同じ不安定多様体 $W^u(\widetilde{\varphi}(\widetilde{z}))$ 上にあるから，$\widetilde{d}(\widetilde{\varphi}(w'),\widetilde{\varphi}(w))\geqq c\lambda\widetilde{d}(w',w)\to\infty$ より $\dfrac{\widetilde{\varphi}(w')-\widetilde{\varphi}(w)}{\|\widetilde{\varphi}(w')-\widetilde{\varphi}(w)\|}\to\dfrac{v}{\|v\|}$ が成り立つ．次に w,w' のおのおのを近似する格子点 $\overline{w},\overline{w}'$ をとる．このとき $\|\overline{w}-w\|$, $\|\overline{w}'-w'\|\leqq 1/\sqrt{2}$ であり，w,w' によらない定数 M で $\|\widetilde{\varphi}(w)-\widetilde{\varphi}(\overline{w})\|$, $\|\widetilde{\varphi}(w')-\widetilde{\varphi}(\overline{w}')\|$ を押さえることができる．したがって

$$\frac{\overline{w}'-\overline{w}}{\|\overline{w}'-\overline{w}\|}\to\frac{v}{\|v\|}\quad\text{および}\quad\frac{\widetilde{\varphi}(\overline{w}')-\widetilde{\varphi}(\overline{w})}{\|\widetilde{\varphi}(\overline{w}')-\widetilde{\varphi}(\overline{w})\|}\to\frac{v}{\|v\|}$$

が成立する．一方で $\widetilde{\varphi}(\overline{w}')-\widetilde{\varphi}(\overline{w})$ は $\varphi_*(\overline{w}'-\overline{w})$ に一致するから，これは v が φ_* の固有ベクトルであることを示している．また補題 7.26 の定数 a に対し，自然数 n を $\dfrac{c}{a}\lambda^n>1$ を満たすようにとれば，$\widetilde{\varphi}^n$ に対して上の議論を繰り返すことによって，φ_*^n の固有ベクトル v の固有値の絶対値が 1 より大きいことがわかる．同様に安定葉層 $\mathcal{F}^s$ から φ_*^n の固有ベクトル u が導かれる．u の固有値の絶対値は 1 より小さい．したがってもとの φ_* も絶対値が 1 より大きい固有値と 1 より小さい固有値を一つずつもつ．すなわち φ_* は双曲型である．以上より次が得られた．

定理 7.27　Anosov 可微分同相写像 $\varphi\colon\mathbb{T}^2\to\mathbb{T}^2$ は双曲型トーラス自己同型写像 $\varphi_A\colon\mathbb{T}^2\to\mathbb{T}^2$ とホモトピックである．ただし A は φ の誘導する線形

写像 $\varphi_*\colon \mathbb{Z}^2 \to \mathbb{Z}^2$ を表現する行列. □

(d) 構造安定性

最後に $\mathbb{T}^2$ のAnosov可微分同相写像を分類し，これを用いて構造安定性定理を証明する．証明の鍵となるのは不安定葉層および安定葉層による $\mathbb{R}^2$ の積構造である．

命題 7.28 $\varphi\colon \mathbb{T}^2 \to \mathbb{T}^2$ をAnosov可微分同相写像，$W^u(z), W^s(z)$ を $z \in \mathbb{T}^2$ の不安定および安定多様体とする．各 $\tilde{z} \in \mathbb{R}^2$ に対し，$p(z) \in \mathbb{T}^2$ の不安定および安定多様体の，$\tilde{z}$ を通る持ち上げを $W^u(\tilde{z}), W^s(\tilde{z})$ と書く．このとき任意の $\tilde{z}, \tilde{w} \in \mathbb{R}^2$ に対し，$W^u(\tilde{z})$ と $W^s(\tilde{w})$ は1点だけで必ず交わる．

［証明］ 不安定葉層から生じる φ_* の固有ベクトルを v，安定葉層から生じる固有ベクトルを u とおく．v と u は1次独立であるから, v, u の方向を適当に定めれば二つの半直線 $\tilde{z}+tv$, $t \geqq 0$ および $\tilde{w}+su$, $s \geqq 0$ は交わる．したがって十分大きい T に対して，$\tilde{z}' \in W^u(\tilde{z})$ を $\tilde{z}+Tv$ を近似するように，$\tilde{w}' \in W^u(\tilde{w})$ を $\tilde{w}+Tv$ を近似するようにとれば，$W^u(\tilde{z})$ と $W^s(\tilde{w})$ とが交わることがわかる．また二つの交点 z', z'' が存在したとすれば，$n \to \infty$ に対して，W^u 上の距離 $\tilde{d}^u$ に関しては $\tilde{d}^u(\tilde{\varphi}^n(z'), \tilde{\varphi}^n(z'')) \to \infty$ が，一方で W^s 上の距離 $\tilde{d}^s$ に関しては $\tilde{d}^s(\tilde{\varphi}^n(z'), \tilde{\varphi}^n(z'')) \to 0$ が成り立つ．これは補題7.26と矛盾する．したがって交点は唯一つである． ∎

定理 7.29（Anosov） Anosov可微分同相写像 $\varphi\colon \mathbb{T}^2 \to \mathbb{T}^2$ は構造安定である． □

Anosov可微分同相写像の全体は開集合をなすから(定理7.19)，定理7.29は次の分類定理に帰着される．証明は，Anosov可微分同相写像から双曲型トーラス自己同型への半共役写像が同相写像となることを示すことで与える．

定理 7.30 任意のAnosov可微分同相写像 $\varphi\colon \mathbb{T}^2 \to \mathbb{T}^2$ は双曲型トーラス自己同型 $\varphi_A\colon \mathbb{T}^2 \to \mathbb{T}^2$ と位相共役である．ここで A は φ の誘導する線形写像 $\varphi_*\colon \mathbb{Z}^2 \to \mathbb{Z}^2$ を表現する行列.

［証明］ 定理7.27よりAnosov可微分同相写像 $\varphi\colon \mathbb{T}^2 \to \mathbb{T}^2$ は双曲型トーラス自己同型 $\varphi_A\colon \mathbb{T}^2 \to \mathbb{T}^2$ とホモトピックである．よって定理7.17によっ

て，φ と φ_A との半共役を与える連続写像 $h\colon \mathbb{T}^2 \to \mathbb{T}^2$ が存在する．半共役写像 h の構成は以下のようであった．φ の持ち上げを $\widetilde{\varphi}\colon \mathbb{R}^2 \to \mathbb{R}^2$，$\varphi_A$ の持ち上げを $L_A\colon \mathbb{R}^2 \to \mathbb{R}^2$ とする．1 点 $\widetilde{z} \in \mathbb{R}^2$ の $\widetilde{\varphi}$ による軌道 $\{\widetilde{\varphi}^n(z)\}_{n=\cdots,-1,0,1,\cdots}$ が L_A の擬軌道になることから，これを追跡する点 $\widetilde{w} \in \mathbb{R}^2$ が一意的に存在する．こうして得られる対応 $\widetilde{h}\colon \mathbb{R}^2 \to \mathbb{R}^2$，$\widetilde{z} \mapsto \widetilde{w}$ が自然に誘導する写像が $h\colon \mathbb{T}^2 \to \mathbb{T}^2$ である．

まず $\widetilde{h}\colon \mathbb{R}^2 \to \mathbb{R}^2$ が 1 対 1 であることをいう．$\widetilde{h}(\widetilde{z}) = \widetilde{h}(\widetilde{z}')$ であれば，$\widetilde{h}$ の定義より，距離 $\|\widetilde{\varphi}^n(\widetilde{z}) - \widetilde{\varphi}^n(\widetilde{z}')\|$, $n = \cdots, -1, 0, 1, \cdots$ は有界である．命題 7.28 によって不安定多様体 $W^u(\widetilde{z})$ と安定多様体 $W^s(\widetilde{z}')$ は 1 点で交わるから，これを $\widetilde{z}''$ とおく．$\widetilde{z}'' \in W^s(\widetilde{z}')$ より補題 7.26 によって $\|\widetilde{\varphi}^n(\widetilde{z}'') - \widetilde{\varphi}^n(\widetilde{z}')\|$, $n = 0, 1, 2, \cdots$ は有界．したがって $\|\widetilde{\varphi}^n(\widetilde{z}'') - \widetilde{\varphi}^n(\widetilde{z})\|$, $n = 0, 1, 2, \cdots$ も有界であるが，$\widetilde{z}'' \in W^u(\widetilde{z})$ であったから，補題 7.26 によって $\widetilde{z}'' = \widetilde{z}$ である．同様に $\widetilde{z}'' = \widetilde{z}'$ でもあるから $\widetilde{z}' = \widetilde{z}$ が従う．すなわち $\widetilde{h}$ は 1 対 1 である．

半共役写像 $h\colon \mathbb{T}^2 \to \mathbb{T}^2$ に対して $h(z) = h(z')$ なる $z, z' \in \mathbb{T}^2$ をとれば，$\widetilde{h}$ が 1 対 1 であることから，$p(\widetilde{z}) = z$，$p(\widetilde{z}') = z'$ を満たす $\widetilde{z}, \widetilde{z}'$ に関して $\widetilde{h}(\widetilde{z})$ と $\widetilde{h}(\widetilde{z}')$ との差は $\mathbb{Z}^2$ に属する．すなわち $k, \ell \in \mathbb{Z}$ が存在して $\widetilde{h}(\widetilde{z}') = \widetilde{h}(\widetilde{z}) + (k, \ell)$．ここで $\widetilde{h}$ は $\widetilde{h}(z + (k, \ell)) = \widetilde{h}(z) + (k, \ell)$ を満足したから，もう一度 $\widetilde{h}$ が 1 対 1 であることを使えば $\widetilde{z}' = \widetilde{z} + (k, \ell)$ を得る．これは h が 1 対 1 であることを示している．一方で $h\colon \mathbb{T}^2 \to \mathbb{T}^2$ の写像度は 1 であるから，h は全射である．したがって半共役写像 $h\colon \mathbb{T}^2 \to \mathbb{T}^2$ はコンパクト空間から Hausdorff 空間への連続な全単射となり，同相写像であることが従う． ∎

定理 7.30 によって，$\mathbb{T}^2$ 上の Anosov 可微分同相写像 $\varphi\colon \mathbb{T}^2 \to \mathbb{T}^2$ について，その周期点の全体 $\mathrm{Per}(\varphi)$ が $\mathbb{T}^2$ で稠密なること，したがって非遊走集合 $\Omega(\varphi)$ が $\mathbb{T}^2$ に一致することがわかる．また拡大写像の場合と同じく，$\mathbb{T}^2$ 上の任意の Anosov 可微分同相写像 φ は Lebesgue 測度に関して絶対連続な不変測度をもち，かつ φ はこの測度に関してエルゴード的であることが知られている．φ が双曲型トーラス自己同型の場合には，この測度は Bowen 測度と一致するが，これは一般の φ については正しくない．

最後に Anosov 可微分同相写像をもつ 2 次元閉多様体はトーラスに限ること

を述べる．2次元多様体 M 上に Anosov 可微分同相写像 $\varphi\colon M \to M$ が存在したと仮定する．伸長部分空間の場 E^u_z は補題 7.18 によって連続であるから，M はいたるところ 0 とならないベクトル場をもつ．これより Poincaré–Hopf の定理によって M の Euler 数は 0 であり，M はトーラスあるいは Klein の壺のいずれかである(松本幸夫『Morse 理論の基礎』§5.2(a))．正確には符号のずれによって，必ずしも“ベクトル場”が存在せず，連続な 1 次元部分空間の族だけが得られる可能性もある．しかしこの場合でも M の Euler 数が 0 であることに変わりはない．Klein の壺は正方形 $[0,1]\times[0,1]$ を図 7.22 のように同一視して得られる向きづけ不可能な閉曲面である．

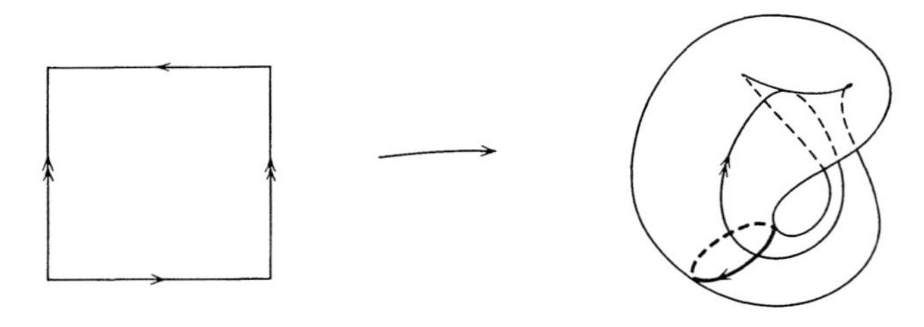

図 7.22　Klein の壺

葉層構造についての議論はそのまま通用するから，Klein の壺が Anosov 可微分同相写像をもたないことをいうには次の補題を示せばよい．

補題 7.31　Klein の壺の葉層構造は必ずコンパクトな葉をもつ．

［証明］　$\mathbb{R}^2$ の，$(x,y)\sim(x+1,y)$ および $(x,y)\sim(x,1-y)$ で生成される同値関係 $\sim$ による商空間が Klein の壺であり，このとき $[0,1]\times[0,1]\subset\mathbb{R}^2$ が基本領域となる．Klein の壺を K^2 で表し，商写像を $p\colon \mathbb{R}^2\to K^2$ とおく．K^2 上にコンパクトな葉をもたない葉層構造 $\mathcal{F}$ が存在したと仮定する．葉層構造 $\mathcal{F}$ およびその $\mathbb{R}^2$ への引き戻し $p^*\mathcal{F}$ に対して，補題 7.24, 7.25 の議論を適用すれば，$\mathcal{F}$ の切断 C ですべての葉と無限回交わるものの存在がわかる．一方で K^2 上の自明でない，すなわち閉円板と同相な領域を囲まない単純閉曲線は，直線 $y=0$ の p による像，$x=0$ の像，$x=1/4$ の像のいずれかとホモトピックであることが知られている(図 7.23)．これは基本領域 $[0,1]\times[0,1]$ の上に曲線を描くことによって確かめることができる．切断 C がこの

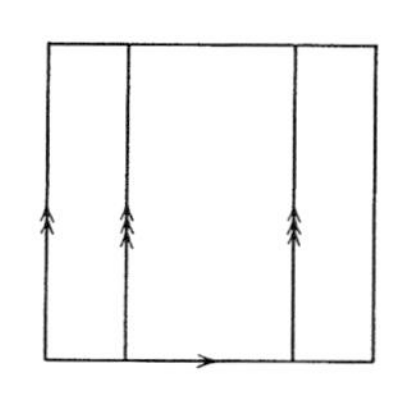
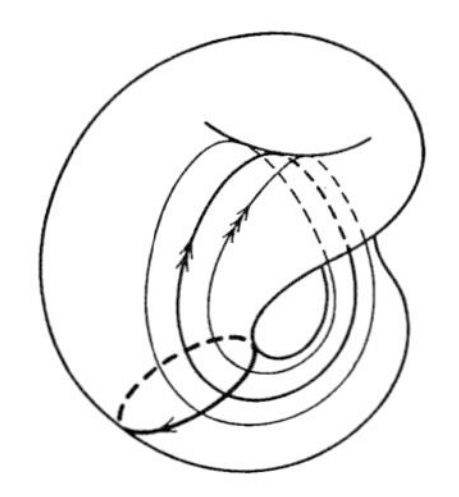

図 7.23

三つのいずれかであるとしよう．C が $y=0$ で与えられるとき，C に関する $\mathcal{F}$ のホロノミー写像 $\psi\colon C\to C$ は C の向きを逆にするから固定点をもつ．これは $\mathcal{F}$ がコンパクトな葉をもたないことに反する．C が $x=0$ で与えられるとき，$p^*\mathcal{F}$ に関する $x=0$ から $x=1$ へのホロノミーの対応を $(0,y)\mapsto(1,\widetilde{\psi}(y))$ とおく．もし $\widetilde{\psi}(0)=0$ ならば $0=p(0,0)\in K^2$ を通る $\mathcal{F}$ の葉はコンパクトである．$\widetilde{\psi}(0)>0$ ならば $\widetilde{\psi}(y)=0$ となる $y<0$ が存在するが，このとき $\widetilde{\psi}(1)=1-y$ より，ホロノミー $\widetilde{\psi}$ は区間 $[0,1]$ をその部分区間 $[\widetilde{\psi}(0),1-y]$ に写し，したがって固定点をもつ．$\widetilde{\psi}(0)<0$ の場合も同様に $\widetilde{\psi}$ は固定点をもち，したがって $\mathcal{F}$ にはコンパクトな葉が存在する．C が $x=1/4$ の像である場合も同様にコンパクトな葉が存在し矛盾が生じる． ∎

《要約》

7.1 適当な繰り返しの微分係数の絶対値が常に 1 より大きくなるような S^1 から自分自身への可微分写像を拡大写像と呼ぶ．拡大写像は位相安定かつ構造安定である．また Markov 分割を用いて拡大写像と片側全シフトとの自然な半共役写像を構成することができる．

7.2 整数係数 2×2 行列 A で $\det A=\pm1$ を満たすものは，トーラス自己同型 $\varphi_A\colon\mathbb{T}^2\to\mathbb{T}^2$ を定める．特に A が絶対値が 1 と異なる二つの固有値をもつとき φ_A を双曲型と呼ぶ．双曲型トーラス自己同型は位相安定である．

7.3 可微分同相写像 $\varphi\colon\mathbb{T}^2\to\mathbb{T}^2$ が Anosov とは，$\mathbb{T}^2$ の接空間 $T_z\mathbb{T}^2$ が伸長空間 E_z^u と縮小空間 E_z^s の直和に分解されるときをいう．このとき伸長空間に接す

る不安定葉層，縮小空間に接する安定葉層が存在する．双曲型トーラス自己同型は Anosov であるが，逆に $\mathbb{T}^2$ 上の任意の Anosov 可微分同相写像は双曲型トーラス自己同型と位相共役である．さらに Anosov 可微分同相写像は構造安定である．

演習問題

7.1　$\mathbb{R}$ の恒等写像 $\mathrm{id}\colon \mathbb{R}\to\mathbb{R}$, $x\mapsto x$ は §7.1(a)の意味での擬軌道追跡性をもたないことを示せ．

7.2　$\varphi\colon S^1\to S^1$ を拡大写像，$k=\deg(\varphi)$ とするとき，φ の固定点の数が $|k-1|$ で与えられることを示せ．これを用いて φ の ζ-関数を求めよ(§1.2 参照)．

7.3　拡大写像 $\varphi\colon S^1\to S^1$ の位相的エントロピーを求めよ(§3.1 例 3.10 参照)．

7.4　2-進写像 $\varphi=R_{(2)}$ と例 7.13 の写像 $\varphi_{p,q}$, $p<1/2<q$ との共役写像を $h\colon S^1\to S^1$ とする．このとき任意の $x\in S^1$ において，h は微分不可能であるか，あるいは $h'(x)=0$ であることを示せ．

7.5　$\varphi_A\colon \mathbb{T}^2\to\mathbb{T}^2$ を，双曲的な行列 $A\in GL(2;\mathbb{Z})$ によって導かれるトーラス自己同型写像とする．このとき φ_A の周期点全体のなす集合 $\mathrm{Per}(\varphi_A)$ は $\mathbb{T}^2$ 内の有理点の全体 $\mathbb{Q}^2/\mathbb{Z}^2$ と一致することを示せ．

7.6　双曲型トーラス自己同型 $\varphi_A\colon \mathbb{T}^2\to\mathbb{T}^2$ の位相的エントロピーは，行列 A の固有値のうち絶対値が1より大きい λ を用いて $h_{\mathrm{top}}(\varphi_A)=\log|\lambda|$ と表される(§3.1(b)定理 3.13)．これを用いて φ_A とホモトピックな任意の同相写像 $\psi\colon \mathbb{T}^2\to\mathbb{T}^2$ が $h_{\mathrm{top}}(\psi)\geqq\log|\lambda|$ を満たすことを示せ．

8 公理 A 可微分同相写像

S^1 上の Morse–Smale 可微分同相写像は非遊走集合が有限個の点よりなる力学系，一方で $\mathbb{T}^2$ 上の Anosov 可微分同相写像は非遊走集合が $\mathbb{T}^2$ 全体よりなる力学系であった．この二つの系の中間に位置する力学系として 2 次元多様体上の馬蹄形力学系および DA 写像をとりあげ，力学系としての構造を解析する．また最後に一般次元の多様体上の公理 A 力学系についても触れる．

§8.1　馬蹄形力学系

馬蹄形力学系は，S. Smale が[35]で初めて紹介した力学系の例である．その構成は一見人工的に思えるが，実際には S. Lefschetz らによる具体的な常微分方程式の研究から，その本質を取り出して幾何学的モデルに置き換えたものである．馬蹄形力学系，あるいはこれを一般化した公理 A 力学系については，以下で述べるように，記号力学系を用いて見通しよく構造を記述することができる．この手法を逆に，天体力学あるいは電気回路などの具体的な常微分方程式に適用すれば，解の漸近的挙動の解析が容易となる．第 4 章での撞球系の取り扱いはその一例である．

(a)　構　　成

馬蹄形力学系 $\varphi\colon \mathbb{R}^2 \to \mathbb{R}^2$ の定義を述べる．まず平面 $\mathbb{R}^2$ 上に正方形 $R=$

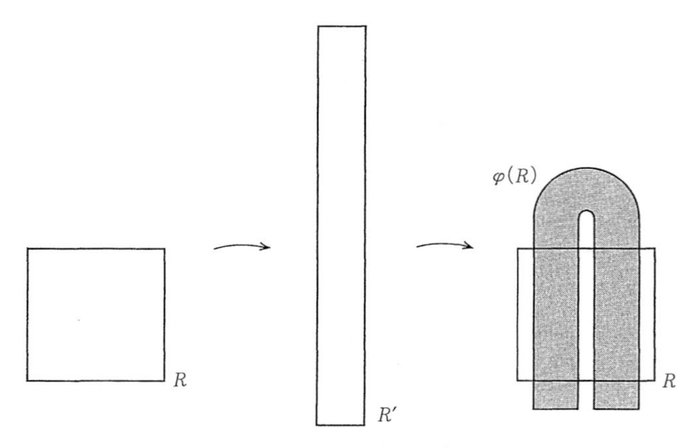

図 8.1 馬蹄形写像

$[0,1]\times[0,1]$ を用意する．この R をいったん縦方向に 3 倍，横方向に 1/3 倍し，こうして得られた長方形 R' を平面上に，図 8.1 に図示したようにもとの R と重ねておく．このとき R' の中程は歪むが，R と重なる部分は形を変えないように注意する．このように構成した写像を $\varphi\colon R\to\mathbb{R}^2$ とおく．3, 1/3 には格別の意味はなく，図 8.1 のような操作ができる数値であれば問題はない．次に φ を $\mathbb{R}^2$ から自分自身への写像に拡張する．ただし R の外での φ の軌道が単純になるように，多少の操作を加える．具体的には正方形の上と下に半円板 D_1, D_2 を付け加え，$\varphi(D_1),\varphi(D_2)\subset D_2$ を満たすように φ を $D=R\cup D_1\cup D_2$ に拡張する(図 8.2)．このとき φ が D_2 に唯一つの固定点である沈点 p をもち，任意の $z\in D_2$ が $n\to\infty$ のとき $\varphi^n(z)\to p$ を満たすようにする．ここで φ の固定点 p が**沈点**であるとは，p における φ の微分 $D_p\varphi\colon T_p\mathbb{R}^2\to T_p\mathbb{R}^2$ の二つの固有値の絶対値がともに 1 より小さいときをいう．このような線形写像 $D_p\varphi\colon T_p\mathbb{R}^2\to T_p\mathbb{R}^2$ は，適当な座標のもとで縮小写像となる．また p の近くで φ は

$$\varphi(z)=p+D_p\varphi(z-p)+o(\|z-p\|)$$

と近似できるから p はアトラクタである．すなわち p に十分近い z は $n\to\infty$ のとき $\varphi^n(z)\to p$ を満たす．同じく φ の固定点 q が**源点**とは，微分 $D_q\varphi\colon T_q\mathbb{R}^2\to T_q\mathbb{R}^2$ の固有値の絶対値がともに 1 より大きいときをいう．このとき

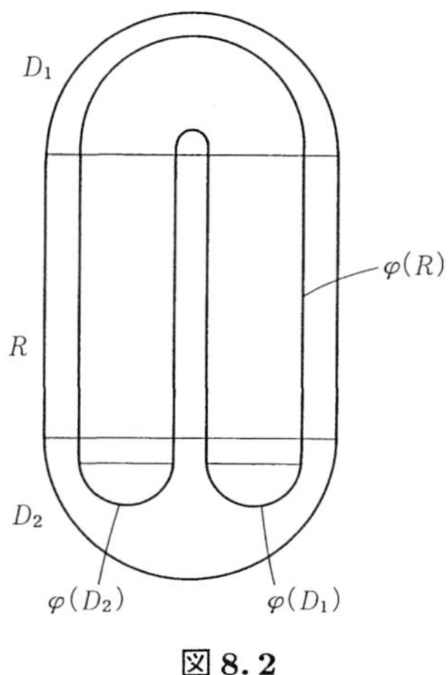

図 8.2

q はリペラであって q に十分近い z について $n\to\infty$ のとき $\varphi^{-n}(z)\to q$ が成り立つ.

次に写像 φ を全平面 $\mathbb{R}^2$ 上に拡張する. このとき D に含まれない点 z については, $n\to\infty$ に対して $\varphi^{-n}(z)$ が $\mathbb{R}^2$ の無限遠点に発散するように φ をとる. 正確には φ を平面 $\mathbb{R}^2$ の 1 点コンパクト化 S^2 へ自然に拡張したとき, φ が可微分同相写像 $S^2\to S^2$ を与え, $\infty\in S^2$ が φ の源点となり, かつ各 $z\in D\backslash\varphi(D)$ がその不安定集合に属するようにとる. このように構成された可微分同相写像 $\varphi\colon \mathbb{R}^2\to\mathbb{R}^2$ あるいは $\varphi\colon S^2\to S^2$ を**馬蹄形写像**(horse-shoe map), **馬蹄形力学系**と呼ぶ. この名前は $\varphi(R)$ が馬蹄の形をしていることに由来する. 馬蹄形写像 φ による R の逆像 $\varphi^{-1}(R)$ はもとの R に対して再び "馬蹄形" であり, その意味で φ は時間の反転に関して対称である(図 8.3).

(b) 非遊走集合

馬蹄形写像 $\varphi\colon S^2\to S^2$ の非遊走集合 $\Omega(\varphi)$ を決定しよう. ∞ および D_2 内の固定点 p は当然 $\Omega(\varphi)$ に属する. ∞, p 以外の点 $z\in S^2$ をとる. もし $p\in D_1\cup D_2$ ならば $\varphi(z)\in D_2$ であり, 構成より $n\to\infty$ に対して $\varphi^n(z)\to p$. したがって z は遊走点である. また $z\notin D$ ならば, $n\to-\infty$ のとき $\varphi^n(z)\to$

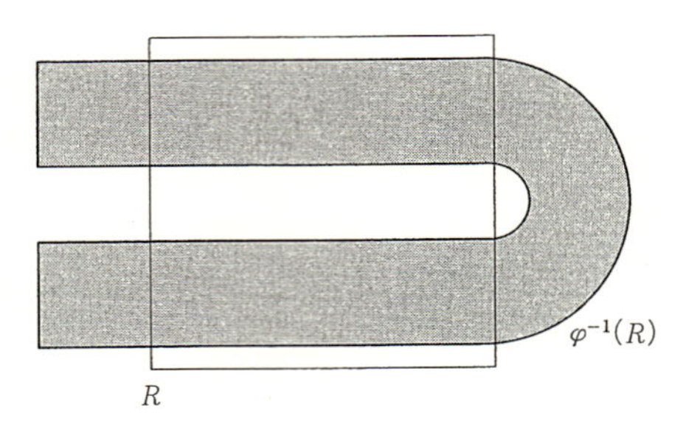

図 8.3

∞ であるから，この場合も z は遊走点．すなわち φ の非遊走集合 $\Omega(\varphi)$ の p, ∞ 以外の点は R に含まれ，したがって不変性より $\Lambda = \bigcap_{n\in\mathbb{Z}} \varphi^n(R)$ に含まれる．ここで Λ は φ-不変な閉部分集合であり，馬蹄形力学系 φ の Λ への制限は Anosov 可微分同相写像と類似の構造をもっている．いいかえれば，各点 $z \in \Lambda$ に対して $E^u_z \subset T_z\mathbb{R}^2 \cong \mathbb{R}^2$ を y-軸方向の 1 次元部分空間，$E^s_z \subset T_z\mathbb{R}^2$ を x-軸方向の 1 次元部分空間とするとき，分解 $T_z\mathbb{R}^2 = E^u_z \oplus E^s_z$ は φ-不変であり，かつ任意の自然数 n に対して $\|D_z\varphi^n(v)\| = 3^n\|v\|$, $v \in E^u_z$ および $\|D_z\varphi^{-n}(v)\| = 3^n\|v\|$, $v \in E^s_z$ が成り立つ．

一般に多様体 M 上の可微分力学系 $\varphi\colon M \to M$ の φ-不変な閉部分集合 $\Lambda \subset M$ が以下を満たすとき，Λ を**双曲型**，**双曲的**，あるいは**双曲型構造** (hyperbolic structure) をもつという．

（i） Λ 上で接空間 T_zM は φ-不変な部分空間 E^u_z, E^s_z への分解

$$T_zM = E^u_z \oplus E^s_z, \quad z \in \Lambda$$

をもち，かつ

（ii） φ が E^u 上伸長的，E^s 上縮小的．すなわち定数 $c > 0$, $\lambda > 1$ が存在して，任意の自然数 n に対して

$$\|D_z\varphi^n(v)\| \geqq c\lambda^n\|v\|, \quad v \in E^u_z$$
$$\|D_z\varphi^{-n}(v)\| \geqq c\lambda^n\|v\|, \quad v \in E^s_z$$

が成り立つとき．

このとき φ の Λ への制限 $\varphi|_\Lambda\colon \Lambda \to \Lambda$ を**双曲型力学系**と呼ぶ．可微分力学系 $\varphi\colon M \to M$ の非遊走集合 $\Omega(\varphi)$ が双曲型構造をもつとき，φ 自身を双曲型と

呼ぶこともある．双曲型力学系の典型例は Anosov 可微分同相写像である．また沈点，源点はここで述べた意味で双曲型の固定点であるから，馬蹄形力学系は双曲型である．

Λ 上の φ の漸近挙動の解析を続けよう．正方形 R の像 $\varphi(R)$ と，もとの R との共通部分は左右二つの長方形の和であるから，これを R_0, R_1 とおく．いま $I=[0,1]$ とし，I_0, I_1 をそれぞれ R_0, R_1 の横の辺を x-軸の部分集合と見たときの I の部分区間とする．このとき馬蹄形写像 φ は自然な対応 $\psi_0\colon I\to I_0$, $\psi_1\colon I\to I_1$ を導く．ψ_0 は向きを保つアファイン写像，ψ_1 は向きを逆にするアファイン写像である．$I_{00}=\varphi_0(I_0)$, $I_{01}=\varphi_0(I_1)$, $I_{10}=\varphi_1(I_0)$, $I_{11}=\varphi_1(I_1)$ とおけば，これらは $\varphi^2(R)$ と R の共通部分である四つの長方形の横の辺に対応している．同様に $0,1$ の有限列 $\alpha_0\alpha_1\cdots\alpha_n$, $\alpha_k=0,1$ に対して I の部分区間を帰納的に $I_{\alpha_0\alpha_1\cdots\alpha_n}=\psi_{\alpha_0}(I_{\alpha_1\cdots\alpha_n})$ で定義し，その和を C_n と書く．よく知られているように C_n の共通部分 $C=\bigcap_n C_n$ は Cantor 集合となる．$z\in R$ が $\varphi(R)$ に属する条件は z の x-座標が I_0 あるいは I_1 に属することであり，同様に z が $R\cap\cdots\cap\varphi^n(R)$ に属する条件は z の x-座標がいずれかの $I_{\alpha_0\alpha_1\cdots\alpha_{n-1}}$, $\alpha_k=0,1$, に属することである．逆写像 φ^{-n} についても同じ議論が展開できるから，y-軸上の Cantor 集合 C' が存在して，z が $R\cap\cdots\cap\varphi^{-n}(R)$ に属することと，z の y-座標が C' に属することが同値となる．したがって $\Lambda=\bigcap_{n\in\mathbb{Z}}\varphi^n(R)$ は二つの Cantor 集合 C, C' の積集合 $C\times C'$ と一致する．

さて Λ は正方形 R の内部に含まれているから，各点 $z\in\Lambda=C\times C'$ の近傍では馬蹄形写像 φ は平行移動を除いて線形写像 $(x,y)\mapsto\left(\pm\dfrac{1}{3}x,\ \pm 3y\right)$ と一致する．したがって双曲型トーラス自己同型写像の場合とまったく同様にして，$z_0=(x_0,y_0)\in R$ を通る y-軸に平行な直線 $x=x_0$ と R との共通部分が z_0 の局所不安定多様体 $W^u_{\text{loc}}(z_0)$ を与えることがわかる．不安定多様体 $W^u(z_0)$ は，局所不安定多様体の族 $W^u_{\text{loc}}(z)$, $z\in\Lambda$ を用いて $W^u(z_0)=\bigcup_{n=0,1,2,\cdots}\varphi^{-n}(W^u_{\text{loc}}(\varphi^n(z_0)))$ と表現される(図 8.4)．同様に直線 $y=y_0$ と R との共通部分が $z=(z_0,y_0)$ の局所安定多様体 $W^s_{\text{loc}}(z_0)$ を与え，安定多様体は $W^s(z_0)=\bigcup_{n=0,1,2,\cdots}\varphi^n(W^s_{\text{loc}}(\varphi^{-n}(z_0)))$ と表現される．

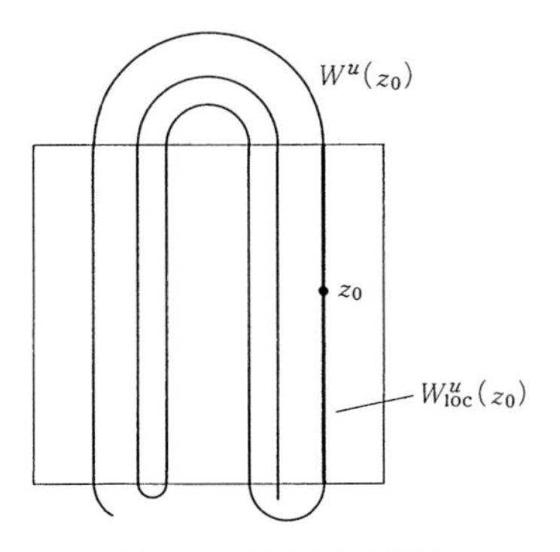

図 8.4　不安定多様体

z を Λ の点，U を z の近傍とする．十分大きい n に対して $\varphi^n(U)$ は $\varphi^n(z)$ の局所不安定多様体 $W^u_{\mathrm{loc}}(\varphi^n(z))$ を含み，また十分大きい m に対して $\varphi^{-m}(U)$ は $\varphi^{-m}(z)$ の局所不安定多様体 $W^u_{\mathrm{loc}}(\varphi^{-m}(z))$ を含む．これより $\varphi^n(U) \cap \varphi^{-m}(U) \neq \varnothing$，したがって $U \cap \varphi^{n+m}(U) \neq \varnothing$ が成り立つから，$z \in \Lambda$ は φ の非遊走点である．以上より，馬蹄形写像 φ の非遊走集合は $\Omega(\varphi) = \{\infty\} \cup \{p\} \cup \Lambda$ で与えられる．

次に $\varphi: S^2 \to S^2$ の Λ への制限 $\varphi|_\Lambda$ を，Markov 分割を用いて記号力学系によって表現しよう．正方形 R とその像 $\varphi(R)$ との共通部分 $R \cap \varphi(R)$ は左右二つの長方形 R_0, R_1 で構成されているから，$\Lambda_0 = R_0 \cap \Lambda$，$\Lambda_1 = R_1 \cap \Lambda$ とおくと，$\{\Lambda_0, \Lambda_1\}$ が Λ の Markov 分割となる(図 8.5)．すなわち

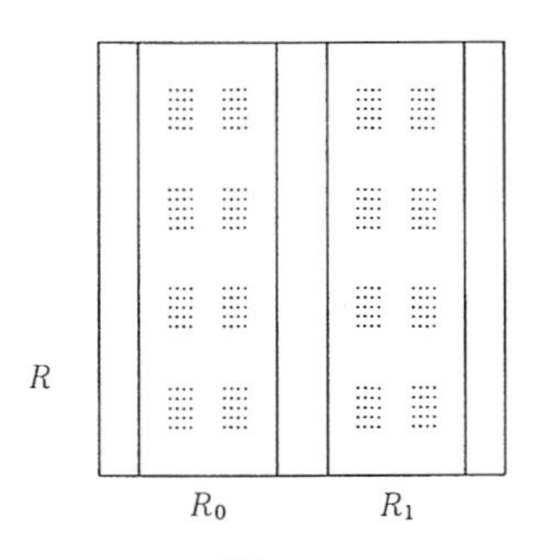

図 8.5

（i） $z\in\Lambda_i$, $\varphi(z)\in\Lambda_j$ のとき $\varphi(W^s_{\mathrm{loc}}(z)\cap\Lambda_i)\subset W^s_{\mathrm{loc}}(\varphi(z))\cap\Lambda_j$

（ii） $z\in\Lambda_i$, $\varphi^{-1}(z)\in\Lambda_j$ のとき $\varphi^{-1}(W^u_{\mathrm{loc}}(z)\cap\Lambda_i)\subset W^u_{\mathrm{loc}}(\varphi^{-1}(z))\cap\Lambda_j$

が成り立つ(§3.3(a)定義3.19参照)．拡大写像の場合と同様に(§7.1(d))，分割 $\{\Lambda_0,\Lambda_1\}$ を用いて Λ の各点の旅程を定めることができる．ただし，この場合の旅程は両側無限列である．$0,1$ の両側無限列の全体を Σ とおき，点 $z\in\Lambda$ に対し，

$$s(z)_n=\begin{cases}0, & \varphi^n(z)\in\Lambda_0\\ 1, & \varphi^n(z)\in\Lambda_1\end{cases}$$

で定義される Σ の元 $\boldsymbol{s}(z)=(s(z)_n)_{n=\cdots,-1,0,1,\cdots}$ を対応させる．写像 $\boldsymbol{s}\colon\Lambda\to\Sigma$ は1対1かつ上への写像であり，また Σ の積位相に関して連続である．したがって $\boldsymbol{s}$ は同相写像であり，その逆写像を $q\colon\Sigma\to\Lambda$ とおくとき，制限 $\varphi|_\Lambda\colon\Lambda\to\Lambda$ は，q によって全シフト $\sigma\colon\Sigma\to\Sigma$ と位相共役となる．特に φ は Λ で位相推移的であり，かつ Λ 内の周期点全体は Λ で稠密である．このように双曲型部分集合 Λ への力学系 φ の制限が位相推移的で，かつ φ の周期点が Λ で稠密であるとき，Λ を φ の**基本集合**(basic set)と呼ぶ．基本集合上の力学系は，Markov分割を用い，Markovサブシフトによって表現することが可能である．

(c) Ω-安定性

力学系 $\varphi\colon M\to M$ が**Ω-安定**(Ω-stable)であるとは，φ の十分小さい摂動 ψ に対し，その非遊走集合 $\Omega(\psi)$ への制限 $\psi|_{\Omega(\psi)}$ が φ の制限 $\varphi|_{\Omega(\varphi)}$ と位相共役であるときをいう．以下で馬蹄形力学系 $\varphi\colon S^2\to S^2$ が Ω-安定であることを証明しよう．

可微分同相写像 $\psi\colon S^2\to S^2$ が C^1 の意味で φ に近いと仮定する．1次元の場合と同じく，沈点 p および源点 ∞ は局所構造安定である(Hartmanの定理，§6.1(c)定理6.2，§8.3(a)系8.7)．したがって摂動 ψ は p に近い沈点 p' および ∞ に近い源点 q' をもち，p,∞ の近くにはそれ以外の非遊走点をも

たない．ψ の軌道で p,∞ の近くに現れないものはすべて $\Lambda_\psi=\bigcap_{n\in\mathbb{Z}}\psi^n(R)$ に含まれるから，ψ の p',q' 以外の非遊走点は Λ_ψ に属する．よって φ の Ω-安定性を示すには，ψ の非遊走集合 $\Omega(\psi)$ が $\Lambda_\psi\cup\{p',q'\}$ に一致すること，および Λ_ψ への ψ への制限が φ の Λ への制限と位相共役であることを言えばよい．

さて§7.3(a)定理7.19でAnosov可微分同相写像の摂動が，再び接空間の不変な分解をもつことを示した．この議論を Λ_ψ 上で ψ に適用すれば，Λ_ψ が ψ に関して双曲型であること，さらに ψ の伸長方向 E^u_z，縮小方向 E^s_z はそれぞれ y-軸方向，x-軸方向に近いことがわかる．これを念頭において，馬蹄形写像 φ に対する前項(b)の議論を摂動 ψ に対して繰り返す．まず $R\cap\psi(R)$ の二つの連結成分を R_0',R_1' とおく．R_0' と R_1' は R の上辺と下辺をつなぐ"長方形"であり，R_0',R_1' の ψ の縮小方向の幅と R の幅との比は $1/3$ に近い数で上から押さえられる．ψ の縮小方向が x-軸方向に近いことから，R_0' および R_1' の横の幅は $1/2$ 以下であるとしてよい．同様に $R\cap\psi(R)\cap\psi^2(R)$ は R の上辺と下辺をつなぐ四つの"長方形"であり，各々の横の幅は $1/4$ 以下である(図8.6)．これを繰り返せば，$\bigcap_{n=0}^{\infty}\varphi^n(R)$ の各連結成分が R の上辺と下辺をつなぐ弧であることがわかる．同様にして $\bigcap_{n=-\infty}^{-1}\varphi^n(R)$ の各連結成分

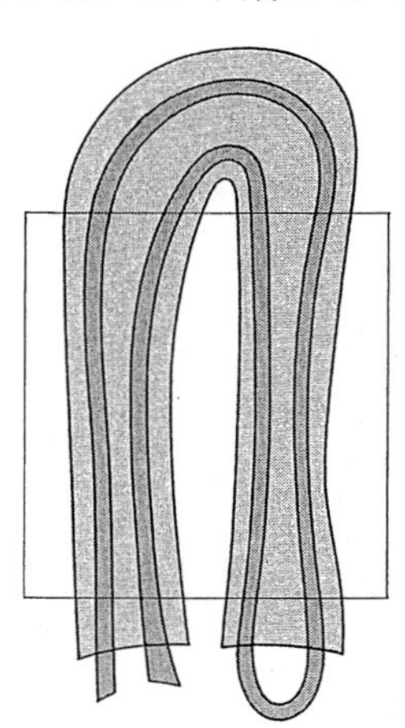

図8.6　馬蹄形写像の摂動

は R の右辺と左辺をつなぐ弧である．$\bigcap_{n=0}^{\infty} \varphi^n(R)$ の連結成分であるような弧の一つを A とする．A は $\bigcap_{n=-\infty}^{-1} \varphi^n(R)$ の各連結成分と交わるから，特に Λ_ψ の元を含む．これを $z \in A \cap \Lambda_\psi$ とおく．写像 ψ は Λ_ψ 上双曲的であったから，z の局所不安定多様体 $W^u_{\mathrm{loc}}(z)$ が存在するが，これは定義から A に含まれる．一方で ψ の Λ_ψ 上の伸長方向が1次元であることから $W^u_{\mathrm{loc}}(z)$ は A を含む．したがって A は $W^u_{\mathrm{loc}}(z)$ と一致する．いいかえれば $\bigcap_{n=0}^{\infty} \varphi^n(R)$ の各連結成分は適当な $z \in \Lambda_\psi$ の局所不安定多様体と一致する．同様に $\bigcap_{n=-\infty}^{-1} \varphi^n(R)$ の各連結成分は適当な $z \in \Lambda_\psi$ の局所安定多様体と一致する．局所不安定多様体と局所安定多様体が，それぞれ x-軸，y-軸に平行な線分に近いことから，Λ_ψ は次の意味で積構造をもつ．

命題 8.1　任意の $z, w \in \Lambda_\psi$ に対して，局所安定多様体 $W^s_{\mathrm{loc}}(z)$ と局所不安定多様体 $W^u_{\mathrm{loc}}(w)$ は唯1点で交わり，交点は再び Λ_ψ に属する．　□

さて φ の場合と同様，$\psi|_{\Lambda_\psi}: \Lambda_\psi \to \Lambda_\psi$ の挙動を記号力学系によって表現しよう．$\Lambda'_0 = \Lambda_\psi \cap R'_0$，$\Lambda'_1 = \Lambda_\psi \cap R'_1$ とおき，各 $z \in \Lambda_\psi$ に対して，その旅程 $\boldsymbol{s}(z) = (s(z)_n)_{n=\cdots,-1,0,1,\cdots} \in \Sigma$ を

$$s(z)_n = \begin{cases} 0, & \psi^n(z) \in \Lambda'_0 \\ 1, & \psi^n(z) \in \Lambda'_1 \end{cases}$$

で定義する．このように定義した写像 $\boldsymbol{s}: \Lambda_\psi \to \Sigma$ は，馬蹄形写像の場合と同じく，$\psi|_{\Lambda_\psi}$ と全シフト $\sigma: \Sigma \to \Sigma$ との共役写像となる．したがって $\boldsymbol{s}$ が同相写像であることがわかれば，$\psi|_{\Lambda_\psi}$ は全シフト σ を通じて $\varphi|_\Lambda$ と位相共役となる．さて片側無限列 $\boldsymbol{r}' = (r'_n)_{n=0,1,2,\cdots}$，$r'_n = 0, 1$ を任意に与えるとき，$s(z)_n = r'_n$，$n = 0, 1, 2, \cdots$ を満たす z の全体は $\bigcap_{n=0}^{\infty} \psi^n(R)$ の一つの連結成分であり，適当な $z \in \Lambda_\psi$ の局所不安定多様体である．同様に，任意の $\boldsymbol{r}'' = (r''_n)_{n=\cdots,-2,-1}$，$r''_n = 0, 1$ に対して，$s(z)_n = r''_n$，$n = \cdots, -2, -1$ を満たす z の全体は $\bigcap_{n=-\infty}^{-1} \psi^n(R)$ の一つの連結成分で，適当な $w \in \Lambda_\psi$ の局所安定多様体である．よって命題 8.1 より任意の両側無限列 $\boldsymbol{r} = (r_n)_{n=\cdots,-1,0,1,\cdots}$ に対し，$s(z)_n = r_n$，$n = \cdots, -1, 0, 1, \cdots$ を満たす $z \in \Lambda$ が唯一つ存在するから，$\boldsymbol{s}: \Lambda_\psi \to$

Σ は1対1かつ上への写像である．共役写像 s の連続性は，$\bigcap_{n=0}^{k} \psi^n(R)$ あるいは $\bigcap_{n=-k-1}^{-1} \psi^n(R)$ の連結成分である“長方形”の“幅”が $1/2^k$ 以下であることから導かれる．以上より $\psi|_{\Lambda_\psi}$ は $\sigma\colon \Sigma \to \Sigma$ と位相共役であり，したがって $\varphi|_{\Lambda}$ とも位相共役である．すなわち次の結果が証明された．

定理 8.2　馬蹄形写像 $\varphi\colon S^2 \to S^2$ は Ω-安定である．　□

(d)　Ω-爆　発

前項(c)で馬蹄形写像の Ω-安定性を述べたが，もちろん任意の力学系がこの安定性をもつわけではない．Ω-安定でない可微分写像 φ を考えよう．この場合，摂動によって $\Omega(\varphi)$ が集合として大きくなること，集合として小さくなること，あるいは $\Omega(\varphi)$ 内の漸近挙動が変化することなどが考えられる．このうち摂動によって $\Omega(\varphi)$ が集合として大きくなる場合を **Ω-爆発** (Ω-explosion)と呼ぶ．以下で Ω-爆発の典型例を馬蹄形写像を用いて説明する．

平面 $\mathbb{R}^2$ 上の可微分同相写像 $\varphi\colon \mathbb{R}^2 \to \mathbb{R}^2$ で，原点0の近くで局所的に $\varphi(x,y) \mapsto \left(\frac{1}{2}x, 2y\right)$ と表されるものを考える．議論を確定するために，正方形 $[-1,1]\times[-1,1]$ 上で φ が線形写像に一致すると仮定する．このとき0の局所安定多様体 $W^s_{\mathrm{loc}}(0)$ として $\{(x,0);\ -1 \leqq x \leqq 1\}$ を，局所不安定多様体 $W^u_{\mathrm{loc}}(0)$ として $\{(0,y);\ -1 \leqq y \leqq 1\}$ をとることができる．安定多様体は $W^s(0) = \bigcup_{n=0}^{\infty} \varphi^{-n}(W^s_{\mathrm{loc}}(0))$ で，不安定多様体は $W^u(0) = \bigcup_{n=0}^{\infty} \varphi^{n}(W^u_{\mathrm{loc}}(0))$ で与えられるから，各々はめ込まれた1次元部分多様体である．φ について，0の近く以外での制限はないから，$W^s(0)$ と $W^u(0)$ が共有点をもつように φ を構成することは可能である．このとき，共有点 $q \in W^s(0) \cap W^u(0)$ を**ホモクリニック点**(homoclinic point)と呼ぶ．さらにホモクリニック点 q で安定多様体 $W^s(0)$ と不安定多様体 $W^u(0)$ が横断的であるとき，いいかえれば q において $W^s(0)$ の接線と $W^u(0)$ の接線とが1次独立であるとき，q を**横断的ホモクリニック点**(transverse homoclinic point)と呼ぶ．

一般に2次元多様体上の可微分同相写像 $\varphi\colon M \to M$ の固定点 p が鞍点，

サドル，あるいは**狭い意味で双曲的**とは，p での φ の微分 $D_p\varphi\colon T_pM \to T_pM$ の固有値の絶対値が一つは1より大きく，一つは1より小さいことを指す．周期点に対しても同様である．このとき安定多様体 $W^s(p)$ および不安定多様体 $W^u(p)$ は，M にはめ込まれた1次元部分多様体となる(§8.3(a)定理8.5)．したがってこの場合もホモクリニック点，横断的ホモクリニック点を定義することができる．

さて φ の安定多様体および不安定多様体が図8.7で表される状況にあるとき，φ の非遊走集合 $\Omega(\varphi)$ を調べよう．このときのホモクリニック点 q は横断的ではない．まずホモクリニック点 q について考える．q の任意の近傍 U をとるとき，適当な k に対して，$\varphi^k(U)$ は線分 $\ell=\{(x_0,y);\ -\varepsilon \leqq y \leqq \varepsilon\}$，$0<x_0<1$，を含む．$\varphi$ は $[-1,1]\times[-1,1]$ 内では線形写像 $(x,y)\mapsto((1/2)x,2y)$ と一致しているから，十分大きい k' に対して $\varphi^{k'}(\ell)$ は線分 $\ell'=\{(2^{-k'}x_0,y);\ -1\leqq y\leqq 1\}$ を含む．$k'\to\infty$ に対して ℓ' が局所不安定多様体 $W^u_{\mathrm{loc}}(0)=\{(0,y);\ -1\leqq y\leqq 1\}$ に収束すること，また0の不安定多様体が $W^u(0)=\bigcup_{n=0}^{\infty}\varphi^n(W^u_{\mathrm{loc}}(0))$ で与えられることから，$W^u(0)$ のいくらでも近くに $\varphi^{k+k'}(U)$ の元が存在する．すなわち $U\cap\varphi^n(U)\neq\varnothing$ を満たす $n>0$ が存在し，q は非遊走集合 $\Omega(\varphi)$ に属する．次に図8.7に図示したような，$W^s(0)$ の一部およ

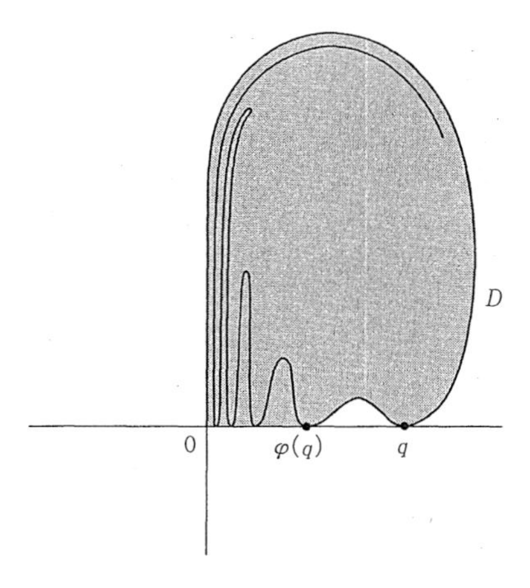

図8.7　横断的でないホモクリニック点

び $W^u(0)$ の一部で囲まれる領域 D を考える．この D は $\varphi(D)\subset D$ を満たすから，$D\backslash\varphi(D)$ の点は非遊走集合 $\Omega(\varphi)$ には属さない．したがって安定多様体 $W^s(0)$ 上の q と $\varphi(q)$ の間の点は $\Omega(\varphi)$ の元ではない．よって $W^s(0)$ 上の点は，ホモクリニック点 q の軌道以外は非遊走集合 $\Omega(\varphi)$ の元ではない．不安定多様体 $W^u(0)$ についても同様である．これ以上の情報を得るためには，φ の正確な形が必要であるが，注意深く φ を構成すれば，φ の非遊走点が，原点 0，ホモクリニック点 q の軌道上の点，および D 内の沈点 p のみであるようにできる．このように構成された可微分同相写像 φ が摂動によって Ω-爆発を起こすことを以下で述べる．

写像 φ を点 q の近傍 V で摂動して得られる写像を ψ とおく．この場合不安定多様体 $W^u(0)$ の 0 から $\psi(V)$ に入るまでの部分，および安定多様体 $W^s(0)$ の V から出てから 0 までの部分は影響を受けない．V 上の摂動によって q の像 $\psi(q)$ が x-軸より上になった場合，$W^u(0)$ と $W^s(0)$ との交点は消滅する．この場合は非遊走集合 $\Omega(\psi)$ は 0 と p のみよりなる集合に退化する．一方，摂動によって q の像 $\psi(q)$ が x-軸より下になった場合，横断的なホモクリニック点が q の近くに生じる(図 8.8)．以下でこのような場合の非遊走集

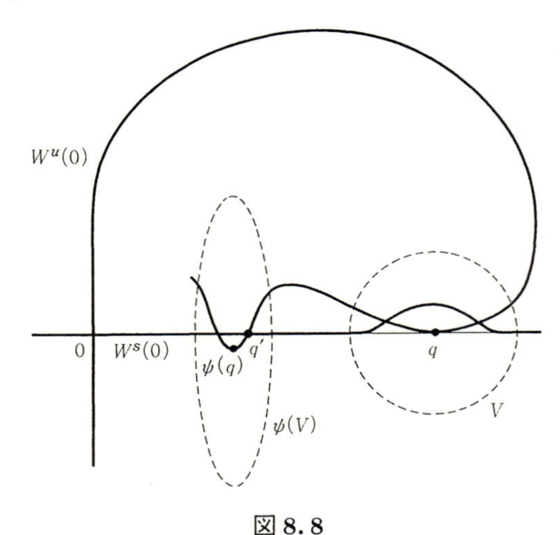

図 **8.8**

合 $\Omega(\psi)$ を調べよう．写像 ψ の横断的なホモクリニック点を q' とおく．q' を含む $W^u(0)$ 上の区間を T，区間 T に幅をつけた“長方形”を R とする．このとき ψ の十分大きい繰り返し ψ^k は R の縦方向を伸ばし，横方向を縮める．また T の，ψ の繰り返し ψ^k による像は，局所不安定多様体 $W^u_{\rm loc}(0)$ にいくらでも近い弧を含む．よって $W^u(0)=\bigcup_{n=0}^{\infty}\psi^n(W^u_{\rm loc}(0))$ より，$W^u(0)$ は T に内側から収束する弧を含む．したがって，さらに k を大きくとれば $\psi^k(R)$ はもとの R と二つ以上の連結成分で交わる(図 8.9)．これは ψ の繰り返し ψ^k が，R に関する馬蹄形写像を本質的に含むことを意味している．区間 T および“長方形” R はいくらでも q' に近くとることができるから，q' は ψ の非遊走集合 $\Omega(\psi)$ の集積点である．横断的ホモクリニック点 q' は，摂動が小さければ φ のホモクリニック点 q に近い．すなわち非遊走集合は，摂動によって点 q の近くで爆発する．

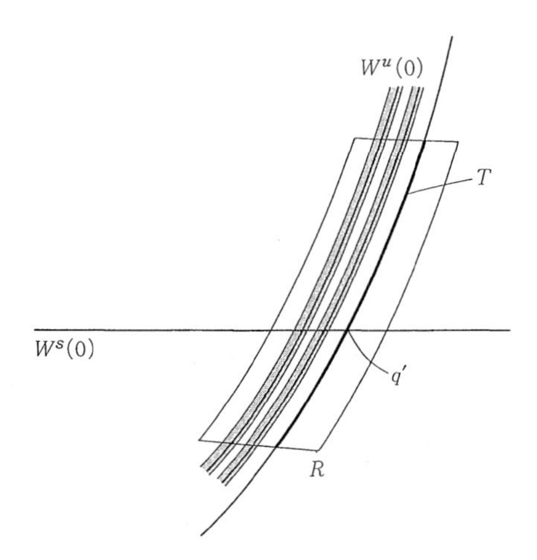

図 8.9　横断的ホモクリニック点

(e)　構造安定性

馬蹄形写像 φ が Ω-安定であることを項(c)で示したが，φ はさらに構造安定でもある．すなわち φ の摂動 ψ に対して，φ から ψ への S^2 全体での位相共役写像が存在する．この事実に対する完全な証明は本書の程度を超えるが，共役を与える写像の構成について，以下でその概略を述べる．

$\varphi\colon S^2\to S^2$ を馬蹄形写像，ψ を φ の摂動とする．R, D_1, D_2 を項(a)で φ の定義に用いた正方形，半円板とし，$D=R\cup D_1\cup D_2$ とおく．基本集合 $\Lambda=\bigcap_{n=-\infty}^{\infty}\varphi^n(R)$, $\Lambda_\psi=\bigcap_{n=-\infty}^{\infty}\psi^n(R)$ に対して，$\varphi|_\Lambda$ と $\psi|_{\Lambda_\psi}$ との間の共役写像の存在は定理8.2によって保証されている．したがって補集合 $S^2\setminus\Lambda$ 上での共役写像を，Λ 上での共役写像とあわせて連続となるように構成すればよい．そのために補集合 $S^2\setminus\Lambda$ を，軌道の R との位置関係によって分割する．

まず φ に対して $A=\varphi^{-1}(D)\setminus\mathrm{Int}\,D$, $B=D_1\cup D_2\setminus\mathrm{Int}\,\varphi(D_2)$ とおく(図8.10)．そうすると $n\to-\infty$ のとき $\varphi^n(z)\to\infty$ を満たす点 z, $z\neq\infty$, の軌道は，A の境界にある場合を除いてちょうど1回だけ A を通過する．同じく $n\to\infty$ のとき $\varphi^n(z)\to p$ を満たす点 z, $z\neq p$, の軌道は，B の境界にある場合を除いてちょうど1回だけ B を通過する．したがって A に属する点 z の z 以降の軌道 $\{\varphi^n(z)\}_{n=1,2,\cdots}$ は，最初の何回か R に属し次に B に入るか，あるいはそのまま R に留まるかのいずれかである．これによって部分集合 A を $A=A_\infty\cup A_1\cup A_2\cup\cdots$ と分割する．すなわち

$$A_\infty=\{z\in A;\ \varphi(z),\varphi^2(z),\cdots\in R\},$$

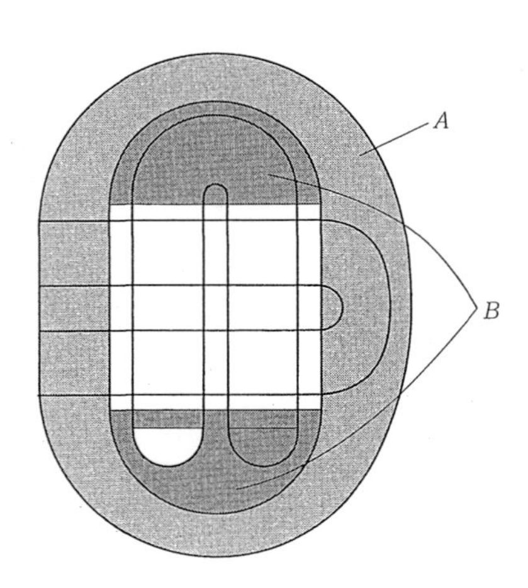

図8.10

$$A_0 = \{z \in A;\ \varphi(z) \in B\},$$
$$\cdots\cdots\cdots,$$
$$A_k = \{z \in A;\ \varphi(z), \cdots, \varphi^k(z) \in R,\ \varphi^{k+1}(z) \in B\},$$
$$\cdots\cdots\cdots.$$

このうちA_∞は，基本集合Λの安定集合$W^s(\Lambda) = \bigcup_{z \in \Lambda} W^s(z)$と$A$との共通部分に等しい．したがって位相的には$A_\infty$は，Cantor集合と区間との直積集合三つの和となっている．部分集合Bも同様に，元$z \in B$のzに至るまでの軌道$\{\varphi^n(z)\}_{n=\cdots,-2,-1}$によって，$B = B_\infty \cup B_1 \cup B_2 \cup \cdots$と分割する．$B_\infty$は$\Lambda$の不安定集合$W^u(\Lambda) = \bigcup_{z \in \Lambda} W^u(z)$と$B$との共通部分に等しい．

次にψに関して$A' = \psi^{-1}(D) \setminus \mathrm{Int}\, D$, $B' = D_1 \cup D_2 \setminus \mathrm{Int}\, \psi(D_2)$とおき，同様に$A' = A'_\infty \cup A'_1 \cup A'_2 \cup \cdots$, $B' = B'_\infty \cup B'_1 \cup B'_2 \cup \cdots$と分割する．同相写像$h\colon R \cup A \cup B \to R \cup A' \cup B'$が，この範囲に属する$\varphi$と$\psi$の軌道に関する共役写像となっているならば，$h$を，共役という条件を保ったまま$S^2$全体に拡張したものが求める同相写像となる．このようなhを，分割$A = A_\infty \cup A_1 \cup A_2 \cup \cdots$にしたがって順次構成しよう．

まずA_∞を大きく$A_{\infty,1}, A_{\infty,2}, A_{\infty,1}$の三つに分ければ，各$A_{\infty,i}$はCantor集合と区間との直積集合である．$A_{\infty,i}$の各連結成分の$\varphi$による像が，適当な$z \in \Lambda$の局所安定多様体$W^s_{\mathrm{loc}}(z)$の部分集合であることから，Markov分割$\Lambda = \Lambda_0 \cup \Lambda_1$によって，各連結成分に$0, 1$の片側無限列$\boldsymbol{r} = (r_n)_{n=\cdots,-2,-1}$が対応する．$A'_\infty$に関しても同様である．この対応を保つように同相写像$h\colon A_\infty \to A'_\infty$を与える．各連結成分上で同一軌道に属する点は両端点のみであるから，この$h\colon A_\infty \to A'_\infty$を，$\varphi$と$\psi$の共役を与えるという条件によって$h\colon \bigcup_{n=0}^{\infty} \varphi^n(A_\infty) \to \bigcup_{n=0}^{\infty} \psi^n(A'_\infty)$に拡張することができる．同様にして$h\colon \bigcup_{n=-\infty}^{0} \varphi^n(B_\infty) \to \bigcup_{n=-\infty}^{0} \psi^n(B'_\infty)$を構成する．部分集合$R \cup A \cup B$内での$\bigcup_{n=0}^{\infty} \varphi^n(A_\infty) \cup \bigcup_{n=-\infty}^{0} \varphi^n(B_\infty)$の閉包は，これに基本集合$\Lambda$をつけ加えたものである．$h$と基本集合$\Lambda$上の共役写像をあわせた写像がこの閉包上連続であることは，写像$h\colon A_\infty \to A'_\infty$, $B_\infty \to B'_\infty$による連結成分の対応が，$0, 1$の無限列の対応を経由したものであることから導かれる．

最後に $k=1,2,\cdots$ に対して，写像

$$h\colon A_k\cup\varphi(A_k)\cup\cdots\cup\varphi^{k+1}(A_k)\to A'_k\cup\psi(A'_k)\cup\cdots\cup\psi^{k+1}(A'_k),$$
$$\varphi^{k+1}(A_k)=B_k,\quad \psi^{k+1}(A'_k)=B'_k$$

を構成する．これは同相写像 $h\colon A_k\to A'_k$ をとり，φ と ψ の共役を与えるという条件によって h を $A_k\cup\varphi(A_k)\cup\cdots\cup\varphi^{k+1}(A_k)$ 上に拡張すればよい．その際これまでに定義した h と連続につながるように注意を払う必要があるが，詳細は省略する．図 8.11 に A_k の一部の位置関係を示した．以上が共役写像の構成である．

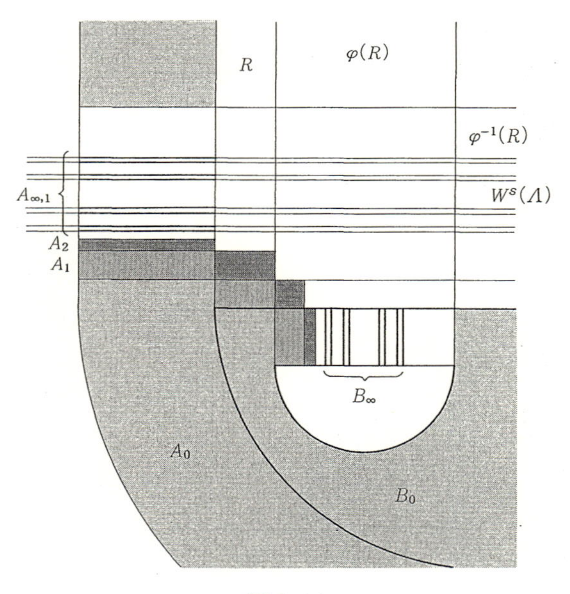

図 8.11

構成の概略から容易に想像できるように，摂動 ψ が φ に近ければ，共役写像 h を，一様ノルムに関して恒等写像 id_{S^2} に近くとることができる．すなわち馬蹄形写像 φ は強い意味で構造安定である．

§8.2　DA 写像

この節では Anosov 可微分同相写像，具体的には双曲型トーラス自己同型を変形して得られる公理 A 可微分同相写像である DA 写像について述べる．名称 DA は derived from Anosov の頭文字に由来する．後半では DA 写像を利用して，トーラス上の可微分同相写像であって構造安定な系では近似できないものを構成する．これは 1 次元の可微分力学系において構造安定な系が稠密であったこととは対照的である．

(a)　構　成

一言でいえば，DA 写像は双曲型トーラス自己同型 φ の一つの固定点 0 で，その微分 $D_0\varphi$ の固有値の一方を操作して 0 を源点に変えた写像である．以下でその構成を述べる．

$\varphi=\varphi_A\colon \mathbb{T}^2\to\mathbb{T}^2$ を双曲型トーラス自己同型とし，簡単のため行列 A の固有値が μ,λ ともに正，したがって $0<\mu<1<\lambda$ を満たすと仮定する．固有値 μ,λ に属する固有ベクトルを e_μ, e_λ とおけば，Anosov 可微分同相写像としての接空間の分解 $T_z\mathbb{T}^2=E^s_z\oplus E^u_z$ は $E^s_z=\mathbb{R}e_\mu$, $E^u_z=\mathbb{R}e_\lambda$ で与えられる．$\mathbb{T}^2$ には $\{e_\lambda, e_\mu\}$ を正規直交基底とする Riemann 計量を入れる．また $\mathbb{R}^2$ の座標を $ue_\mu+ve_\lambda\mapsto(u,v)$ で定義すれば，φ の持ち上げの一つ $\widetilde{\varphi}\colon\mathbb{R}^2\to\mathbb{R}^2$ が $\widetilde{\varphi}(u,v)=(\mu u,\lambda v)$ で与えられる．$\mathbb{R}^2$ の座標系 (u,v) は $\mathbb{T}^2$ の 0 のまわりでの局所座標系と見なすこともできる．(u,v) による φ の表現は，やはり $\varphi(u,v)=(\mu u,\lambda v)$ となる．さて ξ をこぶ関数とし(§6.1(c))，ξ を用いて $\eta\colon\mathbb{T}^2\to\mathbb{T}^2$ を $(u,v)\mapsto((1+\alpha\xi(u)\xi(v))u,v)$ で定義する．η は $0\in\mathbb{T}^2$ の近傍 $U=\{(u,v);\ -\delta<u,v<\delta\}$ 以外では恒等写像 $\mathrm{id}_{\mathbb{T}^2}$ と一致する．ただし定数 α は，$\mu(1+\alpha\xi(u)\xi(v))$ の最大値 $\overline{\lambda}=\mu+\mu\alpha$ が $1<\overline{\lambda}<\lambda$ を満たすようにとる．この η と双曲型トーラス自己同型 φ の合成によって定義される可微分同相写像 $\psi=\eta\circ\varphi\colon\mathbb{T}^2\to\mathbb{T}^2$ を **DA 写像**(DA map)と呼ぶ．

以降で DA 写像 ψ の非遊走集合 $\Omega(\psi)$ が双曲型であることをいう．まず η の定義から，その持ち上げ $\widetilde{\eta}\colon\mathbb{R}^2\to\mathbb{R}^2$ は $\mathbb{R}^2$ の直線 $v=c$ を自分自身に写す．

したがって $\psi=\eta\circ\varphi\colon \mathbb{T}^2\to\mathbb{T}^2$ の持ち上げ $\widetilde{\psi}\colon \mathbb{R}^2\to\mathbb{R}^2$ は直線族 $\{v=c\}_{c\in\mathbb{R}}$ を保つ．よって直線族 $\{v=c\}$ の接線方向のなす部分空間 $E_z^s\subset T_z\mathbb{T}^2$ は ψ-不変，すなわち $D_z\psi(E_z^s)=E_{\psi(z)}^s$ を満たす．またこの直線族の像として与えられる $\mathbb{T}^2$ の葉層構造は ψ で不変である．0の近傍では φ および η が直線 $v=0$ を自分自身に写すことから，これは ψ でも不変である．直線 $v=0$ に制限した ψ のグラフは図8.12のようになる．ψ は v-方向には伸長的であるから，0に近い ψ の固定点は源点 $0=(0,0)$ と，双曲型固定点 $p_\pm=(\pm u_0,0)$ の三つである．後の解析のために，直線 $v=\pm\delta$ および $p_\pm$ の ψ に関する不安定多様体 $W^u(p_\pm)$ で囲まれる閉領域を R とおく．R は $R\subset\varphi(R)$ を満たし，R の内部の点 $z\in\operatorname{Int}R$ は $n\to\infty$ のとき $\varphi^{-n}(z)\to 0$ を満たす．したがって0の不安定集合 $W^u(0)$ は $\bigcup_{n=0}^{\infty}\psi^n(\operatorname{Int}R)$ と一致する．

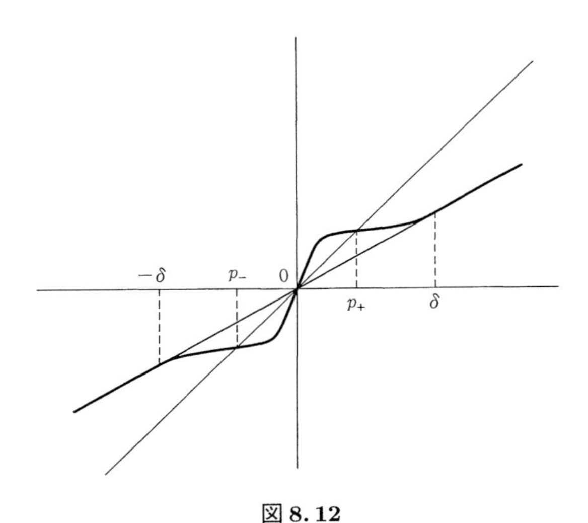

図 8.12

次に部分空間 E_z^s が ψ について縮小的であることをいう．正確には ψ-不変部分集合 Λ を $\Lambda=\mathbb{T}^2\setminus W^u(0)$ で定義するとき，E_z^s は ψ に関して Λ 上の縮小空間となっている．φ を改変した0の近傍 U 上の点 z で，$D_z\psi$ が縮小的でない，すなわち $v\in E_z^s$, $v\neq 0$, に対して $\|D_z\psi(v)\|\geqq\|v\|$ を満たすものの全体は，0を含む凸領域 D をなす．D に含まれる直線 $v=c$ 上の線分は長

さが ψ によって伸びる．したがって $D\subset \mathrm{Int}\,\psi(D)$ であり，$D\subset W^u(0)$ が導かれる(図 8.13)．よって各 $v\in E^s_z$，$z\in \Lambda=\mathbb{T}^2\setminus W^u(0)$ に対して $\|D_z\varphi(v)\|\leqq \overline{\mu}(z)\|v\|$ なる $\overline{\mu}(z)<1$ が存在する．Λ がコンパクトであることから，$\overline{\mu}(z)$ は Λ 上最大値 $\mu_0<1$ をとる．これは ψ が Λ 上 E^s に関して縮小的であることを示している．

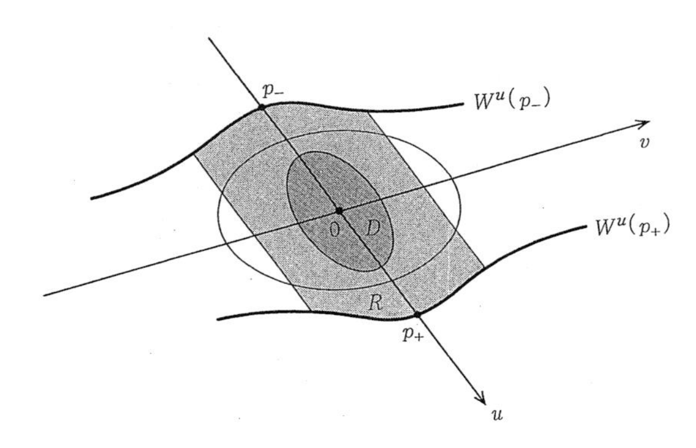

図 8.13

次に E^s_z と 1 次独立な ψ-不変伸長空間 $\overline{E}^u_z$ を見つけよう．Anosov 可微分同相写像の全体が開集合をなすこと(§7.3(a)定理 7.19)の証明と同じく，各点 $z\in\mathbb{T}^2$ の接空間 $T_z\mathbb{T}^2$ において射影直線 $P_z=T_z\mathbb{T}^2\setminus\{0\}/\sim$ を考える．そのために基底 $\{e_\mu, e_\lambda\}$ によって微分 $D_z\psi$ を表現する．$D_z\psi=D_{\eta(z)}\varphi\circ D_z\eta$ より，$D_z\varphi=\begin{pmatrix}\mu & 0\\ 0 & \lambda\end{pmatrix}$ および $D_z\eta=\begin{pmatrix}\overline{a} & 0\\ \overline{c} & 1\end{pmatrix}$，$0<\overline{a}=1+\alpha\xi(u)\xi(v)+\alpha\xi'(u)\xi(v)u\leqq 1+\alpha$ を用いて $D_z\psi=\begin{pmatrix}a & 0\\ c & d\end{pmatrix}$，$0<a\leqq\overline{\lambda}$，$d=\lambda$ が得られる．Anosov 可微分同相写像の接空間の分解の連続性を示したときと同じく(§7.3(a)定理 7.19)，各点 $z\in\mathbb{T}^2$ の接空間 $T_z\mathbb{T}^2$ において射影直線 $P_z=T_z\mathbb{T}^2\setminus\{0\}/\sim$ を考える．P_z に e_μ, e_λ の順序を入れ換えた $\{e_\lambda, e_\mu\}$ によって射影座標を入れる．そうすると微分 $D_z\psi\colon T_z\mathbb{T}^2\to T_{\psi(z)}\mathbb{T}^2$ の導く変換 $\psi_*\colon P_z\to P_{\psi(z)}$ は $\psi_*(t)=\dfrac{a}{\lambda}t+\dfrac{c}{\lambda}$ と表される．ここで $0<\dfrac{a}{\lambda}\leqq\dfrac{\overline{\lambda}}{\lambda}<1$ より ψ_* を写像 $\mathbb{R}\to\mathbb{R}$ と見なしたときには，これは縮小写像である．したがって各点 $z\in\Lambda$ に対し，P_z の点列 $\psi^n_*(0_{\psi^{-n}(z)})$，$n=1,2,\cdots$ は収束する．その極限 $q_z\in P_z$ に対応する部

分空間 $\overline{E}^u_z$ は ψ-不変で，かつ $D_z\psi$ について伸長的．また構成から $\overline{E}^u_z$ は z に関して連続である．特に Λ 上での接空間の分解 $T_z\mathbb{T}^2=E^s_z\oplus\overline{E}^u_z$ は，縮小空間と伸長空間への分解であるから，Λ は ψ の双曲型部分集合である．

(b)　非遊走集合

この項では DA 写像 ψ の非遊走集合 $\Omega(\psi)$ が 0 と $\Lambda=\mathbb{T}^2\setminus W^u(0)$ の和集合であること，および Λ 上 ψ が位相推移的かつ周期点が Λ で稠密なること，すなわち Λ が基本集合であることをいう．

最初に双曲型トーラス自己同型 φ への半共役写像を解析する．DA 写像 ψ の定義に用いた写像 η は恒等写像 $\mathrm{id}_{\mathbb{T}^2}$ とホモトピックであるから，$\psi=\eta\circ\varphi$ は双曲型トーラス自己同型 φ とホモトピックである．したがって§7.2(b)定理 7.17 によって半共役写像 $h\colon\mathbb{T}^2\to\mathbb{T}^2$, $h\circ\psi=\varphi\circ h$, が存在する．一方 ψ は源点をもつから，半共役写像 h は 1 対 1 ではない．

まず $h(z)=h(z')$ なる $z\neq z'\in\mathbb{T}^2$ がどのような点であるかを決定しよう．このような 2 点 $z,z'\in\mathbb{T}^2$ の持ち上げを $\tilde{z},\tilde{z}'$ とおき，h の持ち上げ $\tilde{h}\colon\mathbb{R}^2\to\mathbb{R}^2$ に対して $\tilde{h}(\tilde{z})=\tilde{h}(\tilde{z}')$ が成り立つとする．持ち上げ $\tilde{h}$ は，$\tilde{\psi}$ の軌道 $\{\tilde{\psi}^n(\tilde{z})\}$ を双曲型線形写像 $\tilde{\varphi}=L_A$ の擬軌道と見なして，これを追跡する点 $\tilde{w}$ を $\tilde{z}$ に対応させる写像であった(§7.2(b)定理 7.17)．ここで $\tilde{\psi},\tilde{\varphi}$ がともに直線 $v=c$ を直線 $v=\lambda c$ に写すことから，$\tilde{h}$ は点 $\tilde{z}$ の v-座標を変えない．したがって $\tilde{z}$ と $\tilde{z}'$ の v-座標は等しい．この値を c，また直線 $v=c$ 上で $\tilde{z}$ と $\tilde{z}'$ を結ぶ線分を ℓ とおく．$\tilde{\psi}^{-k}$ による ℓ の像 $\tilde{\psi}^{-k}(\ell)$ が，前項(a)で述べた領域 R(図 8.13)の適当な持ち上げ $\tilde{R}$ に含まれるとき，$\tilde{\psi}^{-n}(\ell)$ の長さは $n\geqq k$ に関して有界となるから，このときは実際に $\tilde{h}(\tilde{z})=\tilde{h}(\tilde{z}')$ が成り立つ．それ以外のとき，$\mathrm{Int}\,R$ の外側では E^s_z は縮小空間であるから，$\tilde{\psi}^{-n}(\ell)$ の長さは $n\to\infty$ に関して有界とはならない．これは $\tilde{h}(\tilde{z})=\tilde{h}(\tilde{z}')$ に矛盾する．以上をまとめると，半共役写像 $h\colon\mathbb{T}^2\to\mathbb{T}^2$ に対して $h(z)=h(z')$ となるのは，適当な n に対して $\varphi^{-n}(z)$ および $\varphi^{-n}(z')$ が R 内の $v=c$ なる線分上に位置する場合に限ることがわかる．したがって半共役写像 h の $\Lambda=\mathbb{T}^2\setminus W^u(0)$ への制限 $h|_\Lambda\colon\Lambda\to\mathbb{T}^2$ は高々 2 対 1 である．また $W^u(0)$ の h による像が，$W^u(p_\pm)\subset\Lambda$ の h に

よる像と一致することから，$h|_\Lambda\colon \Lambda\to\mathbb{T}^2$ は上への写像である．

次に Λ の位相的な形を決定しよう．分解 $T_z\mathbb{T}^2=E^s_z\oplus\overline{E}^u_z$ における E^s_z は，$z=0$ においては縮小的ではない．しかし $z=0$ においても E^s_0 上での $D_0\varphi$ の伸長率と $\overline{E}^u_0$ 上での伸長率には差がある．したがって，Anosov 可微分同相写像の場合と同じようにグラフ変換の方法を用いれば(§7.3(b)定理 7.22)，各点 $z\in\mathbb{T}^2$ で $\overline{E}^u_z$ に接する ψ-不変な葉層構造 $\mathcal{F}$ の存在がわかる．点 $z\in\Lambda$ を通る $\mathcal{F}$ の葉は，定義より z の不安定多様体 $W^u(z)$ である．

Λ は $\mathbb{T}^2\setminus W^u(0)$ として定義されたから $W^u(z)\subset\Lambda$ であり，特に Λ は $\mathcal{F}$ の葉の和集合となっている．これを Λ は葉層構造 $\mathcal{F}$ の不変部分集合であるという．さらに Λ は $\mathcal{F}$ の空でない不変な閉部分集合の中で極小である．極小であることを示すには，Λ に含まれる $\mathcal{F}$ の任意の葉 $W^u(z)$ の閉包が Λ に一致することを言えばよい．そのために，任意に 2 点 $z,w\in\Lambda$ をとる．点 w を内点にもつ E^s_w 方向の線分を ℓ とおく．半共役写像 $h\colon \Lambda\to\mathbb{T}^2$ による ℓ の像 $h(\ell)$ は，再び e_μ 方向の線分となる．この線分の長さが 0 であれば，h が線分 ℓ を 1 点につぶしているから，適当な n に対して $\psi^{-n}(\ell)$ は領域 R に含まれる．これは $w\in\Lambda$ が ℓ の内点であることに反するから，$h(\ell)$ は長さをもつ．一方で z の不安定多様体 $W^u(z)$ の h による像 $h(W^u(z))$ は $\mathbb{T}^2$ 上の e_λ 方向の"直線"であるから線分 $h(\ell)$ と無限回交わる．よって $W^u(z)\cap\ell\neq\varnothing$ である．線分 ℓ はいくら短くてもよいから，不安定多様体 $W^u(z)$ の閉包は点 w を含む．$z,w\in\Lambda$ は任意であったから Λ は葉層構造 $\mathcal{F}$ の極小集合である．

さて§7.3(c)と同様に，$\mathcal{F}$ に横断的な単純閉曲線 C をとって，$\mathcal{F}$ のホロノミーの定める C 上の離散力学系を考える．φ から ψ への摂動の大きさにもよるが，ほとんどの場合は C を直線 $x=0$ の射影にとることができる．ψ の誘導する準同型写像 $\psi_*\colon \mathbb{Z}^2\to\mathbb{Z}^2$ が双曲型であり(§7.2(a))，Λ が ψ-不変であることから，ホロノミー写像による力学系 $C\to C$ の回転数は無理数である．したがって C 上の極小集合 $C\cap\Lambda$ は C 全体か，あるいは Cantor 集合である(§5.2(b)系 5.11)．この場合は後者である．すなわちホロノミー写像による力学系は Denjoy 可微分同相写像となっている．DA 写像 ψ は双曲型トーラス自己同型 φ の固定点 0 を源点に変えた写像であるから，0 の ψ に関

する不安定多様体 $W^u(0;\psi)$ は開集合であり，C 上で見れば，0 の φ に関する不安定多様体 $W^u(0;\varphi)$ と C との各交点が，$W^u(0;\psi)$ と C との共通部分である開区間におきかわっている．これは§5.4(b)で扱った Denjoy 可微分同相写像の構成そのものである．特に Λ は各点において Cantor 集合と区間の直積の形の近傍をもつ(図8.14)．また Denjoy の定理(§5.4(a)定理5.23)によって，ψ 自身が滑らかであっても，不変部分空間 $\overline{E}_z^u$ は z に関して高々 C^1 級であることがわかる．

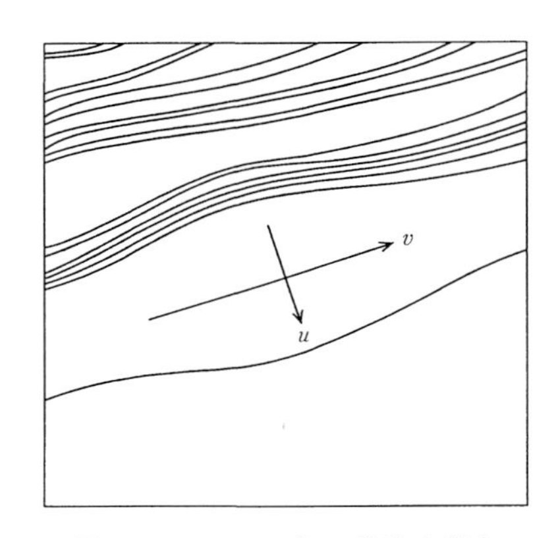

図8.14　DA 写像の非遊走集合

以上の準備のもとで，Λ が ψ の基本集合であること，および ψ の非遊走集合 $\Omega(\psi)$ が Λ と 0 との和集合と一致することをいう．基本集合は双曲型部分集合で，周期点の全体が稠密であり，写像の制限が位相推移的であるものを指す(§8.1(b))．Λ が双曲型であることはすでに示した．周期点と位相推移性を扱うために，DA 写像 ψ から双曲型トーラス自己同型 φ への半共役写像の Λ への制限 $h|_\Lambda\colon \Lambda\to\mathbb{T}^2$ が開写像であることをいう．先に議論したように，半共役写像 $h\colon \mathbb{T}^2\to\mathbb{T}^2$ は，E_z^s 方向の Λ と交わる線分を，e_μ 方向の長さのある線分に写す．また h は点の "v-座標" を変えない写像であったから，不安定多様体 W^u 上の長さのある線分を e_λ 方向の長さのある線分に写す．したがって Λ の開集合 $V\subset\Lambda$ に対し，その h による像 $h(V)$ は $\mathbb{T}^2$ の開集合である(図8.15)．

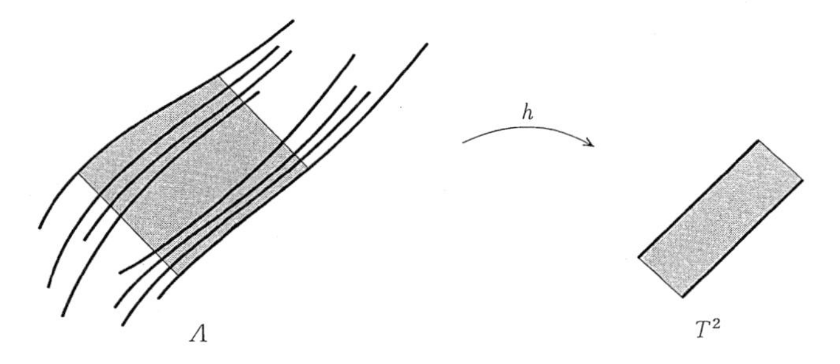

図 8.15

さて双曲型トーラス自己同型φについては，周期点の全体は$\mathbb{T}^2$で稠密であった(第7章演習問題7.5)．したがってΛの任意の開集合Vに対し，点$w\in V$であって$h(w)$がφの周期点となるものが存在する．ここで$h\colon \Lambda\to\mathbb{T}^2$は高々2対1であったから，このような$w\in\Lambda$はそれ自身が$\psi$の周期点である．よって$\mathrm{Per}(\psi)$は$\Lambda$で稠密である．また双曲型トーラス自己同型$\varphi$は，記号力学系によって表現することで位相混合性をもつことがわかる(§3.2(c)命題3.17)．したがって任意の開集合$V, V'\subset\Lambda$に対し，十分大きいNをとれば，$n\geqq N$に対して$h(V)\cap\varphi^n(h(V'))\neq\varnothing$が成り立つ．これは$n\geqq N$に対して$V\cap\psi^n(V')\neq\varnothing$を導くから，$\psi|_\Lambda$も位相混合性をもつ．特に$\psi|_\Lambda$は位相推移的である．以上より$\Lambda$は$\psi$の基本集合である．これより$\Lambda\subset\Omega(\psi)$が従う．

一方で$\Lambda=\mathbb{T}^2\setminus W^u(0)$であり，$W^u(0)$の0以外の元が遊走点であることから，$\psi$の非遊走集合$\Omega(\psi)$は0と$\Lambda$の和集合と一致する．したがって$\psi$の非遊走集合$\Omega(\psi)$は基本集合$\Lambda$と，源点である固有点0に分解された．さらに$z\notin\Omega(\psi)$が$n\to\infty$のとき$\psi^n(z)\to\Lambda$，$n\to-\infty$のとき$\psi^n(z)\to 0$を満足する．よって馬蹄形写像の場合と同様，次を得る．

定理 8.3 DA写像$\psi\colon\mathbb{T}^2\to\mathbb{T}^2$は$\Omega$-安定である． □

さらにψは構造安定でもあるが，証明は省略する．

基本集合Λ上のψの挙動は，半共役写像$h|_\Lambda\colon\Lambda\to\mathbb{T}^2$によってトーラス自己同型$\varphi\colon\mathbb{T}^2\to\mathbb{T}^2$の挙動に帰着することができる．特に，$\mathbb{T}^2$のトーラス自己同型$\varphi$に関するMarkov分割$\mathbb{T}^2=R_1\cup\cdots\cup R_k$を$h$で$\Lambda$に引き戻した分

割 $\Lambda=\Lambda_0\cup\cdots\cup\Lambda_k$, $\Lambda_i=h^{-1}(R_i)\cap\Lambda$ は Λ の ψ に関する Markov 分割となる．また $h|_\Lambda\colon\Lambda\to\mathbb{T}^2$ が高々2対1であり，1対1でない点が $W^u(p_\pm)$ 上にあること，$W^u(p_\pm)$ 上の ψ-不変測度が $p_\pm$ 上のアトムの線形和のみであることから，測度論的には $\psi|_\Lambda\colon\Lambda\to\Lambda$ はトーラス自己同型 $\varphi\colon\mathbb{T}^2\to\mathbb{T}^2$ と本質的に同じものである．

馬蹄形写像 $\varphi\colon S^2\to S^2$ の場合に現れた自明でない基本集合 Λ_φ は，それ自身 Cantor 集合と同相であり，安定集合 $W^s(\Lambda_\varphi)$ をとっても，その Lebesgue 測度は0である．したがってほとんどすべての点 $z\in S^2$ に対して，その軌道 $\varphi^n(z)$ は $n\to\infty$ のとき φ の沈点に収束し，漸近挙動の意味で Λ_φ を観測することはできない．これに対して DA 写像 $\psi\colon\mathbb{T}^2\to\mathbb{T}^2$ の基本集合 Λ_ψ は，吸引領域が $\mathbb{T}^2\setminus\{0\}$ と一致するアトラクタであり，0以外の任意の点 $z\in\mathbb{T}^2$ から出発して，軌道 $\psi^n(z)$ を追跡することによって Λ_ψ の形を観測することが可能である．しかも Λ_ψ は単純な多様体ではなく，局所的に Cantor 集合と区間の直積という奇妙な形をしている．このようにアトラクタでありながら，滑らかでない形状をもつものを**ストレインジアトラクタ**と呼ぶ．具体的な微分方程式の数値実験でストレインジアトラクタが観測されたことが，現在，力学系理論が注目され，また多くの研究が行われるに至る一つの契機となった．

(c) 構造安定系の非稠密性

S^1 上の離散力学系においては，Morse–Smale 系は構造安定で，かつ可微分同相写像全体の空間の中で稠密であった(Peixoto の定理，§6.1(d)定理6.5, 6.6)．しかし，高次元の多様体においては，構造安定な系は力学系の空間の中で稠密ではない(Smale [36])．この項では，DA 写像を変形して，その近傍で構造安定な系が稠密でないような可微分同相写像を構成する．この方法は R. F. Williams による．

DA 写像 $\psi\colon\mathbb{T}^2\to\mathbb{T}^2$ を，$0\in\mathbb{T}^2$ の近くに固定点として源点 $q_\pm$ および鞍点0をもつ写像 ψ_1 に変形する．具体的な変形は，$0\in\mathbb{T}^2$ のまわりの局所座標 (u,v) を用いて次のように表される(項(a)参照)．

まず $\delta_1>0$ を，$-\delta_1<u,v<\delta_1$ なる範囲で，ψ が E^s 方向を $\overline{\lambda}$ 倍に伸長する

ようにとる．これは ψ の構成から可能である．次に $0<\beta<1$ を $\overline{\lambda}(1-\beta)<1$ を満たす数とし，可微分同相写像 $\eta_1\colon \mathbb{T}^2\to\mathbb{T}^2$ を $(u,v)\mapsto((1-\beta\xi_1(u)\xi_1(v))u, v)$ で定める．ただし ξ_1 は $[-\delta_1,\delta_1]$ 上のこぶ関数である．この η_1 と ψ との合成写像 $\eta_1\circ\psi$ を ψ_1 とおく．以上の構成より，DA 写像 ψ の源点 0 が，変形後の ψ_1 では二つの源点 $q_\pm$ および一つの鞍点 0 に変わり，一方で双曲型不変部分集合 Λ の近傍では ψ_1 は ψ と一致する．また e_μ 方向の部分空間 E^s は，ψ_1 に関しても不変である(図 8.16)．したがって $z\in\Lambda$ の ψ_1 に関する安定多様体 $W^s(z)$ は，$z=p_\pm$ あるいは $z\in W^s(p_\pm)$ の場合，0 から $q_\pm$ の部分が減るだけで，E^s 方向の直線であることは変わらない．

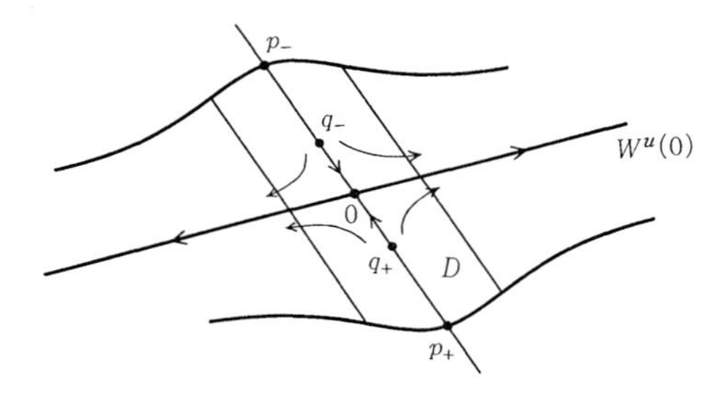

図 8.16

次に ψ_1 を図 8.16 の領域 D でさらに変形し，0 の不安定多様体と適当な $z\in\Lambda$ の安定多様体 $W^s(z)$ が接点をもつようにする(図 8.17)．D 上での ψ_1 の変形は D の外の安定多様体 $W^s(z)$, $z\in\Lambda$, に影響を与えないから，これは可能である．さらに不安定多様体 $W^u(0)$ を 0 から外へ向かって動いたと

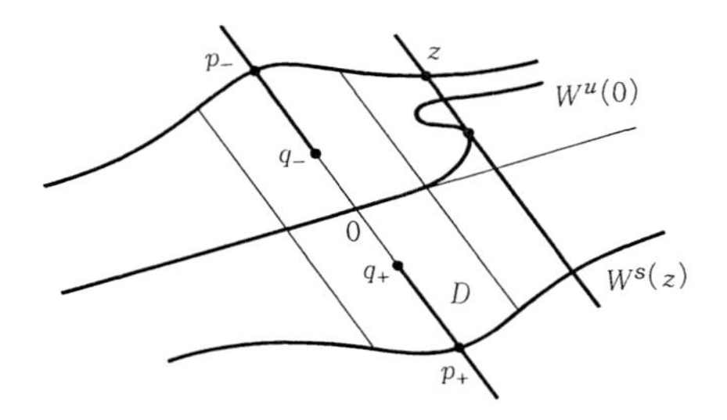

図 8.17

き，E^u 方向で極大を与える接点が，軌道上の点を同一視すればただ一つであり，接点における $W^u(0)$ と $W^s(z)$ との接触が2次であることを仮定する．こうして得られた写像を ψ_2 とおく．

この写像 $\psi_2\colon \mathbb{T}^2 \to \mathbb{T}^2$ の非遊走集合 $\Omega(\psi_2)$ は，双曲的固定点が増えた以外はDA写像 ψ の非遊走集合 $\Omega(\psi)$ と変わりがない．また領域 D の外の任意の点 z の軌道 $\psi_2^n(z)$ は $n \to \infty$ に対して Λ に近づくから，Ω-爆発を起こす要因はない．したがって定理8.3によって ψ_2 も Ω-安定である．すなわち ψ_2 に十分近い写像 $\overline{\psi}\colon \mathbb{T}^2 \to \mathbb{T}^2$ の非遊走集合 $\Omega(\overline{\psi})$ は，二つの源点 $q'_{\pm}$，一つの鞍点 p'，基本集合 Λ' より構成されており，Λ' への $\overline{\psi}$ の制限は Λ への ψ の制限と位相共役である．一方で0に対応する鞍点 p' の不安定多様体 $W^u(p')$ は，ψ_2 に関する0の不安定多様体 $W^u(0)$ に近く，また安定多様体の族 $W^s(z')$, $z' \in \Lambda'$ は，ψ に関する安定多様体の族 $W^s(z)$, $z \in \Lambda$ に近い．したがって p' の不安定多様体 $W^u(p')$ 上を，p' から外へ向かって動いたとき，E^u 方向で極大を与える点が存在する．この点は適当な $z' \in \Lambda'$ の安定多様体 $W^s(z')$ と $W^u(p')$ との2次の接点である．

このような $z' \in \Lambda'$，すなわち安定多様体 $W^s(z')$ と p' の不安定多様体 $W^u(p')$ が2次の接点をもつ点 z' として，周期点をとることができるか否かを考えよう．まず周期点が Λ' で稠密であることから，$\overline{\psi}$ のいくらでも近くに，z' として周期点をとることができるような $\overline{\psi}$ の摂動が存在する．一方において周期点は高々加算個しか存在しないから，やはり $\overline{\psi}$ の摂動で，z' として周期点をとることができないものが存在する．z' として周期点をとることができるか否かは，位相共役によって不変な性質であるから，これは $\overline{\psi}$ が構造安定ではないことを示している．$\overline{\psi}$ は ψ_2 の適当な近傍に属する任意の写像であったから，この近傍は構造安定な系をまったく含まない．すなわち次が得られた．

定理 8.4 (Smale)　$\mathbb{T}^2$ 上の可微分同相写像の空間 $\mathrm{Diff}^r(\mathbb{T}^2)$, $r \geqq 2$ においては，構造安定であるような写像の全体は稠密ではない．　□

§8.3　一般次元の双曲型力学系

この節では，相空間は一般次元の閉多様体，すなわちコンパクトで境界をもたない多様体とし，力学系としては可微分同相写像および可微分写像を考える．対象とするのは双曲型力学系，特に Morse–Smale 可微分同相写像，Anosov 可微分同相写像，これらを含む公理 A 可微分同相写像，拡大写像などである．証明は述べず，主な結果を説明するに留める．多様体論の基本的概念，例えば多様体，接空間，可微分写像，微分などについては既知として話を進める．詳しくは森田茂之『微分形式の幾何学』，[8]などを参照されたい．

(a)　双曲型固定点

S^1 の可微分同相写像 φ が Morse–Smale とは，φ が周期点をもち，かつ周期点がすべて双曲的であることを指す(§6.1(d))．このクラスを次元の高い多様体に拡張しよう．

まず多様体 M の可微分同相写像 $\varphi\colon M\to M$ の固定点 $p\in M$ が**双曲型**であるとは，φ の p における微分 $D_p\varphi\colon T_pM\to T_pM$ が**双曲型**，すなわち絶対値 1 の固有値をもたないときをいう．このとき $D_p\varphi$ の固有値のうち，絶対値が 1 より小さいものを $\mu_1,\cdots,\mu_k$，絶対値が 1 より大きいものを $\lambda_1,\cdots,\lambda_\ell$ とし，各々に対応する一般化された固有空間を $E_1,\cdots,E_k$，$E_1',\cdots,E_\ell'$ とおく．これらはすべて $D_p\varphi$ で不変な T_pM の部分空間である．次に $E^s=E_1\oplus\cdots\oplus E_k$，$E^u=E_1'\oplus\cdots\oplus E_\ell'$ とおけば E^s, E^u も $D_p\varphi$-不変部分空間で $T_pM=E^s\oplus E^u$ が成り立つ．線形写像 $D_p\varphi\colon T_pM\to T_pM$ は部分空間 E^s 上では縮小的，E^u 上では伸長的である．これより，点 p においてグラフ変換の方法(§7.3(b))を用いれば，p の局所不安定集合 $W^u_{\mathrm{loc}}(p)$ が多様体の構造をもつこと，また p において E^u に接することがわかる．不安定多様体は $W^u(p)=\bigcup_{n=0}^{\infty}\varphi^n(W^u_{\mathrm{loc}}(p))$ で与えられるから，M のはめ込まれた部分多様体となる(図 8.18)．すなわち次を得る．

定理 8.5　$\varphi\colon M\to M$ を可微分同相写像，p を φ の双曲型固定点，$T_pM=$

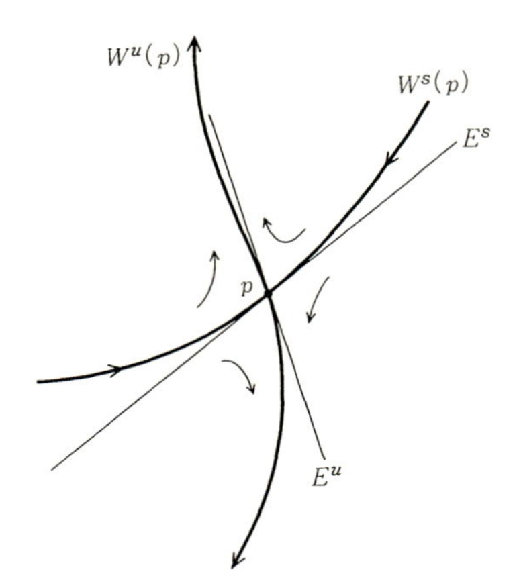

図 8.18　双曲型固定点

$E^s \oplus E^u$ を対応する接空間の分解とする．このとき p の不安定多様体 $W^u(p)$ は $\mathbb{R}^k$, $k = \dim E^u$ から M への 1 対 1 のはめ込みの像として与えられる．また φ の $W^u(p)$ および $W^s(p)$ への制限は，それぞれ微分 $D_p\varphi$ の E^u および E^s への制限と，可微分写像によって位相共役である． □

さらに 1 次元の場合と同じく双曲型固定点の近くでは，写像はその微分と局所的に位相共役となる．

定理 8.6 (Hartman の定理)　局所可微分同相写像 $\varphi\colon \mathbb{R}^n \to \mathbb{R}^n$ が 0 を双曲型固定点とするとき，φ は局所的に φ の微分 $D_0\varphi\colon \mathbb{R}^n \to \mathbb{R}^n$ と位相共役である． □

局所可微分同相写像 $\varphi_0\colon \mathbb{R}^n \to \mathbb{R}^n$ が p を双曲型固定点にもつと仮定する．p の近傍を U とし，$\mathrm{Diff}^r(U, \mathbb{R}^n)$ を U から $\mathbb{R}^n$ への局所同相写像全体とするとき，評価写像 $\mathrm{ev}\colon \mathrm{Diff}^r(U, \mathbb{R}^n) \times \mathbb{R}^n \to \mathbb{R}^n$, $(\varphi, x) \mapsto \varphi(x) - x$ は $\mathrm{ev}(\varphi_0, p) = 0$ をみたす．写像 ev の x に関する偏微分は

$$\frac{\partial \mathrm{ev}}{\partial x}(\varphi_0, p) = \frac{\partial \varphi_0}{\partial x}(p) - \mathrm{id}$$

より，$\mathbb{R}^n$ から $\mathbb{R}^n$ への線形写像として全射である．したがって陰関数定理によって，(φ_0, p) の近くで $\mathrm{ev}(\varphi, x) = 0$ を x に関して解くことができる．すな

わち φ_0 を摂動しても必ず p の近くに一意的に固定点が存在する．また微分 $D_x\varphi$ は x および φ に関して連続であるから，この固定点は双曲型で，かつ絶対値が1より小さい固有値の数は，φ の摂動によって変化しない．したがって定理8.6の系として次を得る．

系 8.7　0を双曲型固定点とする局所可微分同相写像 $\varphi\colon \mathbb{R}^n \to \mathbb{R}^n$ は0のまわりで局所構造安定である． □

以上は双曲型固定点に関する結果であるが，双曲型周期点に対しても同じく成立する．ただし可微分同相写像 $\varphi\colon M \to M$ の周期点 $p \in M$ が**双曲型**とは，その周期を n とするとき p が φ^n の双曲型固定点であるときをいう．

(b)　Morse–Smale 可微分同相写像

S^1 の場合には周期点がすべて双曲的であればその個数は有限であったが，2次元以上の場合にはこれは成り立たない．例えば双曲型トーラス自己同型は稠密な周期点集合をもつが，そのすべては双曲型である．したがって高次元の Morse–Smale 系を定式化するためには，双曲型の仮定と有限性の仮定がともに必要である．これに構造安定性のための横断性の条件を加えたものが定義となる．すなわち，閉多様体 M 上の可微分同相写像 $\varphi\colon M \to M$ が **Morse–Smale** であるとは，

(i)　非遊走集合 $\Omega(\varphi)$ が有限集合，

(ii)　$\Omega(\varphi) = \mathrm{Per}(\varphi)$ のすべての点は双曲型周期点，

(iii)　任意の $p, q \in \mathrm{Per}(\varphi)$ に対して，不安定多様体 $W^u(p)$ と安定多様体 $W^s(q)$ とは横断的に交わる

ときをいう．ただし部分多様体 $L, L' \subset M$ が**横断的に交わる**とは，各点 $z \in L \cap L'$ において L の接空間と L' の接空間が線形部分空間として M の接空間を張ること，すなわち $T_zM = T_zL + T_zL'$ であることをいう．Morse–Smale 可微分同相写像は双曲型力学系のなかで，力学系的構造がもっとも簡単なクラスである．

定理 8.8 (Palis–Smale)　Morse–Smale 可微分同相写像は構造安定である． □

系が構造安定であるためには，安定多様体と不安定多様体の位置関係が摂動で不変である必要があり，それを保証するのが条件(iii)である．しかしΩ-安定性だけを考えるのであれば，以下で述べるようにこの条件を弱くすることができる．

可微分同相写像$\varphi\colon M\to M$に対し，相空間Mの，Mと同じ次元の境界つきコンパクト部分多様体の列$\varnothing=M_0\subset M_1\subset\cdots\subset M_k=M$が$\varphi$に関する**フィルターづけ**(filtration)であるとは，各$j=1,\cdots,k$について$\varphi(M_j)\subset \mathrm{Int}\, M_j$が成り立つときをいう．いま$\varphi\colon M\to M$がMorse–Smale系の条件(i), (ii)を満たすとし，さらに各$j=1,\cdots,k$について$\bigcap_{n=-\infty}^{\infty}\varphi^n(M_j)$がそれぞれ一つの周期軌道と一致すると仮定する．このとき$\overline{\varphi}$をφの摂動とすれば，定義より$\varnothing=M_0\subset M_1\subset\cdots\subset M_k=M$は$\overline{\varphi}$についてもフィルターづけを与える．したがって$\overline{\varphi}$の非遊走集合$\Omega(\overline{\varphi})$の点は，いずれかの$j$について$\bigcap_{n=-\infty}^{\infty}\overline{\varphi}^n(M_j)$に含まれる．この部分集合$\bigcap_{n=-\infty}^{\infty}\overline{\varphi}^n(M_j)$は集合として$\bigcap_{n=-\infty}^{\infty}\varphi^n(M_j)$に近い．一方で双曲型周期点は局所構造安定であったから(定理8.6)，$\bigcap_{n=-\infty}^{\infty}\overline{\varphi}^n(M_j)$に含まれる点は$\overline{\varphi}$の双曲型周期点に限る．すなわち(i), (ii)を満たす可微分同相写像$\varphi\colon M\to M$が，非遊走集合$\Omega(\varphi)$の周期軌道への分解に適合するフィルターづけをもてば，φはΩ-安定である．

このようなフィルターづけが存在するための必要十分条件は，安定多様体と不安定多様体を用いて次のように表される．$\Omega(\varphi)=\mathrm{Per}(\varphi)$の元$p,q$に対し，関係$p<q$を$W^u(p)\cap W^s(q)\neq\varnothing$で定義する．この定義のもとで

(iii)′　異なる$p_0,p_1,\cdots,p_r\in\Omega(\varphi)$, $r\geqq 1$であって$p_0<p_1<\cdots<p_r<p_0$を満たすものは存在しない

が成り立つならば，$\Omega(\varphi)$あるいはφは**サイクルをもたない**あるいは**ノーサイクル条件**(no cycle condition)を満たすという(図8.19参照)．

フィルターづけが存在する場合，各周期点$p\in\Omega(\varphi)$に$p\in M_j\setminus M_{j-1}$を満たす“フィルター”$M_j=M(p)$を対応させる．このとき関係$p<q$が成り立てば，対応するフィルターは$M(p)\subset M(q)$を満たすから，$<$は順序関係でありサイクルをもたない．逆に関係$<$が$\Omega(\varphi)$の順序関係であるとする．そうすると$M_0=\varnothing$から出発して，$<$に関して小さい順に，周期点$p\in\Omega(\varphi)$

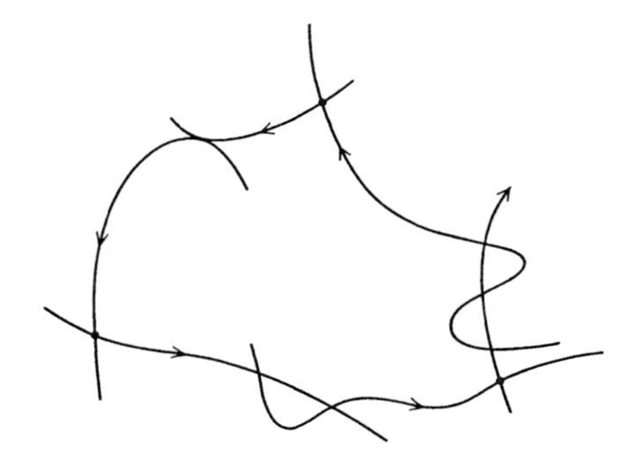

図 8.19　サイクル

の近傍を加えていくことによって M のフィルターづけを構成することができる．したがって条件(i), (ii), (iii)$'$ を満たす可微分同相写像は Ω-安定である．逆に(i), (ii)を満たす可微分同相写像 φ がサイクル $p_0 < p_1 < \cdots < p_r < p_0$ をもつとする．このとき φ の摂動 ψ で，対応する周期点 p_i', $i = 0, \cdots, r$ の安定多様体と不安定多様体との交わりが横断的であるものが存在する．このとき各 p_i' は横断的ホモクリニック点をもつから，ψ の非遊走集合 $\Omega(\psi)$ は有限集合ではありえない(§8.1(d))．すなわち φ は摂動によって Ω-爆発を起こす．

(c)　Morse–Smale 可微分同相写像の存在

任意の多様体上に Morse–Smale 可微分同相写像が存在する．したがって任意の多様体上に構造安定な力学系が存在する．これは Anosov 可微分同相写像をもつ多様体に制限があることと対照的である(§7.3(d))．具体的には閉多様体 M 上に Riemann 計量を定めたとき，ほとんどすべての関数 $f\colon M \to \mathbb{R}$ について，f の勾配ベクトル場の定める流れの時間 1 の写像 φ は Morse–Smale 可微分同相写像となっている．このような φ は固定点以外の周期点をもたず，また φ の固定点は f の臨界点に対応する．さらに固定点が双曲型であることと臨界点が非退化であることは同値となる．したがって可微分同相写像 φ が条件(i), (ii)を満たすことと関数 f が Morse 関数であることは同値である．また各固定点以外の $x \in M$ に対し $f(x) < f(\varphi(x))$ が成り立つことから φ は条件 (iii)$'$ を満足し，Ω-爆発は生じない．したがって任意の多様体 M に対し Morse 関数 $f\colon M \to \mathbb{R}$ をとり，その勾配ベクトル場の定める写像 φ を横断性条件(iii)を満足するように摂動すれば，M 上の Morse–Smale 力学系が得られる．このように Morse–Smale 力学系は Morse 関数と密接な関係にあり，名前もこれに由来する．実際，条件(i), (ii), (iii)$'$ を満足する $\varphi\colon M \to M$ に対し，フィルターづけ $\varnothing = M_0 \subset M_1 \subset \cdots \subset M_k = M$ を構成する際，M_j に加える $p \in \Omega(\varphi)$ の近傍として $W^u(p) \cap (M \setminus M_j)$ に幅をつけた，いわゆるカラー近傍をとれば，これはちょうど $\dim W^u(p)$ 次元のハンドル体である．すなわち Morse–Smale 可微分同相写像 $\varphi\colon M \to M$ が与えられれば，φ に自然に M のハンドル分解が対応する．特に双曲型周期点 p の不安定部分空間 E^u の次元 $\dim E^u = \dim W^u(p)$ をこの周期点 p の指数と呼ぶことにすれば，$\varphi\colon M \to M$ を Morse–Smale 可微分同相写像，φ の指数 k の双曲型周期点の数を m_k と書くとき，Morse 不等式と類似の不等式

$$m_k \geqq b_k(M)$$

が成り立つ．これを **Morse–Smale の不等式**(Morse-Smale inequality)と呼ぶ．ただし $b_k(M)$ は M の k 次元 Betti 数，すなわち $b_k(M) = \operatorname{rank} H(M; \mathbb{Z})$ である．同じように M の Euler 数 $\chi(M) = \sum_{k=0}^{\dim M} b_k(M)$ に関して

$$\chi(M) = \sum_{k=0}^{\dim M} m_k$$

が成り立つ．

ハンドル分解，Morse 不等式については松本幸夫『Morse 理論の基礎』を参照されたい．

(d)　拡大写像

§7.1 では S^1 上の拡大写像を扱ったが，これは M. Shub [37]による一般の拡大写像に対する議論を，単に S^1 の場合に述べたものである．

さて閉多様体 M から自分自身への可微分写像 $\varphi\colon M \to M$ が**拡大写像**であるとは，定数 $c > 0$, $\lambda > 1$ が存在して，任意のベクトル $v \in TM$ および任意

の自然数nに対して

$$\|D\varphi^n(v)\| \geqq c\lambda^n\|v\|$$

が成り立つときをいう．$\|v\|$はM上の適当なRiemann計量による接ベクトルvの長さであるが，この定義はRiemann計量のとりかたによらない(§7.3(a)参照)．§7.1における主だった結果はそのまま任意の拡大写像について成り立つ．例えば拡大写像の全体はC^1写像全体のなかで開集合をなし，強い意味で構造安定であり，また適当なMarkov分割をとることによって，測度論的振る舞いは全シフトによって完全に記述される．また拡大写像$\varphi\colon M\to M$をもつようなm次元多様体Mの普遍被覆空間はm次元Euclid空間$\mathbb{R}^m$である．後にM. Gromov [38]は拡大写像がベキ零Lie群の商空間にLie群の自己同型が導く写像と位相共役となることを証明し，すべての拡大写像を決定した．S^1は可換Lie群$\mathbb{R}$の格子$\mathbb{Z}$による商空間$\mathbb{R}/\mathbb{Z}$と可微分構造を込めて同型である．この格子$\mathbb{Z}$を$\mathbb{Z}$の中に写すLie群$\mathbb{R}$の自己同型$\widetilde{R}_{(r)}\colon x\mapsto rx$, $r\in\mathbb{Z}$, $r\neq 0$がr-進変換$R_{(r)}\colon S^1\to S^1$を導くが，S^1上の任意の拡大写像は，どれかの$R_{(r)}$，$|r|\geqq 2$，と位相共役であった(§7.1(c))．

(e)　Anosov可微分同相写像

可微分同相写像$\varphi\colon M\to M$が与えられたとき，Mのφ-不変な閉部分集合Λが**双曲型**であるとは，Mの接バンドルTMのΛへの制限$T_\Lambda M = TM|_\Lambda$が，伸長空間と縮小空間への分解をもつときをいう．いいかえれば，各点$z\in\Lambda$の接空間T_zMが部分空間への直和分解

$$T_zM = E_z^u \oplus E_z^s$$

をもち，かつ定数$c>0$, $\lambda>1$が存在して，任意の自然数nに対して

$$\|D_z\varphi^n(v)\| \geqq c\lambda^n\|v\|, \qquad v\in E_z^u$$
$$\|D_z\varphi^{-n}(v)\| \geqq c\lambda^n\|v\|, \qquad v\in E_z^s$$

となることである．このとき伸長部分空間E_z^uおよび縮小部分空間E_z^sはΛ上zに関して連続的に変化する(§7.3(a)補題7.18参照)．特に次元$\dim E_z^u$, $\dim E_z^s$はzに関して連続的である．双曲型固定点および双曲型周期点の軌道はもっとも簡単な双曲型集合の例であり，このような固定点ある

いは周期点の不安定集合ははめ込まれた部分多様体の構造をもつ(定理8.5).

Λ を可微分同相写像 $\varphi\colon M\to M$ の双曲型部分集合とするとき，各点 $z\in\Lambda$ の不安定集合

$$W^u(z)=\{w\in M;\ d(\varphi^n(w),\varphi^n(z))\to 0,\ n\to-\infty\}$$

は，やはり伸長空間 E^u_z からの1対1のはめ込みの像であり，不安定多様体となる．はめ込みの微分可能性は φ の微分可能性と一致する．安定多様体 $W^s(z)$, $z\in\Lambda$, に関しても同様である．

さて連結な閉多様体 M 上の可微分同相写像 $\varphi\colon M\to M$ が **Anosov 可微分同相写像**であるとは，M 自身が φ に関して双曲型であるときをいう．このとき各点 $x\in M$ における伸長空間 E^u_x の次元は M 上一定であり，不安定多様体の族 $W^u(z)$, $z\in M$ は M 上の葉層構造をなす．これを φ の**不安定葉層**と呼ぶ．不安定葉層 $\mathcal{F}^u$ の各葉の微分可能性は，φ の微分可能性と一致するが，葉層構造 $\mathcal{F}^u$ 自身の微分可能性は一般には1止まりであって，必ずしももとの力学系の微分可能性をもつわけではない(§8.2(b)参照)．不安定葉層構造の存在を用いて Anosov 可微分同相写像の構造安定性，位相安定性を証明することができる．

Anosov 可微分同相写像の典型例は**双曲型トーラス自己同型**，すなわち行列式が1の整数係数 $n\times n$-行列 A で，すべての固有値の絶対値が1でないものから自然に導かれる n 次元トーラス $\mathbb{T}^n$ の Lie 群としての自己同型写像 $\varphi_A\colon\mathbb{T}^n\to\mathbb{T}^n$ である．この場合絶対値が1より大きい固有値の一般化された固有空間の直和が伸長空間 E^u_z を，絶対値が1より小さい固有値の一般化された固有空間の直和が縮小空間 E^s_z を与えることは2次元の場合と同様である(§7.2)．一般にベキ零 Lie 群 N の自己同型写像 $A\colon N\to N$ の単位元 e での微分 $D_e\varphi\colon T_eN\to T_eN$ が線形写像として双曲的であり，かつ商空間 N/Γ がコンパクトであるような格子 $\Gamma\subset N$ を A が保つならば，A の導く可微分同相写像 $\varphi_A\colon N/\Gamma\to N/\Gamma$ は Anosov となる．このように Lie 群の自己同型写像から導かれる Anosov 可微分同相写像を**代数的 Anosov 可微分同相写像**と呼ぶ．代数的 Anosov 可微分同相写像はすでに分類されている．またベキ零 Lie 群の格子による商空間上の Anosov 可微分同相写像はすべて代数的な

ものと位相共役であることも知られている(Manning [39]).

これまでに知られている Anosov 可微分同相写像 $\varphi\colon M\to M$ は，すべて代数的なものに位相共役であり，その非遊走集合 $\Omega(\varphi)$ は全空間 M と一致する．しかしこれが任意の Anosov 可微分同相写像について成立するか否かは知られていない．実際，連続力学系における Anosov 流については，非遊走集合が全空間と一致しない例が構成されている(Franks–Williams [40]).

任意の Anosov 可微分同相写像 $\varphi\colon M\to M$ について不安定葉層および安定葉層を利用して Markov 分割を構成し，Markov 分割を用いて φ を有限型部分シフトとして表現することができる．もし非遊走集合 $\Omega(\varphi)$ が M と一致すれば，この部分シフトは推移的で，したがってもとの φ は位相推移的である．この場合には M 上 Lebesgue 測度に関して絶対連続な φ-不変測度が存在する．逆に Lebesgue 測度に関して絶対連続な不変測度が存在すれば Poincaré の再帰定理(§2.2(a))によって非遊走集合 $\Omega(\varphi)$ は M と一致する.

(f)　公理 A 力学系

可微分同相写像 $\varphi\colon M\to M$ に対する次の条件を**公理 A** と呼ぶ.

(a)　非遊走集合 $\Omega(\varphi)$ が双曲型であり,

(b)　周期点の集合 $\mathrm{Per}(\varphi)$ が非遊走集合 $\Omega(\varphi)$ で稠密.

例えば馬蹄形力学系，DA 写像などは公理 A 力学系である．また Morse–Smale 力学系，Anosov 力学系もこの公理を満たす.

可微分同相写像 φ が公理 A を満たすとき，非遊走集合は位相推移的な φ-不変閉集合の非交叉和に分解される．すなわち分解 $\Omega(\varphi)=\Omega_1\cup\cdots\cup\Omega_k$ であって，各 Ω_i は閉かつ φ-不変で稠密な軌道を含み，かつ $\Omega_i\cap\Omega_j=\varnothing$, $i\neq j$ を満たすものが存在する．これを非遊走集合の**スペクトル分解**(spectral decomposition)，各 Ω_i を**基本集合**と呼ぶ．非遊走集合が双曲型であることから，各 $z\in\Omega(\varphi)$ の不安定集合は多様体の構造をもつ．これを z の不安定多様体と呼び $W^u(z)$ で表す．馬蹄形写像の場合と同じく，基本集合 Ω_i は φ に関する Markov 分割をもち，制限 $\varphi|_{\Omega_i}$ の力学系としての挙動は，有限型部分シフトによって表現できる．また各 Ω_i の近傍で φ は局所構造安定である.

全体としての系がΩ-安定であるか，構造安定であるかについては，Morse–Smale 系の場合と同じく，基本集合の不安定集合と安定集合によって条件が記述できる．

基本集合Ω_iの不安定集合を$W^u(\Omega_i) = \bigcup_{z\in\Omega_i} W^u(z)$で，安定集合を$W^s(\Omega_i) = \bigcup_{z\in\Omega_i} W^s(z)$で定義する．基本集合$\Omega_i$，$\Omega_j$の関係$\Omega_i < \Omega_j$を$W^u(\Omega_i)\cap W^s(\Omega_j)\neq\varnothing$で定義し，異なる基本集合$\Omega_0, \Omega_1, \cdots, \Omega_r$，$r \geqq 1$であって$\Omega_0 < \Omega_1 < \cdots < \Omega_r < \Omega_0$を満たすものが存在しないとき，$\varphi$は**サイクルをもたない**あるいは**ノーサイクル条件**を満たすという．サイクルをもたない公理A 力学系がΩ-安定であることがSmale [41]によって知られている．

構造安定性のためには，基本集合の順序関係だけでなく，その不安定多様体と安定多様体の交わり方に関する情報が必要である．公理A 力学系φが**強横断性条件**(strong transversality condition)を満たすとは，任意の$z, w\in\Omega(\varphi)$について，安定多様体$W^s(z)$と不安定多様体$W^u(w)$が横断的に交わるときをいう．強横断性条件を満たす公理A 力学系が強い意味で構造安定であることがJ. W. Robbin [42]とR. C. Robinson [43]によって知られている．逆にC^1構造安定である可微分同相写像は公理A および強横断性条件を満たす．これはR. Mañé [44]の結果である．以上によって構造安定性，Ω-安定性に関する必要十分条件が得られている．

《要約》

8.1　正方形を縦方向に伸ばし，横方向に縮め，得られた長方形をもとの正方形に二箇所で交わるように配置することによって馬蹄形写像を定義する．馬蹄形写像の非遊走集合は二つの固定点を除けばCantor 集合と同相であり，その部分集合に制限すれば，馬蹄形写像はアルファベット2文字の全シフトと位相共役である．馬蹄形写像はΩ-安定，すなわち摂動によって非遊走集合上の挙動が変化せず，また構造安定でもある．一方，可微分同相写像の一つの双曲的固定点の安定多様体と不安定多様体が2次の接点をもてば，摂動によって，接点の近くで非遊走集合が突然大きくなることがある．このような現象をΩ-爆発と呼ぶ．

8.2 双曲型トーラス自己同型の固定点を源点に変えて得られる可微分同相写像を DA 写像と呼ぶ．DA 写像は，測度論的にはもとのトーラス自己同型と同値であるような双曲型部分集合をもつ．この部分集合は S^1 上の Denjoy 可微分同相写像の極小集合の懸垂となっており，またストレインジアトラクタと呼ばれるものの一種である．DA 写像自身は構造安定であるが，これをさらに改変することによって，その近傍に構造安定な系をまったく含まないような可微分同相写像が構成できる．

8.3 一般次元の多様体においても，Morse–Smale 可微分同相写像，拡大写像，Anosov 可微分同相写像を定義することができる．これらはすべて構造安定である．任意の多様体上に Morse–Smale 系，したがって構造安定な力学系が存在する．可微分同相写像の非遊走集合が双曲型で，かつ周期点がその中で稠密であるとき，この写像は公理 A を満たすという．公理 A 力学系に対しては Ω-安定，構造安定であるための必要十分条件が，不安定多様体と安定多様体の交わり方によって記述される．逆に構造安定であるような可微分同相写像は公理 A を満たす．

演習問題

8.1 馬蹄形写像 φ の構成を変更して，$\varphi(R)$ がもとの R と三つの長方形で交わるようにし(図 8.20)，後は馬蹄形写像と同じように定義する．得られた $\varphi\colon S^2 \to$

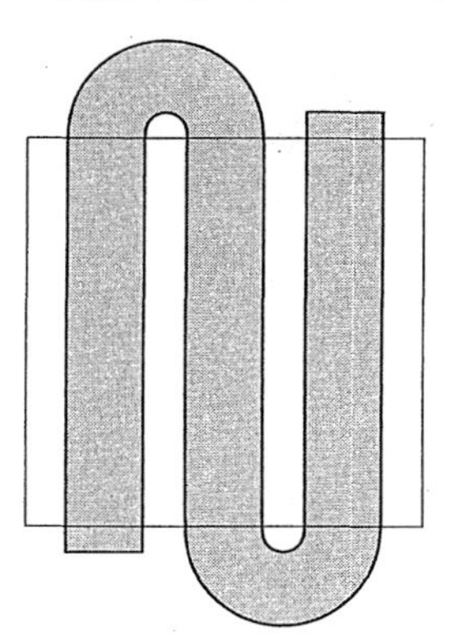

図 **8.20**

S^2 と馬蹄形写像とを比較せよ．

8.2　一般の多様体上の Morse–Smale 可微分同相写像について，その位相的エントロピーが 0 であることを示せ．

8.3　双曲型トーラス自己同型 $\varphi_A\colon \mathbb{T}^2 \to \mathbb{T}^2$ は，どのような Morse–Smale 可微分同相写像ともホモトピックとはならないことを示せ．したがって任意の多様体上には Morse–Smale 可微分同相写像が存在するが，任意の可微分同相写像のホモトピー類に存在するわけではない．

8.4　中身の詰まったトーラス，いわゆる**ソリッドトーラス**(solid torus) $S^1 \times D^2$ から自分自身への写像 $\varphi\colon S^1 \times D^2 \to S^1 \times D^2$ を次のように構成する．まず芯 $S^1 \times \{0\} \subset S^1 \times D^2$ を，長さをほぼ2倍にし，値域の $S^1 \times D^2$ の芯の近くに埋め込む．このとき射影との合成 $S^1 \cong S^1 \times \{0\} \to S^1 \times D^2 \to S^1$ が拡大写像になるようにする．次に $\varphi(S^1 \times \{0\})$ に D^2 の幅をつける．このとき各 $p \in S^1$ について，φ による $\{p\} \times D^2$ の像が適当な $\{q\} \times D^2$ に含まれるようにし，さらに $\varphi|_{\{p\} \times D^2}$ の微分が一様に1より小さくなるようにする(図8.21)．このように構成した φ の力学系的構造を調べよ．

図8.21

現代数学への展望

力学系の研究には大きく分けて，個々の力学系の性質を調べる立場と，複雑な力学系が生じる経緯を調べる立場とがある．幾何学的力学系理論も例外ではない．本分冊での力学系の取り扱いは，主に，幾何学的構造を仮定し，そのもとで個々の軌道の性質と，系の安定性を考察するという前者に属するものであった．双曲型力学系に関しては，Markov 分割の存在によって系は記号力学系として表現可能であり，また構造安定性定理およびその逆がすでに証明されている．したがって双曲型力学系に対するこの方向の研究は，もちろん未解決の問題が残っているにせよ，一段落したと見てよいであろう．これまでの経緯と詳しい内容，証明などに関しては以下を参照されたい．

1. Arnol'd, V. I. and Avez, A., *Problèmes ergodiques de la mécanique classique*, Gauthier-Villars, 1966.（邦訳）古典力学のエルゴード問題，吉田耕作訳，吉岡書店，1976.

2. Devaney, R. L., *An introduction to chaotic dynamical systems*, 2nd ed., Addison-Wesley, 1989.（邦訳）カオス力学系入門(第 2 版)，後藤憲一訳，共立出版，1990.

3. 青木統夫，力学系・カオス，共立出版，1996.

4. Smale, S., Differentiable dynamical systems, *Bull. Amer. Math. Soc.*, **73**(1967), 747–817.

5. Nitecki, Z., *Differentiable dynamics*, MIT Press, 1971.

6. Shub, M., Stabilité globale des systèmes dynamiques, *Astérisque*, **56**(1978). (English translation) *Global Stability of Dynamical Systems*, translated by Christy, J., Springer-Verlag, 1987.

7. Palis, J. Jr. and de Melo, W., *Geometric Theory of Dynamical Systems — An Introduction*, Springer-Verlag, 1982.

8. Anosov, D. V. and Arnol'd, V. I. ed., *Dynamical systems I — Ordinary differential equations and smooth dynamical systems*, Encyclopedia of Mathematical Sciences, Springer-Verlag, 1988.

9. Sinai, Ya. G. ed., *Dynamical systems II — Ergodic theory with applications to dynamical systems and statistical mechanics*, Encyclopedia of Mathematical Sciences, Springer-Verlag, 1989.

10. Arnol'd, V. I. ed., *Dynamical systems III(2nd ed.)— Mathematical aspects of classical and celestial mechanics*, Encyclopedia of Mathematical Sciences, Springer-Verlag, 1993.

11. Arnol'd, V. I. ed., *Dynamical systems V — Bifurcation theory and catastroph theory*, Encyclopedia of Mathematical Sciences, Springer-Verlag, 1994.

12. Anosov, D. V. ed., *Dynamical systems IX — Dynamical systems with hyperbolic structure*, Encyclopedia of Mathematical Sciences, Springer-Verlag, 1994.

これに対して，複雑な力学系がどのように簡単な力学系から分岐するかという問題は，いまだ決定的な解決を得ていない．もちろんこれは幾何学的か否かという枠を越えた，理論全体の大問題であり，容易に解決するものではないだろう．例えば乱流がどのように発生するかというメカニズムの解明はこの範疇に属する．本分冊の中では，§6.3(b), (c)の周期倍分岐とFeigenbaum 定数がこれに近い話題である．実際，この方向で最も研究が進んでいるのが区間力学系であり，現在も研究が盛んである．区間力学系は中間値の定理という初歩的な手段から入ることのできる分野であるが，研究が進んでいくにつれ，次に述べる複素力学系との密接な関係が明らかになり，最先端の成果を知るためにはかなりの予備知識を必要とするようになった．参考書として 2., 3. 以外に次を挙げておく．

13. Collet, P. and Eckmann, J.-P., *On iterated maps on the interval as dynamical systems*, Progress in Physics 1, Birkhäuser, 1980.（邦訳）カオスの出現と消滅，森真訳，遊星社，1993.

14. de Melo, W. and van Strien, S., *One-dimensional dynamics*, Springer-Verlag, 1993.

現在活発に研究されているもう一つの分野に複素力学系がある．これはRiemann 球面を相空間とし，有理型関数によって生成される力学系である．古くはG. M. Julia によって非遊走集合の，現在フラクタルと呼ばれる複雑な形状が観測されていた．しばらくの間，研究者からは忘れ去られていたが，B. B. Mandelbrot によって分岐値のパラメーター空間におけるフラクタルな形状，いわゆる Mandelbrot 集合が発表されて以来注目を引き，再び研究されるようになった．大変面白い分野である．2. にも多少の記述があるが，日本語によるまとまった教科書がないのが残念である．二つほど参考書を挙げておく．

15. Beardon, A., *Iteration of rational functions*, Springer-Verlag, 1991.

16. Carleson, L. and Gamelin, T., *Complex dynamics*, Springer-Verlag, 1993.

最後に，力学系理論の直接の延長線上にあるわけではないが，曲面上の同相写像に関する W. P. Thurston の結果に触れておこう．2 次元トーラス以外の閉曲面が Anosov 可微分同相写像をもたないことは§7.3(d)で述べたとおりであるが，Thurston は種数が 2 以上の向きづけ可能な閉曲面の同相写像に対して，擬 Anosov 可微分同相写像を定義した．種数が 2 以上の曲面 Σ に対して，同相写像 $\varphi: \Sigma \to \Sigma$ が擬 Anosov 可微分同相写像であるとは，有限個の特異点以外では Σ の接空間が伸長方向と縮小方向に分解し，特異点の近傍では φ が，双曲型周期点の分岐被覆への持ち上げとして表される，というものである．擬 Anosov 可微分同相写像はそれ自身，力学系として興味ある対象であり，なおかつ写像のアイソトピー類の中での標準形の意味をもつ．これは 2 次元トーラスにおいて，トーラス自己同型が各アイソトピー類の代表元であったことと対応している．擬 Anosov 可微分同相写像の概念を用いて Thurston は，N. Nielsen 以来の懸案であった曲面の同相写像のアイソトピーによる分類に成功した．その分類の際には，曲面の不変被覆空間の 2 次元円板，いわゆる Poincaré 円板の境界である無限遠円周 S^1_∞ に写像が導く同相写像の力学系的挙動の解析が重要な役割を演じる．力学系理論の考え方の，幾何学への重要な応用の一つである．参考書を挙げておくので，余裕のある読者はこの理論に触れてみることを強くお薦めする．

17. Thurston, W., On the geometry and dynamics of diffeomorphisms of surfaces, *Bull. Amer. Math. Soc.*, **19**(1988), 417–431.

18. Fathi, A., Laudenbach, F. and Poénaru, V., Travaux de Thurston sur les surfaces, Séminaire Orsay, 1991/1979, *Astérisque*, **66-67**(1979), 2e éd.

19. Casson, A. and Bleiler, S. A., *Automorphisms of surfaces after Nielsen and Thurston*, Cambridge Univ. Press, 1988.

参考文献

[1] Arnol'd, V.I. and Avez, A., *Problèmes ergodiques de la mécanique classique*, Gauthier-Villars, 1966.（邦訳）古典力学のエルゴード問題，吉田耕作訳，吉岡書店，1976.

[2] Smale, S., Differentiable dynamical systems, *Bull. Amer. Math. Soc.*, **73**(1967), 747–817.

[3] Nitecki, Z., *Differentiable dynamics*, MIT Press, 1971.

[4] Devaney, R.L., *An introduction to chaotic dynamical systems*, 2nd ed., Addison-Wesley, 1989.（邦訳）カオス力学系入門(第2版)，後藤憲一訳，共立出版，1990.

[5] 青木統夫，力学系・カオス，共立出版，1996.

[6] de Melo, W. and van Strien, S., *One-dimensional dynamics*, Springer-Verlag, 1993.

[7] 本間龍雄，組み合わせ位相幾何学(共立全書)，共立出版，1970.

[8] 志賀浩二，多様体論，岩波書店，1990.

[9] 服部晶夫，位相幾何学，岩波書店，1991.

[10] 佐藤肇，位相幾何，岩波書店，2006.

[11] 森田茂之，微分形式の幾何学，岩波書店，2005.

[12] 松本幸夫，Morse 理論の基礎，岩波書店，2005.

[13] 小谷眞一，測度と確率，岩波書店，2005.

[14] Poincaré, H., Mémoire sur les courbes définies par une équation différentielle, I, II, III, IV, *J. Math. Pures et Appl.*, **7**(1881), 375–422; **8**(1882), 251–286; **1**(1885), 167–244; **2**(1886), 151–217.

[15] Denjoy, A., Sur les courbes définies par les équations différentielles à la surface du tore, *J. Math. Pure et Appl.*, **11**(1932), 333–375.

[16] Fuller, F.B., The existence of periodic points, *Ann. of Math.*, **57**(1953), 229–230.

[17] Fathi, A. and Herman, M.-R., Existence de difféomorphismes minimaux, *Astérisque*, **49**(1977), 37–59.

[18] Arnol'd, V. I., Small denominators I. On the mapping of a circumference onto itself, *Izv. Akad. Nauk Math. Serie*, **25**(1961), 21–86. (English translation) *Amer. Math. Soc. Transl. Ser. 2*, **46**(1965), 213–284.

[19] Herman, M.-R., Sur la conjugaison differentiable des difféomorphismes du cercle a des rotations, *Publ. Math. I. H. E. S.*, **49**(1979), 5–234.

[20] Walters, P., *An introduction to ergodic theory*, Graduate Texts in Math. 79, Springer-Verlag, 1982.

[21] Andronov, A. A. and Pontryagin, L. S., Systèmes grossiers, *Dokl. Akad. Nauk SSSR*, **14**(1937), 247–251.

[22] 高橋陽一郎，微分方程式入門，東京大学出版会，1988.

[23] Hirsch, M. W. and Smale, S., *Differential equations, dynamical systems, and linear algebra*, Academic Press, 1974.（邦訳）力学系入門，田村一郎・水谷忠良・新井紀久子訳，岩波書店，1976.

[24] Peixoto, M. M., Structural stability on two dimensional manifolds, *Topology*, **1**(1962), 101–120.

[25] Sotomayor, J., *Generic bifurcations of dynamical systems*, *Dynamical systems*, Salvador 1971, Academic Press, 1973, 561–582.

[26] Sharkovskii, A. N., Coexistence of cycles of a continuous map of a line into itself (Russian), *Ukrain Mat. Z.*, **16**(1964), 61–71.

[27] Misiurewicz, M., Horseshoes for mappings of the interval, *Boll. Acad. Pol. Sci., Sér. Sci. Math.*, **27**(1979), 167–169.

[28] Milnor, J. and Thurston, W., *On iterated maps of the interval*, Lecture Notes in Mathematics 1342, Springer-Verlag, 1988, 465–563.

[29] Feigenbaum, M. J., Quantitative universality for a class of nonlinear transformations, *J. Stat. Phys.*, **19**(1978), 25–52.

[30] Franks, J. M., Anosov diffeomorphisms on tori, *Trans. Amer. Math. Soc.*, **145**(1969), 117–124.

[31] 田村一郎，葉層のトポロジー(数学選書)，岩波書店，1976.

[32] Anosov, D. V., Roughness of geodesic flows on compact Riemannian manifolds of negative curvature, *Soviet Math. Dokl.*, **3**(1962), 1068–1070.

[33] Anosov, D. V., Ergodic properties of geodesic flows on compact Riemannian manifolds of negative curvature, *Soviet Math. Dokl.*, **4**(1963), 1153–1156.

[34] Fathi, A., Laudenbach, F. and Poénaru, V., Travaux de Thurston sur les surfaces, Séminaire Orsay, 1991/1979, *Astérisque*, **66–67**(1979), 2e éd.

[35] Smale, S., *Diffeomorphisms with many periodic points, Differential and combinatorial topology*, Princeton Univ. Press, 1964, 63–80.

[36] Smale, S., Structurally stable systems are not dense, *Amer. J. Math.*, **88**(1966), 491–496.

[37] Shub, M., Endomorphisms on compact differentiable manifolds, *Amer. J. Math.*, **91**(1969), 175–199.

[38] Gromov, M., Groups of polynomial growth and expanding maps, *Publ. Math. I. H. E. S.*, **53**(1981), 53–78.

[39] Manning, A., There are no new Anosov diffeomorphisms on tori, *Amer. J. Math.*, **96**(1974), 422–429.

[40] Franks, J. M. and Williams, R. F., *Anomolous Anosov flows*, Lecture Notes in Mathematics 819, Springer-Verlag, 1980, 146–157.

[41] Smale, S., The Ω stability theorem, Global Analysis, *Proc. Symp. Pure Math.*, **14**(1970), 289–297.

[42] Robbin, J. W., Structural stability theorem, *Ann. of Math.*, **94**(1971), 447–493.

[43] Robinson, R. C., Structural stability of C^1 diffeomorphisms, *J. Diff. Eq.*, **22**(1976), 28–73.

[44] Mañé, R., A proof of C^1-stability conjecture, *Publ. Math. I. H. E. S.*, **66**(1988), 161–210.

このうち全体の構成と証明に関しては[1]〜[6]を参考にした．その他については，[7]〜[13]が多様体論，位相幾何学，測度論などの基礎的な知識に関する文献，[14]〜[20]，[21]〜[29]，[30]〜[34]，[35]〜[44] が，それぞれ第5章，第6章，第7章，第8章に関する文献である．

演習問題解答

[第1部]

第1章

1.1 稠密でないとすれば，$R_\gamma^n x$ が決して訪れない区間 (a,b) が存在する．台がこの区間に含まれる非負かつ恒等的には0でない連続関数 $f(x)$ にたいして定理1.1を適用すれば，矛盾が判明する．

1.2 (1) まず，x が周期 p の周期点とすると，整数 m で $2^p x = x+m$ を充たすものが存在する．したがって，$x=m/(2^p-1)$ と書け，x が有理数であることが分かる．逆に，$x=q/p$ と自然数 p,q で既約分数に表されたとすれば，$\langle 2^n q/p\rangle$ は，高々 p 種類の値しかとり得ない．そこで，$n_0<n_1$ を $\langle 2^{n_0}q/p\rangle = \langle 2^{n_1}q/p\rangle$ が成立するように選べる．そのとき，そのことは，$R_{(2)}^{n_0}x$ で周期点に落ち込んだと考えられる．

(2) $x=p/q$ と既約分解し，分母 q を素因数分解したときの2のベキを m，$q=2^m q_0$ とすると，$R_{(2)}^m x = \langle p/q_0\rangle$ が周期点であることを示そう．そのためには，$2^n p/q_0 = \ell + p/q_0$ となる自然数 n と ℓ が存在することを示せばよい．すなわち，$(2^n-1)p$ が q_0 の倍数にできることを示せばよい．それには，p と q_0 が素だから，2^n-1 が q_0 の倍数となる n が存在すればよい．2と q_0 が素だから，実際に，n としては，q_0 を法とする**既約剰余類**(reduced residue class)の作る Able 群 $(\mathbb{Z}/q_0\mathbb{Z})^*$ の**位数** $\varphi(q_0)$ にとればよい(φ は Euler の関数と呼ばれている)．

(3) 周期は，固定点 $x=0$ を除外すれば，$2^n \equiv 1 \pmod{q_0}$ となる最小の $n \geqq 2$ である．(2)の $\varphi(q_0)$ が周期とは限らない．もっとも簡単な例としては，1/31は周期5の周期点であり，$\varphi(31)=30$ である．

1.3 前問の解(2)の議論から，$R_{(2)}^n$ の固定点の数 $N_n(R_{(2)},\mathrm{fix}) = 2^n-1$ である．したがって，

$$\lim_{p\to\infty} p^{-1}\log N_p(R_{(2)},\mathrm{fix}) = \lim_{p\to\infty} p^{-1}\log(2^p-1) = \log 2$$

と

$$\zeta_{R_{(2)}}(s) = \exp\Big[\log(1-2s) - \log(1-s)\Big] = \frac{s}{(1-2s)(1-s)}$$

を得る.

1.4 一様収束の証明は，定理 1.1 と同様にできるが，ここでは Fourier 三角級数を用いて行う．f が三角関数の有限和で

$$f(\boldsymbol{x})=\sum_{j}(a_j\cos 2\pi\boldsymbol{j}\cdot\boldsymbol{x}+b_j\sin 2\pi\boldsymbol{j}\cdot\boldsymbol{x})$$

と表されるとする．ただし，$\boldsymbol{j}=(j_1,j_2,\cdots,j_d)$，$\boldsymbol{j}\cdot\boldsymbol{x}\equiv j_1x_1+j_2x_2+\cdots+j_dx_d$ である．このとき

$$\begin{aligned}&\frac{1}{N}\sum_{k=0}^{N-1}f(R_\gamma^k\boldsymbol{x})\\&\quad=\sum_{j:j\gamma\notin\mathbb{Z}}\frac{1}{N\sin\pi\boldsymbol{j}\cdot\boldsymbol{\gamma}}\Big(a_j((\sin\pi(2N-1)\boldsymbol{j}\cdot\boldsymbol{\gamma}+\sin\pi\boldsymbol{j}\cdot\boldsymbol{\gamma})\cos 2\pi\boldsymbol{j}\cdot\boldsymbol{x}\\&\qquad\qquad+(\cos\pi(2N-1)\boldsymbol{j}\cdot\boldsymbol{\gamma}-\cos\pi\boldsymbol{j}\cdot\boldsymbol{\gamma})\sin 2\pi\boldsymbol{j}\cdot\boldsymbol{x})\\&\qquad\qquad+b_j((-\cos\pi(2N-1)\boldsymbol{j}\cdot\boldsymbol{\gamma}+\cos\pi\boldsymbol{j}\cdot\boldsymbol{\gamma})\cos 2\pi\boldsymbol{j}\cdot\boldsymbol{x}\\&\qquad\qquad+(\sin\pi(2N-1)\boldsymbol{j}\cdot\boldsymbol{\gamma}+\sin\pi\boldsymbol{j}\cdot\boldsymbol{\gamma})\sin 2\pi\boldsymbol{j}\cdot\boldsymbol{x})\Big)\\&\qquad+\sum_{j:j\gamma\in\mathbb{Z}}(a_j\cos 2\pi\boldsymbol{j}\cdot\boldsymbol{x}+b_j\sin 2\pi\boldsymbol{j}\cdot\boldsymbol{x})\end{aligned}$$

だから，$N\to\infty$ で $\overline{f}(\boldsymbol{x})\equiv\sum_{j:j\gamma\in\mathbb{Z}}(a_j\cos 2\pi\boldsymbol{j}\cdot\boldsymbol{x}+b_j\sin 2\pi\boldsymbol{j}\cdot\boldsymbol{x})$ に一様収束する．$\{\gamma_k;\ 1\leqq k\leqq d\}$ が有理的に有理数と一次独立ならば，この値は a_0 であり，f のトーラスでの積分値に一致している．また，$\{\gamma_k;\ 1\leqq k\leqq d\}$ が有理的に一次独立で，$\gamma_d=p/q$ と表されるときは，$\overline{f}(\boldsymbol{x})$ は

$$\begin{aligned}&\sum_{k=0}^{q-1}\int_{\mathbb{T}^{d-1}}f\left(x_1,x_2,\cdots,x_d+\frac{k}{q}\right)dx_1dx_2\cdots dx_{d-1}\\&\qquad=\sum_{j}(a_{(0,\cdots,0,qj)}\cos 2\pi jx_d+b_{(0,\cdots,0,qj)}\sin 2\pi jx_d)\end{aligned}$$

に一致する．一般の f は三角級数の有限和で一様近似できるから，証明が完了する．

1.5 適当に有理的に一次独立な $\{\gamma_j;\ 1\leqq j\leqq d\}$ と $\{c_{k,j}\in\mathbb{Z};\ 1\leqq j\leqq d,\ 1\leqq k\leqq s\}$ を選べば，

$$\theta_k=\sum_{j=1}^{s}c_{k,j}\gamma_j$$

とできる．とくにもし，$\{\theta_k;\ 1\leqq k\leqq s\}$ が有理数と一次従属ならば，γ_d を有理数

に選ぶことにする．そこで，$\mathbb{T}^d$ にたいして，Weyl の変換を

$$R_\gamma \boldsymbol{x} \equiv (\langle x_1+\gamma_1\rangle, \langle x_2+\gamma_2\rangle, \cdots, \langle x_d+\gamma_d\rangle), \quad \boldsymbol{x}=(x_1, x_2, \cdots, x_d)$$

と定義する．$\mathbb{T}^d$ 上の関数

$$f(\boldsymbol{x}) \equiv \sum_{k=1}^{s} c_k \cos\left(2\pi \sum_{j=1}^{d} c_{k,j} x_j\right)$$

を定義し，$f(R_\gamma^n \boldsymbol{x})$ を考察する．$S_n = f(R_\gamma^n \boldsymbol{0})$ に注意しよう．極限

$$\frac{1}{N}\sum_{m=0}^{N-1} f(R_\gamma^m \boldsymbol{x}) = \frac{1}{N}\sum_{k=1}^{d} \frac{c_k}{2\sin\pi\theta_k}\Big((\sin\pi(2N-1)\theta_k + \sin\pi\theta_k)\cos 2\pi x_k$$
$$+(\cos\pi\theta_k - \cos\pi(2N-1)\theta_k)\sin 2\pi x_k\Big) \to 0 \quad (N\to\infty)$$

は，一様に収束する．$f(0)=\sum_{k=1}^{s} c_k > 0$ だから，0 のある近傍 U で，$f(\boldsymbol{x})$ は正の値をとる．0 の閉近傍 $V\,(\subset U)$ を選んで，連続関数 $g(\boldsymbol{x})$ を $g(\boldsymbol{x})=1$ $(\boldsymbol{x}\in V)$，$g(\boldsymbol{x})=0$ $(\boldsymbol{x}\notin U)$，$0 \leqq g(\boldsymbol{x}) \leqq 1$ を充たすように定める．前問 1.4 から，

$$\overline{gf}(\boldsymbol{x}) = \lim_{N\to\infty}\frac{1}{N}\sum_{m=0}^{\infty}(gf)(R_\gamma^m \boldsymbol{x})$$

は，非負連続関数であり，閉近傍 V 内の全ての点で正の値をとる．その最小値を $2C$ とおく．一方，$f(R_\gamma^m \boldsymbol{x})$ の長時間平均は 0 に一様収束したから，$((1-g)f)(R_\gamma^m \boldsymbol{x})$ の長時間平均は V で $-2C$ 以下の値をとる．これらのことは，$\boldsymbol{x}\in V$ において，$f(R_\gamma^m \boldsymbol{x})$，とくに $S_m = f(R_\gamma^m 0)$ は C 以上の値を無限回とり，$-C$ 以下の値も無限回とることを意味している．

残りは，$S_n=0$ が全ての n で成立することがあり得ないことを示すことである．$N>0$ を $Nc_{k,d}\gamma_d$，$1\leqq k \leqq s$ が全て整数になるようにとり，$M\equiv\sum_{k,j} c_{k,j}$ とおく．$\mathbb{T}^{d-1}$ で R を $R\boldsymbol{x}\equiv(\langle x_1+\gamma_1\rangle, \cdots, \langle x_{d-1}+\gamma_{d-1}\rangle)$ と定義すると，$\{R^{Nn}\boldsymbol{0}; n\in\mathbb{N}\}$ は $\mathbb{T}^{d-1}$ で稠密だから，任意の $\varepsilon>0$ にたいして，$\boldsymbol{0}$ からの距離が ε/M 以下になるように n をとれる．このとき，

$$(\langle Nn\theta_1\rangle, \langle Nn\theta_2\rangle, \cdots, \langle Nn\theta_d\rangle)$$
$$=\left(\left\langle \sum_{j=1}^{d} Nnc_{1,j}\gamma_j\right\rangle, \left\langle \sum_{j=1}^{d} Nnc_{2,j}\gamma_j\right\rangle, \cdots, \left\langle \sum_{j=1}^{d} Nnc_{d,j}\gamma_j\right\rangle\right)$$

は $\mathbb{T}^s$ の原点からの距離が ε 以下である．$f(\boldsymbol{0})=\sum_{k=1}^{s} c_k>0$ だから ε を十分小さくとっておけば，$S_n>0$ となる．

1.6　まず，有界可測関数 $f(x)$，$|f(x)|\leqq K$，に関して，

$$\left|\frac{1}{N}\sum_{n=0}^{N-1} f(T^n x)\right| \leqq K$$

が成立するから，Lebesgue の有界収束定理を適用すれば L^2-収束も保証される．一般の L^2-関数については，有界な関数で近似できる．例えば $f_K(x) \equiv \min\{f(x), K\}$ とおけば，$\|f-f_K\|_2^2 = \lim_{K\to\infty}\int |f(x)-f_K(x)|^2 d\mu(x) = 0$ である．まず，

$$\left\|\frac{1}{N}\sum_{n=0}^{N-1}(f_K(T^n x) - f_{K'}(T^n x))\right\|_2 \leqq \|f_K - f_{K'}\|_2$$

だから，$\|\overline{f}_K - \overline{f}_{K'}\|_2 \leqq \|f_K - f_{K'}\|_2$ となり，L^2-極限 $\lim_{K\to\infty}\overline{f}_K = g$ が存在し，T-不変になる．したがって

$$\begin{aligned}
&\limsup_{N\to\infty}\left\|\frac{1}{N}\sum_{n=0}^{N-1} f(T^n x) - g(x)\right\|_2 \\
&\leqq \limsup_{N\to\infty}\left\|\frac{1}{N}\sum_{n=0}^{N-1}(f(T^n x) - f_K(T^n x))\right\|_2 \\
&\quad + \limsup_{N\to\infty}\left\|\frac{1}{N}\sum_{n=0}^{N-1} f_K(T^n x) - \overline{f}_K(x)\right\|_2 + \|\overline{f}_K - g\|_2 \\
&\leqq 2\|f - f_K\|_2
\end{aligned}$$

を得て，L^2-極限の存在が示せる．

第2章

2.1　殆ど全ての x にたいして，左右の極限は個別エルゴード定理からそれぞれ存在する．$B_K \equiv \{x;\ |h(x)| \leqq K\}$ とおけば，Poincaré の再帰定理から，殆ど全ての $x \in B_K$ は無限回 B_K に復帰する．そのような時点においては，$|h(T^n x) - h(x)| \leqq K$ だから，n で割った極限は 0 に収束する．そのことは左右の極限が一致することを意味する．

2.2　(1) 凸関数だから，$\overline{x} = \sum_{k=1}^{n} \lambda_k x_k$ とおくと，点 $(\overline{x}, f(\overline{x}))$ を通る直線 $y = a(x-\overline{x}) + f(\overline{x})$ で，全ての点 $x \in [a, b]$ で $y = f(x)$ の下側にあるものが存在し，

$$\sum_{k=1}^{N} \lambda_k f(x_k) \geqq \sum_{k=1}^{N} \lambda_k a(x_k - \overline{x}) + f(\overline{x}) = f(\overline{x}).$$

上の不等式で等号が成立するのは，各項が等しい，すなわち，$x_k = \overline{x}$, $1 \leqq k \leqq N$ が成立するときに限る．

(2) $f(x) = x\log x$ が狭義凸関数であることは明らかだから，(1)で $s = N$, $x_i =$

$\mu(A_i)$, $y_i=1/N$ とおけば，Jensen の不等式からただちに示せる.

(3) $f(x)=-\log x$ が狭義凸関数だから，Jensen の不等式により,

$$-\sum_{k=1}^{N} x_k \log \frac{y_k}{x_k} \geqq -\log \sum_{k=1}^{N} x_k \frac{y_k}{x_k} = -\log \sum_{k=1}^{N} y_k \geqq 0.$$

また，等号が成立するのは，$y_k/x_k=1$, $1 \leqq k \leqq N$, のときに限る.

2.3 (i) 条件付き確率の関係式から,

$$\begin{aligned} H(\alpha \vee \beta|\gamma) &= -\sum_{i,j,k} \mu(A_i \cap B_j \cap C_k) \log \mu(A_i \cap B_j|C_k) \\ &= -\sum_{i,j,k} \mu(A_i \cap B_j \cap C_k) \log(\mu(A_i|C_k)\mu(B_j|C_k \cap A_i)) \\ &= H(\alpha|\gamma)+H(\beta|\gamma \vee \alpha) \end{aligned}$$

は明らか. 演習問題 2.2(3)を使えば,

$$\begin{aligned} (1.\mathrm{a}) \qquad & H(\beta|\gamma)-H(\beta|\gamma \vee \alpha) \\ &= -\sum_{j,k} \mu(B_j \cap C_k) \log(\mu(B_j \cap C_k)/\mu(C_k)) \\ &\quad + \sum_{i,j,k} \mu(A_i \cap B_j \cap C_k) \log(\mu(A_i \cap B_j \cap C_k)/\mu(A_i \cap C_k)) \\ &= \sum_{i,j,k} \mu(A_i \cap B_j \cap C_k) \log \frac{\mu(A_i \cap B_j \cap C_k)\mu(C_k)}{\mu(A_i \cap C_k)\mu(B_j \cap C_k)} \geqq 0 \end{aligned}$$

により，次の不等式が得られ証明できる:

$$(1.\mathrm{b}) \qquad H(\beta|\gamma) \geqq H(\beta|\gamma \vee \alpha).$$

(ii) $\beta \geqq \alpha$ ならば $\beta=\beta \vee \alpha$ だから，Jensen の不等式と式(2.5),(1.b)により，$H(\beta|\gamma)=H(\beta \vee \alpha|\gamma)=H(\alpha|\gamma)+H(\beta|\gamma \vee \alpha) \geqq H(\alpha|\gamma)$ が示せる.

(iii) 式(1.b)において，(1.a)の等号条件を見れば，$\mu(A_i \cap B_j \cap C_k)\mu(C_k)=\mu(A_i \cap C_k)\mu(B_j \cap C_k)$ となり，これは条件付き独立性と同等である.

(iv)は $\alpha \leqq \gamma$ だから $\alpha \vee \gamma=\gamma$ であることに注意し，式(1.b)で α と γ の役割を交換すれば，$H(\beta|\alpha) \geqq H(\beta|\gamma)$ が示される. $H(\alpha|\gamma)=H(\alpha \vee \gamma)-H(\gamma)=0$ である.

(v)は殆ど自明である.

2.4 γ が有理数の場合には簡単に 0 であることが分かる. γ が無理数のとき，$\alpha=\{A_0, A_1\}$, $A_0=[0,1/2)$, $A_1=[1/2,1)$ とおくと，$\{R_\gamma^n 0\}$ が $\mathbb{T}$ で稠密なことから，α は生成元であることが分かる. また $\alpha \vee R_\gamma^{-1}\alpha \vee \cdots \vee R_\gamma^{-n+1}\alpha$ は $\mathbb{T}$ を高々 $2n+2$ の区間に分ける. したがって

$$\frac{1}{n}H(\alpha \vee T^{-1}\alpha \vee \cdots \vee T^{-n+1}\alpha) \leqq \frac{\log(2n+2)}{n} \to 0 \quad (n\to\infty).$$

この場合に $\bigvee_{n=1}^{\infty} T^{-n}\alpha$ は各点分割 ε となりそれからも，$h(\mu,T,\alpha)=H(\alpha|\varepsilon)=0$ が分かる．

2.5 パン屋の変換 T にたいして，$\alpha=\{M_0,M_1\}$，$M_0=[0,1/2)\times[0,1)$，$M_1=[1/2,1)\times[0,1)$ とおく．これが各点を分離することは容易に分かる．前に述べたことから分かるように，$T^{-1}\alpha\vee T^{-2}\alpha\vee\cdots\vee T^{-n}\alpha$ の要素は $[k2^{-n-1},\ (k+1)2^{-n-1})\times[0,1)$，$k=0,1,\cdots,2^n-1$，と表される．したがって，

$$\frac{1}{n}H(\alpha \vee T^{-1}\alpha \vee \cdots \vee T^{-n+1}\alpha) = -\frac{1}{n}\sum_{k=0}^{2^{n+1}-1} 2^{-n-1}\log 2^{-n-1} = \log 2.$$

同じく，$\xi=\bigvee_{n=1}^{\infty} T^{-n}\alpha=\{\{x_2\}\times[0,1);\ x_2\in[0,1)\}$ は縦線集合への分割となる．$\mathbb{T}^2$ の縦線の場合に説明したように，$\mu_\xi(A|C_\xi(\boldsymbol{x}))=\int_{A\cap C_\xi(\boldsymbol{x})} du_1$ となり，$\mu_\xi(M_i|C_\xi(\boldsymbol{x}))=1/2$，$i=0,1$ だからやはり，

$$H(\alpha|\xi) = \log 2$$

を得る．

2.6 Lagrange の未定係数法を使う．

$$\frac{\partial}{\partial p_i}\Big(f(\boldsymbol{p})-\lambda\Big(\sum_{k=1}^{s} p_k-1\Big)\Big) = -\log p_i - 1 + \varepsilon_i - \lambda = 0$$

を解くと，$p_i=\exp[\varepsilon_i-1-\lambda]$ だから，式(2.11)が極値を与える．それが最大値であることも確かめられる．

2.7 混合的だから，$A_{i,j}^{(N)}>0$ となる N が存在する．適当な $\{i_k\}_{k=0}^{N}$，$i_0=i$，$j_N=j$ を選べば，$A_{i_k,i_{k+1}}=1$，$0\leqq k\leqq N-1$ とできる．$N>s$ ならば，$\{i_k\}_{k=0}^{N-1}$ の中に少なくとも同じものが 1 組はある．その 1 組をつなぐ途中は削除しても i と j を結ぶ短い単語になる．以下それを繰り返して，長さ n $(n\leqq s+1)$ の i と j を結ぶ単語を得る．

$R=(R_{i,j})$ を $R_{i,i+1}=1$ $(1\leqq i\leqq s-1)$，$R_{s,1}=1$，他では，$R_{i,j}=0$ で決められる(座標の置換を表す)行列，$B=(B_{i,j})$ は $B_{1,3}=1$，他では $B_{i,j}=0$ となる $s\times s$-行列とする．$A=R+B$ とおくと，ちょうど A^{s^2-2s+2} で全ての要素が正になる．このことの証明には，$R^{-n}(R+B)^n=(I+R^{-n}BR^{n-1})(I+R^{-n+1}BR^{n-2})\cdots(I+R^{-1}B)$，$n=1,2,\cdots$，を観察すればよい．

2.8 $\boldsymbol{P}=(P_{i,j})$ が確率行列であることを確認しよう．$P_{i,j}>0$ は明らかであり，

$$\sum_{j=1}^{s} P_{i,j} = \sum_{j=1}^{s} \frac{A_{i,j}u_j}{\lambda_{\max}u_i} = \frac{\lambda_{\max}u_i}{\lambda_{\max}u_i} = 1$$

が成立する．さらに，(p_i) が $\boldsymbol{P}$ の定常確率分布であることは，$\sum_{i=1}^{s} p_i = 1$ は明らかであり，また

$$\sum_{i=1}^{s} p_i P_{i,j} = \sum_{i=1}^{s} \frac{u_i v_i A_{i,j} u_j}{\lambda_{\max} u_i \sum_{k=1}^{s} u_k v_k} = \sum_{i=1}^{s} \frac{v_i A_{i,j} u_j}{\lambda_{\max} \sum_{k=1}^{s} u_k v_k} = \frac{v_j u_j}{\sum_{k=1}^{s} u_k v_k} = p_j$$

により分かる．

補題 2.29 により，

$$\left| \lambda_{\max}^{-n} A_{i,j}^{(n)} \frac{u_j}{u_i} - \frac{v_j u_j}{\sum_{k=1}^{s} v_k u_k} \right| = |P_{i,j}^{(n)} - p_j| \leqq C \lambda_{\max}^{-n}$$

だから，

$$\left| \lambda^{-n} A_{i,j}^{(n)} - \frac{v_j u_i}{\sum_{k=1}^{s} v_k u_k} \right| \leqq C' \lambda_{\max}^{-n}$$

を得る．ただし，$C' \equiv C \min_k u_k^{-1}$.

2.9 まず補題 2.35 の証明から始める．固定された点 $x, y \in M$ にたいして，$d(\varphi^n x, \varphi^n y)$ は単調に減少してある極限値 d_0 に収束する．$M \times M$ もコンパクトだから，$(\varphi^n x, \varphi^n y)$, $n \in \mathbb{N}$ は $M \times M$ で集積点をもつ．適当に部分列 $\{n_k\}$ を選べば，$\varphi^{n_k} x \to x_0$ かつ $\varphi^{n_k} y \to y_0$ となる (x_0, y_0) が存在する．もし，$x_0 \neq y_0$ ならば，任意の m にたいして，

$$\begin{aligned} d(\varphi^m x_0, \varphi^m y_0) &= \lim_{k \to \infty} d(\varphi^{n_k+m} x, \varphi^{n_k+m} y) = \lim_{n \to \infty} d(\varphi^n x, \varphi^n y) \\ &= d_0 = \lim_{k \to \infty} d(x_{n_k}, y_{n_k}) = d(x_0, y_0) \end{aligned}$$

となり仮定に矛盾する．したがって，$x_0 = y_0$ であり，$d_0 = 0$ である．とくに，$y = \varphi x$ を選べば，$x_0 = \varphi x_0$ が示せる．さらに $y = x_0$ ととり直せば，

$$\lim_{n \to \infty} d(\varphi^n x, \varphi^n x_0) = \lim_{n \to \infty} d(\varphi^n x, x_0) = d_0 = 0$$

となり，結論を得る．簡単のため，$P_{i,j} > 0$ を仮定し，$\varphi \boldsymbol{v} \equiv \boldsymbol{v}\boldsymbol{P} \equiv \left(\sum_{i=1}^{s} v_i P_{i,j} \right)_{j=1}^{s}$ と $\mathfrak{S}$ 上の変換を定義する．$\boldsymbol{u} \neq \boldsymbol{v} \in \mathfrak{S}$ とすると，

$$|\varphi \boldsymbol{u}-\varphi \boldsymbol{v}| = \sum_{j=1}^{s}\left|\sum_{i=1}(u_i-v_i)P_{i,j}\right| < \sum_{j=1}^{s}\sum_{i=1}|u_i-v_i|P_{i,j} = |\boldsymbol{u}-\boldsymbol{v}|$$

が成り立つ．実際に，不等号が等号になるのは，u_i-v_i の符号が i によらないときであるが，$\sum_{i=1}^{s}(u_i-v_i)=0$，$u_i=v_i$，$1 \leqq i \leqq s$ のときに限るから，$\boldsymbol{u} \neq \boldsymbol{v}$ に反する．補題 2.35 により，φ は唯一つの固定点をもつ．その固定点を $\boldsymbol{p}=(p_1, p_2, \cdots, p_s) \in \mathfrak{S}$ とすると，

$$p_j = \sum_{i=1} p_i P_{i,j} > 0$$

である．なぜならば，どれかの p_i は正の値をとるから，和も正になるからである．また，やはり補題 2.35 により，収束も示せる．さらに，$|\boldsymbol{vP}| \leqq |\boldsymbol{v}|$ に注意すれば，$\mathfrak{S}$ 内に限らず解の一意性が結論できる．一般の混合的な $\boldsymbol{P}$ にたいしては，$\boldsymbol{P}^N$ について考察すれば証明できる．

第 3 章

3.1　γ が有理数の場合には周期 $p>1$ が存在するから，任意の開被覆 α にたいして，$n \geqq p$ ならば $\bigvee_{k=0}^{n} R_\gamma^{-k}\alpha = \bigvee_{k=0}^{p} R_\gamma^{-k}\alpha$ となるから簡単に 0 であることが分かる．γ が無理数のとき，$\alpha=\{A_i;\ i=0,1,2,3\}$，$A_0=(0,2/4)$，$A_1=(1/4,3/4)$，$A_2=(2/4,4/4)$，$A_3=(3/4,4/4)\cup[0,1/4)$ とおくと，$\{R_\gamma^n 0\}$ が $\mathbb{T}$ で稠密なことから，α は命題 3.6(i)の条件を充たす．また $N(\alpha \vee R_\gamma^{-1}\alpha \vee \cdots \vee R_\gamma^{-n+1}\alpha) \leqq 4n+4$ だから，

$$\lim_{n\to\infty}\frac{1}{n}H_{\text{top}}(\alpha \vee R_\gamma^{-1}\alpha \vee \cdots \vee R_\gamma^{-n+1}\alpha) \leqq \lim_{n\to\infty}\frac{\log(4n+4)}{n} = 0.$$

よって，$h_{\text{top}}(R_\gamma)=h_{\text{top}}(R_\gamma,\alpha)=0$.

3.2　$\overline{A_1} \subset B_1$ かつ $\{A_1, B_2, \cdots, B_s\}$ が被覆になる開集合 A_1 を見出せば十分である．$A \equiv M \Big\backslash \bigcup_{i=2}^{s} B_i$ と B_1^c は共通部分をもたない閉集合である．したがって，$\delta \equiv \min\{d(x,y);\ x \in B_1^c,\ y \in A\}>0$ である．$A_1 \equiv \bigcup_{x\in A} U_{\delta/2}(x)$ が求める開集合である．

3.3　有限型サブシフトを定めている単語集合 W の長さを m_0 としておこう．新しい状態集合 $\mathcal{S}'$ は W の要素全体とする：

$$\mathcal{S}' \equiv \{\boldsymbol{a}=(a_0, a_1, \cdots, a_{m_0-1}) \in W\}.$$

このとき，行列 $\{A_{\boldsymbol{a},\boldsymbol{b}},\ \boldsymbol{a},\boldsymbol{b} \in \mathcal{S}'\}$ を $\boldsymbol{a}=(a_0,a_1,\cdots,a_{m_0-1})$，$\boldsymbol{b}=(b_0,b_1,\cdots,b_{m_0-1})$ にたいし

$$A_{\boldsymbol{a},\boldsymbol{b}} \equiv \begin{cases} 1 & a_{i+1} = b_i,\ 0 \leqq i \leqq m_0 - 2 \\ 0 & \text{それ以外} \end{cases} \tag{3.a}$$

と定めると，Σ_W^+ から Σ_A^+ への全単射 ψ が

$$\psi:\ \boldsymbol{x} \longmapsto (\boldsymbol{a}_0, \boldsymbol{a}_1, \cdots, \boldsymbol{a}_n, \cdots)$$

で与えられる．ただし，

$$\boldsymbol{a}_n \equiv (\omega_n(\boldsymbol{x}), \omega_{n+1}(\boldsymbol{x}), \cdots, \boldsymbol{x}_{n+m_0-1}) \in W.$$

$a_{n,0}$ で $\boldsymbol{a}_n$ の第1成分を表せば，逆写像 ψ^{-1} は，

$$\psi^{-1}:\ (\boldsymbol{a}_0, \boldsymbol{a}_1, \cdots, \boldsymbol{a}_n, \cdots) \longmapsto (a_{0,0}, a_{1,0}, \cdots, a_{n,0}, \cdots)$$

で与えられる．実際に，右辺が Σ_W^+ に属することは，任意の n にたいして，$A_{a_n, a_{n+1}} = 1$ だから，式(3.a)により，

$$(a_{n,0}, a_{n+1,0}, \cdots, a_{n+m_0-1,0}) = (a_{n,0}, a_{n,1}, \cdots, a_{n,m_0-1}) \in W$$

を得て，示せる．このことから，全単射であることが分かる．同相写像であることを調べよう．

与えられた柱状集合 ${}_0[\boldsymbol{a}_0, \boldsymbol{a}_1, \cdots, \boldsymbol{a}_{n_0}]_{n_0} \subset \Sigma_A^+$, $n_0 > m_0$ にたいして，$b_i = a_{i,0}$, $0 \leqq i \leqq n_0$ かつ $b_i = a_{n_0, i-n_0}$, $n_0 \leqq i \leqq n_0 + m_0 - 1$ と定義すれば，

$$\psi({}_0[b_0, b_1, \cdots, b_{n_0+m_0-1}]_{n_0+m_0-1}) \subset {}_0[\boldsymbol{a}_0, \boldsymbol{a}_1, \cdots, \boldsymbol{a}_{n_0}]_{n_0}$$

となり，ψ の連続性が示される．逆に，与えられた柱状集合 ${}_0[b_0, b_1, \cdots, b_{n_0}]_{n_0} \subset \Sigma_W^+$ にたいして，その要素 $\boldsymbol{x}$ を1つ選び，$b_i = \omega_i(\boldsymbol{x})$, $n_0 < i < n_0 + m_0$ とおく．さらに，$a_{n,i} = b_{n+i}$, $0 \leqq n+i \leqq n_0 + m_0 - 1$, $0 \leqq n \leqq n_0$ と定めると，

$$\psi^{-1}({}_0[\boldsymbol{a}_0, \boldsymbol{a}_1, \cdots, \boldsymbol{a}_{n_0}]_{n_0}) \subset {}_0[b_0, b_1, \cdots, b_{n_0}]_{n_0}$$

だから，ψ の同相性が示された．

3.4 第0-座標の値による分割 $\alpha \equiv \{A_i \equiv \{\boldsymbol{x} \in X;\ \omega_0(\boldsymbol{x}) = i\},\ i \in \mathcal{S}\}$ を考察する．これは開かつ閉集合からなるから，開被覆でもあり，各点を測度論的にも位相的にも分離している．したがって，

$$H(\mu, \alpha \vee \sigma^{-1}\alpha \vee \cdots \vee \sigma^{-n+1}\alpha) = -\sum_{\boldsymbol{a} \in W^n(X)} \mu({}_0[\boldsymbol{a}]_{n-1}) \log \mu({}_0[\boldsymbol{a}]_{n-1})$$

$$\leqq \log {}^{\#}W^n(X) = H_{\text{top}}(\alpha \vee \sigma^{-1}\alpha \vee \cdots \vee \sigma^{-n+1}\alpha)$$

が成立し，n で割って極限をとれば結果を得る．

3.5 式(3.8)により，$\phi = 0$ ならば，各点を分離する開被覆 $\alpha = \{{}_0[i]_0;\ i\}$ にたいして，$N(\alpha \vee \sigma^{-1}\alpha \vee \cdots \vee \sigma^{-n+1}\alpha) = Z_n(\phi)$ が成り立ち，式(3.10)により，$P(0) = h_{\text{top}}(\sigma_A, \sigma)$ が分かる．

3.6 Ruelle–Perron–Frobenius 作用素 $\mathcal{L}_\phi$ は,

$$\mathcal{L}_\phi f(\boldsymbol{x}) = \sum_i Q_{i,\omega_0(\boldsymbol{x})} f(i\boldsymbol{x})$$

で与えられる. $\boldsymbol{Q} \equiv (Q_{i_0,i_1})$ の最大固有ベクトルを λ としよう. それに対応する右および左固有ベクトルをそれぞれ, $\boldsymbol{u}, \boldsymbol{v} \in \mathfrak{S}_s$ とする. 定理 3.24(i)に記述されている確率測度 ν_ϕ の方程式(あるいは, 式(3.5))

$$\mathcal{L}_\phi^* \nu_\phi = \lambda_\phi \nu_\phi$$

を解くことを考える. まず, $f(\boldsymbol{x}) = \chi_{0[i_0]_0}(\boldsymbol{x})$ にたいして,

$$\mathcal{L}_\phi \chi_{0[i_0]_0}(\boldsymbol{x}) = \sum_{j_0} Q_{j_0,\omega_0(\boldsymbol{x})} \chi_{0[i_0]_0}(j_0\boldsymbol{x}) = \sum_{j_1} Q_{i_0,j_1} \chi_{0[j_1]_0}(\boldsymbol{x})$$

だから, $\nu_\phi({}_0[j_1]_0)$ は方程式

$$\sum_{j_1} Q_{i_0,j_1} \nu_\phi({}_0[j_1]_0) = \int \chi_{0[i_0]_0}(\boldsymbol{x}) d\mathcal{L}_\phi^* \nu_\phi = \lambda_\phi \nu_\phi({}_0[i_0]_0)$$

となり, 定理 2.28 の右固有ベクトルの一意性から,

$$\nu_\phi({}_0[i_0]_0) = \boldsymbol{u}_{i_0}$$

である. $f(\boldsymbol{x}) = \chi_{0[i_0,i_1,\cdots,i_m]m}(\boldsymbol{x})$, $m \geqq 2$, にたいして考えれば, 補題 3.25 により,

$$Q_{i_0,i_1} \nu_\phi({}_0[i_1,i_2,\cdots,i_m]_{m-1}) = \lambda_\phi \nu_\phi({}_0[i_0,i_1,\cdots,i_m]_m)$$

となり,

$$\nu_\phi({}_0[i_0,i_1,\cdots,i_m]_m) = \prod_{k=0}^{m-1} (\lambda_\phi^{-1} Q_{i_k,i_{k+1}}) u_{i_m}$$

を得る. $h_\phi(\boldsymbol{x})$ の方程式は

$$\sum_j Q_{j,\omega_0(\boldsymbol{x})} h(j\boldsymbol{x}) = \lambda_\phi h(\boldsymbol{x})$$

だから, 左固有ベクトル $\boldsymbol{v}$ をもちいて,

$$h_\phi(\boldsymbol{x}) \equiv \frac{v_{\omega_0(\boldsymbol{x})}}{\sum_\ell v_\ell u_\ell}$$

と定義すれば, これは方程式を充たし, $\langle h_\phi, \nu_\phi \rangle = 1$ も充たす. σ-不変測度 ν_ϕ は,

$$\nu_\phi({}_0[i_0,i_1,\cdots,i_m]_m) = \frac{v_{i_0} u_{i_0}}{\sum_\ell v_\ell u_\ell} \prod_{k=0}^{m-1} \left(\lambda_\phi^{-1} Q_{i_k,i_{k+1}} \frac{u_{i_{k+1}}}{u_{i_k}} \right)$$

となる. すなわち, 遷移確率行列 $\boldsymbol{P}$ と確率ベクトル $\boldsymbol{p}$ が

$$P_{i,j} \equiv \frac{Q_{i,j}u_j}{\lambda_\phi u_i}, \quad p_i \equiv \frac{v_i u_i}{\sum_{k=1}^{s} v_k u_k}$$

で与えられる，Markov 連鎖の測度である．

3.7 $\alpha \equiv \{M_0, M_1\}$ において，分割 $\alpha \vee T\alpha$ は 4 つの要素からなり，一見うまくいくように見える．しかし，$T^{-1}\alpha \vee \alpha \vee T\alpha$ を考察すると，その要素 $T^{-1}M_1 \cap M_0 \cap TM_1$ は図 1 の 2 つの非連結領域 F, G に分かれる．この連結成分 F から点 x を選べば，他方の G の点 y を，x と y が，$\bigvee_{n=-\infty}^{\infty} T^{-n}\alpha$ で分離できないように選べる．その理由は，$T^{-2}\alpha T^{-1}\alpha \vee \alpha \vee T\alpha T^2\alpha$ を観察してみれば理解できる．

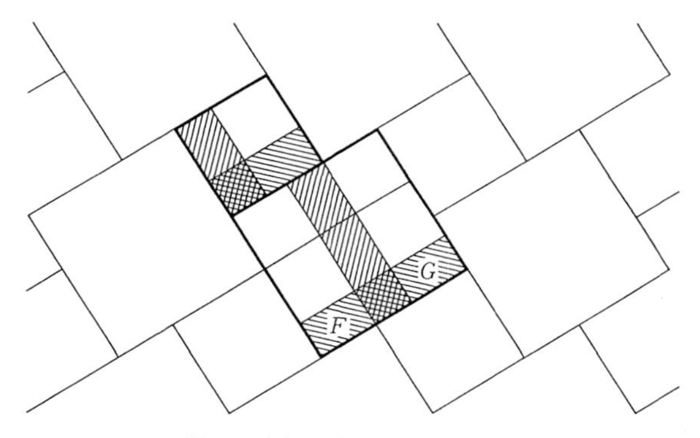

図 1　分割 $T^{-1}M_1 \cap M_0 \cap TM_1$

このような現象が起きたのは，分割の要素が大きく 1 回の変換で大きく伸びて他の要素に二重に交わったためである．分割の大きさを十分小さくとっておけばそのような問題は生じない．

実は次のような考察からも不都合であることは明らかである．§2.3 の例 2.27 により，A の最大固有値を計算すると，エントロピーは

$$h(T_A) = \log \frac{3+\sqrt{5}}{2} > \log 2$$

である．一方分割 α は 2 つの要素からなるから，$h(T, \alpha) \leqq \log 2$ である．このことは α が生成分割でないことを意味している．分割の要素を小さくとれば必然的に要素の数は増えて，このような点での食い違いは生じない．

第4章

4.1 図2の上図のような衝突の状況を考察しよう．補題4.3で変数の置き換え

$$d\alpha \leftarrow d\varphi, \quad dr \leftarrow dr_1, \quad t \leftarrow \tau^+, \quad d\varphi \leftarrow \varphi_1$$

を行えば，

$$\frac{\partial r_1}{\partial \varphi} = -\frac{\tau^+}{\cos\varphi_1}, \quad \frac{\partial \varphi_1}{\partial \varphi} = -\left(1+\frac{2k_1\tau^+}{\cos\varphi_1}\right)$$

を得る．

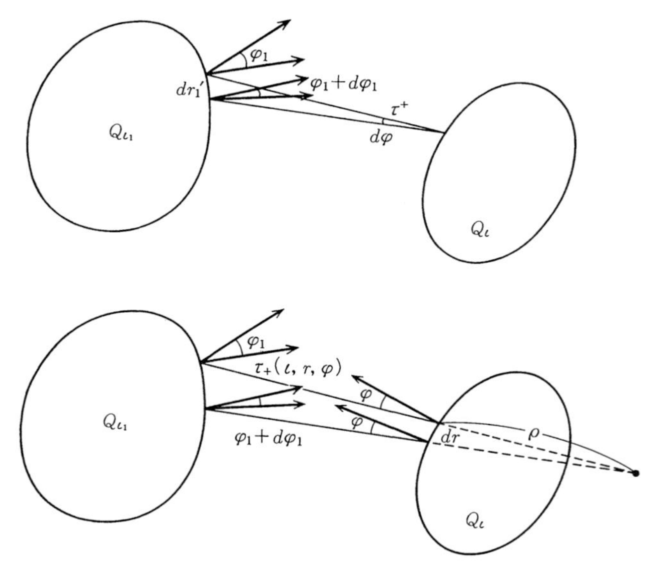

図2　φ と r に関する偏微分

図2の下図のような衝突の状況を考察し，補題4.3で次の変数の置き換え

$$d\alpha \leftarrow kdr, \quad dr \leftarrow dr_1, \quad t \leftarrow \tau^+ + \frac{\cos\varphi}{k}, \quad d\varphi \leftarrow \varphi_1, \quad k \leftarrow k_1$$

をすれば，

$$\frac{\partial r_1}{\partial r} = -\left(1+\frac{\tau_1^+ k}{\cos\varphi}\right)\frac{\cos\varphi}{\cos\varphi_1},$$

$$\frac{\partial \varphi_1}{\partial r} = -\frac{\tau_1^+}{\cos\varphi_1}$$

を得る.

τ^+ の偏微分については，図3を参照すればよい．他の式はこれらの図に類似なものを描けば容易である.

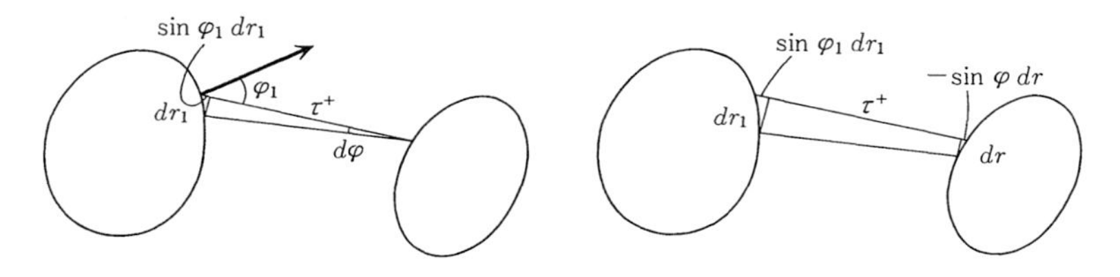

図3　τ^+ の偏微分

4.2　補題4.4により

$$\frac{d\varphi_1}{dr_1} = \frac{\dfrac{\partial\varphi_1}{\partial r}dr + \dfrac{\partial\varphi_1}{\partial\varphi}d\varphi}{\dfrac{\partial r_1}{\partial r}dr + \dfrac{\partial r_1}{\partial\varphi}d\varphi} = \frac{\dfrac{\partial\varphi_1}{\partial r} + \dfrac{\partial\varphi_1}{\partial\varphi}\dfrac{d\varphi}{dr}}{\dfrac{\partial r_1}{\partial r} + \dfrac{\partial r_1}{\partial\varphi}\dfrac{d\varphi}{dr}}$$

$$= \frac{k_1\left(1+\dfrac{\tau^+k}{\cos\varphi}\right)\dfrac{\cos\varphi}{\cos\varphi_1} + k + \left(1+\dfrac{\tau^+k_1}{\cos\varphi_1}\right)\dfrac{d\varphi}{dr}}{\left(1+\dfrac{\tau^+k}{\cos\varphi}\right)\dfrac{\cos\varphi}{\cos\varphi_1} + \dfrac{\tau^+}{\cos\varphi_1}\dfrac{d\varphi}{dr}}$$

$$= \frac{k_1\cos\varphi + (\cos\varphi_1 + \tau^+k_1)\left(\dfrac{d\varphi}{dr}+k\right)}{\cos\varphi + \tau^+\left(\dfrac{d\varphi}{dr}+k\right)}$$

$$= k_1 + \frac{\cos\varphi_1}{\cos\varphi}\frac{1}{\dfrac{\tau^+}{\cos\varphi} + \dfrac{1}{\dfrac{d\varphi}{dr}+k}}$$

同様に,

$$\frac{dr_1}{dr} = \frac{\partial r_1}{\partial r} + \frac{\partial r_1}{\partial\varphi}\frac{d\varphi}{dr}$$

$$= -\left(1+\frac{\tau^+k}{\cos\varphi}\right)\frac{\cos\varphi}{\cos\varphi_1} - \frac{\tau^+}{\cos\varphi_1}\frac{d\varphi}{dr}$$

$$
\begin{aligned}
&= -\frac{\cos\varphi}{\cos\varphi_1}\left(1+\frac{\tau^+}{\cos\varphi}\left(\frac{d\varphi}{dr}+k\right)\right), \\
\frac{d\varphi_1}{d\varphi} &= \frac{\partial\varphi_1}{dr}\frac{dr}{d\varphi}+\frac{\partial\varphi_1}{\partial\varphi} \\
&= -\left(k_1\left(1+\frac{\tau^+k}{\cos\varphi}\right)\frac{\cos\varphi}{\cos\varphi_1}+k\right)\frac{dr}{d\varphi}-\left(1+\frac{\tau^+k_1}{\cos\varphi_1}\right) \\
&= -k_1\frac{\cos\varphi}{\cos\varphi_1}\frac{dr}{d\varphi}-\left(1+\frac{\tau^+k_1}{\cos\varphi_1}\right)\left(1+k\frac{dr}{d\varphi}\right), \\
\frac{d\tau^+}{dr} &= \frac{\partial\tau^+}{\partial r}+\frac{\partial\tau^+}{\partial\varphi}\frac{d\varphi}{dr} = \sin\varphi_1\frac{\partial r_1}{\partial r}-\sin\varphi-\tau^+\tan\varphi_1\frac{d\varphi}{dr} \\
&= -\sin\varphi_1\left(\left(1+\frac{\tau^+k}{\cos\varphi}\right)\frac{\cos\varphi}{\cos\varphi_1}+\frac{\tau^+}{\cos\varphi_1}\frac{d\varphi}{dr}\right)-\sin\varphi \\
&= -\sin\varphi_1\frac{\cos\varphi}{\cos\varphi_1}\left(1+\frac{\tau^+}{\cos\varphi}\left(\frac{d\varphi}{dr}+k\right)\right)-\sin\varphi \\
&= \sin\varphi_1\frac{dr_1}{dr}-\sin\varphi
\end{aligned}
$$

が示せる．残りはこれらと同様に示せばよい．

4.3　図4のように鏡像関係になるように4つの台と4倍の個数の球を固定し，台の境目の壁はとりはずしたものを準備しておく．また左右および上下の壁は同一視して，トーラスとみなす．与えられた長方形の台での実線の運動は，この4倍のトーラス上で破線のように運動するものと同等である．

4.4　図5のように大小2つの球をトーラス上に配置するとよい．このとき，

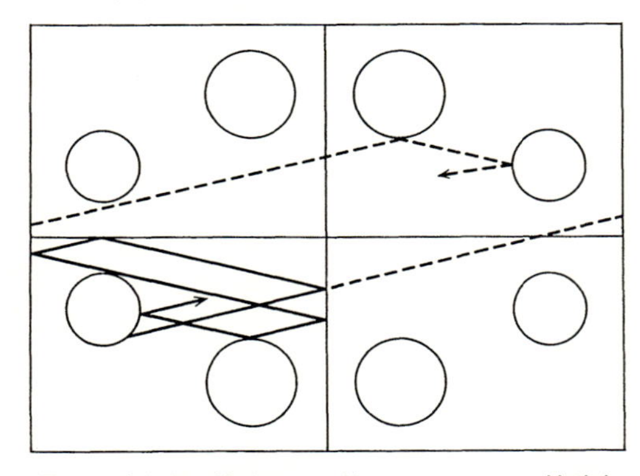

図4　長方形の撞球台と4倍のトーラス上の撞球台

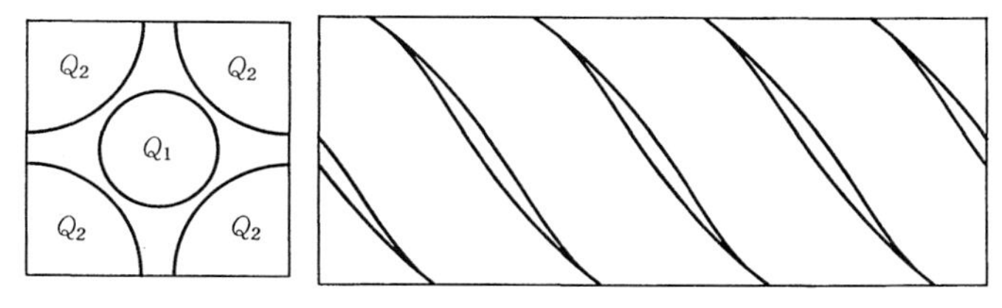

図 5　衝突時間が有界なトーラス上の撞球系

どのような初期状態から出発しても必ず衝突し，衝突に要する時間は有界である．

このとき $X_1^{\pm}$ は 12 個の連結成分に分かれ，$X_2^{\pm}$ は 16 個の連結成分に分かれる．X_1^{-} がどんな形をしているかを図 5 の右に示してある．

4.5　固定した $B, F \in \mathcal{F}$ にたいして，$B \in \mathcal{F}(T^m\xi)$ と仮定しよう．補題 2.4(i) により，$E_\mu[\chi_F|\mathcal{F}(T^{-n}\xi)](x) \to \mu(F)$ μ-a.e. x であり，0 以上 1 以下の値をとる関数列だから，L^2 でも収束する．また，$T^{-n}B$ は $\mathcal{F}(T^{m-n}\xi)$-可測だから，

$$\begin{aligned}&|\mu(T^{-n}B \cap F) - \mu(B)\mu(F)|\\&= |E_\mu[\chi_{T^{-n}B}(x)(E_\mu[F|\mathcal{F}(T^{m-n}\xi)] - \mu(F))]|\\&\leqq (E_\mu|\chi_{T^{-n}B}|^2)^{1/2}(E_\mu[(E_\mu[F|\mathcal{F}(T^{m-n}\xi)] - \mu(F))^2])^{1/2} \to 0\end{aligned}$$

が示される．一般の B においては，定理 2.24 の証明と同様に補題 2.4(ii) を用いて，任意の $\varepsilon > 0$ にたいして，$m \in \mathbb{N}$ と $B' \in \mathcal{F}(T^m\xi)$ で，$\mu(B \ominus B') < \varepsilon$ を充たすものが存在するから，$\mu(T^n B \cap F) \to \mu(B)\mu(F)$ を示せる．

[第 2 部]

第 5 章

5.1　α を S^1 の開被覆とするとき，十分多くの点 $x_0, \cdots, x_k \in S^1$ を選び，各部分区間 $[x_i, x_{i+1}]$, $i = 0, 1, \cdots, k$ が適当な開集合 $A_\lambda \in \alpha$ に含まれるようにできる．この部分区間による S^1 の分割を β と書く．$N(\alpha \vee \varphi^{-1}\alpha \vee \cdots \vee \varphi^{-n+1}\alpha)$ は，分割 $\beta \vee \varphi^{-1}\beta \vee \cdots \vee \varphi^{-n+1}\beta$ の空ではないメンバーの数で上から押さえられるが，それは分点 $x_0, \cdots, x_k, \varphi^{-1}(x_0), \cdots, \varphi^{-1}(x_k), \cdots, \varphi^{-n+1}(x_0), \cdots, \varphi^{-n+1}(x_k)$ の総数 $n(k+1)$ 以下である．したがって $\displaystyle\lim_{n\to\infty}\frac{1}{n}\log N(\alpha \vee \varphi^{-1}\alpha \vee \cdots \vee \varphi^{-n+1}\alpha) \leqq \lim_{n\to\infty}\frac{1}{n}\log n(k+1) = 0$. α は任意であったから φ の位相的エントロピーは 0 である．

5.2　(1) φ の $p\colon \mathbb{R} \to S^1$ に関する持ち上げ $\tilde{\varphi}\colon \mathbb{R} \to \mathbb{R}$ をとる．$\tilde{\varphi}$ は単調減少

関数であるから，$\widetilde{\varphi}(\widetilde{x})=\widetilde{x}$ を満たす $\widetilde{x}\in\mathbb{R}$ が存在する．$\widetilde{x}$ の p による像 $p(\widetilde{x})$ は φ の固定点である．したがって φ は，S^1 を $p(\widetilde{x})$ で切り開いて得られる閉区間 $[a,b]$ の向きを逆にする同相写像 $\overline{\varphi}$: $[a,b]\to[a,b]$, $\overline{\varphi}(a)=b$, $\overline{\varphi}(b)=a$ を導く．この $\overline{\varphi}$ は閉区間 $[a,b]$ 内部に唯一つの固定点をもつから，先の $p(\widetilde{x})$ と合わせて φ はちょうど二つの固定点をもつ．

(2) 点 x を φ の固定点以外の周期点とすると，x は φ^2 の周期点でもある．一方で φ^2 は向きを保ち，かつ固定点をもつから，その周期点は固定点に限る(定理5.3)．すなわち $\varphi^2(x)=x$. x は φ の固定点ではないから，x の周期は2である．

5.3 写像 $\varphi_{a,b}$ は変換 $a\mapsto 2-a$, $b\mapsto -b$ に関して対称である．すなわち $\varphi_{a,b}$ と $\varphi_{2-a,b}$ および $\varphi_{a,-b}$ は位相共役であるから，パラメーターの範囲を $1\leqq a<2$, $0\leqq b\leqq 1$ に限る．まず $\varphi=\varphi_{a,b}$ が固定点をもつ条件を求める．φ は $\pm 1/2$ で分割される各々の部分区間上アファインで，その係数が a および $2-a$ であるから，$\pm 1/2$ 以外の固定点があれば必ず双方の部分区間に固定点が存在する．よって部分区間 $[-1/2,1/2]$ で固定点を探せばよい．条件 $1\leqq a<2$, $0\leqq b\leqq 1$ より $-1<\varphi(-1/2)=1/2$, $1/2<\varphi(1/2)\leqq 2$ であるから，この部分区間に固定点がある条件は $\varphi(-1/2)=-a/2+b\leqq -1/2$ かつ $\varphi(1/2)=a/2+b\geqq 1/2$. 後の条件はすでに満たされているから，結局 φ が固定点をもつのは $b\leqq(a+1)/2$ のとき．次に φ が2周期点をもつ条件を求める．φ^2 も区分的にアファインで，その係数は a^2, $a(2-a)$, $(2-a)^2$ であるが，$\sqrt{a(2-a)}\leqq(a+(2-a))/2=1$ より，φ^2 の固定点があれば，係数が a^2 の部分区間の中に固定点がある．$\varphi(-1/2)\leqq -1/2$ に対しては φ が固定点をもつから，$-1/2<\varphi(-1/2)$ の場合を調べればよい．このとき φ^2 の，係数が a^2 の部分区間は $[-1/2,\varphi^{-1}(1/2)]$ および $[\varphi^{-1}(5/2),1/2]$ である．ただし後者が現れるのは $5/2\leqq\varphi(1/2)$ の場合．最初の部分区間に φ^2 が固定点をもつ条件は，$\varphi^2(-1/2)=a(-a/2+b)+b$, $\varphi^{-1}(1/2)=\dfrac{1}{a}(-b+1/2)$ より，$a(-a/2+b)+b\leqq -1/2+2$ かつ $\varphi(1/2)=a/2+b\geqq\dfrac{1}{a}\left(-b+\dfrac{1}{2}\right)+2$. 最初の条件は $0<a,b\leqq 1$ のときつねに満たされているから，後の条件を整理して $b\geqq\dfrac{1}{a+1}\left(\dfrac{1}{2}+2a-\dfrac{1}{2}a^2\right)$. もうひとつの部分区間 $[\varphi^{-1}(5/2),1/2]$ に φ^2 が固定点をもつ条件も同じ不等式で与えられる．以上をまとめて対称性に注意すれば，求める範囲は図6のようになる．ただし図6では，状況を理解しやすいように，パラメーター b の範囲をずらして表示した．

5.4 μ を φ-不変な正規測度とするとき，μ の台は $\Omega(\varphi)$ に含まれる．したが

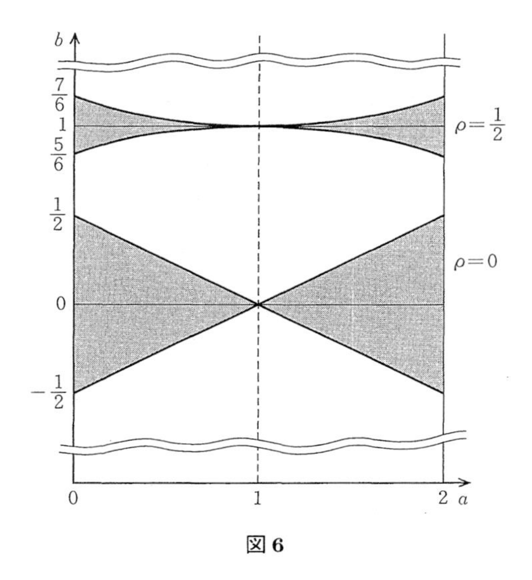

図 6

って μ は $\varphi|_{\Omega(\varphi)}$-不変測度と考えることもできるから $h(\mu,\varphi)=h\left(\mu,\varphi|_{\Omega(\varphi)}\right)$. 両辺の μ に関する上限をとって $h_{\mathrm{top}}(\varphi)=h_{\mathrm{top}}\left(\varphi|_{\Omega(\varphi)}\right)$ を得る.

5.5 $N\to\infty$ のとき $\dfrac{1}{N}\sum_{n=0}^{N-1}f(\varphi^n(x))$ が各点で $c(f)$ に収束すると仮定する. このとき X 上の φ-不変な測度 μ に対して $\int_X\dfrac{1}{N}\sum_{n=0}^{N-1}f(\varphi^n(x))d\mu(x)=\int_X f(x)d\mu(x)$ であるから $\langle\mu,f\rangle=\int_X f(x)d\mu(x)=c(f)$. 任意の連続関数 $f\in C(X)$ に対して $\langle\mu,f\rangle$ の値が決まるから μ は一意的である. 逆に φ が一意エルゴード的であると仮定する. このとき測度の列 $\dfrac{1}{m}(\nu+\varphi_*\nu+\cdots+\varphi_*^{m-1}\nu)$, $m=1,2,\cdots$ の集積点が φ-不変であることから, この列は唯一の不変測度 μ に収束する. したがって各点 $x\in X$ で, $\dfrac{1}{N}\sum_{n=0}^{N-1}f(\varphi^n(x))$ は定数 $c(f)=\langle\mu,f\rangle$ に収束する. 実際には, この収束は一様収束である([20]参照).

5.6 $S^1\setminus\Omega(\varphi)$ の異なる開区間に属する 2 点 a,b をとり, $\Omega(\varphi)$ を $A=\Omega\cap[a,b]$ と $B=\Omega(\varphi)\cap[b,a]$ とに分ける. 各 $x\in\Omega(\varphi)$ に対し, $0,1$ の両側無限列 $\boldsymbol{s}(x)=(s(x)_n)_{n\in\mathbb{Z}}\in\Sigma$ を

$$s(x)_n = \begin{cases} 0, & \varphi^n(x) \in A \\ 1, & \varphi^n(x) \in B \end{cases}$$

で定義する．これは点 x の分割 $\Omega(\varphi) = A \cup B$ に関する旅程である(§7.1(d), §8.1(b)参照)．定義より $\boldsymbol{s}\colon \Omega(\varphi) \to \Sigma$ は連続で，かつシフト $\sigma\colon \Sigma \to \Sigma$ に対して $\sigma \circ \boldsymbol{s} = \boldsymbol{s} \circ \varphi$ を満たす．$\boldsymbol{s}\colon \Omega(\varphi) \to \Sigma$ はコンパクト空間から Hausdorff 空間への連続写像であるから，単射であることをいえば中への同相写像であることが従う．$h\colon S^1 \to S^1$ を φ と回転 $R_{\rho(\varphi)}$ との半共役写像とする．もし $h(x) = h(y)$ ならば開区間 (x, y) あるいは (y, x) は $S^1 \setminus \Omega(\varphi)$ の連結成分と一致する．(x, y) がそのような開区間であるとしよう．このとき適当な n に対して (x, y) は $\varphi^n(a)$ を含み，かつ $\varphi^n(b)$ を含まない．そうすると $\varphi^{-n}(x) \in B$ かつ $\varphi^{-n}(y) \in A$ である．次に $h(x) \neq h(y)$ の場合．区間 $[h(\varphi^n(a)), h(\varphi^n(b))]$, $n \in \mathbb{Z}$, の長さが一定で，かつ端点 $\{h(\varphi^n(a))\}_{n \in \mathbb{Z}}$ が S^1 で稠密であるから，適当な n をとれば $x \in [h(\varphi^n(a)), h(\varphi^n(b))]$ かつ $y \notin [h(\varphi^n(a)), h(\varphi^n(b))]$ となる．このとき $\varphi^{-n}(x) \in A$ かつ $\varphi^{-n}(y) \in B$ である．以上より $\boldsymbol{s}$ は単射であり，したがって $\varphi|_{\Omega(\varphi)}$ はサブシフトと位相共役である．このサブシフトが有限型でないことは，$\Omega(\varphi)$ が周期点を含まないことによる．

第6章

6.1 簡単のため $\varphi'(0) = \lambda > 0$, $\psi'(0) = \mu > 0$ とする．このとき $\varphi^n(x) = \lambda^n x + o(x)$, $\psi^n(y) = \mu^n y + o(y)$ である．$h(x) = y$ のとき，h が共役写像であることから $h(\varphi^n(x)) = \psi^n(y)$．$h^{-1}$ の Lipschitz 定数を L とおくと，$\left|\dfrac{\lambda^n x + o(x)}{\mu^n y + o(y)}\right| \leqq L$ が成り立つ．一方で h の Lipschitz 定数を K とおくと $|y| \leqq K|x|$ であるから，先の不等式において $x \to 0$ とすれば $\dfrac{\lambda^n}{\mu^n} \leqq \dfrac{L}{K}$．$n$ は任意であったから $\lambda \leqq \mu$ である．この議論を h^{-1} に対して繰り返せば $\mu \leqq \lambda$．以上より $\lambda = \mu$ が成立する．

6.2 簡単のため $\varphi'(0) = \lambda$ が $0 < \lambda < 1$ を満たすと仮定する．0 に近い $x_1 < 0 < x_2$ をとれば $\varphi(x_1) < 0 < \varphi(x_2)$ である．局所同相写像 ψ が φ に C^0 位相で近ければ，やはり $\psi(x_1) < 0 < \psi(x_2)$ が成り立つ．このとき閉区間 $I = [x_1, x_2]$ 上の半共役写像 $h\colon I \to I$ を次のように構成する．まず区間 $[x_1, \psi(x_1)]$ から $[x_1, \varphi(x_1)]$ への，向きを保つ任意の同相写像 h をとる．$x_1^\infty = \lim_{n\to\infty} \psi^n(x_1)$ とおくとき，区間 $[x_1, x_1^\infty)$ 上の点 x, $\psi^n(x_1) \leqq x \leqq \psi^{n+1}(x_1)$, に対しては，$h$ による像を $h(x) =$

$\varphi^n(h(\psi^{-n}(x)))$ で定める．この h は $[x_1, x_1^\infty)$ 上では ψ から φ への半共役を与えている．同様に $x_2^\infty = \lim_{n\to\infty} \psi^n(x_2)$ に対して $(x_2^\infty, x_2]$ 上で h を定義する．残りの閉区間 $[x_1^\infty, x_2^\infty]$ 上では h が定値 0 をとるとすれば，これが求める半共役写像である．

6.3 準備のため固定点である沈点の近くでの擬軌道の挙動を調べよう．0 を局所可微分同相写像 $\psi\colon \mathbb{R} \to \mathbb{R}$ の沈点とするとき，0 の十分小さい近傍 U 上では，適当な $0<\lambda<1$ に対して $|\varphi(x)| \leqq \lambda|x|$ が成立する．この λ を用いて $\varepsilon>0$ に対して $\delta=(1-\lambda)\varepsilon$ とおく．そうすると ψ の δ-擬軌道 $\{x_n\}_{n=0,1,2,\cdots}$ について，その元 x_k がいったん $[-\varepsilon,\varepsilon]$ に入れば，x_k 以降のすべての x_n，$n \geqq k$ もやはり $[-\varepsilon,\varepsilon]$ に属する．簡単のため $\varphi\colon S^1 \to S^1$ を固定点をもつ Morse–Smale 可微分同相写像，$p_1, \cdots, p_m$ をその源点，$q_1, \cdots, q_m$ をその沈点とする．$\varepsilon>0$ を任意の正の数とする．各 p_i, q_j の近傍 U_i, V_j を，互いに交わらず，かつそれぞれ p_i, q_j の $\varepsilon/2$-近傍に含まれるようにとる．また各 U_i 上の φ^{-1} および V_j 上の φ に対して上の議論が成立するように $\delta>0$ を小さくとる．すなわち任意の δ-擬軌道 $\{x_n\}$ について，$x_k \in U_j$ ならば $n \leqq k$ に対して $x_n \in U_j$ が，$x_k \in V_j$ ならば $n \geqq k$ に対して $x_n \in V_j$ が成り立つようにする．次に近傍の和 $W=(\bigcup U_i)\cup(\bigcup V_j)$ に含まれない軌道の長さには上限があることから，必要ならば $\delta>0$ を小さくとり直して，$S^1 \backslash W$ に属するすべての δ-擬軌道 $\{y_1, \cdots, y_\ell\}$ を ε-追跡する点が存在するようにできる．以上を満たす δ について，任意の δ-擬軌道 $\{x_n\}_{n=\cdots,-1,0,1,\cdots}$ を ε-追跡する点が存在することを示す．まず $\{x_n\}$ のすべての元が U_i に属する場合，点 p_i がこれを追跡する．すべてが V_j に属する場合も同じ．それ以外の場合，擬軌道 $\{x_n\}$ のうちの有限部分は $S^1 \backslash W$ に属する．x_n が $S^1 \backslash W$ に属するような n の範囲 $k_1 \leqq n \leqq k_2$ を最大にとり，擬軌道のその部分 $\{x_n;\, k_1 \leqq n \leqq k_2\}$ を追跡する軌道を $\{\varphi^n(x);\, k_1 \leqq n \leqq k_2\}$ とおく．そうすると x_n，$n \geqq k_2+1$ および $\varphi^n(x)$，$n \geqq k_2+1$ は同じ V_j に属する．したがって $\varphi^n(x)$ は $n \geqq k_2+1$ の範囲でも $\{x_n\}$ を追跡している．$n \leqq k_1-1$ に関しても同様である．

6.4 回転数が 0 の場合を扱う．回転数 0 の Morse–Smale 可微分同相写像 $\varphi\colon S^1 \to S^1$ の典型例として $\varphi(t)=t+\dfrac{1}{4\pi}\sin 2\pi t$ をとる．φ の源点は 0，沈点は 1/2 である．回転数 0 の任意の Morse–Smale 可微分同相写像 $\psi\colon S^1 \to S^1$ に対し，これと φ を結ぶ単純な道があることをいえばよい．源点と沈点の数は，1 以上という制限のもとでサドル–ノード分岐によって自由に増減できる．したがって ψ と，源点，沈点を一つずつもつ Morse–Smale 可微分同相写像 ψ_1 とを結ぶ単純な道が存在する．さらに座標変換を連続的に行なうことによって，0 を源点に，

1/2 を沈点にする Morse–Smale 可微分同相写像 ψ_2 と ψ_1 とを結ぶことができる．最後に ψ_2 と φ をつなぐ道として $\varphi_\mu(t)=(1-\mu)\varphi(t)+\mu\psi_2(t)$ を考えれば，ψ と φ をつなぐ単純な道が得られた．

6.5 $0, 1/2$ はすべての φ_μ の固定点であるから，φ_μ の回転数はつねに 0 である．したがって固定点の分岐を調べればよい．このうち 1/2 での φ_μ の微係数は $\varphi'_\mu\left(\frac{1}{2}\right)=1+\frac{1}{4}+\frac{1}{2}\mu>1$ であり，この固定点の近くでは分岐はない．0 での微係数は $\varphi'_\mu(0)=1-\frac{1}{4}+\frac{1}{2}\mu$ であるから，$0\leqq\mu<1/2$ のとき 0 は沈点で $\mu=1/2$ を越えて $1/2<\mu<1$ の範囲では源点に変わる．$\varphi_\mu(x)$ を $x=0$ のまわりで $\varphi(x)=\left(1-\frac{1}{4}+\frac{1}{2}\mu\right)x-\left(\frac{1}{24}-\frac{1}{3}\mu\right)x^3+\cdots$ と展開すれば，この分岐は族 $x\mapsto(1+\nu)x+x^3$ の $\nu=0$ での分岐と同じものであることがわかる．これはサドル–ノード分岐ではなく安定ではない．

6.6 x_0 を φ の 3 周期点とし，$x_0<\varphi(x_0)<\varphi^2(x_0)$ を仮定する．このとき $I_0=[x_0,\varphi(x_0)]$，$I_1=[\varphi(x_0),\varphi^2(x_0)]$ に対する有向グラフ Γ は

$$I_0 \rightleftarrows I_1 \circlearrowleft$$

で与えられる．特に φ は Γ の道 $I_1\to I_1\to I_1\to I_1\to I_0\to I_1$ に対応する 5 周期点をもつ．ここで $I_1\to I_1\to I_1\to I_1$ から生じる部分区間 I_{1111}，$\varphi^3(I_{1111})=I_1$，は $I_{111}\subset\operatorname{Int} I_1$ を満たす．したがって $I_1\to I_1\to I_1\to I_1\to I_0\to I_1$ から生じる部分区間 I_{111101}，$\varphi^5(I_{111101})=I_1$，も $I_{111101}\subset\operatorname{Int} I_1$ を満たす．よって ψ が φ に C^0 位相で十分近ければ，I_{111101} に近い区間 J で，$J\subset\operatorname{Int} I_1$ かつ $\psi^5(J)=I_1$ を満たすものが存在する．これより ψ は 5 周期点をもつ．

第 7 章

7.1 正の δ に対し，$\{x_0+\delta n\}_{n=1,2,\cdots}$ は id の 2δ-擬軌道である．しかしこれは有界ではないから，どの $x\in\mathbb{R}$ をとっても，恒等写像による x の軌道 $\{\mathrm{id}^n(x)\}$ は $\{x_0+\delta n\}$ を追跡しない．

7.2 条件を満たす拡大写像は k-進変換 $x\mapsto kx$ と位相共役であるから，$\varphi(x)=kx$ として計算すればよい．この φ の固定点は $kx-x\in\mathbb{Z}$ を満たす $0\leqq x<1$ の範囲の実数と対応しているから，その個数は $|k-1|$ で与えられる．φ の繰り返し φ^n もまた拡大写像であるから $\deg(\varphi^n)=\deg(\varphi)^n=k^n$ より，φ^n の固定点の数は $|k^n-1|$．したがって φ の ζ-関数は $k>0$ のとき

$$\zeta(s)=\exp\left[\sum_{n=1}^{\infty}\frac{k^n-1}{n}s^n\right]=\exp\left[\sum_{n=1}^{\infty}\frac{k^n}{n}s^n\right]\Big/\exp\left[\sum_{n=1}^{\infty}\frac{1}{n}s^n\right]=\frac{1-s}{1-ks}$$

で，$k<0$ のとき

$$\zeta(s)=\exp\left[\sum_{n=1}^{\infty}\frac{|k^n-1|}{n}s^n\right]=\exp\left[\sum_{n=1}^{\infty}\frac{k^n}{n}(-s)^n\right]\Big/\exp\left[\sum_{n=1}^{\infty}\frac{1}{n}(-s)^n\right]=\frac{1+s}{1+ks}$$

で与えられる．

7.3 $\deg(\varphi)=k>0$ の場合を扱う．φ が k-進変換であると仮定してよい．$h_{\mathrm{top}}(\varphi)=\log k$ となることを，二つの不等式 $h_{\mathrm{top}}(\varphi)\leqq\log k$，$h_{\mathrm{top}}(\varphi)\geqq\log k$ に帰着して示す．最初の不等式の証明は演習問題 5.1 の解答とほとんど同じである．α を S^1 の開被覆とするとき，十分多くの点 $x_0,\cdots,x_m\in S^1$ を選んで，各々の部分区間 $[x_i,x_{i+1}]$，$i=0,1,\cdots,m$ が適当な開集合 $A_\lambda\in\alpha$ に含まれるようにできる．この部分区間による S^1 の分割を β と書く．$N(\alpha\vee\varphi^{-1}\alpha\vee\cdots\vee\varphi^{-n+1}\alpha)$ は，分割 $\beta\vee\varphi^{-1}\beta\vee\cdots\vee\varphi^{-n+1}\beta$ の空ではないメンバーの数で上から押さえられる．それは分点の総数と一致している．ここで $\varphi^{-1}(x_i)$ の元の数は k，$\varphi^{-2}(x_i)$ の元の数は k^2，以下同様にして $\varphi^{-n+1}(x_i)$ の元の数は k^{n-1} であるから，分点の総数は上から $m(1+k+\cdots+k^{n-1})<mk^n$ で押さえられる．したがって $h_{\mathrm{top}}(\varphi,\alpha)\leqq\lim_{n\to\infty}\dfrac{1}{n}\log mk^n=\log k$．$\alpha$ は任意であったから $h_{\mathrm{top}}(\varphi)\leqq\log k$．逆の不等式を示すために，$S^1$ の開区間よりなる被覆 α で，その各開区間の長さが $1/3$ 以下であるものをとる．このとき開被覆 $\alpha\vee\cdots\vee\varphi^{-n+1}\alpha$ のメンバーは，長さが $k^{-n+1}/3$ 以下の開区間であるから，S^1 全体を覆うためには少なくとも $3k^{n+1}$ 個が必要．すなわち $N(\alpha\vee\cdots\vee\varphi^{-n+1}\alpha)\geqq 3k^n$．よって $h_{\mathrm{top}}(\varphi)\geqq\lim_{n\to\infty}\dfrac{1}{n}\log 3k^n=\log k$．

7.4 例 7.13 の $\varphi_{p,q}$ と片側全シフト $\sigma\colon\Sigma^+\to\Sigma^+$ との半共役写像を $h_{p,q}\colon\Sigma^+\to S^1$ とおく．2-進写像 $R_{(2)}$ は $\varphi_{1/2,1/2}$ と等しいから，この場合の半共役写像は $h_{1/2,1/2}\colon\Sigma^+\to S^1$ である．Σ^+ の柱状集合 $[\alpha]=[\alpha_0,\alpha_1,\cdots,\alpha_{n-1}]$ の $h_{1/2,1/2},h_{p,q}$ による像 $I_{[\alpha]}=h_{1/2,1/2}[\alpha]$，$J_{[\alpha]}=h_{p,q}[\alpha]$ は，それぞれ S^1 の部分区間であって，その長さは $\ell(I_{[\alpha]})=1/2^n$ および $\ell(J_{[\alpha]})=p_{\alpha_0}p_{\alpha_1}\cdots p_{\alpha_{n-1}}$，$p_0=p$，$p_1=q$ で与えられる．さて $R_{(2)}$ から $\varphi_{p,q}$，$p<1/2<q$ への共役写像 $h\colon S^1\to S^1$ が 1 点 $x\in S^1$ で微分可能であったとしよう．x を含む部分区間 $I_{[\alpha]}$，$\alpha=\alpha_0\alpha_1\cdots\alpha_{n-1}$ および $I_{[\overline{\alpha}]}$，$\overline{\alpha}=\alpha_0\alpha_1\cdots\alpha_{n-1}\alpha_n$ を考える．$I_{[\alpha]},I_{[\overline{\alpha}]}$ の h による像は $J_{[\alpha]},J_{[\overline{\alpha}]}$ と一致するから，$\ell(J_{[\alpha]})=h'(x)\ell(I_{[\alpha]})+o(n)$ かつ $\ell(J_{[\overline{\alpha}]})=h'(x)\ell(I_{[\overline{\alpha}]})+o(n)$ が成り立つ．一方で $\ell(I_{[\overline{\alpha}]})=\dfrac{1}{2}\ell(I_{[\alpha]})$，$\ell(J_{[\overline{\alpha}]})=p_{\alpha_n}\ell(J_{[\alpha]})$，$p_{\alpha_n}\neq 1/2$ であるから，$h'(x)=0$ でなければならない．これが証明すべきことであった．

7.5　z を φ_A の周期点，$\tilde{z}\in\mathbb{R}^2$ をその持ち上げとする．z の周期を n とすれば，$A^n(\tilde{z})$ と $\tilde{z}$ との差は $\mathbb{Z}^2$ に属する．すなわち $(A^n-E)\tilde{z}=\begin{pmatrix}k\\k'\end{pmatrix}$，ただし E は 2 次の単位行列，k,k' は整数である．A は双曲的であったから $\det(A^n-E)\neq 0$ で A^n-E は逆行列をもち，$\tilde{z}=(A^n-E)^{-1}\begin{pmatrix}k\\k'\end{pmatrix}$ となる．ここで A^n-E の各成分は整数であるから，$\tilde{z}$ は $\mathbb{Q}^2$ に属する．逆に z を $\mathbb{Q}^2/\mathbb{Z}^2$ の元とする．z は $\left(\dfrac{k}{N},\dfrac{k'}{N}\right)$ と表される．自然数 N を決めると，この形の $\mathbb{T}^2\cong\mathbb{R}/\mathbb{Z}^2$ の元は有限個で，その φ_A による像は再びこの形をしている．したがって十分大きい n に対して $\varphi_A^n(z)$ は φ_A の周期点となる．φ_A は 1 対 1 であったから，これは z 自身が周期点であることを意味する．

7.6　定理 7.17 によって ψ から φ_A への半共役写像 $h\colon\mathbb{T}^2\to\mathbb{T}^2$ が存在する．α を $\mathbb{T}^2$ の開被覆，$h^*\alpha=\{h^{-1}(U);\ U\in\alpha\}$ を h による α の引き戻しとする．このとき，$h^*(\alpha\vee\varphi_A^{-1}\alpha\vee\cdots\vee\varphi_A^{-n+1}\alpha)=h^*\alpha\vee\psi^{-1}h^*\alpha\vee\cdots\vee\psi^{-n+1}h^*\alpha$ である．一方で h は上への写像であるから，もし $V\neq\varnothing$ ならば $h^{-1}(V)\neq\varnothing$．したがって $N(h^*\alpha\vee\psi^{-1}h^*\alpha\vee\cdots\vee\psi^{-n+1}h^*\alpha)=N(\alpha\vee\varphi_A^{-1}\alpha\vee\cdots\vee\varphi_A^{-n+1}\alpha)$ より $h_{\mathrm{top}}(\psi,h^*\alpha)=h_{\mathrm{top}}(\varphi_A,\alpha)$ が成り立つ．開被覆 α は任意であったから，上限をとれば $h_{\mathrm{top}}(\psi)\geqq h_{\mathrm{top}}(\varphi_A)=\log|\lambda|$ を得る．

第 8 章

8.1　φ の源点を p，沈点を ∞ とし，$\Lambda=\bigcap_{n\in\mathbb{Z}}\varphi^n(R)$ とおけば，馬蹄形写像の場合と同じく非遊走集合 $\Omega(\varphi)$ は $\Lambda\cup\{p,\infty\}$ と一致し，Λ は双曲型構造をもつ．φ が構造安定であること，位相安定であることも馬蹄形写像と同じである．ただし $R\cap\varphi(R)$ が三つの長方形 R_0,R_1,R_2 の和であることから，Λ の Markov 分割は $\Lambda=\Lambda_0\cup\Lambda_1\cup\Lambda_2$，$\Lambda_i=\Lambda\cap R_i$ で与えられる．したがって $\varphi|_\Lambda$ はアルファベット 3 文字のシフト $\sigma\colon\Sigma_3\to\Sigma_3$ と位相共役である．特に φ の位相的エントロピーは $\log 3$ となる．

8.2　演習問題 5.4 によって，同相写像の位相的エントロピーは非遊走集合に制限しても変わらない．一方で Morse–Smale 可微分同相写像の非遊走集合は有限集合であるから，その同相写像の位相的エントロピーは 0 である．

8.3　同相写像 $\psi\colon\mathbb{T}^2\to\mathbb{T}^2$ が $\varphi_A\colon\mathbb{T}^2\to\mathbb{T}^2$ とホモトピックであれば，演習問題 7.6 によって ψ の位相的エントロピーは正　したがって演習問題 8.2 によって ψ は Morse–Smale 可微分同相写像ではありえない．

8.4 まず各 $z\in S^1\times D^2$ において，z を通る円板 $\{*\}\times D^2$ の接空間 $T_z(\{*\}\times D^2)$ は，構成によって φ-不変で，かつ微分 $D\varphi$ に関して縮小的である．これを E_z^s とおく．さらに $\Lambda=\bigcap_{n=0,1,\cdots}\varphi^n(S^1\times D^2)$ 上では，$D\varphi$ に関して伸長的な1次元部分空間 $E_z^u\subset T_z(S^1\times D^2)$ が存在する．証明にはグラフ変換を用いればよい．よって Λ は φ の双曲型不変部分集合である．定義より，任意の点 $z\in S^1\times D^2$ は $n\to\infty$ に対して $\varphi^n(z)\to\Lambda$ を満たすから Λ はアトラクタである．したがって各点 $z\in\Lambda$ の不安定多様体 $W^u(z)$ は Λ に含まれる．安定多様体 $W^s(z)$ は，構成より $\{*\}\times D^2$ と一致するから $W^u(z)\cap\Lambda=(\{*\}\times D^2)\cap\bigcap_{n=0,1,\cdots}\varphi^n(S^1\times D^2)$．ここで $(\{*\}\times D^2)\cap\varphi(S^1\times D^2)$ は二つの小さい閉円板の和であり，$(\{*\}\times D^2)\cap\varphi^2(S^1\times D^2)$ はその各々の円板に含まれる，さらに小さい二つずつの閉円板の和である(図7)．これを繰り返せば $W^u(z)\cap\Lambda$ が Cantor 集合と同相であることがわかる．すなわちアトラクタ Λ は，局所的には Cantor 集合と直線の積空間の構造をもっている．また拡大写像 $S^1\cong S^1\times\{0\}\to S^1\times D^2\to S^1$ に関する S^1 の Markov 分割を $S^1=I_0\cup I_1$ とおけば，$\Lambda=\Lambda_0\cup\Lambda_1$，$\Lambda_i=\Lambda\cap(I_i\times D^2)$ が φ に関する Λ の Markov 分割を与える．したがって制限 $\varphi|_\Lambda\colon\Lambda\to\Lambda$ は，測度論的にはアルファベット2文字の全シフト $\sigma\colon\Sigma_2\to\Sigma_2$ と同等である．これより $\varphi|_\Lambda$ は位相推移的であり，したがって φ の非遊走集合 $\Omega(\varphi)$ は Λ に一致する．また $\varphi|_\Lambda$ の位相的エントロピーは $\log 2$ である．この Λ もストレインジアトラクタの一種で，馬蹄形写像と同様 φ は Ω-安定性をもつ．

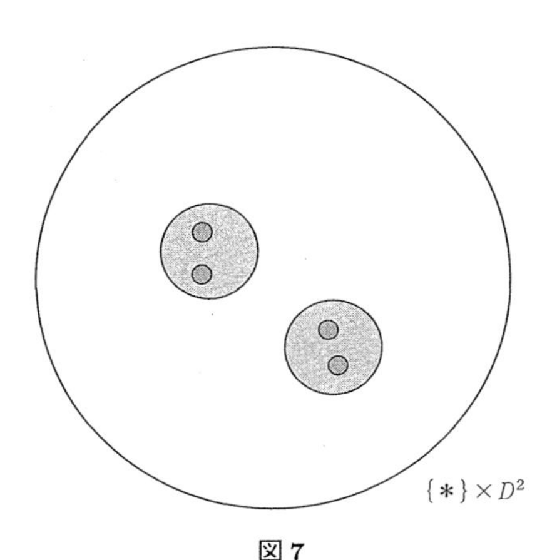

図7

欧文索引

和文索引

ア 行

カ 行

サ 行

タ 行

ナ 行

ハ 行

マ　行

ヤ　行

ラ　行

■岩波オンデマンドブックス■

力学系

2006年3月23日　第1刷発行
2018年4月10日　オンデマンド版発行

著　者　久保泉（くぼいずみ）　矢野公一（やのこういち）

発行者　岡本厚

発行所　株式会社　岩波書店
〒101-8002　東京都千代田区一ツ橋 2-5-5
電話案内　03-5210-4000
http://www.iwanami.co.jp/

印刷／製本・法令印刷

ISBN 978-4-00-730742-3　　Printed in Japan